随机动力系统引论

黄建华　黎育红　郑　言　编著

科学出版社
北　京

内 容 简 介

本书介绍了几种典型随机过程及其随机积分的定义与性质，系统讲述了高斯过程、分数布朗运动和 Lévy 过程驱动的随机偏 (常) 微分方程解生成的随机动力系统的理论，详细给出了随机吸引子、测度吸引子、大偏差原理和随机不变流形的研究方法和主要结论，最后介绍了随机分数阶偏微分方程解的存在唯一性和遍历性研究结果.

本书可作为高校随机动力系统理论研究和应用及相关专业的研究生教材或教师参考书，亦可供从事相关理论研究的科技工作者阅读.

图书在版编目（CIP）数据

随机动力系统引论/黄建华，黎育红，郑言编著. —北京：科学出版社，2012
ISBN 978-7-03-033017-8

Ⅰ.①随… Ⅱ.①黄… ②黎… ③郑… Ⅲ.①随机系统：动力系统(数学) Ⅳ.①O231 ②O19

中国版本图书馆 CIP 数据核字 (2011) 第 258440 号

责任编辑：徐园园 赵彦超／责任校对：宋玲玲
责任印制：徐晓晨／封面设计：陈 敬

科 学 出 版 社出版
北京东黄城根北街 16 号
邮政编码：100717
http://www.sciencep.com

北京科印技术咨询服务有限公司数码印刷分部印刷
科学出版社发行 各地新华书店经销
*
2012 年 1 月第 一 版 开本：B5(720×1000)
2025 年 3 月第五次印刷 印张：17 3/4
字数：347 000

定价：88.00 元
(如有印装质量问题，我社负责调换)

前　言

在自然界和工程实践中, 由于系统内在结构的复杂性以及认识、测量手段和技术限制, 人们通常通过对搜集到的大量数据的统计分析来实现对所研究对象建模, 或从机理上利用随机变量的引入及概率分析来描述随机因素对所研究系统的影响来建立相应的随机模型等. 复杂系统通常受到随机因素或不确定因素的影响, 而在建模过程中被忽略的随机因素与尚不知晓的因素, 有时候对系统的发展与演化起着很大作用, 甚至会使得系统的长时间演化行为发生根本性变化. 因此需要寻找新的随机建模方法. 随机动力系统 (包括各种随机微分方程, 特别是随机偏微分方程) 是这些在随机因素影响下的复杂系统的合适的数学模型. 随机动力系统由于能够描述一些确定性动力系统所不能描述的现象而越来越受到其他学科的关注.

随机分析为研究随机动力系统带来了极大的机遇与挑战. 20 世纪 80 年代, Elworthy, Baxendale, Bismut, Kunita, Ikeda 以及 Watanabe 等发现随机微分方程的解不仅具有 Markov 性质, 还具有同胚流的性质. 这样人们就可以从动力学的角度出发来研究随机流, 从而获得比随机过程更丰富的结构内容. 通过对随机微分方程生成随机动力系统有关理论的研究, 有助于构建起随机分析与随机动力系统研究的桥梁, 人们对作为随机分析和动力系统的结合的随机动力系统理论及其长期演化行为分析的关注, 使得随机动力系统在近几年也得到了快速发展. 同时, 随机分析和动力系统的研究在过去几十年的成功应用也证明了随机动力系统理论可以有效地应用到其他学科.

对随机动力系统的研究也来源于数学自身的发展. 从理论的角度来看, 作为跨学科研究的随机动力系统, 主要有两个研究学派：用与之相关的 Markov 半群的不变测度的存在唯一性来讨论相关动力学性质的随机分析学派, 以及从研究轨道的几乎处处的渐近行为出发的随机动力系统学派. 国际上关于随机动力系统动力学研究始于 20 世纪 90 年代, 德国的 Ludwig Arnold 教授领导的 Bremen 课题小组历经 10 年的研究, 从随机方程入手发展了随机动力系统的基本理论, 并完善了有限维随机动力系统的线性理论, 1998 年出版了奠基性的专著《随机动力系统》, 引起了动力系统和随机分析领域的极大关注, 人们开始利用随机动力系统的框架来研究随机非线性发展方程解的长期性态, 并成功地应用到很多领域中. 20 世纪 90 年代, 意大利的 Flandoli 等建立了随机无穷维动力系统的基本概念和框架, 并对 Burgers

方程、Navier-Stokes 方程、非线性波方程、非线性扩散方程等证明了随机整体吸引子的存在性. 对无穷维随机动力系统的动力学研究, 目前主要有：英国 Warwick 大学的 Robinson 领导的研究小组、西班牙的 Caraballo 等领导的研究小组、德国的 Crauel 和意大利的 Flandoli 为代表的研究团队, 以及俄罗斯数学家 Chueshov 关于单调随机动力系统研究的群体. 目前, 作为核心数学研究课题的随机动力系统的研究处于重要的发展阶段, 随机微分方程、随机偏微分方程以及随机动力系统的研究已经成为当前的研究热点和前沿课题. 据不完全统计, 自 2003 年 3 月以来, 在世界范围内举办的有关随机动力系统 (随机偏微分方程) 的主流国际会议不少于 20 次.

国内随机动力系统的研究是近几年才开始的, 2004 年 3 月 1 日至 4 月 15 日, 在中国科学院数学与系统科学研究院晨兴数学研究中心举办了第一次 "非自治和随机动力系统" 高级研讨班, 并且形成了一些以课题小组为核心的研究群体, 取得了一些处于国际领先地位的研究成果. 现有关于随机微分方程、随机偏微分方程及其生成随机动力系统的研究成果主要集中在对高斯噪声驱动的情形, 尤其值得指出的是这些噪声通常也是时间连续的, 而对分数维布朗运动、Lévy 噪声、脉冲噪声等非连续噪声驱动的情形则较少涉及, 并且国内目前尚无合适的关于随机动力系统的研究生教材.

近年来, 我们对高斯噪声、Lévy 噪声和分数布朗运动驱动的随机偏微分方程的资料进行收集和整理, 并在国家自然科学基金和湖南省自然科学基金的资助下, 对不同噪声驱动的随机偏微分方程生成的随机动力系统开展研究, 取得了一些研究成果. 在几位教授的鼓励和支持下, 我们根据在国防科技大学和华中科技大学数学系的研究生讲授的随机动力系统课程的讲义整理成书, 对随机过程及其相应的随机积分做了较为系统的介绍. 我们希望本书的出版能够帮助对随机动力系统感兴趣的读者尽快进入该领域, 并能在阅读本书的基础上, 进入研究前沿.

郭柏灵院士、李继彬教授、蒋继发教授和段金桥教授对本书的写作给予了极大的鼓励和支持, 科学出版社的责任编辑为本书的出版付出了辛勤的劳动, 在此表示深深的谢意. 在本书的撰写过程中, Z. Brzezniak 教授、吕克宁教授、JiangLun Wu 教授、辛杰教授、孙旭教授、王伟副教授、黄代文副研究员、柳振鑫副教授、蒲学科副教授、孙成峰副教授、史可华博士等提供了很多参考文献, 为本书的顺利完成提供很多帮助. 在本书的试用过程中, 朱健民教授和王海怒老师给予了很多帮助, 博士生李劲、硕士生唐照阳对书稿进行了认真的校对, 在此表示感谢. 本书的出版得到了国防科技大学数学学科建设基金的资助, 并得到了国家自然科学基金 (No:10971225)、留学回国科研启动基金和湖南省自然科学基金 (No:11JJ3004) 以及国防科技大学基础研究基金的资助, 在此一并表示感谢.

本书第 1 章由郑言编写、第 2 章由黎育红和黄建华编写、第 3 章由黎育红编写, 第 4~8 章由黄建华编写, 最后由黄建华进行统稿. 由于作者水平有限, 收集和掌握的资料不是很全面, 书中存在一些不足和错误, 敬请读者批评指正.

作　者

2011 年 8 月

目　　录

第 1 章　随机过程与随机积分

本章先介绍随机变量、随机过程与条件期望等基本概念, 然后分别介绍 Wiener 过程及其随机积分, Lévy 过程及其随机积分和分数布朗运动及其随机积分, 最后给出 Nuclear 算子和 Hilbert-Schmidt 算子的定义及其性质.

§1.1　随机过程与条件期望

设 $(\Omega, \mathcal{F}, P)$ 是概率空间. 对任意的 $A \in \mathcal{F}$, 记 A 的补集为 A^c, 1_A 为集合 A 的特征函数. 本节内容取自于文献 [4], [21] 和 [22].

定义 1.1.1　设 $(E, \mathcal{E})$ 是一个可测空间. 称任意可测映射 $X: \Omega \to E$ 为一个 E- 值随机变量, 或 E 上的随机元素 (随机变量).

记 $\mathcal{L}(X)(\Gamma) = P \circ X^{-1}(\Gamma) := P(\omega \in \Omega : X(\omega) \in \Gamma)$, $\Gamma \in \mathcal{E}$ 为随机变量 X 的分布, 即 E 中随机元素的分布.

定义 1.1.2　记 I 是时间变量区间 (连续时间情形时, I 是非负实数 $\mathbb{R}^+$, 或有限区间 $[0, T]$; 离散时间情形时, I 是非负整数 $\mathbb{Z}^+ = \{0, 1, \cdots\}$ 的子集), 记 I 上的 Borel σ- 域为 $\mathcal{B}(I)$. 称 E 上的随机元素的任意簇 $X = (X(t), t \in I)$ 为 E 上的随机过程, 或者为 E- 值的随机过程.

定义 1.1.3　对于任意的 $k \in \mathbb{N}$, E 值随机过程 X 的有限维分布是在乘积空间 E^k 上的前向测度 $P^X_{i_1, \cdots, i_k}$, 其中

$$P^X_{i_1, \cdots, i_k}(S) := P\{\omega \in \Omega | (X_{i_1}(\omega), \cdots, X_{i_k}(\omega)) \in S\}, S \text{ 为 } E^k \text{ 中的可测集}$$

定义 1.1.4　对任意的 $t \in I$, 滤子是任意非减的 σ 域 $\mathcal{F}_t \subset \mathcal{F}$ 构成的集族. 如果

$$\mathcal{F}_t = \mathcal{F}_{t+} := \bigcap_{s>t} \mathcal{F}_s, \quad \forall t \in I,$$

则称 $(\mathcal{F}_t)$ 是右连续的. 如果 $(\mathcal{F}_t)$ 是一个右连续的滤子, 并包含 $\mathcal{F}$ 中的所有 P 测度为 0 的集合 (零测集), 则称 $(\mathcal{F}_t)$ 是正则滤子. 称四元组 $(\Omega, \mathcal{F}, (\mathcal{F}_t), P)$ 为滤子概率空间. 称 E- 值的随机过程 X 关于滤子 $(\mathcal{F}_t)$ 是适应的, 如果对每个 $t \in I$, $X(t)$ 都是 $\mathcal{F}_t$- 可测的.

附注 1.1.1　对任意的滤子 $(\mathcal{F}_t)$, 滤子 $(\mathcal{F}_{t+})$ 是右连续的. 设 X 是给定 E- 值随机过程, 用 $(\mathcal{F}^X_t)$ 表示由 X 生成的滤子, 即对每个 $t \in I$, $\mathcal{F}^X_t := \sigma(X(s) : s \in$

$I, s \leqslant t)$, 即使得所有的随机元 $X(s)$, $s \in I$, $s \leqslant t$ 都可测的最小的 σ- 域. $\overline{\mathcal{F}}_t^X$ 表示包含 $\mathcal{F}_t^X$ 及 $\mathcal{F}$ 的所有零测集的最小 σ- 域. 则滤子 $(\overline{\mathcal{F}}_{t+}^X)$ 是正则的, 且 X 关于滤子 $(\overline{\mathcal{F}}_{t+}^X)$ 是适应的.

定义 1.1.5　称 E- 值的随机过程 X 是可测的, 如果 X 是一个从 $I \times \Omega$ 到 E 上的可测映射, 其中在 $I \times \Omega$ 上考虑乘积 σ- 域 $\mathcal{B}(I) \times \mathcal{F}$.

定义 1.1.6　设 $\mathcal{P}_I$ 为可料集的 σ- 域, 即包含所有形如 $(s,t] \cap I \times A$ 集合的 $I \times \Omega$ 子集的最小的 σ- 域, 其中 s, $t \in I$, $s < t$, 且 $A \in \mathcal{F}_s$. 称取值于可测空间 $(E, \mathcal{E})$ 的随机过程 X 是可料的, 如果 X 是从 $I \times \Omega$ 到 E 上的可测映射, 其中在 $I \times \Omega$ 上考虑 σ- 域 $\mathcal{P}_I$.

附注 1.1.2　如果 Y 是连续的, 且关于 $\mathcal{F}_t$, $t \in [0, T]$ 是适应的, 则它是可料的. 进一步, 连续性可以减弱为左连续. 事实上, 定义 Y_m:

$$Y_m(t, \omega) = \sum_{k \geqslant 1} Y_{m,k}(t, \omega),$$

其中, 对 $t \in ((k-1)2^{-m}, k2^{-m}]$,

$$Y_{m,k} := Y((k-1)2^{-m}, \omega),$$

则 $\{Y_m\}$ 是可料的, 由过程 Y 的左连续性可知, $\{Y_m\}$ 必定收敛到 Y. 因此过程 Y 也是可料的.

定义 1.1.7　令 $(X(t), t \in I)$ 是一个 E- 值的定义在 $(\Omega, \mathcal{F}, P)$ 上的随机过程. 一个 E- 值的随机过程 $(Y(t), t \in I)$ 称为是 X 的修正, 如果 $P(X(t) = Y(t)) = 1$ 对任意 $t \in I$ 都成立.

附注 1.1.3　X 的任一修正 Y 与 X 具备相同的有限维分布. 如果存在 X 的一个具备 P-a.s. 连续轨道的修正 Y, 则称 X 具备一个连续修正 (连续随机过程的定义参阅定义 1.1.12). 如果存在 X 的一个可测或可料的修正 Y, 则称 X 具备一个可测或可料修正.

定义 1.1.8　令 $(\Omega, \mathcal{F}, (\mathcal{F}_t), P)$ 为一个滤子概率空间. 称 $\tau : \Omega \to [0, +\infty]$ 为关于滤子 $(\mathcal{F}_t)$ 的停时, 如果对任意 $t \in I$, $\{\tau \leqslant t\} \in \mathcal{F}_t$.

令 τ 为一个停时. 记 $\mathcal{F}_\tau$ 为使得 $A \cap \{\tau \leqslant t\} \in \mathcal{F}_t$ 对任意 $t \in I$ 成立的事件 $A \in \mathcal{F}$ 的并, 容易验证 $\mathcal{F}_\tau$ 是一个 σ- 域, 并且 τ 关于 $\mathcal{F}_\tau$ 是可测的. 以后称 $\mathcal{F}_\tau$ 为停时 σ- 域.

令 $(X, \|\cdot\|)$ 是一个可分 Banach 空间, $\mathcal{B}(X)$ 是 X 上的 Borel σ- 域. $(\Omega, \mathcal{F}, P)$ 是可测空间, μ 是定义在其上的有限测度.

下面介绍定义在 Banach 空间上的 Bochner 积分的定义及其性质.

考虑简单函数类:

$$\Xi := \left\{ f:\Omega \to X \mid f = \sum_{k=1}^{n} x_k 1_{A_k},\ x_k \in X,\ A_k \in \mathcal{F},\ 1 \leqslant k \leqslant n,\ n \in \mathbb{N} \right\}.$$

定义向量空间 Ξ 上的半范数 $\|\cdot\|_\Xi$ 为

$$\|f\|_\Xi := \int \|f\| \mathrm{d}\mu, \quad \forall f \in \Xi.$$

为使 $(\Xi, \|\cdot\|_\Xi)$ 构成一个赋范向量空间, 考虑关于 $\|\cdot\|_\Xi$ 的等价类.

对任意的 $f \in \Xi$, $f = \sum_{k=1}^{n} x_k 1_{A_k}$, 不妨设 A_k 是两两不交, 定义其 Bochner 积分为

$$\int f \mathrm{d}\mu := \sum_{k=1}^{n} x_k \mu(A_k).$$

容易验证, 该定义与 f 的表示无关, 而且关于被积函数是线性的. 定义映射：

$$\begin{aligned} \mathrm{Int}: (\Xi, \|\cdot\|_\Xi) &\to (X, \|\cdot\|), \\ f &\mapsto \int f \mathrm{d}\mu. \end{aligned}$$

由于 $\left\| \int f \mathrm{d}\mu \right\| \leqslant \int \|f\| \mathrm{d}\mu$ 对任意 $f \in \Xi$ 成立 (注意到 A_k 是两两不交的). 因此该映射是线性的, 并且一致连续. 而且可将映射 Int 延拓到 Ξ 关于 $\|\cdot\|_\Xi$ 的完备化空间 $\bar{\Xi}$ 上.

下面给出 $\bar{\Xi}$ 的表示.

定义 1.1.9 函数 $f:\Omega \to X$ 称为是强可测的, 如果它是 $\mathcal{F}/\mathcal{B}(X)$- 可测的.

定义 1.1.10 令 $1 \leqslant p < \infty$. 定义

$$\begin{aligned} \mathcal{L}^p(\Omega, \mathcal{F}, \mu; X) &:= \mathcal{L}^p(\Omega, X) \\ &:= \left\{ f:\Omega \to X \mid f \text{是强可测的, 而且} \int \|f\|^p \mathrm{d}\mu < \infty \right\} \end{aligned}$$

及半范数

$$\|f\|_{L^p} := \left(\int \|f\|^p \mathrm{d}u \right)^{\frac{1}{p}}, \quad f \in \mathcal{L}^p(\Omega, \mathcal{F}, \mu; X).$$

$\mathcal{L}^p(\Omega, \mathcal{F}, \mu; X)$ 关于 $\|\cdot\|_{L^p}$ 的所有等价类组成的空间记为 $L^p(\Omega, \mathcal{F}, \mu; X) := L^p(\Omega, X)$.

引理 1.1.1[4] 令 E 是一个度量为 d 的度量空间, $f:\Omega \to E$ 是强可测的, 并且 $f(\Omega) \subset E$ 是可分的, 则存在简单 E- 值函数序列 f_n, $n \in \mathbb{N}$, 使得对任意 $\omega \in \Omega$, 序列 $d(f_n(\omega), f(\omega))$, $n \in \mathbb{N}$ 单调下降趋于 0.

证明 令 $E_0 = \{e_1, e_2, \cdots\}$ 是 $f(\Omega)$ 的可数稠密子集. 对 $m \in \mathbb{N}$, 定义

$$d_m(\omega) = \min\{d(f(\omega), e_k) | k \leqslant m\},$$

$$k_m(\omega) = \min\{k \leqslant m : d_m(\omega) = d(f(\omega), e_k)\},$$

$$f_m(\omega) = e_{k_m}(\omega).$$

显然 f_m 是简单函数, 这是因为

$$f_m(\Omega) \subset \{e_1, e_2, \cdots, e_m\},$$

而且, 由 E_0 的稠密性, 序列 $\{d_m(\omega)\}$ 对任意 $\omega \in \Omega$ 单调下降趋于 0. 由 $d_m(\omega) = d(f(\omega), f_m(\omega))$ 即可证得该引理. □

推论 1.1.1　Ξ 是 $L^1(\Omega, \mathcal{F}, \mu; X)$ 的关于范数 $\|\cdot\|_{L^1}$ 的稠密子集.

命题 1.1.1　令 $(\Omega, \mathcal{F})$ 是一个可测空间, X 是一个 Banach 空间, 则

(1) 从 Ω 到 X 上的可测函数类关于逐点收敛封闭,

(2) 从 Ω 到 X 上的强可测函数类关于逐点收敛封闭.

证明　本命题的证明简单, 请读者完成证明过程. □

推论 1.1.2　$(L^1(\Omega, \mathcal{F}, \mu; X), \|\cdot\|_{L^1})$ 是完备的.

定理 1.1.1

$$\overline{\Xi} = (L^1(\Omega, \mathcal{F}, \mu; X), \|\cdot\|_{L^1}).$$

证明　由推论 1.1.1 和推论 1.1.2 即可得证. □

于是, 由定理 1.1.1 可将 Bochner 积分的定义拓展到空间 $\overline{\Xi} = L^1(\Omega, \mathcal{F}, \mu; X)$ 上. 下面给出 Bochner 积分的性质.

命题 1.1.2 (Bochner 不等式)　令 $f \in L^1(\Omega, \mathcal{F}, \mu; X)$, 则

$$\left\|\int f \mathrm{d}\mu\right\| \leqslant \int \|f\| \mathrm{d}\mu.$$

证明　对 $f \in \Xi$ 易证命题成立, 然后利用唯一的连续延拓 $\overline{\mathrm{Int}} : \overline{\Xi} = L^1(\mu; X) \to X$ 即可. □

命题 1.1.3　令 $f \in L^1(\Omega, \mathcal{F}, \mu; X)$, 则

$$\int L \circ f \mathrm{d}\mu = L\left(\int f \mathrm{d}\mu\right)$$

对所有 $L \in L(X, Y)$ 都成立, 其中 Y 是另一个 Banach 空间.

证明　对 $f \in \Xi$ 易证命题成立, 然后利用唯一的连续延拓 $\overline{\mathrm{Int}} : \overline{\Xi} = L^1(\mu; X) \to X$ 即可. □

设 B 是一个可分的 Banach 空间, 则对任意 B- 值的随机变量, 实值函数 $\omega \mapsto |X(\omega)|_B$ 是可测的. 一个 B- 值的随机变量 X 是可积的当且仅当

$$\mathbf{E}|X|_B := \int_\Omega |X(\omega)|_B P(\mathrm{d}\omega) < \infty.$$

如果 $\mathbf{E}|X|_B^2 < \infty$, 则称 X 是平方可积的.

定义 1.1.11　设 $X(\omega)$ 为一给定的可积 B- 值随机变量, 称其 Bochner 积分

$$\mathbf{E}X := \int_\Omega X(\omega)P(\mathrm{d}\omega)$$

为 $X(\omega)$ 的期望.

下面的命题给出了随机变量条件期望的定义.

命题 1.1.4[21]　设 B 是一个实值可分的 Banach 空间, X 是定义在概率空间 $(\Omega, \mathcal{F}, P)$ 上的 Bochner 可积的 B- 值随机变量, $\mathcal{G}$ 是一个包含在 $\mathcal{F}$ 内的 σ- 域, 则存在唯一的 Bochner 可积的 B- 值随机变量 Z, 关于 $\mathcal{G}$ 是可测的, 且满足

$$\int_A X\mathrm{d}P = \int_A Z\mathrm{d}P, \quad \forall A \in \mathcal{G}.$$

记随机变量 Z 为 $\mathbf{E}(X|\mathcal{G})$, 称为 X 在给定 $\mathcal{G}$ 下的条件期望.

证明　先证明存在性. 如果 X 是简单函数, 则存在 $x_1, x_2, \cdots, x_N \in B$ 和两两不交的集合 $A_1, \cdots, A_N \in \mathcal{F}$ 使得

$$X = \sum_{k=1}^N x_k 1_{A_k}.$$

定义

$$Z = \sum_{k=1}^N x_k P(A_k|\mathcal{G}),$$

则 Z 是 X 的条件期望. 进一步地,

$$|Z|_B \leqslant \sum_{k=1}^N |x_k|_B P(A_k|\mathcal{G}) = \mathbf{E}\left(\sum_{k=1}^N |x_k|_B 1_{A_k}\Big|\mathcal{G}\right) = \mathbf{E}(|X|_B\big|\mathcal{G}).$$

由此利用逼近方法即可证明该命题成立.

再证唯一性. 由于 B 是一个可分的 Banach 空间, 则存在可区分 B 中点的线性泛函 $l_n \in B^*$, $n \in \mathbb{N}$. 设 Z_1, Z_2 是 Bochner 可积的从 Ω 到 B 上的 $\mathcal{G}$- 可测映射, 满足

$$\int_A X\mathrm{d}P = \int_A Z_1\mathrm{d}P = \int_A Z_2\mathrm{d}P$$

对任意 $A \in \mathcal{G}$ 成立, 则对任意 $n \in \mathbb{N}$,

$$\int_A (l_n(Z_1) - l_n(Z_2))\mathrm{d}P = 0$$

对任意 $A \in \mathcal{G}$ 成立. 对 $A := \{l_n(Z_1) > l_n(Z_2)\}$ 和 $A := \{l_n(Z_1) < l_n(Z_2)\}$, 分别应用此式有 $l_n(Z_1) = l_n(Z_2)$, P-a.s., 因此

$$\Omega_0 := \bigcap_{n\in\mathbb{N}} \{l_n(Z_1) = l_n(Z_2)\}$$

是全测集. 因为 l_n, $n \in \mathbb{N}$ 可以区分 B 中的点, 所以在 Ω_0 上 $Z_1 = Z_2$. □

称取值在 B 上的随机变量族 $X(n)$ 是一致可积的当且仅当

$$\lim_{r\to\infty} \sup_n \int_{\{|X(n)|_B \geqslant r\}} |X(n)|_B \mathrm{d}P = 0.$$

下面列举一些条件期望的常用性质.

命题 1.1.5　令 X, Y 是 B 上可积的随机变量, 令 a, $b \in \mathbb{R}$, $\mathcal{G}$ 是 $\mathcal{F}$ 的一个子 σ- 域,

(1) $\mathbf{E}(aX + bY|\mathcal{G}) = a\mathbf{E}(X|\mathcal{G}) + b\mathbf{E}(Y|\mathcal{G})$, P-a.s..

(2) 设 T 是一个从 B 到另一个实值可分 Banach 空间 B_1 的连续线性算子, 则 $\mathbf{E}(TX|\mathcal{G}) = T\mathbf{E}(X|\mathcal{G})$, P-a.s..

(3) 设 X 是 $\mathcal{G}$ 可测的, ζ 是一个实值可积的随机变量, 并且使得 ζX 可积, 则 $\mathbf{E}(\zeta X|\mathcal{G}) = X\mathbf{E}(\zeta|\mathcal{G})$, P-a.s..

(4) 设 $\mathcal{G}'$ 是 $\mathcal{G}$ 的一个子 σ- 域, 则 $\mathbf{E}(X|\mathcal{G}') = \mathbf{E}(\mathbf{E}(X|\mathcal{G})|\mathcal{G}')$, P-a.s..

(5) 如果 X 与 $\mathcal{G}$ 独立, 则 $\mathbf{E}(X|\mathcal{G}) = \mathbf{E}X$, P-a.s..

(6) 如果 $f: \mathbb{R}\to\mathbb{R}$ 是凸函数, $f(|X|_B)$ 可积, 则 $f(|\mathbf{E}(X|\mathcal{G})|_B) \leqslant \mathbf{E}(f(|X|_B)|\mathcal{G})$, P-a.s. 特别地, $|\mathbf{E}(X|\mathcal{G})|_B \leqslant \mathbf{E}(|X|_B\ |\mathcal{G})$.

(7) 设 $(X(n))$ 是 B 上的一致可积的随机变量序列, $X(n)$ 几乎处处收敛于 X, 则 $\mathbf{E}(X(n)|\mathcal{G}) \to \mathbf{E}(X|\mathcal{G})$, P-a.s..

(8) 假设 $(\mathcal{G}_n,\ n \in \mathbb{N})$ 是递增的 σ- 域, 满足 $\mathcal{G} = \sigma(\mathcal{G}_n : n \in \mathbb{N})$, 即 $\mathcal{G}$ 是包含所有 $\mathcal{G}_n$ 的最小 σ- 域, 则 $\mathbf{E}(X|\mathcal{G}_n) \to \mathbf{E}(X|\mathcal{G})$, P-a.s..

证明　利用测度论的经典方法即可, 以 (4) 为例. 设 X 是一个简单函数, 则存在 $x_1, x_2, \cdots, x_N \in B$ 和两两不交的 $A_1, \cdots, A_N \in \mathcal{F}$ 使得

$$X = \sum_{k=1}^{N} x_k 1_{A_k},$$

则

$$\begin{aligned}\mathbf{E}(\mathbf{E}(X|\mathcal{G})|\mathcal{G}') &= \mathbf{E}\left(\mathbf{E}\left(\sum_{k=1}^{N} x_k 1_{A_k}|\mathcal{G}\right)|\mathcal{G}'\right) \\ &= \mathbf{E}\left(\sum_{k=1}^{N} x_k P(A_k|\mathcal{G})|\mathcal{G}'\right) = \sum_{k=1}^{N} x_k P(A_k|\mathcal{G}') = \mathbf{E}(X|\mathcal{G}').\end{aligned}$$

再利用逼近方法即可证明 (4) 成立. □

在本节最后给出几种连续的定义和性质.

定义 1.1.12 称一个 B- 值随机过程 X 是右连续的, 如果

$$X(t+) := \lim_{s\downarrow t, s\in I} X(s) = X(t), \quad \forall t \in I.$$

如果

$$X(t) = \lim_{s\to t, s\in I} X(s), \quad \forall t \in I,$$

则称 X 是连续的. 称一个 B- 值随机过程 X 是 Càdlàg 的, 如果 X 是右连续且左极限存在的.

定义 1.1.13 称一个 B- 值随机过程 $X = (X(t), t \in I)$ 是随机连续或者依概率连续, 如果

$$\lim_{s\to t, s\in I} P(|X(t) - X(s)|_B > \varepsilon) = 0, \quad \forall \varepsilon > 0,\ \forall t \in I.$$

附注 1.1.4 如果 $I \subset \mathbb{R}$ 是紧的, 则任意随机连续的过程 X 还是一致随机连续的, 即 $\forall \varepsilon > 0$, $\exists \delta > 0$, 使得对 $\forall t, s \in I, |t - s| \leqslant \delta$,

$$P(|X(t) - X(s)|_B > \varepsilon) < \varepsilon.$$

定义 1.1.14 称一个 B- 值平方可积的随机过程 $X = (X(t), t \in I)$ 是均方连续的, 如果

$$\lim_{s\to t, s\in I} \mathbf{E}|X(t) - X(s)|_B^2 = 0, \quad \forall t \in I.$$

下面的定理给出了 $\mathbb{R}^d$ 中的随机变量簇存在一个 Hölder 连续修正的矩判别条件, 详见文献 [4].

定理 1.1.2 (Kolmogorov-Loéve-Chentsov 定理) 设 (E, ρ) 是一个完备度量空间, $(X(v), v \in \mathbb{R}^d)$ 是一族 E- 值随机变量. 假设存在 $a, b, c > 0$ 满足

$$\mathbf{E}[\rho(X(v), X(u))]^a \leqslant c|u - v|^{d+b}, \quad u, v \in \mathbb{R}^d,$$

则 X 存在一个指数为 $\alpha \in (0, b/a)$ 的局部 Hölder 连续修正.

引理 1.1.2 (Borel-Cantelli 引理) 如果 $\sum_{n=1}^{\infty} P(A_n) < \infty$, 则 $P(\omega; \omega$ 属于无穷多个 $A_n) = 1$.

证明 该引理的证明可参阅高等概率的教材. □

命题 1.1.6 [4] 任意可测的随机连续的 $(\mathcal{F}_t)$- 适应的 B- 值过程 $(X(t),\ t \in [0, T])$ 存在一个可料的修正.

证明 由随机连续性知存在一个分划 $0 = t_{m,0} < t_{m,1} < \cdots < t_{m,n(m)} = T$, 使得对 $t \in (t_{m,k}, t_{m,k+1}]$,

$$P(|X(t_{m,k}) - X(t)|_B > 2^{-m}) \leqslant 2^{-m}, \quad k = 0, 1, \cdots, n(m) - 1.$$

定义

$$X_m(\omega,t)=1_{\{0\}}(t)X(\omega,0)+\sum_{k=0}^{n(m)-1}1_{(t_{m,k},t_{m,k+1}]}(t)X(\omega,t_{m,k}),$$

则 X_m 是可料的. 记 A 为使得 $X_m(\omega,t)$ 收敛的 $(\omega,t)\in\Omega\times[0,T]$ 构成的集合, 则 A 是一个可料集, 并且过程

$$\tilde{X}(\omega,t)=1_A(\omega,t)\lim_{m\to\infty}X_m(\omega,t)$$

是可料的. 下面证明 $\tilde{X}$ 是 X 的一个版本. 由 Borel-Cantelli 引理, 对任意固定的 $t\in[0,T]$, 存在一个全测集 $\Omega_t\in\mathcal{F}$ 使得对 $\omega\in\Omega_t$ 存在一个 $m_0\in\mathbb{N}$ 满足

$$|X_m(\omega,t)-X(\omega,t)|_B\leqslant 2^{-m},\quad \forall m\geqslant m_0.$$

因此, $\{t\}\times\Omega_t\subset A$, 并且 $X(\omega,t)=\tilde{X}(\omega,t)$ 对 $\omega\in\Omega_t$ 成立, 再由 Fubini 定理命题得证. □

定义 1.1.15 称一族在 $(E,\mathcal{E})$ 上的概率测度 $P_t(x,\cdot)$ 为转移概率, 如果

(1) 对任意的 $x\in E$, $P_0(x,\cdot)=\delta_x$,

(2) 对任意 $\Gamma\in\mathcal{E}$ 和 $t\geqslant 0$, 函数 $E\ni x\mapsto P_t(x,\Gamma)\in\mathbb{R}$ 是可测的,

(3) 测度族满足 Chapman-Kolmogorov 方程

$$P_{t+s}(x,\Gamma)=\int_E P_t(x,\mathrm{d}y)P_s(y,\Gamma),\quad \forall t,s\geqslant 0,\ \forall\Gamma\in\mathcal{E}.$$

由此可以定义作用在 E 上的有界可测函数 $B_b(E)$ 的算子转移半群为

$$P_t\varphi(x):=\int_E P_t(x,\mathrm{d}y)\varphi(y),\quad x\in E,\ t\geqslant 0,\ \varphi\in B_b(E).$$

转移概率和转移半群常用 (P_t) 表示.

定义 1.1.16 称一个 E- 值 $(\mathcal{F}_t)$- 适应的过程 $X=(X(t),t\geqslant 0)$ 为关于 $(\mathcal{F}_t)$ 和 $(\mathcal{P}_t)$ 是 Markov 的, 如果对任意 $t,h\geqslant 0$ 以及 $\varphi\in B_b(E)$,

$$\mathbf{E}(\varphi(X(t+h))|\mathcal{F}_t)=P_h\varphi(X(t)),\qquad P\text{-a.s.}.$$

附注 1.1.5 一般只考虑关于滤子 $\mathcal{F}_t=\sigma(X(s),s\leqslant t)$ 是否是 Markov 的.

§1.2 Wiener 过程及其随机积分

这一节介绍 Wiener 过程及其随机积分, 内容取自于文献 [4], [21] 和 [22] 等.

给定两个可分的 Hilbert 空间 $(U,\langle,\rangle_U)$ 和 $(H,\langle,\rangle)$, $W(t),t\in[0,t]$ 是 U 上的无穷维 Wiener 过程, Φ 是一个从 U 到 H 的线性算子但不一定有界, 下面定义随机 Itô 积分

$$\int_0^t \Phi(s)\mathrm{d}W(s),\quad \forall t\in[0,t].$$

§1.2.1 无穷维 Wiener 过程

记 $L(U)$ 为 U 上的所有有界线性算子构成的集合.

定义 1.2.1 称 $(U,\mathcal{B}(U))$ 上的概率测度 μ 为高斯测度, 如果对任意 $v\in U$, 有界线性映射

$$v':U\to\mathbb{R}$$

$$u\mapsto\langle u,v\rangle_U$$

的分布是高斯分布, 即对任意 $v\in U$, 存在 $m:=m(v)\in\mathbb{R}$ 和 $\sigma:=\sigma(v)\in[0,\infty)$ 使得, 当 $\sigma(v)>0$ 时,

$$(\mu\circ(v')^{-1})(A)=\mu(v'\in A)=\frac{1}{\sqrt{2\pi\sigma^2}}\int_A \mathrm{e}^{-\frac{(x-m)^2}{2\sigma^2}}\mathrm{d}x,\quad \forall A\in\mathcal{B}(\mathbb{R}),$$

当 $\sigma(v)=0$ 时,

$$\mu\circ(v')^{-1}=\delta_{m(v)}.$$

引理 1.2.1[4]引理 2.14 令 ν 是 $(U,\mathcal{B}(U))$ 上的一个概率测度, $k\in\mathbb{N}$ 满足

$$\int_U|\langle z,x\rangle_U|^k\nu(\mathrm{d}x)<\infty,\quad \forall z\in U,$$

则存在常数 $C=C(k,\nu)>0$, 使得对任意的 $h_1,\cdots,h_k\in U$

$$\int_U|\langle h_1,x\rangle_U\cdots\langle h_k,x\rangle_U|\nu(\mathrm{d}x)\leqslant C\|h_1\|_U\cdots\|h_k\|_U.$$

特别地, 对称 k- 线性形式

$$U^k\ni(h_1,\cdots,h_k)\mapsto\int\langle h_1,x\rangle_U\cdots\langle h_k,x\rangle_U\nu(\mathrm{d}x)\in\mathbb{R}$$

是连续的.

定义 1.2.2 设 $X,Y\in L^2(\Omega,\mathcal{F},P;H)$, H 是一个内积为 $\langle\cdot,\cdot\rangle$ 的 Hilbert 空间, 分别定义 X 的协方差算子和 (X,Y) 的相关算子如下

$$\mathrm{Cov}(X)=\mathbf{E}(X-\mathbf{E}(X))\otimes(X-\mathbf{E}(X))$$

和

$$\mathrm{Cov}(X,Y)=\mathbf{E}(X-\mathbf{E}(X))\otimes(Y-\mathbf{E}(Y)).$$

附注 1.2.1　$\mathrm{Cov}(X)$ 是一个对称、非负的 Nuclear 算子，由简单的计算知 $\mathrm{Tr}\,\mathrm{Cov}(X)=\mathbf{E}(|X-\mathbf{E}(X)|^2)$.

定理 1.2.1[4]　一个在 $(U,\mathcal{B}(U))$ 上的测度 μ 是高斯测度当且仅当

$$\hat{\mu}(u):=\int_U \mathrm{e}^{\mathrm{i}\langle u,v\rangle_U}\mu(\mathrm{d}v)=\mathrm{e}^{\mathrm{i}\langle m,u\rangle_U-\frac{1}{2}\langle Qu,u\rangle_U},\quad u\in U,$$

其中 $m\in U$, $Q\in L(U)$ 是非负、对称、迹有限的有界线性算子.

进一步地，对任意 $h,g\in U$

$$\int\langle x,h\rangle_U\mu(\mathrm{d}x)=\langle m,h\rangle_U,$$

$$\int(\langle x,h\rangle_U-\langle m,h\rangle_U)(\langle x,g\rangle_U-\langle m,g\rangle_U)\mu(\mathrm{d}x)=\langle Qh,g\rangle_U,$$

$$\int\|x-m\|_U^2\mu(\mathrm{d}x)=\mathrm{Tr}Q.$$

附注 1.2.2　记 μ 为 $N(m,Q)$，其中 m 称为是均值或者期望，Q 称为是协方差算子. 由定理 1.2.1 可知，测度 μ 由 m 和 Q 唯一决定.

下面的命题用于将 U- 值的高斯随机变量表示成实值的高斯随机变量.

命题 1.2.1　设 $Q\in L(U)$ 是非负、对称、迹有限的有界线性算子，则存在一个 U 中的正交基 e_k, $k\in\mathbb{N}$，使得

$$Qe_k=\lambda_k e_k,\quad \lambda_k\geqslant 0,\ k\in\mathbb{N},$$

并且 0 是序列 $(\lambda_k)_{k\in\mathbb{N}}$ 的唯一凝聚点.

证明　此命题由 Hilbert-Schmidt 定理直接可得.　□

命题 1.2.2[21],[22]　设 $m\in U$, $Q\in L(U)$ 是非负、对称、迹有限的有界线性算子，e_k, $k\in\mathbb{N}$ 是 U 中的 Q 的特征向量构成的正交基，对应的特征值 λ_k, $k\in\mathbb{N}$ 以递减的方式排序，则概率空间 $(\Omega,\mathcal{F},P)$ 上的 U- 值随机变量 X 是高斯型的，且分布为 $P\circ X^{-1}=N(m,Q)$ 当且仅当

$$X=\sum_{k\in\mathbb{N}}\sqrt{\lambda_k}\beta_k e_k+m,$$

其中，β_k, $k\in\mathbb{N}$ 是独立实值的随机变量，对任意使得 $\lambda_k>0$ 的 $k\in\mathbb{N}$，β_k 的分布为 $P\circ\beta_k^{-1}=N(0,1)$. 此级数在 $L^2(\Omega,\mathcal{F},P;U)$ 中收敛.

证明　必要性. 假设 X 是一个均值为 m、协方差为 Q 的高斯随机变量. 下面记 $\langle,\rangle:=\langle,\rangle_U$. 由于 $X=\sum\limits_{k\in\mathbb{N}}\langle X,e_k\rangle e_k$，其中 $\langle X,e_k\rangle$ 是均值为 $\langle m,e_k\rangle$，方差为 λ_k 的实值高斯随机变量. 对使得 $\lambda_k>0$ 的 $k\in\mathbb{N}$ 定义

$$\beta_k:=\frac{\langle X,e_k\rangle-\langle m,e_k\rangle}{\sqrt{\lambda_k}},$$

其他情况定义 $\beta_k \equiv 0$, 则有 $P \circ \beta_k^{-1} = N(0,1)$, 并且 $X = \sum_{k\in\mathbb{N}} \sqrt{\lambda_k}\beta_k e_k + m$. 由于 $\beta_k,\ k \in \mathbb{N}$ 是一族高斯分布, 为证明独立性, 只需检验对 $i \neq j$,

$$\begin{aligned}\mathbf{E}(\beta_i\beta_j) &= \frac{1}{\sqrt{\lambda_i\lambda_j}}\mathbf{E}(\langle X-m, e_i\rangle\langle X-m, e_j\rangle)\\ &= \frac{1}{\sqrt{\lambda_i\lambda_j}}\langle Qe_i, e_j\rangle = \frac{\lambda_i}{\sqrt{\lambda_i\lambda_j}}\langle e_i, e_j\rangle = 0.\end{aligned}$$

由于空间 $L^2(\Omega, \mathcal{F}, P; U)$ 是完备的, 且

$$\mathbf{E}\left(\left\|\sum_{k=m}^{n} \sqrt{\lambda_k}\beta_k e_k\right\|^2\right) = \sum_{k=m}^{n} \lambda_k \mathbf{E}(|\beta_k|^2) = \sum_{k=m}^{n} \lambda_k.$$

对充分大的 m 和 n 可任意小, 注意到 $\sum_{k\in\mathbb{N}} \lambda_k = \mathrm{Tr}Q < \infty$, 因此序列 $\sum_{k=1}^{n} \sqrt{\lambda_k}\beta_k e_k,\ n \in \mathbb{N}$ 在 $L^2(\Omega, \mathcal{F}, P; U)$ 中收敛.

充分性. 由必要性的证明可知, 序列 $\sum_{k=1}^{n} \sqrt{\lambda_k}\beta_k e_k + m,\ n \in \mathbb{N}$ 在空间 $L^2(\Omega, \mathcal{F}, P; U)$ 内收敛于 $X := \sum_{k\in\mathbb{N}} \sqrt{\lambda_k}\beta_k e_k + m$. 下面固定 $u \in U$, 则有

$$\left\langle \sum_{k=1}^{n} \sqrt{\lambda_k}\beta_k e_k + m, u \right\rangle = \sum_{k=1}^{n} \sqrt{\lambda_k}\beta_k \langle e_k, u\rangle + \langle m, u\rangle$$

对任意 $n \in \mathbb{N}$ 都是正态分布, 并且此序列在 $L^2(\Omega, \mathcal{F}, P)$ 内收敛. 这表明 $\langle X, u\rangle$ 也是正态分布的, 其期望为

$$\begin{aligned}\mathbf{E}(\langle X, u\rangle) &= \mathbf{E}\left(\sum_{k\in\mathbb{N}} \sqrt{\lambda_k}\beta_k \langle e_k, u\rangle + \langle m, u\rangle\right)\\ &= \lim_{n\to\infty} \mathbf{E}\left(\sum_{k=1}^{n} \sqrt{\lambda_k}\beta_k \langle e_k, u\rangle\right) + \langle m, u\rangle = \langle m, u\rangle.\end{aligned}$$

协方差为

$$\begin{aligned}&\mathbf{E}((\langle X, u\rangle - \langle m, u\rangle)(\langle X, v\rangle - \langle m, v\rangle))\\ &= \lim_{n\to\infty} \mathbf{E}\left(\sum_{k=1}^{n} \sqrt{\lambda_k}\beta_k \langle e_k, u\rangle \sum_{k=1}^{n} \sqrt{\lambda_k}\beta_k \langle e_k, v\rangle\right)\\ &= \sum_{k\in\mathbb{N}} \lambda_k \langle e_k, u\rangle\langle e_k, v\rangle = \sum_{k\in\mathbb{N}} \langle Qe_k, u\rangle\langle e_k, v\rangle\\ &= \sum_{k\in\mathbb{N}} \langle e_k, Qu\rangle\langle e_k, v\rangle = \langle Qu, v\rangle,\end{aligned}$$

对任意 $u,v\in U$ 成立. 因此 U- 值随机变量 X 是高斯型的, 且具备分布 $P\circ X^{-1}=N(m,Q)$. □

推论 1.2.1 设 $m\in U, Q\in L(U)$ 是一个非负、对称、迹有限的有界线性算子, 则在 $(U,\mathcal{B}(U))$ 上存在一个高斯测度 $\mu=N(m,Q)$.

下面给出标准 Q-Wiener 过程的定义. 从现在起, 固定一个非负、对称、迹有限的有界线性算子 Q 和一个正数 T.

定义 1.2.3 一个定义在某个概率空间 $(\Omega,\mathcal{F},P)$ 上的 U- 值随机过程 $W(t)$, $t\in[0,T]$ 称为是一个 (标准) Q-Wiener 过程, 如果

(1) $W(0)=0$,

(2) W 具有几乎处处的连续轨道,

(3) W 的增量是独立的, 即随机变量

$$W(t_1),W(t_2)-W(t_1),\cdots,W(t_n)-W(t_{n-1})$$

对任意 $0\leqslant t_1<\cdots<t_n\leqslant T$, $n\in\mathbb{N}$ 都是独立的,

(4) 增量具备高斯分布:

$$P\circ(W(t)-W(s))^{-1}=N(0,(t-s)Q),\quad 0\leqslant s\leqslant t\leqslant T.$$

类似于高斯测度的存在性证明, U- 值 Q-Wiener 过程的存在性证明也可以化简到实值情形.

命题 1.2.3 [21],[22] 设 e_k, $k\in\mathbb{N}$ 是 U 的一族正交基, 由 Q 的对应于特征值 λ_k, $k\in\mathbb{N}$ 的特征向量构成, 则一个 U- 值随机过程 $W(t)$, $t\in[0,T]$ 是一个 Q-Wiener 过程当且仅当

$$W(t)=\sum_{k\in\mathbb{N}}\sqrt{\lambda_k}\beta_k(t)e_k,\quad t\in[0,T],$$

其中 β_k, $k\in\{n\in\mathbb{N}|\lambda_n>0\}$ 是定义在某个概率空间 $(\Omega,\mathcal{F},P)$ 上的独立实值布朗运动. 进一步地, 级数在空间 $L^2(\Omega,\mathcal{F},P;C([0,T];U))$ 内收敛, 并且总存在一个 P-a.s. 的连续修正. 特别地, 对任意非负、对称、迹有限的有界线性算子 Q, 存在一个 U 上的 Q-Wiener 过程.

证明 必要性. 设 $W(t)$, $t\in[0,T]$ 是一个 U 上的 Q-Wiener 过程. 因为 $P\circ W(t)^{-1}=N(0,tQ)$, 由命题 1.2.2 的证明可以看到

$$W(t)=\sum_{k\in\mathbb{N}}\sqrt{\lambda_k}\beta_k(t)e_k,\quad t\in[0,T],$$

其中 $\lambda_k>0$ 时,

$$\beta_k(t):=\frac{\langle W(t),e_k\rangle}{\sqrt{\lambda_k}}.$$

对其余情形, 定义 $\beta_k \equiv 0$. 进一步地, 对任意 $t \in [0,T]$, $P \circ \beta_k^{-1}(t) = N(0,t)$, $k \in \mathbb{N}$ 并且 $\beta_k(t)$, $k \in \mathbb{N}$ 是相互独立的.

为证明 $\beta_k(t)$, $t \in [0,T]$ 是相互独立的布朗运动, 注意到

$$\beta_k(t) = \frac{1}{\sqrt{\lambda_k}}\langle W(t), e_k\rangle$$

以及

$$\beta_k(t) - \beta_k(s) = \frac{1}{\sqrt{\lambda_k}}\langle W(t) - W(s), e_k\rangle,$$

因此 $\beta_k(t)$ 对任意 $k \in \mathbb{N}$ 是 P-a.s. 连续的, $P \circ (\beta_k(t) - \beta_k(s))^{-1} = N(0, t-s)$ 对 $0 \leqslant s \leqslant t \leqslant T$ 成立, 以及对任意 $k \in \mathbb{N}$, β_k 的增量也是独立的. 最后只需证明 $\beta_k(t)$, $t \in [0,T]$ 是相互独立的即可, 证明过程留给读者.

充分性. 定义

$$W(t) = \sum_{k \in \mathbb{N}} \sqrt{\lambda_k}\beta_k(t) e_k, \quad t \in [0,T],$$

则 $W(t)$, $t \in [0,T]$ 在 $L^2(\Omega, \mathcal{F}, P; U)$ 内有定义, 且过程 $W(t)$ 的起始点为 0, 由命题 1.2.2 可知其分布为

$$P \circ (W(t) - W(s))^{-1} = N(0, (t-s)Q), \quad 0 \leqslant s < t \leqslant T.$$

因此, $W(t)$ 的增量是相互独立的. 最后只需证明上面的序列在 $L^2(\Omega, \mathcal{F}, P; C([0,T]; U))$ 内收敛, 这可由范数估计结合 $\sum\limits_{k \in N} = \mathrm{Tr}Q < \infty$ 完成证明. □

定义 1.2.4 (关于滤子的 Q-Wiener 过程) 称 Q-Wiener 过程 $W(t)$, $t \in [0,T]$ 为关于滤子 $\mathcal{F}_t$, $t \in [0,t]$ 的 Q-Wiener 过程, 如果

(1) $W(t)$, $t \in [0,T]$ 是 $\mathcal{F}_t$, $t \in [0,T]$ 适应的;

(2) 对任意 $0 \leqslant s \leqslant t \leqslant T$, $W(t) - W(s)$ 关于 $\mathcal{F}_s$ 是独立的.

命题 1.2.4 设 $W(t)$, $t \in [0,t]$ 是定义在概率空间 $(\Omega, \mathcal{F}, P)$ 上的 U- 值 Q-Wiener 过程, 则它是关于某个正则滤子 $\mathcal{F}_t$, $t \in [0,T]$ 的 Q-Wiener 过程.

证明 定义

$$\mathcal{N} := \{A \in \mathcal{F} | P(A) = 0\}, \quad \mathcal{F}_t^w := \sigma(W(s)|s \leqslant t), \quad \bar{\mathcal{F}}_t^w := \sigma(F_t^w \cup \mathcal{N}).$$

可直接验证

$$\mathcal{F}_t := \bigcap_{s>t} \bar{\mathcal{F}}_s^w, \quad t \in [0,T]$$

是一个正则滤子并且满足命题所求. □

§1.2.2 Banach 空间中的鞅

定义 1.2.5 令 $M(t)$, $t \geqslant 0$ 是某个概率空间 $(\Omega, \mathcal{F}, P)$ 上的随机过程, 取值在

某个可分的 Banach 空间 B 内, 设 $\mathcal{F}_t$, $t \geqslant 0$ 是 $(\Omega, \mathcal{F}, P)$ 上的滤子. 称过程 M 是 $\mathcal{F}_t$- 鞅, 如果

(1) $\mathbf{E}(\|M(t)\|) < \infty$ 对任意 $t \geqslant 0$ 成立;

(2) 对任意 $t \geqslant 0$, $M(t)$ 是 $\mathcal{F}_t$- 可测的;

(3) 对任意 $0 \leqslant s \leqslant t < \infty$, $\mathbf{E}(M(t)|\mathcal{F}_s) = M(s)$, P-a.s..

Banach 空间中的鞅与经典概率论中的实值下鞅有下面的联系.

命题 1.2.5　设 $M(t)$, $t \geqslant 0$ 是一个 B- 值的 $\mathcal{F}_t$- 鞅, $p \in [1, \infty)$, 则 $\|M(t)\|^p$, $t \geqslant 0$ 是一个实值 $\mathcal{F}_t$- 下鞅.

证明　因为 B 是可分的, 于是存在一列泛函 $l_k \in B^*$, $k \in \mathbb{N}$, 使得 $\|z\| = \sup l_k(z)$ 对任意 $z \in B$ 成立. 则当 $s < t$ 时,

$$\begin{aligned}\mathbf{E}(\|M_t\| \mid \mathcal{F}_s) &\geqslant \sup_k \mathbf{E}(l_k(M_t)|\mathcal{F}_s) \\ &= \sup_k l_k(\mathbf{E}(M_t|\mathcal{F}_s)) = \sup_k l_k(M_s) = \|M_s\|.\end{aligned}$$

此即对 $p = 1$ 的情形证明了命题. 对 $p \in [1, \infty)$ 的情形可以应用 Jensen 不等式证明. □

定理 1.2.2 (极大不等式)　设 $p > 1$, B 是一个可分的 Banach 空间. 设 $M(t)$, $t \in [0, T]$ 是一个右连续的 B- 值 $\mathcal{F}_t$- 鞅, 则

$$\left(\mathbf{E}\left(\sup_{t\in[0,T]} \|M(t)\|^p\right)\right)^{\frac{1}{p}} \leqslant \frac{p}{p-1} \sup_{t\in[0,T]} \left(\mathbf{E}(\|M(t)\|^p)\right)^{\frac{1}{p}} = \frac{p}{p-1} \left(\mathbf{E}(\|M(T)\|^p)\right)^{\frac{1}{p}}.$$

证明　此不等式的证明只需应用上一个命题并结合实值下鞅的 Doob 极大不等式即可. □

附注 1.2.3　此定理的结论表明对于右连续的 B- 值 $\mathcal{F}_t$- 鞅, $L^p(\Omega, \mathcal{F}, P; C([0,T]; B))$ 范数和 $C([0,T]; L^p(\Omega, \mathcal{F}, P; B))$ 范数是等价的.

下面固定 $0 < T < \infty$ 并记 $\mathcal{M}_T^2(B)$ 为所有的 B- 值连续平方可积鞅 $M(t)$, $t \in [0, T]$ 构成的空间. 这一空间将在定义随机积分时发挥重要作用.

命题 1.2.6　将空间 $\mathcal{M}_T^2(B)$ 赋以范数

$$\begin{aligned}\|M\|_{\mathcal{M}_T^2} &:= \sup_{t\in[0,T]} \left(\mathbf{E}(\|M(t)\|^2)\right)^{\frac{1}{2}} = \left(\mathbf{E}(\|M(T)\|^2)\right)^{\frac{1}{2}} \\ &\leqslant \left(\mathbf{E}\left(\sup_{t\in[0,T]} \|M(t)\|^2\right)\right)^{\frac{1}{2}} \leqslant 2 \cdot \left(\mathbf{E}(\|M(T)\|^2)\right)^{\frac{1}{2}},\end{aligned}$$

则 $\mathcal{M}_T^2(B)$ 是一个 Banach 空间.

证明　由 Riesz-Fischer 定理, 空间 $L^2(\Omega, \mathcal{F}, P; C([0,T]; B))$ 是完备的. 因此只需证明 $\mathcal{M}_T^2$ 是闭的. 这是显然的, 因为鞅在 $L^1(\Omega, \mathcal{F}, P; B)$ 空间中是闭的. □

命题 1.2.7 设 $T>0$, $W(t)$, $t\in[0,T]$ 是一个定义在某个概率空间 $(\Omega,\mathcal{F},P)$ 上的 B- 值的关于某个正则滤子 $\mathcal{F}_t$, $t\in[0,T]$ 的 Q-Wiener 过程, 则 $W(t)$, $t\in[0,T]$ 是一个连续平方可积 $\mathcal{F}_t$- 鞅, 即 $W\in\mathcal{M}_T^2(B)$.

证明 由 Wiener 过程的定义, 连续性是显然的, 而且对任意的 $t\in[0,T]$, 计算可得 $\mathbf{E}(\|W(t)\|_B^2)=t\ \mathrm{Tr}Q<\infty$.

$W(t)$ 是鞅可以直接证明, 设 $0\leqslant s\leqslant t\leqslant T$,

$$\begin{aligned}\mathbf{E}(W(t)|\mathcal{F}_s)&=\mathbf{E}(W(s)+W(t)-W(s)|\mathcal{F}_s)\\&=\mathbf{E}(W(s)|\mathcal{F}_s)+\mathbf{E}(W(t)-W(s))\\&=W(s),\end{aligned}$$

因为 $W(t)-W(s)$ 关于 $\mathcal{F}_s$ 是独立的. □

§1.2.3 随机积分的定义

本小节构造随机积分的过程分四步:

下面固定正实数 T 和概率空间 $(\Omega,\mathcal{F},P)$, 定义 $\Omega_T:=[0,T]\times\Omega$ 和 $P_T:=\mathrm{d}x\otimes P$, 其中 $\mathrm{d}x$ 是 Lebesgue 测度. 设 $Q\in L(U)$ 是对称、非负、迹有限的, 考虑关于某个正则滤子 $\mathcal{F}_t$, $t\in[0,T]$ 的 Q-Wiener 过程 $W(t)$, $t\in[0,T]$.

定义 1.2.6 称定义在 $(\Omega,\mathcal{F},P,(\mathcal{F}_t))$ 上的 $L=L(U,H)$- 值过程 $\Phi(t)$, $t\in[0,T]$ 是基本的, 如果存在 $0=t_0<\cdots<t_k=T$, $k\in\mathbb{N}$ 使得

$$\Phi(t)=\sum_{m=0}^{k-1}\Phi_m 1_{(t_m,t_{m+1}]}(t),\quad t\in[0,T],$$

其中

(1) $\Phi_m:\Omega\to L(U,H)$, $0\leqslant m\leqslant k-1$ 关于 $L(U,H)$ 上的强 Borel σ- 代数是 $\mathcal{F}_{t_m}$- 可测的,

(2) Φ_m, $1\leqslant m\leqslant k-1$ 取 $L(U,H)$ 中的有限个值.

第一步: 首先考虑对 $L(U,H)$- 值基本过程类 Ξ 中的元素 $\Phi\in\Xi$, 定义积分映射 Int:

$$\Phi\mapsto\int_0^t\Phi(s)\mathrm{d}W(s):=\sum_{m=0}^{k-1}\Phi_m(W(t_{m+1}\wedge t)-W(t_m\wedge t)),\quad t\in[0,T],$$

虽然 $\Phi\in\Xi$ 可以有多种表示形式, 读者可以验证这个定义与 $\Phi\in\Xi$ 的具体形式无关.

命题 1.2.8[4],[22] 设 $\Phi\in\Xi$, 则随机积分 $\int_0^t\Phi(s)\mathrm{d}W(s)$, $t\in[0,T]$ 是一个关于滤子 $\mathcal{F}_t$, $t\in[0,T]$ 的连续平方可积鞅, 即

$$\mathrm{Int}:\Xi\to\mathcal{M}_T^2.$$

证明 设 $\Phi\in\mathcal{E}$ 的具体形式为

$$\Phi(t)=\sum_{m=0}^{k-1}\Phi_m 1_{(t_m,t_{m+1}]}(t),\quad t\in[0,T],$$

则由 Wiener 过程的连续性和算子 $\Phi_m(\omega):U\to H,\ 0\leqslant m\leqslant k-1,\ \omega\in\Omega$ 的连续性知

$$t\mapsto\int_0^t\Phi(s)\mathrm{d}W(s):=\sum_{m=0}^{k-1}\Phi_m(W(t_{m+1}\wedge t)-W(t_m\wedge t)),\quad t\in[0,T]$$

是几乎处处连续的. 而且

$$\|\Phi_m(W(t_{m+1}\wedge t)-W(t_m\wedge t))\|\leqslant\|\Phi_m\|_{L(U,H)}\|(W(t_{m+1}\wedge t)-W(t_m\wedge t))\|_U.$$

由于 $W(t),\ t\in[0,T]$ 是平方可积的, 所以对任意 $t\in[0,T]$, $\int_0^t\Phi(s)\mathrm{d}W(s)$ 也是平方可积的.

为了证明鞅性选取 $0\leqslant s\leqslant t\leqslant T$ 和某个 $\mathcal{F}_s$ 中的集合 A. 设 $\{\Phi_m(\omega)\mid\omega\in\Omega\}:=\{L_1^m,\cdots,L_{k_m}^m\}$, 则由 Wiener 过程的鞅性知

$$\begin{aligned}
&\int_A\sum_{m=0}^{k-1}\Phi_m(W(t_{m+1}\wedge t)-W(t_m\wedge t))\mathrm{d}P\\
=&\sum_{0\leqslant m\leqslant k-1,t_{m+1}<s}\int_A\Phi_m(W(t_{m+1}\wedge s)-W(t_m\wedge s))\mathrm{d}P\\
&+\sum_{0\leqslant m\leqslant k-1,s\leqslant t_{m+1}}\sum_{j=1}^{k_m}\int_{A\cap\{\Phi_m=L_j^m\}}L_j^m(W(t_{m+1}\wedge t)-W(t_m\wedge t))\mathrm{d}P\\
=&\sum_{0\leqslant m\leqslant k-1,t_{m+1}<s}\int_A\Phi_m(W(t_{m+1}\wedge s)-W(t_m\wedge s))\mathrm{d}P\\
&+\sum_{0\leqslant m\leqslant k-1,s\leqslant t_{m+1}}\sum_{j=1}^{k_m}L_j^m\int_{A\cap\{\Phi_m=L_j^m\}}(W(t_{m+1}\wedge t)-W(t_m\wedge t))\mathrm{d}P\\
=&\sum_{0\leqslant m\leqslant k-1,t_{m+1}<s}\int_A\Phi_m(W(t_{m+1}\wedge s)-W(t_m\wedge s))\mathrm{d}P\\
&+\sum_{0\leqslant m\leqslant k-1,s\leqslant t_{m+1}}\sum_{j=1}^{k_m}L_j^m\int_{A\cap\{\Phi_m=L_j^m\}}(W(t_{m+1}\wedge s)-W(t_m\wedge s))\mathrm{d}P\\
=&\int_A\sum_{m=0}^{k-1}\Phi_m(W(t_{m+1}\wedge s)-W(t_m\wedge s))\mathrm{d}P.
\end{aligned}$$

□

第二步：证明空间 Ξ 上存在某个范数, 使得

$$\mathrm{Int}:\Xi\to\mathcal{M}_T^2$$

是一个同构. 下面的命题涉及 Hilbert-Schmidt 算子的定义和性质, 参阅 §1.5.

直接计算

$$\int_0^t \Phi(s)\mathrm{d}W(s),\quad t\in[0,T]$$

的 $\mathcal{M}_T^2$- 范数, 则有

命题 1.2.9[4],[22] 设 $\Phi=\sum_{m=0}^{k-1}\Phi_m 1_{(t_m,t_{m+1}]}$ 是一个 $L(U,H)$- 值基本过程, 则

$$\left\|\int_0^{\cdot}\Phi(s)\mathrm{d}W(s)\right\|_{\mathcal{M}_T^2}^2=\mathbf{E}\left(\int_0^T\|\Phi(s)\circ Q^{\frac{1}{2}}\|_{L_2}^2\mathrm{d}s\right)=:\|\Phi\|_T^2.$$

证明 令 $\Delta_m:=W(t_{m+1})-W(t_m)$, 则

$$\begin{aligned}\left\|\int_0^{\cdot}\Phi(s)\mathrm{d}W(s)\right\|_{\mathcal{M}_T^2}^2&=\mathbf{E}\left(\left\|\int_0^T\Phi(s)\mathrm{d}W(s)\right\|_H^2\right)=\mathbf{E}\left(\left\|\sum_{m=0}^{k-1}\Phi_m\Delta_m\right\|_H^2\right)\\&=\mathbf{E}\left(\sum_{m=0}^{k-1}\|\Phi_m\Delta_m\|_H^2\right)+2\mathbf{E}\left(\sum_{0\leqslant m<n\leqslant k-1}\langle\Phi_m\Delta_m,\Phi_n\Delta_n\rangle_H\right).\end{aligned}$$

断言 1：

$$\begin{aligned}\mathbf{E}\left(\sum_{m=0}^{k-1}\|\Phi_m\Delta_m\|_H^2\right)&=\sum_{m=0}^{k-1}(t_{m+1}-t_m)\mathbf{E}\left(\|\Phi_m\circ Q^{\frac{1}{2}}\|_{L_2(U,H)}^2\right)\\&=\int_0^T\mathbf{E}(\|\Phi(s)\circ Q^{\frac{1}{2}}\|_{L^2}^2)\mathrm{d}s.\end{aligned}$$

选取空间 H 的某组正交基 f_k, $k\in\mathbb{N}$, 则由 Parseval 等式和 Levi 单调收敛定理知

$$\mathbf{E}(\|\Phi_m\Delta_m\|_H^2)=\sum_{l\in\mathbb{N}}\mathbf{E}(\langle\Phi_m\Delta_m,f_l\rangle_H^2)=\sum_{l\in\mathbb{N}}\mathbf{E}(\mathbf{E}(\langle\Delta_m,\Phi_m^*f_l\rangle_U^2\mid\mathcal{F}_{t_m})).$$

选取空间 U 的某组正交基 $e_k,k\in\mathbb{N}$, 则有

$$\Phi_m^*f_l=\sum_{k\in\mathbb{N}}\langle f_l,\Phi_m e_k\rangle_H e_k.$$

因为 $\langle f_l,\Phi_m e_k\rangle_H$ 是 $\mathcal{F}_{t_m}$- 可测的, 所以由命题 1.1.1 知 $\Phi_m^*f_l$ 是 $\mathcal{F}_{t_m}$- 可测的. 再由于 $\sigma(\Delta_m)$ 关于 $\mathcal{F}_{t_m}$ 是独立的, 对 P-a.e. $\omega\in\Omega$ 有

$$\mathbf{E}(\langle\Delta_m, \Phi_m^* f_l\rangle_U^2 \mid \mathcal{F}_{t_m})(\omega) = (t_{m+1}-t_m)\langle Q(\Phi_m^*(\omega)f_l), \Phi_m^*(\omega)f_l\rangle_U,$$

这是因为 $\mathbf{E}(\langle\Delta_m, u\rangle_U^2) = (t_{m+1}-t_m)\langle Qu, u\rangle_U$, $\forall\, u \in U$. 最后由 $Q^{\frac{1}{2}}$ 的对称性可以证明断言

$$\begin{aligned}\mathbf{E}(\|\Phi_m\Delta_m\|_H^2) &= \sum_{l\in\mathbb{N}} \mathbf{E}(\mathbf{E}(\langle\Delta_m, \Phi_m^* f_l\rangle_U^2 \mid \mathcal{F}_{t_m}))\\ &= (t_{m+1}-t_m)\sum_{l\in\mathbb{N}} \mathbf{E}(\langle Q(\Phi_m^* f_l), \Phi_m^* f_l\rangle_U)\\ &= (t_{m+1}-t_m)\sum_{l\in\mathbb{N}} \mathbf{E}(\|Q^{\frac{1}{2}}\Phi_m^* f_l\|_U^2)\\ &= (t_{m+1}-t_m)\mathbf{E}\left(\|(\Phi_m \circ Q^{\frac{1}{2}})^*\|_{L_2(H,U)}^2\right)\\ &= (t_{m+1}-t_m)\mathbf{E}\left(\|\Phi_m \circ Q^{\frac{1}{2}}\|_{L_2(U,H)}^2\right)\\ &= \int_{t_m}^{t_{m+1}} \mathbf{E}(\|\Phi(s)\circ Q^{\frac{1}{2}}\|_{L^2}^2)\mathrm{d}s.\end{aligned}$$

断言 2:

$$\mathbf{E}(\langle\Phi_m\Delta_m, \Phi_n\Delta_n\rangle_H) = 0, \quad 0 \leqslant m < n \leqslant k-1.$$

这个可以类似断言 1 证明:

$$\begin{aligned}\mathbf{E}(\langle\Phi_m\Delta_m, \Phi_n\Delta_n\rangle_H) &= \mathbf{E}(\mathbf{E}(\langle\Phi_n^*\Phi_m\Delta_m, \Delta_n\rangle_U \mid \mathcal{F}_{t_n}))\\ &= \int \mathbf{E}(\langle\Phi_n^*(\omega)\Phi_m(\omega)\Delta_m(\omega), \Delta_n\rangle_U)P(\mathrm{d}\omega) = 0,\end{aligned}$$

由于 $\mathbf{E}(\langle u, \Delta_n\rangle_U) = 0$, $\forall\, u \in U$, 因而命题得证. □

因此

$$\mathrm{Int}: (\Xi, \|\cdot\|_T) \to (\mathcal{M}_T^2, \|\cdot\|_{\mathcal{M}_T^2})$$

是一个同构变换. 所以可以将 Int 唯一地延拓到 Ξ 关于 $\|\cdot\|_T$ 的完备化 $\overline{\Xi}$ 上.

第三步: 给出 $\overline{\Xi}$ 的一个显式表示.

引入子空间 $U_0 := Q^{\frac{1}{2}}(U)$, 并定义其上的内积为

$$\langle u_0, v_0\rangle_0 := \langle Q^{-\frac{1}{2}}u_0, Q^{-\frac{1}{2}}v_0\rangle_U,$$

其中 $u_0, v_0 \in U_0$, 当 Q 不单时, $Q^{-\frac{1}{2}}$ 是 $Q^{\frac{1}{2}}$ 的伪逆.

下面的命题可以借助泛函知识证明:

命题 1.2.10 (1) $(U_0, \langle,\rangle_0)$ 是一个可分的 Hilbert 空间.

(2) 设 g_k, $k \in \mathbb{N}$ 是空间 $(\mathrm{Ker}\, Q)^{\perp}$ 的一组正交基, 则 $Q^{\frac{1}{2}}g_k$, $k \in \mathbb{N}$ 是 $(U_0, \langle,\rangle_0)$ 的一组正交基.

可分 Hilbert 空间 $L_2(U_0, H)$ 以后记为 L_2^0. 由上一命题知, 对任意 $L \in L_2^0$,

$$\|L\|_{L_2^0} = \|L \circ Q^{\frac{1}{2}}\|_{L_2}.$$

定义 $L(U,H)_0 := \{T|_{U_0} \mid T \in L(U,H)\}$, 则 $L(U,H)_0 \subset L_2^0$. 进一步地, $\Phi \in \Xi$ 的 $\|\cdot\|_T$ 范数可以改写成

$$\|\Phi\|_T = \left(\mathbf{E}\left(\int_0^T \|\Phi(s) \circ Q^{\frac{1}{2}}\|_{L_2}^2 \mathrm{d}s\right)\right)^{\frac{1}{2}} = \left(\mathbf{E}\left(\int_0^T \|\Phi(s)\|_{L_2^0}^2 \mathrm{d}s\right)\right)^{\frac{1}{2}}.$$

引理 1.2.2 L_2^0 空间存在一组完全由 $L(U,H)_0$ 的元素构成的正交基, 即 $L(U,H)_0$ 是 L_2^0 的稠密子集.

证明 因为 Q 是对称的、非负的, 且 $\operatorname{Tr} Q < \infty$, 则存在 U 的一组正交基 e_k, $k \in \mathbb{N}$, 使得 $Qe_k = \lambda_k e_k$, $\lambda_k \geqslant 0$, $k \in \mathbb{N}$. 进一步地, 当 $\lambda_k > 0$ 时, $Q^{\frac{1}{2}} e_k = \sqrt{\lambda_k} e_k$, $k \in \mathbb{N}$ 是空间 U_0 的一组正交基.

设 f_k, $k \in \mathbb{N}$ 是空间 H 的一组正交基, 易知

$$f_j \otimes \sqrt{\lambda_k} e_k = f_j \langle \sqrt{\lambda_k} e_k, \cdot \rangle_{U_0} = \frac{1}{\sqrt{\lambda_k}} f_j \langle e_k, \cdot \rangle_U, \quad j, k \in \mathbb{N},\ \lambda_k > 0$$

是 $L(U,H)$ 中的算子簇, 它们构成了一组 L_0^2 的正交基. 显然, 集合 $\operatorname{span}\left(\left\{\frac{1}{\sqrt{\lambda_k}} f_j \otimes e_k \mid j,\ k \in \mathbb{N},\ \lambda_k > 0\right\}\right)$ 的闭包是 L_2^0. □

下面需要考虑可料 σ- 代数:

$$\begin{aligned}\mathcal{P}_T &:= \sigma(\{(s,t] \times F_s \mid 0 \leqslant s < t \leqslant T,\ F_s \in \mathcal{F}_s\} \cup \{\{0\} \times F_0 \mid F_0 \in \mathcal{F}_0\}) \\ &= \sigma(Y : \Omega_T \to \mathbb{R} \mid Y \text{ 是左连续的, 关于 } \mathcal{F}_t,\ t \in [0,T] \text{ 是适应的}).\end{aligned}$$

命题 1.2.11[22],[23] 设 Φ 是一个 L_2^0- 值的可料过程, 且 $\|\Phi\|_T < \infty$, 则存在一个 $L(U,H)_0$- 值的基本过程列 Φ_n, $n \in \mathbb{N}$, 满足

$$\|\Phi - \Phi_n\|_T \to 0,$$

当 $n \to \infty$ 时.

证明 第一步: 设 Φ 是一个 L_2^0- 值的可料过程且 $\|\Phi\|_T < \infty$. 因为 L_2^0 是一个 Hilbert 空间, 由引理 1.1.1 和 Lebesgue 控制收敛定理知, 存在一个简单随机变量列 $\Phi_n = \sum_{k=1}^{M_n} L_k^n 1_{A_k^n}$, $A_k^n \in \mathcal{P}_T$ 及 $L_k^n \in L_2^0$, $n \in \mathbb{N}$, 使得

$$\|\Phi - \Phi_n\|_T \to 0,$$

当 $n \to \infty$ 时.

因此只需对 $\Phi = L1_A$ 的情形, 其中 $L \in L_2^0$ 及 $A \in \mathcal{P}_T$, 证明命题.

第二步: 设 $A \in \mathcal{P}_T$ 及 $L \in L_2^0$, 则由引理 1.2.2 知, 存在一个 $L(U,H)_0$ 中的序列 L_n, $n \in \mathbb{N}$, 使得

$$\|L1_A - L_n 1_A\|_T \to 0,$$

当 $n \to \infty$ 时.

因此只需对 $\Phi = L1_A$, $L \in L(U,H)_0$ 及 $A \in \mathcal{P}_T$ 的情形证明命题.

第三步: 设 $\Phi = L1_A$, $L \in L(U,H)_0$ 且 $A \in \mathcal{P}_T$, 试图证明存在一个 $L(U,H)_0$-值的基本过程列 Φ_n, $n \in \mathbb{N}$, 使得

$$\|L1_A - \Phi_n\|_T \to 0,$$

当 $n \to \infty$ 时.

为此只需证明对任意 $\varepsilon > 0$, 存在一个有限并 $\Lambda = \bigcup\limits_{n=1}^{N} A_n$, 其中

$$A_n \in \{(s,t] \times F_s \mid 0 \leqslant s < t \leqslant T,\ F_s \in \mathcal{F}_s\} \cup \{\{0\} \times F_0 \mid F_0 \in \mathcal{F}_0\} =: \mathcal{A}$$

是两两不交的可料矩形, 使得

$$P_T((A \backslash \Lambda) \cup (\Lambda \backslash A)) < \varepsilon.$$

由此, $\sum\limits_{n=1}^{N} L1_{A_n}$ 与一个基本过程至多相差一个函数 $1_{\{0\}\times F_0}$, $F_0 \in \mathcal{F}_0$, 而 $1_{\{0\}\times F_0}$ 的 $\|\cdot\|_T$- 范数为 0, 且

$$\left\| L1_A - \sum_{n=1}^{N} L1_{A_n} \right\|_T^2 = E\left(\int_0^T \left\| L\left(1_A - \sum_{n=1}^{N} 1_{A_n} \right) \right\|_{L_2^0}^2 \mathrm{d}s \right) \leqslant \varepsilon \|L\|_{L_2^0}^2.$$

最后定义

$$\mathcal{K} := \left\{ \bigcup_{i \in I} A_i \mid I \text{ 是有限区间}, A_i \in \mathcal{A},\ i \in I \right\},$$

令 $\mathcal{G}$ 是由所有可以被 $\mathcal{K}$ 中元素近似的 $A \in \mathcal{P}_T$ 构成的集族, 则 $\mathcal{K}$ 是一个代数, 且任意 $\mathcal{K}$ 中的元素可以表示成 $\mathcal{A}$ 中有限个元素的无交并. 进一步地, $\mathcal{G}$ 是一个 Dynkin 系, 因此由 $\mathcal{K} \subset \mathcal{G}$ 知, $\mathcal{P}_T = \sigma(\mathcal{K}) = \mathcal{D}(\mathcal{K}) \subset \mathcal{G}$. □

为简单起见, 用 $\mathcal{N}_W^2(0,T)$ 或 $\mathcal{N}_W^2$ 表示 $\mathcal{N}_W^2(0,T;H)$.

定理 1.2.3 存在 Ξ 的一个明确表示, 即为

$$\begin{aligned}\mathcal{N}_W^2(0,T;H) &= \{\Phi : [0,T] \times \Omega \to L_2^0 \mid \Phi \text{ 是可料的, 且} \|\Phi\|_T < \infty\} \\ &= L^2([0,T] \times \Omega, \mathcal{P}_T, \mathrm{d}t \otimes P; L_2^0).\end{aligned}$$

证明 因为 $L(U,H)_0 \subset L_2^0$, 且由构造知任意 $\Phi \in \Xi$ 是 L_2^0- 值可料过程, 所以有 $\Xi \subset \mathcal{N}_W^2$. 再由上面的引理和命题知, $\Xi \supset \mathcal{N}_W^2$. 因此仅需证明 $\mathcal{N}_W^2 = L^2(\Omega_T, \mathcal{P}_T, P_T; L_2^0)$ 是完备的, 这可以由 L_2^0 的完备性推得. □

第四步: 最后通过所谓的局部化过程将随机积分的定义推广到线性空间

$$\begin{aligned}&\mathcal{N}_W(0,T;H)\\ :=&\left\{\Phi : [0,T]\times\Omega \to L_2^0 \mid \Phi \text{ 是可料的且 } P\left(\int_0^T \|\Phi(s)\|_{L_2^0}^2 \mathrm{d}s < \infty\right) = 1\right\}.\end{aligned}$$

为简单起见也用 $\mathcal{N}_W(0,T)$ 或 $\mathcal{N}_W$ 表示 $\mathcal{N}_W(0,T;H)$. $\mathcal{N}_W$ 称为是 $[0,T]$ 上的随机可积过程类.

对 $\Phi \in \mathcal{N}_W$, 定义

$$\tau_n := \inf\left\{t \in [0,T] \,\middle|\, \int_0^t \|\Phi(s)\|_{L_2^0}^2 \mathrm{d}s > n\right\} \wedge T,$$

则由 $\mathcal{F}_t$, $t \in [0,T]$ 的右连续性知

$$\{\tau_n \leqslant t\} = \bigcap_{m\in\mathbb{N}} \left\{\tau_n < t + \frac{1}{m}\right\} = \bigcap_{m\in\mathbb{N}} \bigcup_{q\in[0,t+\frac{1}{m})\cap\mathbb{Q}} \left\{\int_0^q \|\Phi(s)\|_{L_2^0}^2 \mathrm{d}s > n\right\} \in \mathcal{F}_t.$$

因此 τ_n, $n \in \mathbb{N}$ 是关于 $\mathcal{F}_t$, $t \in [0,T]$ 的递增停时序列, 满足

$$\mathbf{E}\left(\int_0^T \|1_{(0,\tau_n]}(s)\Phi(s)\|_{L_2^0}^2 \mathrm{d}s\right) \leqslant n < \infty.$$

进一步地, 过程 $1_{(0,\tau_n]}(s)\Phi$, $n \in \mathbb{N}$ 是 L_2^0- 可料的. 这是因为 $1_{(0,\tau_n]}$ 是 $\mathcal{F}_t$- 适应的左连续过程, 或者考虑

$$\begin{aligned}\{(s,\omega) \in \Omega_T \mid 0 < s \leqslant \tau_n(\omega)\} &= (\{(s,\omega) \in \Omega_T \mid \tau_n(\omega) < s \leqslant T\} \cup \{0\} \times \Omega)^c\\ &= \left(\bigcup_{q\in\mathbb{Q}} (\,(q,T] \times \{\tau_n \leqslant q\}) \cup \{0\} \times \Omega\right)^c \in \mathcal{P}_T.\end{aligned}$$

因此随机积分

$$\int_0^t 1_{(0,\tau_n]}(s)\Phi(s)\mathrm{d}W(s), \quad t \in [0,T],$$

对任意 $n \in \mathbb{N}$ 是适定的. 对任意 $t \in [0,T]$, 令

$$\int_0^t \Phi(s)\mathrm{d}W(s) := \int_0^t 1_{(0,\tau_n]}(s)\Phi(s)\mathrm{d}W(s),$$

其中 n 是任意一个使得 $\tau_n \geqslant t$ 的自然数 (其实对 P-a.s. $\omega \in \Omega$, 存在 $n(\omega) \in \mathbb{N}$ 使得 $\tau_n(\omega) = T$, 当 $n \geqslant n(\omega)$ 时).

下面证明该定义是协调的, 即对任意自然数 $m < n$ 和 $t \in [0,T]$, 证明在 $\{\tau_m \geqslant t\} \subset \{\tau_n \geqslant t\}$ 上

$$\int_0^t 1_{(0,\tau_n]}(s)\Phi(s)\mathrm{d}W(s) = \int_0^t 1_{(0,\tau_m]}(s)\Phi(s)\mathrm{d}W(s), \quad P\text{-a.s.},$$

这可以由下面的引理推得, 该引理的结果还表明过程 $\int_0^t \Phi(s)\mathrm{d}W(s) := \int_0^t 1_{(0,\tau_n]}(s)\times \Phi(s)\mathrm{d}W(s)$ 是一个连续 H- 值局部鞅.

引理 1.2.3[4] 设 $\Phi \in \mathcal{N}_W^2$, τ 是一个 $\mathcal{F}_t$- 停时, 满足 $P(\tau \leqslant T) = 1$, 则

$$\begin{aligned}\int_0^t 1_{(0,\tau]}(s)\Phi(s)\mathrm{d}W(s) &= \mathrm{Int}(1_{(0,\tau]}\Phi)(t) = \mathrm{Int}(\Phi)(\tau \wedge t)\\ &= \int_0^{\tau\wedge t} \Phi(s)\mathrm{d}W(s), \quad P\text{-a.s.},\end{aligned}$$

对任意 $t \in [0,T]$ 成立.

因此, 对任意自然数 $m < n$, 在 $\{\tau_m \geqslant t\} \subset \{\tau_n \geqslant t\}$ 上

$$\begin{aligned}\int_0^t 1_{(0,\tau_n]}(s)\Phi(s)\mathrm{d}W(s) &= \int_0^{\tau_m\wedge t} 1_{(0,\tau_n]}(s)\Phi(s)\mathrm{d}W(s)\\ &= \int_0^t 1_{(0,\tau_n]}(s)1_{(0,\tau_m]}(s)\Phi(s)\mathrm{d}W(s)\\ &= \int_0^t 1_{(0,\tau_m]}(s)\Phi(s)\mathrm{d}W(s), \quad P\text{-a.s.},\end{aligned}$$

其中第二个等号成立是由引理 1.2.3 推得.

最后, 证明随机积分的定义并不依赖于停时 τ_n, $n \in \mathbb{N}$ 的选择. 如果 σ_n, $n \in \mathbb{N}$ 是另一个停时序列, 满足当 $n \to \infty$ 时, $\sigma_n \uparrow T$, 且对任意 $n \in \mathbb{N}$, $1_{(0,\sigma_n]}\Phi \in \mathcal{N}_W^2$, 则有

$$\int_0^t \Phi(s)\mathrm{d}W(s) = \lim_{n\to\infty} \int_0^t 1_{(0,\sigma_n]}(s)\Phi(s)\mathrm{d}W(s), \quad P\text{-a.s.}, \quad \forall\, t \in [0,T].$$

事实上, 令 $t \in [0,T]$, 则在集合 $\{\tau_m \geqslant t\}$ 上

$$\begin{aligned}\int_0^t \Phi(s)\mathrm{d}W(s) &= \int_0^t 1_{(0,\tau_m]}(s)\Phi(s)\mathrm{d}W(s)\\ &= \lim_{n\to\infty} \int_0^{t\wedge\sigma_n} 1_{(0,\tau_m]}(s)\Phi(s)\mathrm{d}W(s)\\ &= \lim_{n\to\infty} \int_0^{t\wedge\tau_m} 1_{(0,\sigma_n]}(s)\Phi(s)\mathrm{d}W(s)\\ &= \lim_{n\to\infty} \int_0^t 1_{(0,\sigma_n]}(s)\Phi(s)\mathrm{d}W(s), \quad P\text{-a.s.}.\end{aligned}$$

§1.2.4 柱面 Wiener 过程的随机积分

设 $Q \in L(U)$ 是非负定的对称算子. 上文提到当 Q 的迹是有限时, Q-Wiener 过程有如下的表示:

$$W(t) = \sum_{k\in \mathbb{N}} \sqrt{\lambda_k}\beta_k(t)e_k = \sum_{k\in \mathbb{N}} \beta_k(t)\tilde{e}_k, \quad t \in [0,T],$$

其中 $\tilde{e}_k$, $k \in \mathbb{N}$ 恰是 $Q^{\frac{1}{2}}(U) = U_0$ 的一组正交基, β_k, $k \in \mathbb{N}$ 是一族独立的实值布朗运动. 如果 Q 的迹是无限的, 则这个序列不再收敛. 然而可以借助另一个"任意"的空间来克服这一问题, 从而引入柱面 Wiener 过程.

设 U_1 是一个 Hilbert 空间, 满足: U 连续的嵌入到 U_1 并且 U_0 嵌入到 U_1 是 Hilbert-Schmidt 的, 即存在一个 Hilbert-Schmidt 嵌入

$$J : (U_0, \langle,\rangle_0) \to (U_1, \langle,\rangle_1).$$

其实, 这样的 $(U_1, \langle,\rangle_1)$ 和 J 总是存在的. 不妨选取 $U_1 := U$ 以及 $\alpha_k \in (0,+\infty)$, $k \in \mathbb{N}$, 满足 $\sum\limits_{k=1}^{\infty} \alpha_k^2 < \infty$. 定义 $J : U_0 \to U$ 如下

$$J(u) := \sum_{k=1}^{\infty} \alpha_k \langle u, \tilde{e}_k\rangle_0 \tilde{e}_k, \quad u \in U_0,$$

则 J 是一一的 Hilbert-Schmidt 映射.

下面的命题构造了 U 值柱面 Q-Wiener 过程.

命题 1.2.12[4],[22],[23] 设 $\tilde{e}_k$,$k \in \mathbb{N}$ 是 $U_0 = Q^{\frac{1}{2}}(U)$ 的一组正交基, β_k ,$k \in \mathbb{N}$ 是一族独立的实值布朗运动. 定义 $Q_1 := JJ^*$, 则 $Q_1 \in L(U_1)$ 是非负定、迹有限的对称算子并且序列

$$\tilde{W}(t) = \sum_{k=1}^{\infty} \beta_k(t) J\tilde{e}_k, \quad t \in [0,T] \tag{1.2.1}$$

在 $\mathcal{M}_T^2(U_1)$ 中收敛, 其恰是 U_1 上的 Q_1-Wiener 过程. 进一步地, $Q_1^{\frac{1}{2}}(U_1) = J(U_0)$, 并对任意 $u_0 \in U_0$

$$\|u_0\|_0 = \|Q_1^{-\frac{1}{2}} Ju_0\|_1 = \|Ju_0\|_{Q_1^{\frac{1}{2}}(U_1)},$$

即 $J : U_0 \to Q_1^{\frac{1}{2}}(U_1)$ 是一个同构映射.

证明 定义 $\mathcal{G}_t := \sigma\left(\bigcup\limits_{j\in\mathbb{N}} \sigma(\beta_j(s)|s \leqslant t)\right)$, 则显然

$$W_n(t) := \sum_{j=1}^{n} \beta_j(t) J(\tilde{e}_j), \quad t \in [0,T]$$

是一个关于 $\mathcal{G}_t$, $t\in[0,T]$ 的连续 U_1- 值鞅. 而且, 有

$$\mathbf{E}\left(\sup_{t\in[0,T]}\left\|\sum_{j=n}^m\beta_j(t)J(\tilde{e}_j)\right\|_1^2\right)\leqslant 4\sup_{t\in[0,T]}\mathbf{E}\left(\left\|\sum_{j=n}^m\beta_j(t)J(\tilde{e}_j)\right\|_1^2\right)$$
$$=4T\sum_{j=n}^m\|J(\tilde{e}_j)\|_1^2,\quad m\geqslant n\geqslant 1.$$

注意到 $\|J\|^2_{L_2(U_0,U_1)}=\sum_{j\in\mathbb{N}}\|J(\tilde{e}_j)\|_1^2<\infty$, 因此 $W_n(t)$, $t\in[0,T]$ 在空间 $\mathcal{M}_T^2(U_1)$ 中收敛, 其极限 $W(t)$, $t\in[0,T]$ 是几乎处处连续的.

下面证明 $P\circ(W(t)-W(s))^{-1}=N(0,(t-s)JJ^*)$. 事实上, 易见 $\langle W(t)-W(s),u_1\rangle_1$ 对任意 $0\leqslant s<t\leqslant T$ 和 $u_1\in U_1$ 是正态的, 并且

$$\mathbf{E}\langle W(t)-W(s),u_1\rangle_1=0,$$

$$\begin{aligned}&\mathbf{E}(\langle W(t)-W(s),u_1\rangle_1\langle W(t)-W(s),v_1\rangle_1)\\=&\sum_{k\in\mathbb{N}}(t-s)\langle J\tilde{e}_k,u_1\rangle_1\langle J\tilde{e}_k,v_1\rangle_1\\=&(t-s)\sum_{k\in\mathbb{N}}\langle\tilde{e}_k,J^*u_1\rangle_0\langle\tilde{e}_k,J^*v_1\rangle_0\\=&(t-s)\langle J^*u_1,J^*v_1\rangle_0=(t-s)\langle JJ^*u_1,v_1\rangle_1.\end{aligned}$$

因此只要再证明 $W(t)$, $t\in[0,T]$ 的增量是独立的, 则 $W(t)$ 就是一个在 U_1 中的 Q_1-Wiener 过程. 而增量的独立性仿照命题 1.2.3 证明即可. 余下部分留给读者完成. □

由命题 1.2.12 知 $Q_1^{\frac{1}{2}}(U_1)=J(U_0)$, 并且

$$\langle Ju_0,Jv_0\rangle_{Q_1^{\frac{1}{2}}(U_1)}=\langle Q_1^{-\frac{1}{2}}Ju_0,Q_1^{-\frac{1}{2}}Jv_0\rangle_1=\langle u_0,v_0\rangle_0,$$

对任意 u_0, $v_0\in U_0$ 成立 (平行四边形法则). 特别地, $J\tilde{e}_k$, $k\in\mathbb{N}$ 是 $Q_1^{\frac{1}{2}}(U_1)$ 的一组正交基. 因此由

$$\begin{aligned}\|\Phi\|^2_{L_2^0}=&\sum_{k\in\mathbb{N}}\langle\Phi\tilde{e}_k,\Phi\tilde{e}_k\rangle\\=&\sum_{k\in\mathbb{N}}\langle\Phi\circ J^{-1}(J\tilde{e}_k),\Phi\circ J^{-1}(J\tilde{e}_k)\rangle=\|\Phi\circ J^{-1}\|^2_{L_2(Q_1^{\frac{1}{2}}(U_1),H)}\end{aligned}$$

知

$$\Phi\in L_2^0=L_2(Q^{\frac{1}{2}}(U),H)\Leftrightarrow\Phi\circ J^{-1}\in L_2(Q_1^{\frac{1}{2}}(U_1),H).$$

下面对随机可积过程类

$$\mathcal{N}_W=\left\{\Phi:[0,T]\times\Omega\to L_2^0 \mid \Phi \text{ 是可料的}, P\left(\int_0^T\|\Phi(s)\|_{L_2^0}^2\mathrm{d}s<\infty\right)=1\right\}$$

定义关于 Q-Wiener 过程的随机积分, 即使 Q 的迹是无限的. 事实上只需定义

$$\int_0^t\Phi(s)\mathrm{d}W(s):=\int_0^t\Phi(s)\circ J^{-1}\mathrm{d}\tilde{W}(s),\quad t\in[0,T], \tag{1.2.2}$$

等式的右边是合理的, 因为 $\Phi(s)\circ J^{-1}$ 属于随机可积过程类

$$\mathcal{N}_{\tilde{W}}=\Big\{\tilde{\Phi}:\Omega_T\to L_2(Q_1^{\frac{1}{2}}(U_1),H)\mid \tilde{\Phi} \text{ 是可料的},$$
$$P\Big(\int_0^T\|\tilde{\Phi}(s)\|^2_{L_2(Q_1^{\frac{1}{2}}(U_1),H)}\mathrm{d}s<\infty\Big)=1\Big\},$$

并且 $\tilde{W}$ 是一个 Q_1-Wiener 过程, Q_1 的迹是有限的.

最后强调 (1.2.2) 定义的随机积分并不依赖于 $(U_1,\langle,\rangle_1)$ 和 J 的选择. 这可以由柱面 Wiener 过程的构造知, 因为由 (1.2.1) 知, (1.2.2) 的定义对基本过程而言并不依赖于 J 的选择.

附注 1.2.4 当 $Q\in L(U)$ 是非负、迹有限的对称算子时, 标准 Q-Wiener 过程也是一个柱面 Q-Wiener 过程. 事实上, 令 $J=I:U_0\to U$, I 是嵌入映射即可. 在这种情形下, (1.2.2) 的两边恰恰相同, 即此时随机积分的定义得到统一.

§1.2.5 随机积分的性质

设 E 为一个可分的 Hilbert 空间. 记 $L_1(E)$ 为 E 上的所有 Nuclear 算子构成的空间, 其上装配 Nuclear 范数. 则 $L_1=L_1(E)$ 是一个可分 Banach 空间.

一个 L_1- 值的过程 $V(\cdot)$ 称为是递增的, 如果算子 $V(t)$, $t\in[0,T]$ 是非负的并且当 $0\leqslant t\leqslant s\leqslant T$ 时, $V(t)\leqslant V(s)$. 一个 L_1 值的满足 $V(0)=0$ 的连续、适应、递增过程 V 称为是鞅 $M(\cdot)$ 的二次变差过程当且仅当对任意 a, $b\in E$, 过程

$$\langle M(t),a\rangle\langle M(t),b\rangle-\langle V(t)a,b\rangle,\quad t\in[0,T]$$

是一个 $\mathcal{F}_t$- 鞅, 即等价地要求

$$M(t)\otimes M(t)-V(t),\quad t\in[0,T]$$

是一个 $\mathcal{F}_t$- 鞅. 由下面的命题知, $V(\cdot)$ 由鞅 $M(\cdot)$ 唯一决定, 以后记为 $\langle\langle M(t)\rangle\rangle$, $t\in[0,T]$.

附注 1.2.5 二次变差过程也称为角括号过程.

命题 1.2.13[4] 任意 $M \in \mathcal{M}_T^2(E)$ 恰有一个二次变差过程.

定义 1.2.7 (局部鞅) 一个 B- 值过程 $(X(t),\ t \geqslant 0)$ 称为是关于滤子 $(\mathcal{F}_t)$ 的 B- 值局部鞅, 或局部鞅, 如果它是 $(\mathcal{F}_t)$- 适应的, 并且存在一列关于 $(\mathcal{F}_t)$ 的停时 $\tau_n \uparrow \infty$, 使得过程 $X^{\tau_n}(t) := X(t \wedge \tau_n),\ t \geqslant 0$ 为鞅.

定理 1.2.4[4] 设 $\Phi \in \mathcal{N}_W^2(0,T;H)$, 则随机积分 $\int_0^t \Phi(s)\mathrm{d}W(s)$ 是一个连续平方可积鞅, 其二次变差过程为

$$\left\langle\left\langle \int_0^t \Phi(s)\mathrm{d}W(s) \right\rangle\right\rangle = \int_0^t Q_\Phi(s)\mathrm{d}s,$$

其中

$$Q_\Phi(s) = (\Phi(s)Q^{\frac{1}{2}})(\Phi(s)Q^{\frac{1}{2}})^*, \quad s,\ t \in\ [0,T].$$

如果 $\Phi \in \mathcal{N}_W(0,T;H)$, 则 $\int_0^t \Phi(s)\mathrm{d}W(s)$ 是一个局部鞅.

下面的命题在计算中经常用到.

命题 1.2.14[4] 设 $\Phi_1,\ \Phi_2 \in \mathcal{N}_W^2(0,T;H)$, 则

$$\mathbf{E}\int_0^t \Phi_i(s)\mathrm{d}W(s) = 0, \quad \mathbf{E}\left\|\int_0^t \Phi_i(s)\mathrm{d}W(s)\right\|^2 < \infty, \quad t \in [0,T];\ i = 1,2.$$

进一步地, $\left(\int_0^t \Phi_1(s)\mathrm{d}W(s), \int_0^s \Phi_2(r)\mathrm{d}W(r)\right)$ 的相关算子由下式给出:

$$V(t,s) = \mathbf{E}\int_0^{t\wedge s} (\Phi_2(r)Q^{\frac{1}{2}})(\Phi_1(r)Q^{\frac{1}{2}})^*\mathrm{d}r. \tag{1.2.3}$$

相关算子的定义同定义 1.2.2.

证明 注意到 $(\Phi_2(r)Q^{\frac{1}{2}})$ 和 $(\Phi_1(r)Q^{\frac{1}{2}})^*, r \in [0,T]$ 分别是 $L_2(U,H)$ 和 $L_2(H,U)$-值的过程. 因此过程 $(\Phi_2(r)Q^{\frac{1}{2}})(\Phi_1(r)Q^{\frac{1}{2}})^*,\ r \in [0,T]$ 是一个 $L_1(H,H)$- 值过程并且

$$\begin{aligned}&|(\Phi_2(r)Q^{\frac{1}{2}})(\Phi_1(r)Q^{\frac{1}{2}})^*|_{L_1(H,H)}\\ \leqslant&|(\Phi_2(r)Q^{\frac{1}{2}})|_{L_2(U,H)}|(\Phi_1(r)Q^{\frac{1}{2}})^*|_{L_2(H,U)}, \quad r \in [0,T].\end{aligned}$$

再由 Cauchy-Schwarz 不等式,

$$\mathbf{E}\int_0^T |(\Phi_2(r)Q^{\frac{1}{2}})(\Phi_1(r)Q^{\frac{1}{2}})^*|_{L_1(H,H)}\mathrm{d}r < \infty, \tag{1.2.4}$$

所以 (1.2.3) 是 $L_1(H,H)$- 值的 Bochner 积分.

下面考虑 Φ_1 和 Φ_2 是基本过程的情形, 即存在 $0 = t_0 < \cdots < t_k = T,\ k \in \mathbb{N}$, 使得

$$\Phi_i(t)=\sum_{m=0}^{k-1}\Phi_{im}1_{(t_m,t_{m+1}]}(t),\quad t\in[0,T],$$

其中 Φ_{im} $(i=1,2;m=0,\cdots,k-1)$ 是 $\mathcal{F}_{t_m}$- 可测的, 仅取 $L(U,H)$ 中的有限值, 则对任意 $a,\ b\in H$,

$$\begin{aligned}
&\mathbf{E}\left\langle\int_0^t\Phi_1(r)\mathrm{d}W(r),a\right\rangle\left\langle\int_0^s\Phi_2(r)\mathrm{d}W(r),b\right\rangle\\
=&\sum_{m=0}^{k-1}\mathbf{E}\langle\Phi_{1m}(W(t_{m+1}\wedge t)-W(t_m\wedge t)),a\rangle\langle\Phi_{2m}(W(t_{m+1}\wedge s)-W(t_m\wedge s)),b\rangle\\
=&\sum_{m=0}^{k-1}\mathbf{E}\langle\Phi_{1m}(W(t_{m+1}\wedge t\wedge s)-W(t_m\wedge t\wedge s)),a\rangle\\
&\times\langle\Phi_{2m}(W(t_{m+1}\wedge t\wedge s)-W(t_m\wedge t\wedge s)),b\rangle\\
=&\sum_{m=0}^{k-1}(t_{m+1}\wedge t\wedge s-t_m\wedge t\wedge s)\langle Q\Phi_{1m}^*a,\Phi_{2m}^*b\rangle\\
=&\left\langle\mathbf{E}\int_0^{t\wedge s}(\Phi_2(r)Q^{\frac12})(\Phi_1(r)Q^{\frac12})^*\mathrm{d}ra,b\right\rangle.
\end{aligned}$$

因此命题对基本过程成立. 一般情形的证明可以由 (1.2.4) 和逼近方法得到. □

由相关算子的定义可得

推论 1.2.2 在上一命题的假设下, 有

$$\mathbf{E}\left\langle\int_0^t\Phi_1(r)\mathrm{d}W(r),\int_0^s\Phi_2(r)\mathrm{d}W(r)\right\rangle=\mathbf{E}\int_0^{t\wedge s}\mathrm{Tr}\ [(\Phi_2(r)Q^{\frac12})(\Phi_1(r)Q^{\frac12})^*]\mathrm{d}r.$$

证明

$$\begin{aligned}
&\mathbf{E}\int_0^{t\wedge s}\mathrm{Tr}\ [(\Phi_2(r)Q^{\frac12})(\Phi_1(r)Q^{\frac12})^*]\mathrm{d}r\\
=&\mathbf{E}\int_0^{t\wedge s}\sum_{j\in\mathbb{N}}\langle(\Phi_2(r)Q^{\frac12})(\Phi_1(r)Q^{\frac12})^*e_j,e_j\rangle\mathrm{d}r\\
=&\sum_{j\in\mathbb{N}}\mathbf{E}\int_0^{t\wedge s}\langle(\Phi_2(r)Q^{\frac12})(\Phi_1(r)Q^{\frac12})^*e_j,e_j\rangle\mathrm{d}r\\
=&\sum_{j\in\mathbb{N}}\langle V(t,s)e_j,e_j\rangle\\
=&\sum_{j\in\mathbb{N}}\mathbf{E}\left\langle\int_0^t\Phi_1(r)\mathrm{d}W(r),e_j\right\rangle\left\langle\int_0^s\Phi_2(r)\mathrm{d}W(r),e_j\right\rangle\\
=&\mathbf{E}\left\langle\int_0^t\Phi_1(r)\mathrm{d}W(r),\int_0^s\Phi_2(r)\mathrm{d}W(r)\right\rangle.
\end{aligned}$$

□

附注 1.2.6　如果 Φ_1 和 Φ_2 是 $L=L(U,H)$- 值的, 则推论中的公式可以改写成

$$\mathbf{E}\left\langle\int_0^t \Phi_1(r)\mathrm{d}W(r),\int_0^s \Phi_2(r)\mathrm{d}W(r)\right\rangle=\mathbf{E}\int_0^{t\wedge s}\mathrm{Tr}\,[\Phi_2(r)Q\Phi_1(r)^*]\mathrm{d}r.$$

命题 1.2.15[22],[23]　设 Φ 是一个 L_2^0- 值的随机可积过程, $(\tilde{H},\|\cdot\|_{\tilde{H}})$ 是另一个可分 Hilbert 空间, $L\in L(H,\tilde{H})$, 则过程 $L(\Phi(t))$, $t\in[0,T]$ 属于 $\mathcal{N}_W(0,T;\tilde{H})$ 且有

$$L\left(\int_0^T \Phi(t)\mathrm{d}W(t)\right)=\int_0^T L(\Phi(t))\mathrm{d}W(t),\quad P\text{-a.s.}.$$

证明　因为 Φ 是随机可积的且

$$\|L(\Phi(t))\|_{L_2(U_0,\tilde{H})}\leqslant\|L\|_{L(H,\tilde{H})}\|\Phi(t)\|_{L_2^0},$$

易见 $L(\Phi(t))$, $t\in[0,T]$ 是 $L_2(U_0,\tilde{H})$- 可料的且有

$$P\left(\int_0^T\|L(\Phi(t))\|^2_{L_2(U_0,\tilde{H})}\mathrm{d}t<\infty\right)=1.$$

下面只考虑 Φ 是一个基本过程的情形, 一般情形可利用逼近方法得到, 令

$$\Phi(t)=\sum_{m=0}^{k-1}\Phi_m 1_{(t_m,t_{m+1}]}(t),\quad t\in[0,T],$$

其中 $0=t_0<t_1<\cdots<t_k=T$, $\Phi_m:\Omega\to L(U,H)$ 是 $\mathcal{F}_{t_m}$- 可测的且 $|\Phi_m(\Omega)|<\infty$ 对 $0\leqslant m\leqslant k-1$ 成立, 则

$$\begin{aligned}L\left(\int_0^T\Phi(t)\mathrm{d}W(t)\right)&=L\left(\sum_{m=0}^{k-1}\Phi_m(W(t_{m+1})-W(t_m))\right)\\&=\sum_{m=0}^{k-1}L(\Phi_m(W(t_{m+1})-W(t_m)))=\int_0^T L(\Phi(t))\mathrm{d}W(t).\end{aligned}$$

□

设 Φ 是 $[0,T]$ 上的 L_2^0- 值随机可积过程, ϕ 是 $[0,T]$ 上的 H- 值可料过程, 在 $[0,T]$ 上 P-a.s. Bochner 可积, $X(0)$ 是一个 $\mathcal{F}_0$- 可测的 H- 值随机变量, 则下面过程

$$X(t)=X(0)+\int_0^t\phi(s)\mathrm{d}s+\int_0^t\Phi(s)\mathrm{d}W(s),\quad t\in[0,T],$$

的定义是适定的. 设函数 $F:[0,T]\times H\to\mathbb{R}^1$ 及其偏导数 F_t, F_x, F_{xx}, 在 $[0,T]\times H$ 的任意有界子集上总是一致连续的.

定理 1.2.5[4](Itô 公式) 在上面条件下, P-a.s. 对任意 $t\in[0,T]$ 成立

$$
\begin{aligned}
F(t,X(t))=&F(0,X(0))+\int_0^t\langle F_x(s,X(s)),\Phi(s)\mathrm{d}W(s)\rangle\\
&+\int_0^t\Big\{F_t(s,X(s))+\langle F_x(s,X(s)),\phi(s)\rangle\\
&+\frac{1}{2}\mathrm{Tr}\,[F_{xx}(s,X(s))(\Phi(s)Q^{\frac{1}{2}})(\Phi(s)Q^{\frac{1}{2}})^*]\Big\}\mathrm{d}s.
\end{aligned}
$$

证明 考虑到 Bochner 积分和随机积分的构造理论, 只需证明定理对常值过程 $\phi(s)=\phi_0$ 和 $\Phi(s)=\Phi_0$, $s\in[0,T]$ 成立即可, 即考虑

$$
X(t)=X(0)+t\phi_0+\Phi_0W(t). \tag{1.2.5}
$$

设 $t_0=0<t_1<\cdots<t_k=t$ 是固定时间区间 $[0,t]\subset[0,T]$ 的一个分割, 则由泰勒公式存在 (随机的) $\theta_{00},\theta_{01},\cdots,\theta_{0(k-1)},\theta_{10},\theta_{11},\cdots,\theta_{1(k-1)}\in[0,1]$, 使得

$$
\begin{aligned}
&F(t,X(t))-F(0,X(0))\\
=&\sum_{j=0}^{k-1}[F(t_{j+1},X(t_{j+1}))-F(t_j,X(t_{j+1}))]+\sum_{j=0}^{k-1}[F(t_j,X(t_{j+1}))-F(t_j,X(t_j))]\\
=&\sum_{j=0}^{k-1}\langle F_t(\tilde{t}_j,X(t_{j+1})),\Delta t_j\rangle+\sum_{j=0}^{k-1}\langle F_x(t_j,X(t_j)),\Delta X_j\rangle\\
&+\frac{1}{2}\sum_{j=0}^{k-1}\langle F_{xx}(t_j,\tilde{X}_j)\cdot\Delta X_j,\Delta X_j\rangle\\
=&\sum_{j=0}^{k-1}\langle F_t(t_j,X(t_{j+1})),\Delta t_j\rangle+\sum_{j=0}^{k-1}\langle F_x(t_j,X(t_j)),\Delta X_j\rangle\\
&+\frac{1}{2}\sum_{j=0}^{k-1}\langle F_{xx}(t_j,X(t_j))\cdot\Delta X_j,\Delta X_j\rangle\\
&+\sum_{j=0}^{k-1}\langle F_t(\tilde{t}_j,X(t_{j+1}))-F_t(t_j,X(t_{j+1})),\Delta t_j\rangle\\
&+\frac{1}{2}\sum_{j=0}^{k-1}\langle[F_{xx}(t_j,\tilde{X}_j)-F_{xx}(t_j,X(t_j))]\cdot\Delta X_j,\Delta X_j\rangle\\
=&I_1+I_2+I_3+I_4+I_5,
\end{aligned}
$$

其中

$$
t_{j+1}-t_j=\Delta t_j,\quad X(t_{j+1})-X(t_j)=\Delta X_j,
$$

$$t_j + \theta_{0j}(t_{j+1} - t_j) = \tilde{t}_j, \quad X(t_j) + \theta_{1j}(X(t_{j+1}) - X(t_j)) = \tilde{X}_j.$$

考虑到 (1.2.5), 令分割 $t_0 = 0 < t_1 < \cdots < t_k < t$ 越来越精细, 则有

$$I_1 \to \int_0^t F_t(s, X(s))\mathrm{d}s, \quad P\text{-a.e.},$$

$$I_2 \to \int_0^t \langle F_x(s, X(s)), \phi(s)\rangle \mathrm{d}s + \int_0^t \langle F_x(s, X(s)), \Phi(s)\mathrm{d}W(s)\rangle, \quad P\text{-a.e.},$$

以及

$$I_4 \to 0,$$

这里利用到了 F 的偏导数的一致连续性.

为了求 I_3 的极限将其分割成三部分:

$$\begin{aligned}
I_3 =& \frac{1}{2}\sum_{j=0}^{k-1}\langle \Phi_0^* F_{xx}(t_j, X(t_j))\Phi_0 \Delta W_j, \Delta W_j\rangle \\
&+\frac{1}{2}\sum_{j=0}^{k-1}\langle F_{xx}(t_j, X(t_j))\phi_0, \phi_0\rangle(\Delta t_j)^2 \\
&+\sum_{j=0}^{k-1}\langle F_{xx}(t_j, X(t_j))\Phi_0\Delta W_j, \phi_0\rangle \Delta t_j \\
=& I_{3,1} + I_{3,2} + I_{3,3},
\end{aligned}$$

其中 $\Delta W_j = W(t_{j+1}) - W(t_j)$. 由 Wiener 过程的路径连续性和 $F_{xx}(s, X(s))$, $s \in [0, T]$ 的有界性, 有 $I_{3,2} \to 0$ 以及 $I_{3,3} \to 0$. 下面证明存在某个子序列使得

$$I_{3,1} \to \frac{1}{2}\int_0^t \mathrm{Tr}\ \Phi_0^* F_{xx}(s, X(s))\Phi_0 Q\mathrm{d}s,$$

事实上, 令 $\xi_j = \Phi_0^* F_{xx}(t_j, X(t_j))\Phi_0$ 和 $\eta_j = \langle \Phi_0^* F_{xx}(t_j, X(t_j))\Phi_0 \Delta W_j, \Delta W_j\rangle$, 则

$$\begin{aligned}
&\mathbf{E}\left[\sum_{j=0}^{k-1}\langle \Phi_0^* F_{xx}(t_j, X(t_j))\Phi_0\Delta W_j, \Delta W_j\rangle - \sum_{j=0}^{k-1}\mathrm{Tr}\ \Phi_0^* F_{xx}(t_j, X(t_j))\Phi_0 Q\Delta t_j\right]^2 \\
=& \mathbf{E}\left[\sum_{j=0}^{k-1}\eta_j - \sum_{j=0}^{k-1}\mathbf{E}(\eta_j \mid \mathcal{F}_{t_j})\right]^2 = \sum_{j=0}^{k-1}[\mathbf{E}(\eta_j^2) - \mathbf{E}(\mathbf{E}(\eta_j \mid \mathcal{F}_{t_j})^2)] \\
=& \sum_{j=0}^{k-1}\left[\mathbf{E}(\langle \xi_j \Delta W_j, \Delta W_j\rangle)^2 - (\mathrm{Tr}\ \xi_j Q\Delta t_j)^2\right] \\
\leqslant& M^2\left[\sum_{j=0}^{k-1}\mathbf{E}\|W(t_{j+1} - W(t_j))\|^4 + (\mathrm{Tr}\ Q\Delta t_j)^2\right]
\end{aligned}$$

$$\leqslant C\left[\sum_{j=0}^{k-1}(\mathrm{Tr}\ Q\Delta t_j)^4+(\mathrm{Tr}\ Q\Delta t_j)^2\right]\to 0.$$

最后只需证明存在 I_5 的子序列几乎处处收敛于 0. 事实上, 类似于 I_3 的证明考虑 F_{xx} 的一致连续性即可, 因此定理得证. □

设 $(E,\mathcal{E})$ 是一个可测空间,

$$\Phi:(t,\omega,x)\to\Phi(t,\omega,x)$$

是一个从 $(\Omega_T\times E,\mathcal{P}_T\times\mathcal{B}(E))$ 到 $(L_2^0,\mathcal{B}(L_2^0))$ 的可测映射. 特别地, 对任意 $x\in E$, $\Phi(\cdot,\cdot,x)$ 是一个可料 L_2^0- 值过程. 设 μ 是 $(E,\mathcal{E})$ 上的有限正测度.

定理 1.2.6[4](随机 Fubini 定理) 在上面的条件下并假设

$$\int_E\|\Phi(\cdot,\cdot,x)\|_T\mu(\mathrm{d}x)<\infty,$$

则 P-a.s. 成立

$$\int_E\left[\int_0^T\Phi(t,x)\mathrm{d}W(t)\right]\mu(\mathrm{d}x)=\int_0^T\left[\int_E\Phi(t,x)\mu(\mathrm{d}x)\right]\mathrm{d}W(t).$$

§1.3 Lévy 过程及其随机积分

这节主要介绍 Lévy 过程所定义的随机积分, 主要参考文献 [21].

§1.3.1 Lévy 过程

设 E 是一线性空间, 其上的 σ- 代数为 $\mathcal{E}$, 使得加法和减法都是可测的.

定义 1.3.1 (Lévy 过程) 称取值在 E 中的随机过程 $L=(L(t),\ t\geqslant 0)$ 具备独立增量性, 如果对任意 $0\leqslant t_0<t_1<\cdots<t_n$, $(E,\mathcal{E})$ 值随机变量 $L(t_1)-L(t_0)$, $L(t_2)-L(t_1),\cdots,L(t_n)-L(t_{n-1})$ 是独立的, 如果 $L(t)-L(s)$ 的分布 $\mathcal{L}(L(t)-L(s))$ 还仅依赖于 $t-s$, 则称 L 具备平稳的, 或者时齐的独立增量. 进一步地, 如果 $L(0)=0$ 且过程 L 是随机连续的, 则 L 称为是一个 Lévy 过程.

设 L 是 Banach 空间 E 上的某个 Lévy 过程, 令 μ_t 是随机变量 $L(t)$ 的分布. 记 $\mu*\nu$ 为 μ 和 ν 的卷积, 则有

(1) $\mu_0=\delta_0$ 且 $\mu_{t+s}=\mu_t*\mu_s$ 对任意 $t,s\geqslant 0$ 成立;

(2) 对任意 $r>0$, $\mu_t(\{x:|x|_E<r\})\to 1$, 当 $t\downarrow 0$ 时.

式 (2) 等价于当 $t\downarrow 0$ 时, μ_t 弱收敛于 δ_0.

定义 1.3.2 称满足上面条件的测度族 (μ_t) 为测度的卷积半群, 或无穷可分族.

定理 1.3.1 (Kolmogorov) 设 E 是一个完备可分度量空间, $\mu_{t_1,\cdots,t_k}$ 是 E^k, $k\in\mathbb{N}$ 上的一族分布, 满足

(i) 对任意 $A_i \in \mathcal{E}$, $i = 1, 2, \cdots, k$, 及 $\{1, 2, \cdots, k\}$ 的任意排列 π, $\mu_{t_1,\cdots,t_k}(A_1 \times \cdots \times A_k) = \mu_{t_{\pi 1},\cdots,t_{\pi k}}(A_{\pi 1} \times \cdots \times A_{\pi k})$;

(ii) 对任意 $A_i \in \mathcal{E}$, $i = 1, 2, \cdots, k-1$, $\mu_{t_1,\cdots,t_{k-1}}(A_1 \times \cdots \times A_{k-1}) = \mu_{t_1,\cdots,t_k}(A_1 \times \cdots \times A_{k-1} \times E)$,

则在某个概率空间 $(\Omega, \mathcal{F}, P)$ 上恰存在一个随机过程 $(X(t),\ t \in I)$ 以 $\mu_{t_1,\cdots,t_k}$ 为有限维分布.

证明 此定理的证明可以在大多数随机过程的教材中找到. □

定理 1.3.2[21](Kinney) 设 X 关于 (P_t) 是 Markov 的, 且

$$\lim_{t \downarrow 0} \sup_{x \in E} P_t(x, B^c(x, r)) = 0, \quad \forall r > 0,$$

则 X 具备一个 Càdlàg 修正.

定理 1.3.3 (1) 给定任意测度的卷积半群 (μ_t), 总存在一个 Lévy 过程 L 以 μ_t 为 $L(t)$ 的分布.

(2) 任意 Lévy 过程都存在 Càdlàg 修正.

证明 (1) 和 (2) 分别由 Kolmogorov 定理和 Kinney 定理推得, 详见文献 [21] 的第 53 页证明. □

例 1.3.1 (Poisson 过程) 一个取值在 $\mathbb{Z}^+ = \{0, 1, \cdots\}$ 内, 递增的, 在任意有限区间内只有有限个跳且每次跳的幅度为 1 的 Lévy 过程称为是 Poisson 过程.

给定 $a \in [0, +\infty]$, 记 $\mathcal{P}(a)$ 为参数为 a 的 Poisson 分布, 即 $\mathcal{P}(+\infty)[+\infty] = 1$ 及 $a < \infty$ 时, $\mathcal{P}(a)(\{k\}) = \dfrac{a^k}{k!}\mathrm{e}^{-a}$, $k = 0, 1, \cdots$.

给定 Lévy 过程 $\Pi = (\Pi(t),\ t \geqslant 0)$, 如果对任意 $t \geqslant 0$, $\Pi(t)$ 的分布是 Poisson 分布 $\mathcal{P}(at)$ 则称其是参数为 a 的 Poisson 过程.

可以证明任意 $\mathbb{Z}^+$- 值的 Lévy 过程 Π, 如果满足

$$P(\Delta\Pi(t) := \Pi(t) - \Pi(t-) \in \{0, 1\}) = 1, \quad t \geqslant 0,$$

则其必是一个 Poisson 过程.

例 1.3.2 (Wiener 过程) 可以证明任意具备连续轨道的零均值的 Lévy 过程 W 是一个 Wiener 过程.

例 1.3.3 (复合 Poisson 过程) 设 ν 是 Hilbert 空间 U 上的有限测度, 满足 $\nu(\{0\}) = 0$. 一个具备 Lévy 测度 ν (也称为跳强度测度) 的复合 Poisson 过程是一个 Càdlàg 的 Lévy 过程 L 并满足

$$P(L(t) \in \Gamma) = \mathrm{e}^{-\nu(U)t} \sum_{k=0}^{\infty} \frac{t^k}{k!} \nu^{*k}(\Gamma), \quad \forall t \geqslant 0,\ \Gamma \in \mathcal{B}(U).$$

在上式中, $\nu^0 = \delta_0$.

复合 Poisson 过程的直观含义由下面的定理给出.

定理 1.3.4[21] 设 ν 是 $U\backslash\{0\}$ 上的一个有限测度, 令 $a=\nu(U)$.

(i) 设 $Z_1,Z_2,\cdots$ 是一列独立的与 $a^{-1}\nu$ 同分布的随机变量. 进一步地, 设 $(\Pi(t),\ t\geqslant 0)$ 是参数为 a 的 Poisson 过程, 与 $Z_1,Z_2,\cdots$ 独立, 则

$$L(t)=\sum_{j=1}^{\Pi(t)}Z_j$$

是一个跳强度测度为 ν 的复合 Poisson 过程.

(ii) 给定一个参数为 ν 的复合 Poisson 过程 L, 存在一列独立的与 $a^{-1}\nu$ 同分布的随机变量 $Z_1,Z_2,\cdots$ 以及一个参数为 a, 与 $Z_1,Z_2,\cdots$ 独立的 Poisson 过程 $(\Pi(t),\ t\geqslant 0)$, 使得 $L(t)=\sum\limits_{j=1}^{\Pi(t)}Z_j$ 成立.

设 L 是 Hilbert 空间 U 上的 Càdlàg 的 Lévy 过程. 给定不包含 0 点的 Borel 集合 A, 记

$$\pi_A(t):=\sum_{s\leqslant t}1_A(\Delta L(s)),\quad t\geqslant 0.$$

由 L 的 Càdlàg 性质知, π_A 是 $\mathbb{Z}^+$- 值的. 而且其是一个跳为 1 的 Lévy 过程. 因此 π_A 是一个 Poisson 过程. 令

$$\mathbf{E}\pi_A(t)=t\mathbf{E}\pi_A(1):=t\nu(A),$$

上式定义的 ν 在不包含 0 点的集合上取值有限. 再定义

$$L_A(t):=\sum_{s\leqslant t}1_A(\Delta L(s))\Delta L(s),$$

则 L_A 是一个 Lévy 过程.

定理 1.3.5[21](Lévy-Khinchin 分解) 任意 Lévy 过程都有如下的表示:

$$L(t)=at+W(t)+\sum_{k=1}^{\infty}\left(L_{A_k}(t)-t\int_{A_k}y\nu(\mathrm{d}y)\right)+L_{A_0}(t),$$

其中 $A_0:=\{x:\ |x|_U\geqslant r_0\}$, $A_k:=\{x:\ r_k\leqslant|x|_U<r_{k-1}\}$, (r_k) 是任意递减趋于 0 的序列, W 是一个 Wiener 过程. 在表示式中的所有过程是独立的, 而且级数在 $[0,\infty)$ 的任意有界子区间上几乎处处一致收敛.

附注 1.3.1 可以证明过程 $L_n(t):=L_{A_n}(t)-t\int_{A_n}y\nu(\mathrm{d}y)$, $t\geqslant 0$ 是补偿复合 Poisson 过程. 因此可以将 Lévy 过程 L 分解成

$$L(t)=at+W(t)+\sum_{n=1}^{\infty}L_n(t)+L_0(t),\quad t\geqslant 0,$$

其中过程 W, L_n, $n \geqslant 0$ 和 L_0 是独立的, W 是一个 Wiener 过程, L_0 是跳强度测度为 $1_{\{|y|_U \geqslant r_0\}}(y)\nu(\mathrm{d}y)$ 的复合 Poisson 过程, L_n 是跳强度测度为 $1_{\{r_{n+1} \leqslant |y|_U < r_n\}}(y)\nu(\mathrm{d}y)$ 的补偿复合 Poisson 过程.

记 $L_1^+(U)$ 为对称正定的 Nuclear 算子构成的空间. 下面的结果十分基本而重要, 可以由 Lévy-Khinchin 分解推得.

定理 1.3.6[21]　(1) 给定 $a \in U$, $Q \in L_1^+(U)$ 及一个集中在 $U\backslash\{0\}$ 上, 满足

$$\int_U (|y|_U^2 \wedge 1)\nu(\mathrm{d}y) < \infty \tag{1.3.1}$$

的非负测度 ν, 存在一个测度的卷积半群 (μ_t) 满足

$$\int_U \mathrm{e}^{\mathrm{i}\langle x,y\rangle_U} \mu_t(\mathrm{d}y) = \mathrm{e}^{-t\psi(x)}, \tag{1.3.2}$$

其中

$$\psi(x) = -\mathrm{i}\langle a, x\rangle_U + \frac{1}{2}\langle Qx, x\rangle_U \tag{1.3.3}$$

$$+ \int_U \left(1 - \mathrm{e}^{\mathrm{i}\langle x,y\rangle_U} + 1_{\{|y|_U<1\}}(y)\mathrm{i}\langle x, y\rangle_U\right) \nu(\mathrm{d}y). \tag{1.3.4}$$

(2) 反之, 任意给定测度的卷积半群 (μ_t), 存在 $a \in U$, $Q \in L_1^+(U)$, 及集中在 $U\backslash\{0\}$ 上满足 (1.3.1) 的非负测度 ν, 使得 (1.3.2) 成立, 其中 ψ 仍由 (1.3.3) 定义.

定义 1.3.3 (Lévy 过程的特征)　设 L 是一个 Lévy 过程, (μ_t) 是其分布族. 称 (1.3.3) 中的测度 ν 为 L 或 (μ_t) 的 Lévy 测度或跳强度测度. 称三元组 (a, Q, ν) 为 L 的特征.

§1.3.2　关于 Càdlàg 平方可积鞅的随机积分的构造

设 $(U, \langle\cdot,\cdot\rangle_U)$ 是一个 Hilbert 空间, $(\Omega, \mathcal{F}, (\mathcal{F}_t), P)$ 是一个滤子概率空间. 从现在起, 记所有 U- 值的关于 $(\mathcal{F}_t)$ 的 Càdlàg 平方可积鞅为 $\mathcal{M}^2(U)$.

定义 1.3.4 (角括号)　设 $M, N \in \mathcal{M}^2(U)$. 记 $\langle M, N\rangle$ 为唯一的, 使得

$$\langle M(t), N(t)\rangle_U - \langle M, N\rangle_t, \quad t \geqslant 0$$

为鞅且轨道具备局部有界变差性质的可料过程. 由 Doob-Meyer 分解, 这个过程总是存在, 称其为角括号.

仍记 $L_1(U)$ 为 U 上的所有 Nuclear 算子构成的空间, 其上装配 Nuclear 范数. 记 $L_1^+(U)$ 为 $L_1(U)$ 的子空间, 由所有自伴、非负的 Nuclear 算子构成. 给定 $x, y, z \in U$, 记 $\otimes$ 为张量积: $x \otimes y(z) = \langle y, z\rangle_U x$.

定理 1.3.7[21]　设 $M \in \mathcal{M}^2(U)$, 则存在唯一的、右连续的、$L_1^+(U)$- 值的、递增的可料过程 $(\langle\langle M, M\rangle\rangle_t,\ t \geqslant 0)$, 使得 $\langle\langle M, M\rangle\rangle_0 = 0$ 且过程 $(M(t) \otimes M(t) -$

$(\langle\langle M,M\rangle\rangle_t,\ t\geqslant 0)$ 是一个 $L_1(U)$- 值鞅. 进一步地, 存在一个 $L_1^+(U)$- 值的可料过程 $(Q_t,\ t\geqslant 0)$, 使得

$$\langle\langle M,M\rangle\rangle_t=\int_0^t Q_s\mathrm{d}\langle M,M\rangle_s,\quad \forall t\geqslant 0.$$

定义 1.3.5 (算子角括号) 设 $M\in\mathcal{M}^2(U)$, 则定义算子角括号为唯一的、右连续的、$L_1^+(U)$- 值的、递增的可料过程 $(\langle\langle M,M\rangle\rangle_t,\ t\geqslant 0)$, 使得 $\langle\langle M,M\rangle\rangle_0=0$ 且过程 $(M(t)\otimes M(t)-\langle\langle M,M\rangle\rangle_t,\ t\geqslant 0)$ 是一个 $L_1(U)$- 值鞅.

定义 1.3.6 (鞅的协方差) 称满足 $\langle\langle M,M\rangle\rangle_t=\displaystyle\int_0^t Q_s\mathrm{d}\langle M,M\rangle_s,\ \forall t\geqslant 0$ 的 $L_1^+(U)$- 值过程 Q 为 M 的协方差.

附注 1.3.2 注意到这里定义的角括号实际上是 §1.2.5 定义的二次变差过程的推广.

在构造关于平方可积 U- 值鞅的随机积分的时候, 主要利用到下面的性质.

命题 1.3.1[21] 设 $M\in\mathcal{M}^2(U)$, 则对任意 $x,y\in U$ 及任意 $0\leqslant s\leqslant t\leqslant u\leqslant v<\infty$, 成立

$$\mathbf{E}(\langle M(t)-M(s),x\rangle_U\langle M(t)-M(s),y\rangle_U|\mathcal{F}_s)=\mathbf{E}\left(\int_s^t\langle Q_rx,y\rangle_U\mathrm{d}\langle M,M\rangle_r|\mathcal{F}_s\right)$$

及

$$\mathbf{E}(\langle M(t)-M(s),x\rangle_U\langle M(u)-M(v),y\rangle_U|\mathcal{F}_u)=0.$$

这一小节旨在构造随机积分 $I_t^{\mathcal{M}}(\Psi):=\displaystyle\int_0^t\Psi(s)\mathrm{d}M(s)$, 其中 $M\in\mathcal{M}^2(U)$ 是一个取值在 Hilbert 空间 U 内的 Càdlàg 平方可积鞅, $\Psi(s,\omega)$ 是从 U 到另一个 Hilbert 空间 H 的算子. 记 Q 为 M 的协方差.

第一步: 考虑 $L(U,H)$- 值简单过程类 $\mathcal{S}:=\mathcal{S}(U,H)$ 及对其的随机积分.

定义 1.3.7 (简单过程) 一个 $L(U,H)$- 值随机过程 Ψ 称为是简单过程, 如果存在 $0=t_0<t_1<\cdots<t_m$, 一列算子 $\Psi_j\in L(U,H)$, $j=0,\cdots,m-1$, 及一列事件 $A_j\in\mathcal{F}_{t_j}$, $j=0,\cdots,m-1$, 使得

$$\Psi(s)=\sum_{j=0}^{m-1}\Psi_j1_{A_j}1_{(t_j,t_{j+1}]}(s),\quad s\geqslant 0.$$

关于简单过程类的随机积分定义如下

$$I_t^M(\Psi):\Psi\mapsto\int_0^t\Psi(s)\mathrm{d}M(s):=\sum_{j=0}^{m-1}1_{A_j}\Psi_j(M(t_{j+1}\wedge t)-M(t_j\wedge t)),\quad t\geqslant 0,$$

(这个定义显然不依赖于简单过程的具体形式) 对任意 $\Psi\in\mathcal{S}$.

第二步：证明存在 $\mathcal{S}$ 上的某种范数，使得 I_t^M 成为一个同构.

类似于命题 1.2.9 的讨论，利用命题 1.3.1 可得下面命题：

命题 1.3.2[21] 设 $\Psi=\sum_{j=0}^{m-1}\Psi_j 1_{A_j}1_{(t_j,t_{j+1}]}$ 是一个简单 $L(U,H)$- 值过程，则

$$\mathbf{E}\left\|\int_0^t \Psi(s)\mathrm{d}M(s)\right\|_H^2=\mathbf{E}\left(\int_0^t \|\Psi(s)\circ Q_s^{\frac{1}{2}}\|_{L_2(U,H)}^2\mathrm{d}\langle M,M\rangle_s\right).$$

设 $T<\infty$. 将简单过程类 $\mathcal{S}=\mathcal{S}(U,H)$ 装配上半范数

$$\|\Psi\|_{M,T}^2:=\mathbf{E}\left(\int_0^T \|\Psi(s)\circ Q_s^{\frac{1}{2}}\|_{L_2(U,H)}^2\mathrm{d}\langle M,M\rangle_s\right),$$

进一步地，当 $\|\Psi-\Phi\|_{M,T}=0$ 时，认为 Ψ 和 Φ 等价.

因此

$$I_t^M:\mathcal{S}\to L^2(\Omega,\mathcal{F},P;H)$$

是一个同构变换. 现在可以将 I_t^M 唯一地同构延拓到 $\mathcal{S}$ 关于 $\|\cdot\|_{M,T}$ 的完备化 $\overline{\mathcal{S}}$ 上. 记 $\mathcal{L}_{M,T}^2(H)=\overline{\mathcal{S}}$. 记 $\mathcal{L}_{M,T,U}^2(H)$ 为所有的属于 $\mathcal{L}_{M,T}^2(H)$ 的 $L(U,H)$- 值过程构成的集合. 注意到对于 $\Psi\in\mathcal{L}_{M,T,U}^2(H)$，也考虑它的 $\mathcal{L}_{M,T}^2(H)$- 范数 $\|\cdot\|_{M,T}$.

定理 1.3.8[21] (1) 对任意 $\Psi\in\mathcal{L}_{M,T}^2(H)$，及 $0\leqslant s\leqslant t\leqslant T$，$1_{(s,t]}\Psi\in\mathcal{L}_{M,T}^2(H)$，且

$$\mathbf{E}|I_t^M(\Psi)-I_s^M(\Psi)|_H^2=\|1_{(s,t]}\Psi\|_{M,T}^2\leqslant\|\Psi\|_{M,T}^2.$$

(2) 设 $\Phi\in\mathcal{L}_{M,T}^2(H)$，则随机积分 $\int_0^t\Phi(s)\mathrm{d}M(s)$, $t\in[0,T]$ 是一个平方可积零均值的连续鞅，且 $I_0^M=0$.

(3) 对任意 Φ, $\Psi\in\mathcal{L}_{M,T,U}^2(H)$ 及任意 $t\in[0,T]$，成立

$$\langle I^M(\Psi),I^M(\Phi)\rangle_t=\int_0^t\langle\Psi(s)Q_s^{\frac{1}{2}},\Phi(s)Q_s^{\frac{1}{2}}\rangle_{L_2(U,H)}\mathrm{d}\langle M,M\rangle_s,$$

及

$$\langle\langle I^M(\Psi),I^M(\Psi)\rangle\rangle_t=\int_0^t\Psi(s)Q_s\Psi(s)^*\mathrm{d}\langle M,M\rangle_s.$$

(4) 设 A 是从 H 到 Hilbert 空间 V 的有界线性算子，则对任意 $\Phi\in\mathcal{L}_{M,T}^2(H)$，$A\Phi\in\mathcal{L}_{M,T}^2(V)$ 且 $AI^M(\Phi)=I^M(A\Phi)$.

第三步：给出 $\overline{\mathcal{S}}=\mathcal{L}_{M,T}^2(H)$ 的一个明确表示.

设 M 是一个 U- 值右连续的平方可积鞅，其协方差为 $Q_s(s\geqslant 0)$. 考虑下面的由 $\Omega\times[0,T]$ 中的可料集构成的 σ- 代数：

$$\mathcal{P}_T := \sigma(\{(s,t] \times F_s \mid 0 \leqslant s < t \leqslant T,\ F_s \in \mathcal{F}_s\} \cup \{\{0\} \times F_0 \mid F_0 \in \mathcal{F}_0\})$$
$$= \sigma(Y : \Omega_T \to \mathbb{R} \mid Y \text{ 是左连续的, 关于 } \mathcal{F}_t \text{ 是适应的, } t \in [0,T]).$$

引理 1.3.1[21] 存在可料实值过程 $\gamma_n = \gamma_n(t,\omega)$ 和可料 U- 值过程 $g_n = g_n(t,\omega)$, $n \in \mathbb{N}$, 使得

$$Q_t(\omega) = \sum_n \gamma_n(\omega,t) g_n(\omega,t) \otimes g_n(\omega,t), \quad t \geqslant 0,\ \omega \in \Omega,$$

其中 $\langle g_n(\omega,t), g_m(\omega,t)\rangle_U = \delta_{n,m}$ 对 $t \geqslant 0, \omega \in \Omega$ 及 $n,m \in \mathbb{N}$ 成立.

设 $\tilde{H}$ 是一个 Hilbert 空间, 其上有正交基 $\{e_n\}$, 令 $\tilde{T}(\omega,t)$ 是从 $Q_t^{\frac{1}{2}}(\omega)U$ 到 $\tilde{H}$ 的, 满足

$$\tilde{T}(\omega,t)\sqrt{\gamma_n(\omega,t)}g_n(\omega,t) = e_n, \quad n \in \mathbb{N}$$

的唯一有界连续算子. 在每个 $(\Omega_T, \mathcal{P}_T)$, $T \geqslant 0$ 上, 引入一个 σ- 有限测度 $\mu_M = \mathrm{d}\langle M,M\rangle_t \otimes P$, 即

$$\mu_M(\mathrm{d}\omega, \mathrm{d}t) = \mathrm{d}\langle M,M\rangle_t(\omega)P(\mathrm{d}\omega),$$

在考虑 Lévy 过程时, $\langle M,M\rangle_t = ct = \mathrm{Tr}Q \cdot t$, 因此 $\mu_M(\mathrm{d}\omega,\mathrm{d}t) = c\mathrm{d}tP(\mathrm{d}\omega)$.

定理 1.3.9[21] 存在 $\overline{\mathcal{S}}$ 的一个明确表示, 即其为

$$\overline{\mathcal{S}} = \mathcal{L}^2_{M,T}(H) = \{\Psi \circ \tilde{T} :\ \Psi \in L^2(\Omega_T, \mathcal{P}_T, \mu_M; L_2(\tilde{H}, H))\}$$

且

$$\|\Psi \circ \tilde{T}\|^2_{M,T} = \int_\Omega \int_0^T \|\Psi(\omega,t)\|^2_{L_2(\tilde{H},H)} \mu_M(\mathrm{d}\omega, \mathrm{d}t).$$

§1.3.3 随机积分的性质

本小节内 M 是一个关于滤子 $\mathcal{F}_t$ 的 U- 值平方可积鞅. 注意 $\mu_M(\mathrm{d}\omega,\mathrm{d}t) = \mathrm{d}\langle M,M\rangle_t(\omega)P(\mathrm{d}\omega)$ 及

$$\|\Psi \circ \tilde{T}\|^2_{M,T} = \int_\Omega \int_0^T \|\Psi(\omega,t)\|^2_{L_2(\tilde{H},H)} \mu_M(\mathrm{d}\omega, \mathrm{d}t),$$

对 $\Psi \in L^2(\Omega_T, \mathcal{P}_T, \mu_M; L_2(\tilde{H}, H))$.

设 $(E, \mathcal{E})$ 是一个可测空间,

$$\Phi : (t,\omega,x) \to \Phi(t,\omega,x)$$

是一个从 $(\Omega_T \times E, \mathcal{P}_T \times \mathcal{E})$ 到 $(L_2(\tilde{H},H), \mathcal{B}(L_2(\tilde{H},H)))$ 的可测映射. 特别地, 对任意 $x \in E$, $\Phi(\cdot,\cdot,x)$ 是一个可料 $L_2(\tilde{H},H)$- 值过程. 再设 λ 是 $(E,\mathcal{E})$ 上的一个有限正测度.

定理 1.3.10[21](随机 Fubini 定理)　在上面的假设下再要求

$$\int_E \|\Phi\circ\tilde{T}(\cdot,\cdot,x)\|_{M,T}\lambda(\mathrm{d}x)<\infty,$$

则 P-a.s.

$$\int_E\left[\int_0^T \Phi(t,x)\circ\tilde{T}(t)\mathrm{d}M(t)\right]\lambda(\mathrm{d}x)=\int_0^T\left[\int_E \Phi(t,x)\circ\tilde{T}(t)\lambda(\mathrm{d}x)\right]\mathrm{d}M(t).$$

设 $\{e_k\}$ 是 H 的一组正交基. 定义 $M^k=\langle M,e_k\rangle_H$ 及

$$[[M,M]]_s:=\sum_{j,k}e_k\otimes e_j[M^k,M^j]_s.$$

然后, 定义 $\Delta Y(t):=Y(t)-Y(t-)$ 及

$$[[M,M]]_t^c:=\sum_{j,k}e_k\otimes e_j\left([M^k,M^j]_t-\sum_{s\leqslant t}\Delta(M^k(s)M^j(s))\right).$$

定理 1.3.11[21](Itô 公式)　设 $X=M+A$ 是取值在某个 Hilbert 空间 H 上的半鞅. 设 $\psi: H\to\mathbb{R}$ 是 C^2 函数. 再设对任意 $x\in H$, $D^2\psi(x)\in L_2(H,H)$ 且映射

$$H\ni x\mapsto D^2\psi(x)\in L_2(H,H)$$

在 H 的任意有界子集上是一致连续的, 则 $\Psi(X)$ 是一个局部半鞅, 且对任意 $t\geqslant 0$, P-a.s.

$$\begin{aligned}\psi(X(t))=&\psi(X(0))+\int_0^t\langle D\psi(X(s-)),\mathrm{d}X(s)\rangle_H\\&+\frac{1}{2}\int_0^t D^2\psi(X(s-))\mathrm{d}[[M,M]]_s\\&+\sum_{s\leqslant t}(\Delta(\psi X)(s)-\langle D\psi(X(s-)),\Delta X(s)\rangle_H-Y(s)),\end{aligned}$$

其中

$$Y(s):=\frac{1}{2}D^2\psi(X(s-))\Delta X(s)\otimes\Delta X(s).$$

Itô 公式也可以写成下面的形式:

$$\begin{aligned}\psi(X(t))=&\psi(X(0))+\int_0^t\langle D\psi(X(s-)),\mathrm{d}X(s)\rangle_H\\&+\frac{1}{2}\int_0^t D^2\psi(X(s-))\mathrm{d}[[M,M]]_s^c\\&+\sum_{s\leqslant t}(\Delta(\psi X)(s)-\langle D\psi(X(s-)),\Delta X(s)\rangle_H).\end{aligned}$$

§1.3.4 关于一般 Lévy 过程的随机积分

如果 M 是一个平方可积 Lévy 过程, 则可以沿着 §1.3.2 的路线构造它的随机积分. 进一步地, 设 Q 是 M 的协方差算子, $\mathcal{H}=Q^{1/2}(U)$, 有

定理 1.3.12[21] 设 M 是一个平方可积 Lévy 过程, 则

$$\mathcal{L}^2_{M,T}(H)=L^2(\Omega\times[0,T],\mathcal{P}_T,P\times \mathrm{d}t;L_2^2(\mathcal{H},H)).$$

进一步地, 对 $\Psi\in\mathcal{L}^2_{M,T}(H)$, 关于 M 的随机积分是一个平方可积鞅, 且具有下面的性质:

$$\mathbf{E}|I_T^M(\Psi)|_H^2=\mathbf{E}\int_0^T\|\Psi(s)\|^2_{L_2(\mathcal{H},H)}\mathrm{d}s,$$

$$\langle\langle I^M(\Psi),I^M(\Psi)\rangle\rangle_t=\int_0^t\Psi(s)\Psi(s)^*\mathrm{d}s,\quad t\in[0,T],$$

$$\langle I^M(\Psi),I^M(\Psi)\rangle_t=\int_0^t\|\psi(s)\|^2_{L_2(\mathcal{H},H)}\mathrm{d}s,\quad t\in[0,T].$$

证明 事实上, 对于平方可积 Lévy 过程 M, 可以推出 $\langle M,M\rangle_t=t\,\mathrm{Tr}Q$ 及 $\langle\langle M,M\rangle\rangle_t=t\,Q$ 对 $t\geqslant 0$ 成立. 因此 $Q_t=\dfrac{Q}{\mathrm{Tr}Q}$. 进一步地, $\tilde{T}(\omega,t)=I$. 余下的证明略去. □

下面转而考虑取值在某个 Hilbert 空间 V 上的一般的 Lévy 过程 L. 由 Lévy-Khinchin 分解,

$$L(t)=mt+M(t)+P(t),\quad t\geqslant 0,$$

其中 $m\in V$, M 是一个 V 上的平方可积鞅 (同样也是一个 Lévy 过程), P 是一个 Lévy 测度为 μ_P 的复合 Poisson 过程 (不一定平方可积).

设 M 和 P 定义在某个滤子概率空间 $(\Omega,\mathcal{F},(\mathcal{F}_t),P)$ 上, M 是一个关于滤子 $(\mathcal{F}_t)$ 的鞅, P 是 $(\mathcal{F}_t)$- 适应的, 且对任意 $t,h\geqslant 0$ 增量 $P(t+h)-P(t)$ 关于 $\mathcal{F}_t$ 独立. 最后, 假设 $\mu_M(\mathrm{d}\omega,\mathrm{d}t)=\mathrm{d}\langle M,M\rangle_t(\omega)P(\mathrm{d}\omega)$ 关于 $\mathrm{d}tP(\mathrm{d}\omega)$ 绝对连续.

考虑一个有限区间 $[0,T]$. 本节旨在定义随机积分

$$I(t):=\int_0^t\Phi(s)\mathrm{d}s+\int_0^t\Psi_1(s)\mathrm{d}M(s)+\int_0^t\Psi_2(s)\mathrm{d}P(s),\quad t\in[0,T],\tag{1.3.5}$$

其中 Φ,Ψ_1,Ψ_2 是算子值过程. 显然, 关于一般 Lévy 过程的随机积分 $\displaystyle\int_0^t\Psi(s)\mathrm{d}L(s)$ 只是这个问题的一个特例.

回忆下关于复合 Poisson 过程的知识, $P(t)=\displaystyle\sum_{j=1}^{\Pi(t)}Z_j$, 其中 Z_j 是 V 上的独立

的随机变量, 且具有相同的分布

$$P(Z_j \in \Gamma) = \frac{\mu_P(\Gamma)}{\mu_P(V)}, \quad j \in \mathbb{N}$$

以及 Π 是一个参数为 $\mu_P(V)$ 的 Poisson 过程.

假设存在 V 的一个递增的有界可测子集列 (V_m), 且 $V = \cup V_m$. 对任意 $m > 0$, 记

$$\tau_m := \inf\{t \geqslant 0 : P(t) - P(t-) \in V_m^c\} = \inf\{j \in \mathbb{N} : Z_j \in V_m^c\}.$$

易证 (τ_m) 单调递增趋于 ∞.

定义 Z_j^m 为 $Z_j^m := Z_j 1_{V_m}(Z_j)$. 定义 $P_m(t) := \sum_{j=1}^{\Pi(t)} Z_j^m$, $t \geqslant 0$, 则在集合 $\{t \leqslant \tau_m\}$ 上, $P(t) = P_m(t)$.

显然 P_m 是 V 上的 Lévy 测度为 $\mu_m(\Gamma) = \mu_P(\Gamma \cup V_m)$ 的复合 Poisson 过程. 而且, P_m 是平方可积的, 因为其只在有界集 V_m 内取值.

对 $m \in \mathbb{N}$, 令

$$u_m := \int_V z\mu_m(\mathrm{d}z) = \int_{V_m} z\mu_P(\mathrm{d}z),$$

则过程

$$M_m(t) := P_m(t) - tu_m, \quad t \geqslant 0$$

是平方可积的零均值的 Lévy 过程, 协方差为 $Q_m = \int_{V_m} z \otimes z\mu_P(\mathrm{d}z)$, $m \in \mathbb{N}$. 即

$$\langle Q_m u, v\rangle_V = \int_{V_m} \langle z, u\rangle_V \langle z, v\rangle_V \mu_P(\mathrm{d}z), \quad u, v \in V.$$

令 $\mathcal{H}_m = Q_m^{1/2}(V)$, 则 $(\mathcal{H}_m)$ 是递增的集合列. 下面定义随机积分 (1.3.5), 这需要对被积函数 Φ, Ψ_1 和 Ψ_2 施加一些条件:

(1) $\Phi : \Omega \times [0, T] \mapsto H$ 是可测的, 且对任意的 $m \in \mathbb{N}$

$$P\left(\int_0^T 1_{[0,\tau_m]}(t)|\Phi(t)|_H \mathrm{d}t < \infty\right) = 1.$$

(2) 对任意 $m \in \mathbb{N}$, $\Psi_1 1_{[0,\tau_m]} \in \mathcal{L}^2_{M,T}(H)$.

(3) 对任意 $m \in \mathbb{N}$,

$$1_{[0,\tau_m]}\Psi_2 \in L^2(\Omega \times [0, T], \mathcal{P}_T, P\mathrm{d}t; L_{(HS)}(\mathcal{H}_m, H)),$$

$(\omega, t) \mapsto 1_{[0,\tau_m(\omega)]}(t)\Psi_2(t)u_m$ 是可测的, 且

$$P\left(\int_0^T 1_{[0,\tau_m]}(t)|\Psi_2(t)u_m|_H \mathrm{d}t < \infty\right) = 1, \quad \forall m \in \mathbb{N}.$$

事实上, (1)~(3) 恰好保证了对任意 m,

$$I_m(t) := \int_0^t 1_{[0,\tau_m]}(s)(\Phi(s) + \Psi_2(s)u_m)\mathrm{d}s + \int_0^t 1_{[0,\tau_m]}(s)\Psi_1(s)\mathrm{d}M(s) + \int_0^t 1_{[0,\tau_m]}(s)\Psi_2(s)\mathrm{d}M_m(s), \quad t \in [0,T]$$

是个适定的过程, 且具有 Càdlàg 修正. 一般就直接选取 I_m 的 Càdlàg 版本. 最后, 随机积分 (1.3.5) 定义为满足 $I(\omega,t) = I_m(\omega,t)$ 对 $\omega \in \Omega$ 和 $t \in [0, \tau_m(\omega) \wedge T]$ 成立的唯一 Càdlàg 过程. 由下面的引理知, I 是适定的.

引理 1.3.2[21] 设 I_m, $m \in \mathbb{N}$ 如上定义, 则对任意 $t \in [0,T]$ 及任意 $m, n \in \mathbb{N}$, $n \geqslant m$

$$(I_m(t) - I_n(t))1_{[0,\tau_m]}(t) = 0, \quad P\text{-a.s.}.$$

§1.4 分数布朗运动及其随机积分

分数布朗运动的概念最早是由 Kolmogorov 在 1940 年提出来的, 1968 年, Mandelbrot 和 Van Ness 在经典论文 [19] 中研究了分数布朗运动. 这一节用 FBM 表示分数布朗运动, 用 H 表示 Hurst 参数, 且 $H \in (0,1)$. 先给出分数布朗运动的定义, 然后给出其性质和核算子的定义, 最后给出加性噪声和乘性噪声定义的不同类型随机积分. 这一节内容取自于文献 [18] 和 [20].

定义 1.4.1 Hurst 参数为 H 的分数布朗运动 $\left(B^H(t)\right)_{t\geqslant 0}$ 是一个连续的中心高斯过程, 其自相关函数为

$$\mathbf{E}\left[B^H(t)B^H(s)\right] = \frac{1}{2}\left(t^{2H} + s^{2H} - |t-s|^{2H}\right).$$

特别地, 当 $H = \frac{1}{2}$ 时, FBM 就退化成标准的布朗运动.

由该定义可知, 分数布朗运动具有如下的性质:

(1) $B^H(0) = 0$, 且 $\mathbf{E}(B^H(t)) = 0, \forall t \geqslant 0$.

(2) B^H 的具有齐次增量, 即对任意的 $t, s \geqslant 0$, $B^H(t+s) - B^H(s)$ 与 $B^H(t)$ 同分布.

(3) B^H 是一个高斯过程, $\mathbf{E}(B^H(t)^2) = t^{2H}, \forall t \geqslant 0$.

(4) B^H 的轨道连续.

附注 1.4.1 Hurst 参数是 Mandelbrot 用水文学家 Hurst 的名字命名以纪念他对水文学的贡献. Hurst 通过研究历年尼罗河的水位情况, 发现了水位的偏差不具备增量的独立性, 其服从参数为 $H = 0.7$ 的分数布朗运动规律.

下面给出分数布朗运动的积分表达式：

$$B^H(t)=\frac{1}{\Gamma\left(H+\frac{1}{2}\right)}\int_{\mathbb{R}}\left((t-s)_+^{H-\frac{1}{2}}-(-s)_+^{H-\frac{1}{2}}\right)\mathrm{d}B(s)$$

$$=\frac{1}{\Gamma\left(H+\frac{1}{2}\right)}\left(\int_{-\infty}^{0}((t-s)^{H-\frac{1}{2}}-(-s)^{H-\frac{1}{2}})\mathrm{d}B(s)\right.$$

$$\left.+\int_0^t(t-s)^{H-\frac{1}{2}}\mathrm{d}B(s)\right),$$

其中 $B(t)$ 是标准的布朗运动, Γ 是 Gamma 函数.

下面给出用核函数来表示的分数布朗运动的表达式：

$$B^H(t)=\int_0^t K_H(t,s)\mathrm{d}B(s),\quad t\geqslant 0,$$

其中,

(1) 当 $H>\frac{1}{2}$ 时,

$$K_H(t,s)=C_H s^{\frac{1}{2}-H}\int_s^t|u-s|^{H-\frac{3}{2}}u^{H-\frac{1}{2}}\mathrm{d}u, \tag{1.4.1}$$

其中, $C_H=\left[\frac{H(2H-1)}{\beta\left(2-2H,H-\frac{1}{2}\right)}\right]^{\frac{1}{2}}$, $t>s,\beta$ 为 Beta 函数.

(2) 当 $0<H<\frac{1}{2}$ 时,

$$K_H(t,s)=b_H\left[\left(\frac{t}{s}\right)^{H-\frac{1}{2}}(t-s)^{H-\frac{1}{2}}-\left(H-\frac{1}{2}\right)s^{\frac{1}{2}-H}\right.$$

$$\left.\cdot\int_s^t(u-s)^{H-\frac{1}{2}}u^{H-\frac{3}{2}}\mathrm{d}u\right], \tag{1.4.2}$$

其中, $b_H=\left[\frac{2H}{(1-2H)\beta\left(1-2H,H+\frac{1}{2}\right)}\right]^{\frac{1}{2}}$, $t>s,\beta$ 为 Beta 函数.

接下来, 说明分数布朗运动 $\left(H\neq\frac{1}{2}\right)$ 是自相似、长相依的随机过程, 其不是半鞅, 也不是马氏过程. 为此, 先介绍分数布朗运动的增量的协方差. 当 $H=\frac{1}{2}$, 即

$B^H(t)$ 是标准的布朗运动, 其增量如不交则相互独立. 当 $H \neq \dfrac{1}{2}$ 时, FBM 增量不再独立. 事实上, 设 $s+h \leqslant t, t-s=nh$, 则

$$\begin{aligned}\rho_H(n) &= \mathrm{Cov}\big(B^H(t+h)-B^H(t), B^H(s+h)-B^H(s)\big)\\ &= \frac{1}{2}h^{2H}[(n+1)^{2H}+(n-1)^{2H}-2n^{2H}].\end{aligned}$$

特别地, 当 $H > \dfrac{1}{2}$ 时, $B^H(t+h)-B^H(t)$ 与 $B^H(t+2h)-B^H(t+h)$ 正相关; 当 $0 < H < \dfrac{1}{2}$ 时, 其负相关. 正是由于 FBM 具有这一特性, 使得它可以用来刻画具有记忆或后滞的系统或间断的系统. 下面再给出自相似的定义.

定义 1.4.2 称 $\mathbb{R}^d$ 值的随机过程 $X=(X_t)_{t\geqslant 0}$ 自相似是指对任意的 $a>0$, 存在 $b>0$, 使得

$$\mathcal{L}(X_{at}, t \geqslant 0) = \mathcal{L}(bX_t, t \geqslant 0), \tag{1.4.3}$$

其中 $\mathcal{L}$ 是指分布.

定义 1.4.3 在定义 1.4.2 中, 若 $b=a^{-H}$, 则称 X 为具有 Hurst 参数 H 的自相似过程, 常数 $\dfrac{1}{H}$ 称为 X 的统计分形维数. 于是, B^H 是参数为 H 的自相似过程.

下面给出分数布朗运动的轨道性质.

定理 1.4.1 对任意的 $\alpha < H$, 分数布朗运动 B^H 具有一个 α 阶 Hölder 连续的修正, 且

$$\lim_{t\to 0^+}\sup \frac{|B^H(t)|}{t^H\sqrt{\log\log t^{-1}}} = C_H$$

以概率 1 成立. 即 B^H 不可能有指数大于 H 的 Hölder 连续的样本轨道.

命题 1.4.1 对任意的 $H \in (0,1)$, 分数布朗运动 B^H 轨道几乎处处不可微, 事实上, 对任意的 $t_0 \in [0,\infty)$,

$$\limsup_{t\to t_0}\left|\frac{B^H(t)-B^H(t_0)}{t-t_0}\right| = \infty$$

以概率 1 成立.

附注 1.4.2 分数布朗运动具有三个特征: (1) 自相似性; (2) 长相依性; (3) 具有 α-Hölder 连续轨道, 可以从图 1.1 和图 1.2 进行对比分数布朗运动和布朗运动的样本轨道的异同.

接下来的命题说明分数布朗运动当 $H \neq \dfrac{1}{2}$ 时不是半鞅.

命题 1.4.2 设 Π 为区间 $[0,T]$ 上的任意分划, 即 $\Pi=\{0=t_0<t_1<\cdots<t_n=T\}$, 则 FBM 的 p 次变差

$$\inf\left\{p>0: \sup_{\Pi}\sum_{i=1}^{n}|B^H(t_k)-B^H(t_{k-1})|^p < \infty\right\} = \frac{1}{H}.$$

因此, 当 $H \neq \frac{1}{2}$ 时, FBM 不是半鞅.

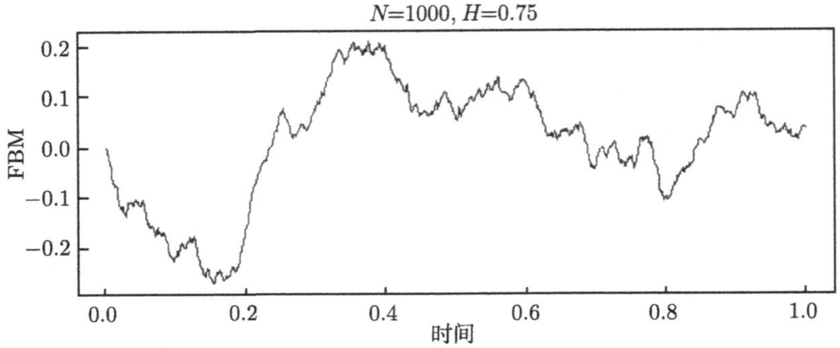

图 1.1 $H = 0.75$ 时分数布朗运动的样本轨道

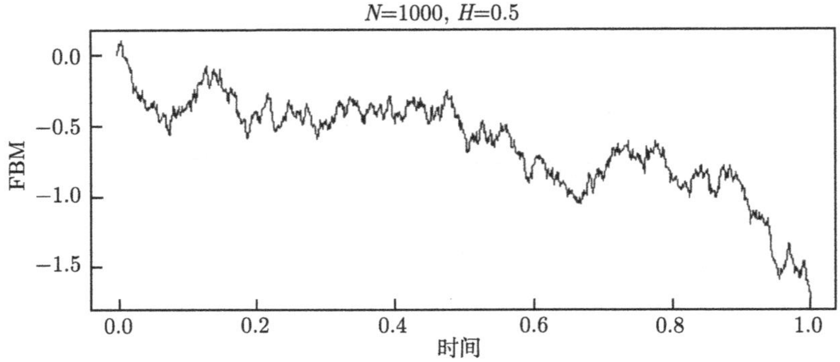

图 1.2 一维布朗运动的样本轨道

由于分数布朗运动不是半鞅, 因此无法用对半鞅定义的 Itô 随机积分理论来定义其随机积分. 关于分数布朗运动有多种方法来定义其积分. 这一节给出一种最简单的定义积分方法 ——Wiener 积分. Wiener 积分的定义利用了随机过程的高斯性质, 因此, 该方法易于推广到分数布朗运动, 并且当 $H = \frac{1}{2}$ 时, Wiener 积分与 Itô 积分是一致的.

为定义分数布朗运动的随机积分, 先定义分数阶微积分, 相关结论的证明参看文献 [13].

定义 1.4.4 设 $f \in L^1[a,b]$ 为一非随机的实值函数, 则 f 在 $x \in (a,b)$ 处的 α 次分数阶 Riemann-Liouville 积分定义为

(1) 左积分

$$\left(I_{a^+}^{\alpha} f\right)(x) = \frac{1}{\Gamma(\alpha)} \int_a^x (x-y)^{\alpha-1} f(y) \mathrm{d}y.$$

(2) 右积分

$$\left(I_{b-}^{\alpha}f\right)(x)=\frac{1}{\Gamma(\alpha)}\int_x^b(y-x)^{\alpha-1}f(y)\mathrm{d}y.$$

定义 1.4.5 对任意的 $\alpha\in(0,1)$, 定义分数阶 Liouville 左导数

$$D_{a+}^{\alpha}f=\frac{\mathrm{d}}{\mathrm{d}x}I_{a+}^{1-\alpha}f,$$

右导数

$$D_{b-}^{\alpha}f=\frac{\mathrm{d}}{\mathrm{d}x}I_{b-}^{1-\alpha}f.$$

对任意的 $f\in L^1(a,b)$, 则

$$D_{a+}^{\alpha}I_{a+}^{\alpha}f=f,\quad D_{b-}^{\alpha}I_{b-}^{\alpha}f=f.$$

定义 1.4.6 对任意的 $p\geqslant 1$, 记 $I_{a+}^{\alpha}(L^p([a,b]))$ 为所有可以表示为某个 $\phi\in L^p(a,b)$ 的 I_{a+}^{α} 积分的函数 f 组成的集合, 则 ϕ 便是 $D_{a+}^{\alpha}f$. 特别地, 记 I_{a+}^{α} 为 $L^p(a,b)$ 到 $I_{a+}^{\alpha}(L^p([a,b]))$ 的映射. 同理可定义 $I_{b-}^{\alpha}(L^p([a,b]))$ 和映射 I_{b-}^{α}.

因此, 对任意的 $f\in I_{a+}^{\alpha}(L^p(a,b))$, 有 $I_{a+}^{\alpha}D_{a+}^{\alpha}f=f$. 且对任意的 $f\in L^p(a,b)$, 存在如下的 Weyl 表示

$$D_{a+}^{\alpha}f(x)=\frac{1}{\Gamma(1-\alpha)}\left[\frac{f(x)}{(x-a)^{\alpha}}+\alpha\int_a^x\frac{f(x)-f(y)}{(x-y)^{\alpha-1}}\mathrm{d}y\right],$$

$$D_{b-}^{\alpha}f(x)=\frac{1}{\Gamma(1-\alpha)}\left[\frac{f(x)}{(b-x)^{\alpha}}+\alpha\int_x^b\frac{f(x)-f(y)}{(y-x)^{\alpha-1}}\mathrm{d}y\right].$$

可以证明, 分数阶积分满足如下的复合公式:

$$I_{a+}^{\alpha}\left(I_{a+}^{\beta}f\right)=I_{a+}^{\alpha+\beta}f,\quad I_{b-}^{\alpha}\left(I_{b-}^{\beta}f\right)=I_{b-}^{\alpha+\beta}f.$$

如果 $f\in L^p,g\in L^q,\dfrac{1}{p}+\dfrac{1}{q}\leqslant 1+\alpha$, 若 $\dfrac{1}{p}+\dfrac{1}{q}=1+\alpha$, 则 $p>1,q>1$, 因此分部积分公式满足

$$\int_a^b I_{a+}^{\alpha}f(x)g(x)\mathrm{d}x=\int_a^b f(x)\cdot I_{b-}^{\alpha}g(x)\mathrm{d}x.$$

可以证明, 分数阶微分满足如下的复合公式, 对任意的 $\alpha>0,\beta>0,\alpha+\beta<1$, 则

$$D_{a+}^{\alpha}(D_{a+}^{\beta}f)=D_{a+}^{\alpha+\beta}f,\quad \forall f\in I_{a+}^{\alpha+\beta}(L^p),$$

$$D_{b-}^{\alpha}(D_{b-}^{\beta}f)=D_{b-}^{\alpha+\beta}f,\quad \forall f\in I_{b-}^{\alpha+\beta}(L^p).$$

分数阶微分与通常意义的微分是相容的, 即如果 f 可导, 则

$$\lim_{\alpha\to 0+}D_{a+}^{\alpha}f=f,\quad \lim_{\alpha\to 1-}D_{a+}^{\alpha}f=f'.$$

下面对非随机的被积函数定义分数布朗运动的抽象 Wiener 积分. 设 $B^H(t), t \in [0,T]$ 为概率空间 $(\Omega, \mathcal{F}^H, \mathcal{F}_t^H, P^H)$ 上的 Hurst 参数为 H 的分数布朗运动, 其中 $\mathcal{F}_t^H$ 为 $B^H(t)$ 生成的滤子, P^H 为 B^H 的概率分布. 定义其自相关函数为

$$R_H(t,s) = \mathbf{E}(B^H(t)B^H(s)) = \frac{1}{2}(s^{2H} + t^{2H} - |t-s|^{2H}), \quad s,t \geqslant 0.$$

分 $H > \frac{1}{2}$, $0 < H < \frac{1}{2}$ 和 $H = \frac{1}{2}$ 三类情况来定义核函数 $K_H(t,s)$.

(1) 当 $H > \frac{1}{2}$ 时, 定义

$$K_H(t,s) = C_H s^{\frac{1}{2}-H} \int_s^t (u-s)^{H-\frac{3}{2}} u^{H-\frac{1}{2}} \mathrm{d}u, \tag{1.4.4}$$

其中, $C_H = \left[\dfrac{H(2H-1)}{\beta\left(2-2H, H-\frac{1}{2}\right)}\right]^{\frac{1}{2}}$, $t > s$, β 是 Beta 函数, 则有

命题 1.4.3　当 $H > \frac{1}{2}$ 时, $R_H(t,s) = \int_0^{t\wedge s} K_H(t,u)K_H(s,u)\mathrm{d}u$.

证明

$$\begin{aligned}
&\int_0^{t\wedge s} K_H(t,u)K_H(s,u)\mathrm{d}u \\
=&C_H^2 \int_0^{t\wedge s} \left(\int_u^t (y-u)^{H-\frac{3}{2}} y^{H-\frac{1}{2}} \mathrm{d}y\right) \times \left(\int_u^s (z-u)^{H-\frac{3}{2}} z^{H-\frac{1}{2}} \mathrm{d}z\right) u^{1-2H} \mathrm{d}u \\
=&C_H^2 \int_0^t \int_0^s (yz)^{H-\frac{1}{2}} \left(\int_0^{y\wedge z} u^{1-2H} (y-u)^{H-\frac{3}{2}} (z-u)^{H-\frac{3}{2}} \mathrm{d}u\right) \mathrm{d}z\mathrm{d}y.
\end{aligned}$$

注意到

$$\begin{aligned}
&\int_0^u v^{1-2H} (r-v)^{H-\frac{3}{2}} (u-v)^{H-\frac{3}{2}} \mathrm{d}v \quad \left(z = \frac{r-v}{u-v}\right) \\
=&(r-u)^{2H-2} \int_{\frac{r}{u}}^{\infty} (zu-r)^{1-2H} z^{H-\frac{3}{2}} \mathrm{d}z \quad \left(x = \frac{r}{uz}\right) \\
=&(ru)^{\frac{1}{2}-H} (r-u)^{2H-2} \int_0^1 (1-x)^{1-2H} x^{H-\frac{3}{2}} \mathrm{d}x \\
=&\beta\left(2-2H, H-\frac{1}{2}\right) (ru)^{\frac{1}{2}-H} (r-u)^{2H-2}.
\end{aligned}$$

因此,

$$\begin{aligned}
&\int_0^{t\wedge s} K_H(t,u)K_H(s,u)\mathrm{d}u \\
=&C_H^2 \beta\left(2-2H, H-\frac{1}{2}\right) \int_0^t \int_0^s (y-z)^{2H-2} \mathrm{d}z\mathrm{d}y = R_H(t,s).
\end{aligned}$$

□

附注 1.4.3 当 $H > \frac{1}{2}$ 时, $K_H(t,s)$ 还可以表示为

$$K_H(t,s) = C_H(t,s)_+^{H-\frac{1}{2}} \int_0^1 u^{H-\frac{3}{2}}\left(1-\left(1-\frac{t}{s}\right)u\right)^{H-\frac{1}{2}} \mathrm{d}u.$$

(2) 当 $0 < H < \frac{1}{2}$ 时, 核函数为

$$K_H(t,s) = b_H \left[\left(\frac{t}{s}\right)^{H-\frac{1}{2}}(t-s)^{H-\frac{1}{2}} - \left(H-\frac{1}{2}\right)s^{\frac{1}{2}-H}\cdot\int_s^t (u-s)^{H-\frac{1}{2}}u^{H-\frac{3}{2}}\mathrm{d}u\right],$$

其中, $b_H = \left[\dfrac{2H}{(1-2H)\beta\left(1-2H, H+\frac{1}{2}\right)}\right]^{\frac{1}{2}}$, $t > s$, 且

$$R_H(t,s) = \int_0^{t\wedge s} K_H(t,u)K_H(s,u)\mathrm{d}u. \tag{1.4.5}$$

(3) 当 $H = \frac{1}{2}$ 时, 定义核函数 $K_{\frac{1}{2}}(t,s) = I_{[0,t]}(s)$.

为定义分数布朗运动的抽象 Wiener 积分, 再引入再生核 Hilbert 空间. 定义分数布朗运动 B^H 生成的再生核 Hilbert 空间 (简记为 RKHS 空间) $\mathcal{H}$ 为

$$\mathcal{H} = \overline{\mathrm{span}\{R_H(t,\cdot), t\in[0,T]\}}.$$

其上内积为

$$\langle R_H(t,\cdot), R_H(s,\cdot)\rangle = R_H(t,s), \quad \forall t,s\in[0,T]. \tag{1.4.6}$$

附注 1.4.4 当 $H = \frac{1}{2}$ 时, B^H 是标准的布朗运动, 则 RKHS 为

$$\mathcal{H} = \{f:\ f(0)=0,\ f \text{ 绝对连续},\ f' \text{ 均方可积}\}.$$

关于再生核空间 $\mathcal{H}$ 有如下命题

命题 1.4.4 对任意的 $H\in(0,1)$, 再生核空间 $\mathcal{H}$ 是所有可以写成如下形式

$$f(t) = \int_0^t K_H(t,s)\tilde{f}(s)\mathrm{d}s, \quad \exists \tilde{f}\in L^2 \tag{1.4.7}$$

的函数集合, 且 $\|f\|_{\mathcal{H}} = \|\tilde{f}\|_{L^2}$.

特别地, 当 $H > \frac{1}{2}$ 时, 则核函数具有 (1.4.4) 的形式, (1.4.7) 的积分算子是 L^2 到 $I_{0+}^{H+\frac{1}{2}}(L^2)$ 的同构映射, 于是

$$\mathcal{H}=I_{0^+}^{H+\frac{1}{2}}(L^2)=\left\{\phi:\ \phi(x)=\frac{1}{\Gamma\left(H+\dfrac{1}{2}\right)}\int_0^x(x-y)^{H-\frac{1}{2}}f(y)\mathrm{d}y,\ \exists f\in L^2\right\}.$$

定义 1.4.7　对任意的 $H\in(0,1)$, 分数布朗运动 $B^H(t)$ 的抽象 Wiener 积分定义为从再生核空间 $\mathcal{H}$ 到 $L^2(P^H)$ 的等距同构映射 τ^H 的线性延拓:

$$\tau^H:\mathcal{H}\to L^2(P^H),\quad R_H(t,\cdot)\mapsto B^H(t).$$

由定义可知, $R_H(t,\cdot)$ 的有限线性组合的抽象 Wiener 积分为

$$\tau^H\left(\sum_{i=1}^n\alpha_iR_H(t_i,\cdot)\right)=\sum_{i=1}^n\alpha_iB^H(t_i).$$

对于一般的 $u\in\mathcal{H}$, 只需按定义用一组有限线性组合来逼近即可：设 $u_n\in\operatorname{span}_{1\leqslant i\leqslant n}\{R_H(t_i,\cdot)\}$, 且在 $\mathcal{H}$ 中, $u_n\to u$, 则在 $L^2(P^H)$ 中,

$$\tau^H(u)=\lim_{n\to\infty}\tau^H(u_n).$$

注意到对标准的布朗运动定义的抽象积分, $\mathcal{H}$ 是所有非随机的, 导数均方可积的绝对连续的函数的集合. 此时, 布朗运动的被积函数类被唯一确定, 这是因为 $\mathcal{H}$ 空间的等距同构变换不改变 Wiener 积分的性质. 对布朗运动, 通常用 I_{0+}^1 作为 L^2 到 $\mathcal{H}$ 的等距双射. 对分数布朗运动, 通常用另一些与 $\mathcal{H}$ 等距同构的空间.

定义 1.4.8　称二元对 (γ,i) 为 $\mathcal{H}$ 的一个表示, 若 i 是 γ 到 $\mathcal{H}$ 的等距双射.

定理 1.4.2　设 $i_1:L^2[0,T]\to\mathcal{H}$ 是 L^2 到 $\mathcal{H}$ 的正则等距双射: $h\to f(t)=\int_0^tK_H(t,s)h(s)\mathrm{d}s$, 则 $(L^2[0,T],i_1)$ 是 $\mathcal{H}$ 的一个表示.

当 $H=\dfrac{1}{2}$ 时, $i_1=I_{0+}^1$, 即 $i_1(h)=\displaystyle\int_0^th(s)\mathrm{d}s$. 一般地, 对任意的 $H\in(0,1)$, $K_H(t,\cdot)$ 是由 i_1 和 $R_H(t,\cdot)$ 生成.

接下来给出分数布朗运动的 $\mathcal{H}$ 的表示来研究分数布朗运动的具体 Wiener 积分. 先考虑 $H>\dfrac{1}{2}$ 情形. 记 $\mathcal{E}$ 为 $[0,T]$ 上阶梯函数的集合.

定理 1.4.3　对任意的 $H>\dfrac{1}{2}$, 赋以 $L^2[0,T]$ 空间扭结内积 $\langle\cdot,\cdot\rangle_H$ 为

$$\langle f,g\rangle_H=H(2H-1)\int_0^T\int_0^Tf(s)g(t)|s-t|^{2H-2}\mathrm{d}s\mathrm{d}t. \tag{1.4.8}$$

定义线性映射 $i_2:(L^2[0,T],\langle\cdot,\cdot\rangle_H)\to\mathcal{H},I_{[0,T]}\to R_H(t,\cdot)$, 则 $(\overline{L^2[0,T],\langle\cdot,\cdot\rangle_H},i_2)$ 是 $\mathcal{H}$ 的一个表示.

可以证明, $\overline{(L^2[0,T],\langle\cdot,\cdot\rangle_H)} = \overline{(\mathcal{E},\langle\cdot,\cdot\rangle_H)}$, 而且 $(L^2[0,T],\langle\cdot,\cdot\rangle_H)$ 不是完备的, $(\overline{L^2[0,T],\langle\cdot,\cdot\rangle_H})$ 中的元素不仅包含函数, 还包含分布.

附注 1.4.5 当 $H>\frac{1}{2}$ 时, Wiener 积分可视为下面两种等距映射 i_1 和 i_2 的延拓, 即

(1) 第一类 Wiener 积分

$$\tau_1 : L^2[0,T] \to L^2(\Omega, P^H), \quad K_H(t,\cdot) \to B^H(t), \tag{1.4.9}$$

(2) 第二类 Wiener 积分

$$\tau_2 : (\overline{L^2[0,T],\langle\cdot,\cdot\rangle_H}) \to L^2(P^H), \quad I_{[0,T]}(\cdot) \to B^H(t), \tag{1.4.10}$$

其中 τ_1^H 保 $L^2[0,T]$ 中的内积, 改变 B^H 的原像; 而 τ_2^H 改变 $L^2[0,T]$ 中的内积, 保持 B^H 的原像, 这是分数布朗运动与标准布朗运动积分的主要区别之一. 特别地, 第一类积分并不满足抽象 Wiener 积分的同距性质, 事实上,

$$\mathbf{E}\left[|\tau_1^H(I_{[0,t]})|^2\right] = \|I_{[0,T]}\|^2_{L^2[0,t]} = t \neq R_H(t,t).$$

所以, 随机过程 $\tau_1^H(I_{[0,t]})$ 是一个协方差核函数为 $\min(t,s)$ 的中心高斯过程, 即是标准布朗运动.

下面主要给出第二类 Wiener 积分. 记 $\mathcal{H} = \overline{(L^2[0,T],\langle\cdot,\cdot\rangle_H)}$, 则 $(\mathcal{H}_2, \tau_2^H)$ 是 $\mathcal{H}$ 的表示. 记关于 ψ 的分数布朗运动的 Wiener 积分为

$$B^H(\psi) = \tau_2^H(\psi), \quad \psi \in \mathcal{H}.$$

先引入核算子 K_H:

$$(K_H h)(t) = \int_0^t K_H(t,s)h(s)\mathrm{d}s, \quad \forall h \in L^2[0,T]$$

及线性算子 K_H^*:

$$(K_H^*\psi)(s) = \int_s^T \psi(t)\frac{\partial K_H}{\partial t}(t,s)\mathrm{d}t. \tag{1.4.11}$$

于是,

$$(K_H^* I_{[0,t]})(s) = K_H(t,s)I_{[0,t]}(s). \tag{1.4.12}$$

注意到

$$\begin{aligned}
&\langle K_H^* I_{[0,t]}, K_H^* I_{[0,s]}\rangle_{L^2[0,T]} \\
=&\langle K_H(t,\cdot)I_{[0,t]}, K_H(s,\cdot)I_{[0,s]}\rangle_{L^2} \\
=&\int_0^{s\wedge t} K_H(t,u)K(s,u)\mathrm{d}u \\
=&R_H(t,s) = \langle I_{[0,t]}, I_{[0,s]}\rangle_H.
\end{aligned}$$

因此, 从 $\mathcal{E}$ 到 L^2 上的线性等距映射 K_H^* 可以延拓至整个 $\mathcal{H}$ 上.

注意到, 由 $K_H(t,s)$ 的表达式可知

$$\frac{\partial K_H}{\partial t}(t,s)=C_H\left(\frac{t}{s}\right)^{H-\frac{1}{2}}(t-s)^{H-\frac{3}{2}}. \tag{1.4.13}$$

因此, 利用分数阶积分来改写算子 K_H^* 为

$$(K_H^*)(\phi)=C_H\Gamma\left(H-\frac{1}{2}\right)s^{\frac{1}{2}-H}(I_{T^-}^{H-\frac{1}{2}}u^{H-\frac{1}{2}}\phi(u))(s). \tag{1.4.14}$$

再由分数积分与分数微分的关系, 对于任意的 $\phi\in L^1[0,T]$, 有

$$(K_H^*)^{-1}(\phi)=\frac{1}{C_H\Gamma\left(H-\frac{1}{2}\right)}s^{\frac{1}{2}-H}(D_{T^-}^{H-\frac{1}{2}}u^{H-\frac{1}{2}}\phi(u))(s). \tag{1.4.15}$$

特别地, 对于示性函数 $I_{[0,a]}$, 有

$$(K_H^*)^{-1}I_{[0,a]}=\frac{1}{C_H\Gamma\left(H-\frac{1}{2}\right)}s^{\frac{1}{2}-H}(D_{a^-}^{H-\frac{1}{2}}u^{H-\frac{1}{2}})(s)I_{[0,a]}(s).$$

于是

$$\mathcal{H}=(K_H^*)^{-1}(L^2[0,T]). \tag{1.4.16}$$

附注 1.4.6　算子 K_H^* 在下面意义下可视为 K_H 的伴随算子.

引理 1.4.1　对任意的 $\phi\in\mathcal{E},h\in L^2$, 有

$$\int_0^T(K_H^*\phi)(t)h(t)\mathrm{d}t=\int_0^T\phi(t)(K_Hh)(t)\mathrm{d}t.$$

考虑由映射 $i_2=(K_H^*)^{-1}I_{[0,t]}$ 生成的随机过程 X, 即

$$X(t)=B^H\big((K_H^*)^{-1}I_{[0,t]}\big). \tag{1.4.17}$$

由于

$$\begin{aligned}\mathbf{E}(X(t)X(s))&=\mathbf{E}[B^H((K_H^*)^{-1}I_{[0,t]})B^H((K_H^*)^{-1}I_{[0,s]})]\\&=\langle(K_H^*)^{-1}I_{[0,t]},(K_H^*)^{-1}I_{[0,s]}\rangle_H\\&=\langle I_{[0,t]},I_{[0,s]}\rangle_{L^2}\\&=s\wedge t,\end{aligned}$$

以及 $X(t)$ 是一个连续的高斯过程知, X 是标准的布朗运动. 类似地, 考虑由 $K_H^*I_{[0,t]}$ 生成的随机过程, 则有

$$B^H(K_H^* I_{[0,t]}) = B^H(K_H(t,s)I_{[0,t]}(s)) = B^H(t) = \int_0^T K_H^* I_{[0,t]} \mathrm{d}B(s)$$
$$= \int_0^t K_H(t,s)\mathrm{d}B(s).$$

于是得到了用布朗运动积分表示的分数布朗运动第二类 Wiener 积分的等式.

引理 1.4.2 设 $H > \frac{1}{2}$, 则对任意的 $\phi \in \mathcal{H}$,

$$B^H(\phi) = \tau_2^H(\phi) = \int_0^T (K_H^*\phi)(s)\mathrm{d}B(s). \tag{1.4.18}$$

上述 Wiener 积分是对非随机的被积函数类来定义的, 也可将其定义扩展至随机被积函数类上.

定义 1.4.9 设 $H > \frac{1}{2}$, 随机过程 $u(\omega) : [0,T] \to \mathcal{H}$ 满足 $K_H^* u$ 关于标准布朗运动 Skorohod 可积, 则可定义 u 关于分数布朗运动的 Wiener 积分为

$$B^H(u) = \int_0^T (K_H^* u)(s)\delta B(s),$$

其中右端为布朗运动的 Skorohod 积分.

下面考虑 $0 < H < \frac{1}{2}$ 的情形. 对于阶梯函数类 $\mathcal{E}$, 其内积为

$$\langle I_{[0,t]}, I_{[0,s]}\rangle_H = R_H(t,s), \quad 0 \leqslant t, s \leqslant T. \tag{1.4.19}$$

定义线性映射 i_2 为

$$i_2 : (\mathcal{E}, \langle\cdot,\cdot\rangle_H) \to \mathcal{H}, \quad I_{[0,t]} \to R_H(t,\cdot),$$

则 $(\overline{\mathcal{E}, \langle\cdot,\cdot\rangle_H}, i_2)$ 为 $\mathcal{H}$ 的表示.

记 $\mathcal{H} = \overline{(\mathcal{E}, \langle\cdot,\cdot\rangle_H)}$, 定义当 $0 < H < \frac{1}{2}$ 时, $\psi \in \mathcal{H}$ 的 Wiener 积分为等距映射 i_2 的延拓

$$B^H : \mathcal{H} \to L^2(P^H) : I_{[0,t]} \to B^H(t).$$

附注 1.4.7 由于

$$H(2H-1)\int_0^T\int_0^T I_{[0,t]}(u)I_{[0,s]}(v)|u-v|^{2H-2}\mathrm{d}u\mathrm{d}v = R_H(t,s).$$

因此, 上面定义的内积与 $H > \frac{1}{2}$ 时的扭结内积的定义是一致的.

当 $0 < H < \frac{1}{2}$ 时, 可类似通过标准布朗运动的随机积分来表示分数布朗运动

的随机积分. 将核函数改成分数导数形式:

$$K_H(t,s)=b_H\Gamma\left(H+\frac{1}{2}\right)s^{\frac{1}{2}-H}(D_{t-}^{\frac{1}{2}-H}u^{H-\frac{1}{2}})(s).$$

考虑线性算子 $K_H^*:\mathcal{E}\to L^2[0,T]$:

$$(K_H^*\psi)(s)=K_H(T,s)\psi(s)+\int_s^T(\psi(t)-\psi(s))\frac{\partial K_H}{\partial t}(t,s)\mathrm{d}t. \tag{1.4.20}$$

特别地, 当 $\psi=I_{[0,t]}$ 时,

$$(K_H^*I_{[0,t]})(s)=K_H(t,s)I_{[0,t]}(s).$$

因此,

$$R_H(t,s)=\int_0^{t\wedge s}K_H(t,u)K_H(s,u)\mathrm{d}u=\int_0^T K_H^*I_{[0,t]}(u)K_H^*I_{[0,s]}(u)\mathrm{d}u.$$

利用算子 K_H^*, 可引入一个从 $\mathcal{H}$ 到 $L^2[0,T]$ 的等距同构. 注意到

$$(D_{t-}^{\frac{1}{2}-H}u^{H-\frac{1}{2}})I_{[0,t]}(s)=(D_{T-}^{\frac{1}{2}-H}u^{H-\frac{1}{2}}I_{[0,t]})(s).$$

因此

$$(K_H^*\psi)(s)=b_H\Gamma\left(H+\frac{1}{2}\right)s^{\frac{1}{2}-H}D_{T-}^{\frac{1}{2}-H}(u^{H-\frac{1}{2}}\psi(u))(s).$$

由分数阶微积分的性质可得

$$(K_H^*)^{-1}(f)(s)=\frac{1}{b_H\Gamma\left(H+\frac{1}{2}\right)}s^{\frac{1}{2}-H}I_{T-}^{\frac{1}{2}-H}(u^{H-\frac{1}{2}}f(u))(s)$$

且有

$$\mathcal{H}=(K_H^*)^{-1}(L^2[0,T])=I_{T-}^{\frac{1}{2}-H}(L^2[0,T]), \tag{1.4.21}$$

并且 $\mathcal{H}$ 在下面内积下完备:

$$\langle f,g\rangle_{\mathcal{H}}=\int_0^T(K_H^*f)(s)(K_H^*g)(s)\mathrm{d}s.$$

附注 1.4.8　$\mathcal{H}$ 中的内积还可以用分数阶微分来表示

$$\langle f,g\rangle_H=e_H^2\langle D_-^{\frac{1}{2}-H}f,D_+^{\frac{1}{2}-H}g\rangle_{L^2},$$

其中 $e_n=C_1(H)\Gamma\left(H+\frac{1}{2}\right), f,g\in H$.

附注 1.4.9 当 $\gamma > \frac{1}{2} - H$ 时, $C^\gamma[0,T] \subset \mathcal{H}$, 其中 C^γ 为 γ 阶 Hölder 连续的函数空间.

如同 $H > \frac{1}{2}$ 情形, 可定义 Wiener 过程

$$B(t) = B^H((K_H^*)^{-1} I_{[0,t]})$$

和分数布朗运动的积分表达式

$$B^H(t) = \int_0^t K_H(t,s)\mathrm{d}B(s). \tag{1.4.22}$$

命题 1.4.5 当 $0 < H < \frac{1}{2}$ 时, 任意的被积函数 $\psi \in \mathcal{H} = I_{T-}^{\frac{1}{2}-H}(L^2[0,T])$ 的关于分数布朗运动的 Wiener 型积分有如下表达式

$$B^H(\psi) = \int_0^T (K_H^*\psi)(t)\mathrm{d}B(t).$$

下面定义乘性分数布朗运动的随机积分

$$\int_0^T G(u(s))\mathrm{d}\beta^H(s).$$

注意到分数布朗运动的轨道是 α-Hölder 连续的、自相似的, 并且还是长相依的. 设 $V = (V, \|\cdot\|)$ 是可分空间, $\alpha \in (0,1)$, $0 \leqslant a < b \leqslant T$, $\beta_{b-}^H(s) = \beta^H(s) - \beta^H(b)$, 当 $a < t < b$ 时, 定义 Weyl 右导数为

$$D_{0+}^\alpha f(t) = \frac{1}{\Gamma(1-\alpha)}\left(\frac{f(t)}{t^\alpha} + \alpha\int_0^t \frac{f(t)-f(\lambda)}{(t-\lambda)^{\alpha+1}}\mathrm{d}\lambda\right);$$

Weyl 左导数为

$$D_{T-}^\alpha f(t) = \frac{(-1)^\alpha}{\Gamma(1-\alpha)}\left(\frac{f(t)}{(T-t)^\alpha} + \alpha\int_t^T \frac{f(t)-f(\lambda)}{(\lambda-t)^{\alpha+1}}\mathrm{d}\lambda\right),$$

其中, Γ 是 Γ 函数.

当 $\phi \in L^1((0,T);V)$ 时, 定义 α- 阶 Riemann-Liouville 右积分为

$$I_{0+}^\alpha \phi(t) = \frac{1}{\Gamma(\alpha)}\int_0^t (t-\lambda)^{\alpha-1}\phi(\lambda)\mathrm{d}\lambda;$$

α- 阶 Riemann-Liouville 左积分为

$$I_{T-}^\alpha \phi(t) = \frac{(-1)^\alpha}{\Gamma(\alpha)}\int_t^T (\lambda-t)^{\alpha-1}\phi(\lambda)\mathrm{d}\lambda,$$

则有

$$D_{0+}^{\alpha} I_{0+}^{\alpha} \phi = \phi.$$

这样定义的 α- 阶 Riemann-Liouville 积分的好处在于, 当 α 为整数时, 与通常的 Riemann 积分一致, 而当 α 为分数时, 可以将对 ϕ 的 α 阶积分转化为对参数 $t-\lambda$ 的 $\alpha-1$ 阶积分.

注意到对加性分数布朗运动的随机积分, 不需要细致分析可积函数类, 而对于乘性分数布朗运动的随机积分, 要定义 $\int_0^T G(u(s))\mathrm{d}\beta^H(s)$, 需要确定可积函数类. 下面参考文献 [17] 和 [18] 中的随机积分定义.

当 $T>0$ 时, 定义 $W^{\alpha,1}(0,T;V)$ 为由可测函数 $f:[0,T]\to V$ 组成的集合并满足

$$|f|_\alpha = \int_0^T \left(\frac{\|f(s)\|}{s^\alpha} + \frac{\|f(s)-f(\eta)\|}{(s-\eta)^{\alpha+1}}\right)\mathrm{d}s < \infty,$$

其中, 假设 α 满足 $0<\alpha<\dfrac{1}{2}$, $1-\alpha<H$.

根据文献 [25] 的定义可知, 假设 $f\in W^{\alpha,1}(0,T;V)$, 当 $0\leqslant s<t\leqslant T$ 时, 定义广义的 Stieltjes 积分

$$\int_0^T f\mathrm{d}\beta^H = (-1)^\alpha \int_0^T D_{0+}^{\alpha} f(s) D_{T-}^{1-\alpha}\beta_{T-}^H(s)\mathrm{d}s,$$

$$\int_s^t f\mathrm{d}\beta^H = \int_0^T f\, 1_{(s,t)}\mathrm{d}\beta^H. \tag{1.4.23}$$

由文献 [25] 可知, 随机积分 (1.4.23) 存在, 并且满足下面重要不等式

$$\left\|\int_0^T f\mathrm{d}\beta^H\right\| \leqslant \Lambda_\alpha^{0,T}(\beta^H)|f|_\alpha, \tag{1.4.24}$$

其中, 当 $\alpha\in\left(1-H,\dfrac{1}{2}\right)$ 时,

$$\Lambda_\alpha^{0,T}(\beta^H) = \frac{1}{\Gamma(1-\alpha)\Gamma(\alpha)} \sup_{0\leqslant s\leqslant t\leqslant T}\left(\frac{|\beta^H(s)-\beta^H(t)|}{(t-s)^{1-\alpha}} + \int_s^t \frac{|\beta^H(\eta)-\beta^H(s)|}{(\eta-s)^{2-s}}\mathrm{d}s\right).$$

注意到 $\Lambda_\alpha^{0,T}(\beta^H)$ 在全测集上是有限的, 并且关于 $\{\theta\}_{t\in\mathbb{R}}$ 是不变的.

下面对无穷维分数布朗运动 B^H 来定义随机积分.

令 $L(V)$ 为 V 上的线性有界算子组成的空间, $G:\Omega\times[0,T]\to L(V)$, 对每个 $i\in\mathbb{N}$, $\omega\in\Omega$, $G(\omega,\cdot)e_i\in W^{\alpha,1}(0,T;V)$. 下面定义

$$\int_0^T G(s)\mathrm{d}\omega = \sum_{i=1}^\infty \int_0^T G(s)Q^{\frac{1}{2}}e_i\mathrm{d}\beta_i^H(s) = \sum_{i=1}^\infty \sqrt{\lambda_i}\int_0^T G(s)e_i\mathrm{d}\beta_i^H(s). \tag{1.4.25}$$

引理 1.4.3[24] 命题 2.1 如果 $\sum_{i=1}^{\infty}\sqrt{\lambda_i}<\infty$, 则对所有的 $\omega\in\Omega$, 对每个 $G:\Omega\times[0,T]\to L(V)$, $G(\omega,\cdot)e_i\in W^{\alpha,1}(0,T;V)$, 随机积分 (1.4.25) 是有定义的, 并且

$$\left\|\int_0^T G(s)\mathrm{d}\omega(s)\right\|\leqslant\Lambda_\alpha^{0,T}(\omega)\sup_i|G(\cdot)e_i|_\alpha,\quad \omega\in\Omega,$$

其中, $\Lambda_\alpha^{0,T}(\omega)=\sum_{i=1}^{\infty}\sqrt{\lambda}\Lambda_\alpha^{0,T}(\beta_i^H)$.

引理 1.4.4[18]引理 5 对任意的 $a,b,r\in\mathbb{R}$, 当下面的随机积分有意义时, 下面的平移性质成立, 即

$$\int_a^b G(s)\mathrm{d}\omega(s)=\int_{a-r}^{b-r}G(s+r)\mathrm{d}\theta_r\omega(s).$$

当 $\alpha\in\left(1-H,\dfrac{1}{2}\right)$, $\eta\in[\alpha,1-\alpha),\sigma\geqslant1$ 时, 定义 $W_{\eta,\sigma}^{\alpha,\infty}(0,T;V)$ 为

$$W_{\eta,\sigma}^{\alpha,\infty}(0,T;V)=\{x|x:[0,T]\to V\text{ 是可测函数, 且 }\|x\|_{\alpha,\eta}<\infty\},$$

其中

$$\|x\|_{\alpha,\eta,\sigma}=\sup_{[0,T]}\mathrm{e}^{-\sigma t}\left(\|x(t)\|+t^\eta\int_0^t\frac{\|x(t)-x(r)\|}{(t-r)^{1+\alpha}}\mathrm{d}r\right),$$

则 $W_{\eta,\sigma}^{\alpha,\infty}(0,T;V)$ 是一个 Banach 空间.

再定义一个函数空间

$$\begin{aligned}W_{\eta,\sigma,L}^{\alpha,\infty}(0,T;V)=\{&v(t)\in L(V):\text{ 对每个 }i,v(\cdot)e_i\in W_{\eta,\sigma}^{\alpha,\infty}(0,T;V),\\&\|v(\cdot)e_i\|_{\alpha,\eta,\sigma}<\infty\}.\end{aligned}$$

引理 1.4.5[18]引理 7 设 $\alpha\in\left(1-H,\dfrac{1}{2}\right)$, $\sigma\geqslant1$, $\eta\in[\alpha,1-\alpha)$, 则有

(1) 对每个 $\omega\in\Omega$, 当 $v\in W_{\eta,\alpha,L}^{\alpha,\infty}$ 时, 则有

$$\left\|\int_0^t S(t-\tau)v(t)\mathrm{d}\omega(t)\right\|_{\alpha,\eta,\sigma}\leqslant C_1(\Lambda_\alpha^{0,T}(\omega),\sigma)\sup_{i\in\mathbb{N}}\|v(t)e_i\|_{\alpha,\eta,\sigma},$$

其中, 对每个 $\omega\in\Omega$, $\lim\limits_{\sigma\to\infty}C_1(\Lambda_\alpha^{0,T}(\omega),\sigma)=0$.

(2) 当可测函数 $v:[0,T]\to V$ 满足 $\sup\limits_{t\in[0,T]}\|v(t)\|<\infty$ 时, 则有

$$\left\|\int_0^t S(t-\tau)v(\tau)\mathrm{d}\tau\right\|_{\alpha,\eta,\sigma}\leqslant C_2(\sigma)\sup_{t\in[0,T]}\mathrm{e}^{-\sigma t}\|v(t)\|,$$

其中, $\lim\limits_{\sigma\to\infty}C_2(\sigma)=0$.

§1.5 附录: Nuclear 算子和 Hilbert-Schmidt 算子

定义 1.5.1 称算子 $T \in L(U, H)$ 为 Nuclear 算子, 如果存在 H 中的序列 $(a_j)_{j\in\mathbb{N}}$ 及 U 中的序列 $(b_j)_{j\in\mathbb{N}}$, 使得对任意的 $x \in U$,

$$Tx = \sum_{j=1}^{\infty} a_j \langle b_j, x\rangle_U, \quad \sum_{j\in\mathbb{N}} \|a_j\| \cdot \|b_j\|_U < \infty.$$

称 $L_1(U, H)$ 为所有从 U 到 H 的 Nuclear 算子构成的空间, 若 $U = H$, $T \in L_1(U, H)$ 还是非负的、对称的, 则称 T 是迹类算子.

命题 1.5.1 空间 $L_1(U, H)$ 装配范数

$$\|T\|_{L_1(U,H)} := \inf\left\{\sum_{j\in\mathbb{N}} \|a_j\| \cdot \|b_j\|_U \mid Tx = \sum_{j=1}^{\infty} a_j \langle b_j, x\rangle_U, x \in U\right\}$$

是 Banach 空间.

定义 1.5.2 设 $T \in L(U)$, e_k, $k \in \mathbb{N}$ 是 U 的一组正交基, 则定义算子 T 的迹为

$$\mathrm{Tr}\, T := \sum_{k\in\mathbb{N}} \langle Te_k, e_k\rangle_U.$$

命题 1.5.2 设 $T \in L_1(U)$, 则 $\mathrm{Tr}\, T$ 不依赖于正交基 e_k, $k \in \mathbb{N}$ 的选择, 即其是适定的. 而且有

$$|\mathrm{Tr}\, T| \leqslant \|T\|_{L_1(U)}.$$

定义 1.5.3 设 e_k, $k \in \mathbb{N}$ 是 U 的一组正交基. 算子 $T \in L(U, H)$ 称为是 Hilbert-Schmidt 的, 如果

$$\sum_{k\in\mathbb{N}} \langle Te_k, Te_k\rangle < \infty.$$

从 U 到 H 的所有 Hilbert-Schmidt 算子构成的空间记为 $L_2(U, H)$, 其上的范数为

$$\|T\|_{L_2(U,H)} := \left(\sum_{k\in\mathbb{N}} \|Te_k\|^2\right)^{\frac{1}{2}}.$$

命题 1.5.3 (1) Hilbert-Schmidt 算子的定义和范数

$$\|T\|_{L_2} = \|T\|_{L_2(U,H)} := \left(\sum_{k\in\mathbb{N}} \|Te_k\|^2\right)^{\frac{1}{2}}$$

不依赖于正交基 e_k, $k \in \mathbb{N}$ 的选择, 而且有 $\|T\|_{L_2(U,H)} = \|T^*\|_{L_2(H,U)}$.

(2) $\|T\|_{L(U,H)} \leqslant \|T\|_{L_2(U,H)}$.

(3) 设 G 是另一个 Hilbert 空间, $S_1 \in L(H,G)$, $S_2 \in L(G,U)$, $T \in L_2(U,H)$, 则 $S_1T \in L_2(U,G)$, $TS_2 \in L_2(G,H)$, 且

$$\|S_1T\|_{L_2(U,G)} \leqslant \|S_1\|_{L(H,G)}\|T\|_{L_2(U,H)},$$

$$\|TS_2\|_{L_2(G,H)} \leqslant \|T\|_{L(U,H)}\|S_2\|_{L_2(G,U)}.$$

(4) 设 $S,T \in L_2(U,H)$, e_k, $k \in \mathbb{N}$ 是 U 的一组正交基. 定义

$$\langle T,S\rangle_{L_2} := \sum_{k\in\mathbb{N}}\langle Se_k, Te_k\rangle,$$

则空间 $(L_2(U,H),\langle,\rangle_{L_2})$ 是一个可分 Hilbert 空间. 若 f_k, $k \in \mathbb{N}$ 是 H 的一组正交基, 则 $f_j \otimes e_k := f_j\langle e_k,\cdot\rangle_U$, $j,k \in \mathbb{N}$ 是 $L_2(U,H)$ 的一组正交基.

(5) 若 $Q \in L(U)$ 是非负的、对称的, 则恰存在一个非负的对称算子 $Q^{\frac{1}{2}} \in L(U)$, 满足 $Q^{\frac{1}{2}} \circ Q^{\frac{1}{2}} = Q$. 进一步地, 若 $\mathrm{Tr}Q < \infty$, 则 $Q^{\frac{1}{2}} \in L_2(U)$ 且 $\|Q^{\frac{1}{2}}\|_{L_2}^2 = \mathrm{Tr}Q$. 由 (3) 知对任意 $L \in L(U,H)$, $L \circ Q^{\frac{1}{2}} \in L_2(U,H)$.

参 考 文 献

[1] Dong Z. The uniqueness of invariant measure of the Burgers equation driven by Lévy processed. Journal of Theoretical Probability, 2008, 21(2): 322–335.

[2] Flandoli F. Dissipativity and invariant measures for stochastic Navier-Stokes equation. NoDEA, 1994, 1: 403–423.

[3] Ferrario B. Ergodic results for stochastic Navier-Stokes equation. Stochastics and Stochastics Reports, 1997, 60: 271–288.

[4] Da Prato G and Zabczyk J. Stochastic Equations in Infinite Dimensions. Cambridge: Cambridge University Press, 1992.

[5] Da Prato G and Zabczyk J. Ergodicity for Infinite Dimensional Systems. Cambridge: Cambridge Univ. Press, 1996.

[6] Da Prato G and Zabczyk J. Convergence to equilibrium for classical and quantum spin systems. Probability Theory and Ralat. Fields, 1995, 103: 529–552.

[7] Robinson J. Infinite-Dimensional Dynamical Systems, An Introduction to Dissipative Parabolic PDEs and Theory of Global Attractors. Cambridge University Press, 2001.

[8] Teman R. Infinite-dimensional Dynamical Systems in Mechanics and Physics. NewYork: Springer-Verlag, 1988.

[9] Xu T and Zhang T. Large deviation principles for 2-D stochastic Navier-Stokes equations driven by Lévy processes. Journal of Functional Analysis, 2009, 257: 1519–1545.

[10] Zheng Y and Huang J H. Ergodicity of stochastic Boussinesq equations driven by Lévy processes, preprint.

[11] Mandelbrot B B, Van Ness J W. Fractional Brownian motions, fractional noise and applications. Siam Rev., 1968, 10: 422–437.

[12] Biagini F, Hu Y, Ωksendal B, Zhang T. Stochastic Calculus for Fractional Brownian Motions and Applicationm. London: Springer-Verlag, 2008.

[13] Samko S G, Kilbas A A, Maricher O I. Fractional Integrals and Derivatives: Theory and Applicications. Fordon and Breach Science Publishers, 1993.

[14] Pipiras V, Taqqu M S. Are classes of deterministic integrands for fractional Brownian motions on a interval complete? Bernolli, 2001, 7: 873–897.

[15] Decreusefond L. Stochastic integration with respect to fractional Brownian motion // Theory and Application of Long-Range Dependence. Birkhäuser Boston.M.A., 2003: 203–226.

[16] Alòs E, Mazet O, Nualart D. Stochastic calculus with respect to Gaussian porcesses. Ann. Probab., 2000, 29: 766–801.

[17] Garrido-Atenza M, Lu K L and Schmalfuss B. Unstable invariant manifolds for stochastic PDEs driven by a FBM. J of Differential Equations, 2010.

[18] Garrido-Atenza M, Lu K L and Schmalfuss B. Random dynamical systems for stochastic partial diffusion equations driven by driven by a FBM. Discrete and Continuous Dynamical Systems-B, 2010, 14(2): 473–493.

[19] Mandelbrot B B and VanNess J W. Fractional Brownian motions, fractional noise and applications. SIAM Rev., 1968, 10: 422–437.

[20] Biagini F, Hu Y, Ωksendal B, Zhang T. Stochastoc Calculus for Fractiona Brownian Motions and Applications. London: Springer-Verlag, 2008.

[21] Peszat S and Zabczyk J. Stochastic Partial Differential Equations with Lévy Noise: Evolution Equation Approach. Cambridge University Press, 2009.

[22] Prevot C and Rockner M. A Concise Course on Stochastic Partial Differential Equations. Lecture Notes in Mathematics. Berlin, Heidelberg: Springer-Verlag, 2007.

[23] Prieler K and Knoche C. Solutions of Stochastic Differential Equations in Infinite Dimensional Hilbert Spaces and Their Dependence on Initial Data, Diploma Thesis. Bielefeld University, 2001.

[24] Maslowski B and Nualart D. Evolution equations driven by a fractional Brownian motion. Journal of Functional Analysis, 2003: 277–305.

[25] Zahle M. Integration with respect to a fractal functions and stochastic calculus (I). Probab. Theory Related Fields, 1998, 111: 333–374.

第2章　随机动力系统

本章通过对动力系统、非自治动力系统和随机动力系统基础的介绍, 讲述确定动力系统以及随机动力系统研究的内容和基本方法.

§2.1　动力系统概述

牛顿力学主要研究物体的位移随时间变化的规律, 动力学提供了描述系统随时间演化的复杂长期行为的基本概念和工具. “动力系统” 最早是指由古典力学导出的微分方程所描述的力学系统, 其基本任务之一是研究方程的解或系统轨道的定性、渐近、长期行为性质, 尤其是对系统稳定性的研究. 对动力系统定性理论的研究, 始于 19 世纪末期, 以 Poincaré 于 1890 年发表在 Acta Mathematica 上对三体问题的研究的论文 *Sur le probléme des trois corps et les équations de la dynamique* 为重要的标志[31], 其系统地讨论了诸如稳定性、周期轨道等常微分方程定性理论的内容. Lyapunov 进一步发展了常微分方程稳定性理论, 引入了能量函数 (Lyapunov 泛函) 与特征函数 (Lyapunov 指数) 的概念[29]. Birkhoff 扩展了动力系统的研究, 在 1913 年证明了 Poincaré 所声明不可证明的针对限制性三体问题的 Poincaré 最后定理, 引进了动力系统运动极小集、回归集等概念, 证明了其存在性. 他在对动力系统的研究中引入泛函分析的技巧, 随着以他的名字命名的遍历理论的建立, 开辟了动力系统研究的新时代[4]. 从 1931 年起, Markov 总结了 Birkhoff 的动力系统理论, 正式提出动力系统的抽象概念. 自此, 前苏联学者在这一领域所开展的研究进一步推动了动力系统理论的发展. 我国学者廖山涛院士采取对常微系统直接接触的方式, 从根本上提出了 “典范方程组” 和 “阻碍集” 的概念, 并以此为核心, 形成了独特的研究体系, 与西方学派相得益彰, 为微分动力系统的研究做出了重大贡献.

近代动力系统的理论始于 Kolmogrov, Smale, Anosov 等的工作, 参见文献 [22]. 近三十年来受物理、力学、大气科学以及数学的共同影响, 人们掀起了对无穷维动力系统的研究, 并取得了长足的发展, 涌现了大量的研究论文和专著. 无穷维动力系统也自然地由研究时滞微分方程产生, 例如 Hale, Verduyn Lunel, Diekmann, vanGils, Verduyn Lunel, Walther 等的工作. Smale, Ruelle, Takens 等的研究表明耗散动力系统的混沌行为能够通过时间的渐近 ($t \to \infty$), 系统轨迹的一个奇怪吸引子来加以解释. Temam 通过对无穷维系统长期演化行为 (湍流) 的研究表明, 由于现象的复杂性随着系统复杂性的增加而增加, 因而可以通过对连续力学或连续物理学中系统复杂性的研究来研究客观世界各种现象的复杂性. 基于相似性原理, 人们已经成功地将有限维研究中的有关概念、技术适当的加以修改, 并将其成功地应用到无穷维随机演化方程生成半群的研究中, 而且也成功地探索并发展了将有限维与无穷维结合起来加以研究的理论与技术, 如 Hale, Temam, Babin, Vishik, Ladyzhenskaya 等的工作.

在这些研究中, 两个已有的数学分支在其中发挥了重要的作用:

其一, 常微分方程的定性分析理论及与其紧密相关的动力系统的有关理论;

其二, 偏微分方程理论.

在实际的应用中经常遇见的动力系统分为两种类型, 时间域为离散的 (例如 $t \in \mathbb{N}$ 或 $t \in \mathbb{Z}$) 离散动力系统与时间域连续的 (例如 $t \in \mathbb{R}$) 连续动力系统.

定义 2.1.1 一个映射 $\vartheta_t(x) : \mathbb{R} \times X \to X$ 称为集合 X 上的一个流, 如果对任意 $s, t \in \mathbb{R}$, $x \in X$, 满足条件

(i) $\vartheta_0(x) = x$, 也即 $\vartheta_0 = \mathrm{Id}$.

(ii) $\vartheta_{s+t}(x) = \vartheta_s(\vartheta_t(x))$.

如果上述定义仅对 $t \in \mathbb{R}^+$ 成立, 则称 $\vartheta_t(x)$ 为一个半流.

其中, 空间 X 被称为状态空间 (State Space) 或相空间 (Phase Space), 它可以具备一些结构特性, 例如可以是高维欧几里得空间中的一区域, 也可以是一测度空间、拓扑空间、光滑流形或者无穷维 Banach 空间等. 如果 X 是拓扑空间, 而映射 $\vartheta_t(x)$ 连续, 则称之为连续流 (或连续半流), 此时 ϑ 也被称为空间 X 上一个连续 (半) 动力系统.

如果 X 上有 C^r 微分结构, 且 $\vartheta_t(x)$ 是 r 次可微的, 则称其为 C^r 流.

如果时间域取值为 $\mathbb{Z}$ (或 $\mathbb{Z}^+$), X 是拓扑空间, 而 $\vartheta_t(x)$ 关于 x 连续, 则称 ϑ 为 X 上一个离散 (半) 动力系统.

§2.2 可测动力系统

本小节先给出测度空间的基本概念, 参见文献 [21], [34].

定义 2.2.1 给定非空集合 X, 满足以下条件的 X 的子集集合 $\mathfrak{B}$, 称为 X 的子集的 σ- 代数:

(i) $X \in \mathfrak{B}$;

(ii) 如果 $B \in \mathfrak{B}(X)$, 则 $X \setminus B \in \mathfrak{B}$;

(iii) 如果对任意 $n \in \mathbb{N}, n \geqslant 1$, $B_n \in \mathfrak{B}$, 则 $\bigcup\limits_{n=1}^{\infty} B_n \in \mathfrak{B}$.

若 $\mathfrak{B}$ 为集合 X 的 σ- 代数, 则称二元组 $(X, \mathfrak{B})$ 为可测空间, 并且称 $\mathfrak{B}$ 中的任意一集合为可测集, 也称作 X 中的 $\mathfrak{B}$ 可测集.

设广义实值集函数 $\mu:\mathfrak{B}\to\mathbb{R}^+$ 满足条件:

(i) $\mu(\varnothing)=0$;

(ii) (可列可加性) 对于任意一列互不相交的集合 $A_i\in\mathfrak{B}, i=1,2,\cdots$, $\bigcup\limits_{n=1}^{\infty}A_i\in\mathcal{B}$, 成立 $\mu\left(\bigcup\limits_{n=1}^{\infty}A_i\right)=\sum\limits_{n=1}^{\infty}\mu(A_i)$,

则称 μ 为可测空间 $(X,\mathfrak{B})$ 上的测度. 同时, 称三元组 $(X,\mathfrak{B},\mu)$ 为测度空间. 如果 σ- 代数 $\mathfrak{B}$ 包含所有 μ 测度为 0 的集合 X 的子集, 则称测度空间 $(X,\mathfrak{B},\mu)$ 是完备的. 特别地, 如果 $\mu(X)=1$, 则称测度空间 $(X,\mathfrak{B},\mu)$ 为概率空间, 而称测度 μ 为概率测度.

显然, 由定义可知当可测空间 $(X,\mathfrak{B})$ 上的测度 μ 满足 $\mu(X)<+\infty$ 时, 总可以定义概率测度 $\tilde{\mu}=\dfrac{\mu}{\mu(X)}$, 使得 $(X,\mathfrak{B},\tilde{\mu})$ 成为概率空间. 这也是在对拓扑动力系统的研究中可以仅限于在概率空间中加以研究的一个重要的原因.

对给定非空集合 X, 通常应用包含 X 的子集的集合 $\mathfrak{T}$ 的最小 σ- 代数 $\mathfrak{B}$ 来构造可测空间. 然而, 困难之处在于按照这种构造并不能确定 X 的哪些子集在所构造的 σ- 代数 $\mathfrak{B}$ 中. 进而, 在可测空间 $(X,\mathfrak{B})$ 上定义测度时, 可以首先考虑 $\mathfrak{T}$ 中集合的测度取值, 然后将它们扩展到对 $\mathfrak{B}$ 中其他集合的测度的取值上. 由于通常并不具备对 σ- 代数足够充分的信息, 需要进一步扩展 σ- 代数对集合的描述, 有半代数与代数的定义.

定义 2.2.2 非空集合 X 的子集构成的集合 $\mathfrak{T}$ 被称为半代数, 如果成立:

(i) $\varnothing\in\mathfrak{T}$;

(ii) 如果 $A,B\in\mathfrak{T}$, 则 $A\cap B\in\mathfrak{T}$;

(iii) 如果 $A\in\mathfrak{T}$, 则 $X\setminus A=\bigcup\limits_{i=1}^{n}E_i$, 其中 $E_i\in\mathfrak{T}, i=1,2,\cdots,n$, 并且两两不交.

称非空集合 X 的子集构成的集合 $\mathcal{A}$ 为代数, 如果成立:

(i) $\varnothing\in\mathcal{A}$;

(ii) 如果 $A,B\in\mathcal{A}$, 则 $A\cap B\in\mathcal{A}$;

(iii) 如果 $A\in\mathcal{A}$, 则 $X\setminus A\in\mathcal{A}$.

附注 2.2.1 由定义不难看出, 每一个 σ- 代数是一个代数, 每一个代数是一个半代数.

由于任意集合 X 的任意代数的交集仍然构成了集合 X 的子集的代数, 因而集合 X 的子集的集合生成代数的说法是有意义的. 设 $\mathfrak{T}$ 为非空集合 X 的子集生成的半代数, 在通常情形下可能 $X\notin\mathfrak{T}$, 然而 X 总可表示为 $\mathfrak{T}$ 中有限多个非交集合 $E_1,E_2,\cdots,E_n$ 的并集, $X=\bigcup\limits_{i=1}^{n}E_i$, 参见文献 [34].

定理 2.2.1 集合 X 的子集的半代数 $\mathfrak{T}$ 生成的代数 $\mathfrak{A}(\mathfrak{T})$ 是由可表示为有限多个互不相交的 X 的子集 $A_1, A_2, \cdots, A_n$ 的并集 $\bigcup\limits_{i=1}^{n} A_i$ 的形式的 X 的子集 $E = \bigcup\limits_{i=1}^{n} A_i$ 构成的.

集合 X 的子集的代数 $\mathfrak{A}$ 生成的 σ- 代数 $\mathfrak{B}(\mathfrak{A})$ 是所有包含 $\mathfrak{A}$ 的集合 X 的 σ-代数的交集.

度量空间的有界性依赖于空间的度量, 而度量空间的紧致性依赖于拓扑结构. 给定度量空间 (X, d), 称 X 为有界的, 如果存在 $r > 0$, 使得对于任意 $x, y \in X$, 均有 $d(x, y) \leqslant r$. 其中, 称最小的 r 为空间 X 的直径. 称度量空间 (X, d) 是完备的, 如果对于 X 中任意一 Cauchy 序列 $\{x_n\}$ (即任意 $\varepsilon > 0$, 存在 $N(\varepsilon)$, 对于任意 $m, n \geqslant N(\varepsilon)$, 成立 $d(x_n, x_m) \leqslant \varepsilon$), 存在 $x \in X$, 成立 $\lim\limits_{n\to\infty} x_n = x$. 对于度量空间 (X, d) 中任意一点 $x \in X$, 给定 $r \in \mathbb{R}, r \geqslant 0$, 将以 x 为球心, r 为半径的开球记作 $B(x, r) = \{y \in X : d(x, y) < r\}$. 这些开球生成了空间 X 上的拓扑, 使之成为拓扑空间. 称集合 $A \subset X$ 为开集, 如果集合 A 可以表示为 (有限或无限) 开球的并集, 进而称开集 A 的补集 A^c 为闭集. 称度量空间 (X, d) 为预紧致的或者完全有界的, 如果对于任意 $r > 0$, 存在有限多个半径为 r 的开球, 它们的并集覆盖 X.

对紧致度量空间的刻画, 有如下定理:

定理 2.2.2 (Heine-Borel 定理, 完全覆盖定理) 一个度量空间是紧致的, 当且仅当它是完备并且完全有界的.

接下来给出紧度量空间的拓扑性质.

引理 2.2.1 (Lebesgue 覆盖引理) 给定一紧度量空间 (X, d), 以及 X 的一开覆盖 α, 则存在 $\delta > 0$, 使得对于 X 中任意直径小于或者等于 δ 的子集必在开覆盖 α 的某些开集中.

证明 由给定条件中 X 的紧致性, 不妨假定 $\alpha = \{A_1, A_2, \cdots, A_p\}$ 为 X 的有限覆盖, $X \subset \bigcup\limits_{i=1}^{p} A_i$. 采用反证法, 假定引理的结论不成立. 则对任意 $n \in \mathbb{N}, n > 1$, 存在集合 $B_n \subset X$, 满足 $\mathrm{diam}(B_n) \leqslant \dfrac{1}{n}$, 但 B_n 不是任何 A_i 的子集. 选取 $x_n \in B_n$, 则生成序列 $\{x_n\}$. 由 B_n 的性质可见序列 $\{x_n\}$ 为 Cauchy 序列, 进而由 X 的完备性, 存在子序列 $\{x_{n_k}\}$ 以及 $x \in X$ 成立 $\lim\limits_{n_k\to\infty} d(x_{n_k}, x) = 0$. 而 $\alpha = \{A_1, A_2, \cdots, A_p\}$ 为 X 的开覆盖, 不妨假定 $x \in A_j \subset \alpha$. 令 $a = d(x, X \setminus A_j)$, 则有 $a > 0$. 选取 n_i, 使得 $d(x_{n_i}, x) < \dfrac{a}{2}$, 如果 $y \in B_{n_i}$, 则有

$$d(y, x) \leqslant d(y, x_{n_i}) + d(x_{n_i}, x) \leqslant \frac{1}{n_i} + \frac{a}{2} < a.$$

进而有 $B_{n_i} \subseteq A_j$, 得出矛盾. □

定义 2.2.3 给定一概率空间 $(\Omega, \mathfrak{F}, P)$, 如果映射 $\vartheta: \mathbb{R} \times \Omega \to \Omega$ 满足下列条件:

(i) (可测性) 映射 $(t, \omega) \mapsto \vartheta_t \omega$ 是 $(\mathfrak{B}(\mathbb{R}) \bigotimes \mathfrak{F}, \mathfrak{F})$- 可测的;

(ii) (单参数群特性) $\vartheta_0 = \mathrm{Id}$, $\vartheta_t \circ \vartheta_s = \vartheta_{t+s}$, $t, s \in \mathbb{R}$;

(iii) (保测性) $P(\vartheta_t^{-1} B) = P(B)$, $B \in \mathfrak{F}, t \in \mathbb{R}$,

则称四元组 $(\Omega, \mathfrak{F}, P, (\vartheta_t)_{t \in \mathbb{R}})$ 为定义在概率空间 $(\Omega, \mathfrak{F}, P)$ 上, 时间域为 $\mathbb{R}$ 的可测动力系统.

集合 $B \in \mathfrak{F}$ 被称为是 ϑ- 不变的, 当且仅当对任意 $t \in \mathbb{R}$, $\vartheta_t^{-1} B = B$.

如果对任意 ϑ- 不变集 $B \in \mathfrak{F}$, $P(B) = 0$ 或 $P(B) = 1$, 则称可测动力系统 $(\Omega, \mathfrak{F}, P, (\vartheta_t)_{t \in \mathbb{R}})$ 在概率 P 下是遍历的.

由定义可见, 可测动力系统 $(\Omega, \mathfrak{F}, P, (\vartheta_t)_{t \in \mathbb{R}})$ 是由概率空间 $(\Omega, \mathfrak{F}, P)$ 及可逆、可测的保测变换群 $\vartheta_t : \Omega \to \Omega, t \in \mathbb{R}$ 共同构成. 群 ϑ_t $(t \in \mathbb{R})$ 在 Hilbert 空间 $\mathcal{H} = L^2(\Omega, \mathfrak{F}, P)$ 按照以下公式

$$U_t \xi(\omega) = \xi(\vartheta_t), \quad \xi \in \mathcal{H}, \omega \in \Omega, t \in \mathbb{R},$$

导出线性变换群.

定义 2.2.4 可测动力系统 $(\Omega, \mathfrak{F}, P, (\vartheta_t)_{t \in \mathbb{R}})$ 被称为是连续的, 如果对任意 $\xi \in \mathcal{H}$,

$$\lim_{t \to 0} U_t \xi = \xi.$$

由于在应用中, 人们通常不太在意所研究的系统的瞬时状态, 因而可以假定所研究的过程在对系统的观察之前已全部完成. 正是在这种意义下, 对可测动力系统中对外部扰动的模拟过程在某种意义上是稳定的假设是合理的. 同时, 单边时间 (时间区域为 $\mathbb{R}^+$) 可测动力系统均可自然地扩充到整个实直线时间区域上 (时间区域为 $\mathbb{R}$)[1]. 因而, 在研究中通常将时间域取为整个实直线.

例 2.2.1 假设 $\Omega = \{\omega \in C(\mathbb{R}, \mathbb{R}^n), \omega(0) = 0\}$, $\mathcal{F}$ 为定义在 Ω 上的 σ- 代数, P 为相应的 (Wiener) 测度, 则概率空间 $(\Omega, \mathcal{F}, P)$ 被称为 Wiener 空间. 定义

$$\vartheta_t \omega(\cdot) = \omega(t + \cdot) - \omega(t), \qquad \omega \in \Omega.$$

不难证明 $(\Omega, \mathcal{F}, P, (\vartheta_t)_{t \in \mathbb{R}})$ 是一可测动力系统, 并且这一系统在概率 P 下是遍历的.

例 2.2.2 给定 $n \geqslant 1$ 为一任意整数, $\{W_t = (W_t^1, W_t^2, \cdots, W_t^n) : t \in \mathbb{R}, W_0 = 0\}$ 为定义在概率空间 $(\Omega, \mathcal{F}, P)$ 上的 n- 维双边 $\mathbb{R}^n$- 值布朗运动. 定义

$$\vartheta_t \omega(\cdot) = \omega(t + \cdot) - \omega(t), \quad \omega \in \Omega.$$

不难证明 $(\Omega, \mathfrak{F}, P, (\vartheta_t)_{t \in \mathbb{R}})$ 是可测动力系统, 并称 ϑ_t 在概率 P 下是遍历的.

连续动力系统的轨道是状态空间 X 中由时间 t 参数化的一条曲线, 曲线上的方向为时间增加的方向. 离散动力系统的轨道是状态空间 X 中按增加整数计算的点列. 众所周知, 动力系统理论的一个主要的目的就是研究方程轨线随时间演化的长期动力学行为. 紧不变集, 尤其是紧 ω- 极限集的研究是动力系统定性理论的一个中心课题.

定义 2.2.5　给定 $x_0 \in X$ 或 $\mathcal{A} \subset X$, 定义系统轨道的 x_0 或 $\mathcal{A}$ 的 ω- 极限集如下

$$\omega_\vartheta(x_0) = \bigcap_{s\geqslant 0}\overline{\bigcup_{t\geqslant s}\vartheta_t x_0},$$

或者

$$\omega_\vartheta(\mathcal{A}) = \bigcap_{s\geqslant 0}\overline{\bigcup_{t\geqslant s}\vartheta_t \mathcal{A}}.$$

类似地, 当系统轨道的 α- 极限集存在时, 有系统轨道的 x_0 或 $\mathcal{A}$ 的 α- 极限集的定义如下

$$\alpha_\vartheta(x_0) = \bigcap_{s\leqslant 0}\overline{\bigcup_{t\leqslant s}\vartheta_{-t}^{-1} x_0},$$

或者

$$\alpha_\vartheta(\mathcal{A}) = \bigcap_{s\leqslant 0}\overline{\bigcup_{t\leqslant s}\vartheta_{-t}^{-1} \mathcal{A}},$$

其中, 以上闭包在空间 X 中取得.

进而有系统轨道的极限集的定义:

$$L(\vartheta) = \bigcup_{x\in X}\big(\omega_\vartheta(x)\cup\alpha_\vartheta(x)\big).$$

附注 2.2.2　由定义不难看出, $x \in \omega(\mathcal{A})$ 的充分必要条件为, 存在序列 $\{x_n\}_n$, $x_n \in \mathcal{A}$ 以及序列 $\{t_n\}_n, t_n \to +\infty$, 使得

$$\vartheta_{t_n} x_n \to x, \quad n \to \infty.$$

假定 x_0 为动力系统 $(X, \mathfrak{B}, \mu, (\vartheta_t)_{t\in T})$ 的平衡点, 则其轨道以及 ω- 极限集均等于集合 $\{x_0\}$.

定理 2.2.3[33]　给定可测动力系统 $(X, \mathfrak{B}, \mu, (\vartheta_t)_{t\in\mathbb{R}})$, 对任意 $x \in X$, 系统轨道的 ω- 极限集 $\omega_\vartheta(x)$ 及 α- 极限集 $\alpha_\vartheta(x)$ 都为 ϑ- 不变的闭集. 进一步, 如果空间 X 是紧致的, 则系统轨道的 ω- 极限集 $\omega_\vartheta(x)$ 及 α- 极限集 $\alpha_\vartheta(x)$ 都是非空的.

定义 2.2.6　给定可测动力系统 $(X, \mathfrak{B}, \mu, (\vartheta_t)_{t\in\mathbb{R}})$, 假定在空间 X 上定义了距离 d, 使得 (X, d) 成为度量空间, 集合 $\mathcal{A} \subset X$ 被称作系统的轨道吸引子 (简称吸引子), 如果以下条件成立:

(i) $\mathcal{A}$ 是 ϑ- 不变的, 即对任意 $t \geqslant 0$, $\vartheta_t(\mathcal{A}) = \mathcal{A}$ 成立;

(ii) 存在 $\mathcal{A}$ 的开邻域 $\mathcal{U} \subset X$, 使得任意 $u_0 \in \mathcal{U}$, 成立

$$\lim_{t\to\infty} d(\vartheta_t(u_0), \mathcal{A}) = 0,$$

其中, X 中点与集合的距离定义为 $d(x, \mathcal{A}) = \inf_{y\in\mathcal{A}} d(x, y)$.

称集合 $\mathcal{A} \subset X$ 是可测动力系统 $(X, \mathfrak{B}, \mu, (\vartheta_t)_{t\in\mathbb{R}})$ 的全局 (一致) 吸引子, 如果 $\mathcal{A}$ 是吸引空间 X 的所有有界集合的紧致吸引子.

由定义可知, 全局吸引子包含可测动力系统 $(X, \mathfrak{B}, \mu, (\vartheta_t)_{t\in\mathbb{R}})$ 的轨道的所有可能的极限状态. 从而, 如果系统存在全局吸引子, 那么通过对限制在全局吸引子上的动力系统的研究, 将能了解很多重要的反映整个原始动力系统的信息. 此外, 无穷维动力系统所关心的主要问题是非线性发展型偏微分方程整体解的存在性、正则性、稳定性以及解的长时间行为的刻画. 从动力学的角度上来讲, 它所关心的问题更倾向于系统的解的极限状态. 因此, 证明全局吸引子的存在性就成为研究无穷维动力系统的一个基本问题.

一般情况下, 有如下定理:

定理 2.2.4 给定度量空间 (X, d), 以及算子 $f(t): X \to X, t \geqslant 0$, 如果

(i) $f(t)$ 满足通常的半群性质:

$$\begin{cases} f(t+s) = f(t) \cdot f(s), & \forall t, s \geqslant 0, \\ f(0) = \mathrm{Id}_X. \end{cases} \tag{2.2.1}$$

(ii) 对任意 $t \geqslant 0$, $f(t)$ 是一个从 X 到自身的连续算子.

(iii) 对足够大的 $t \geqslant 0$, 算子 $f(t)$ 是一致紧的, 也即对任意有界集合 $\mathcal{B} \subset X$, 存在 $t_0(\mathcal{B})$, 使得 $\bigcup_{t\geqslant t_0(\mathcal{B})} f(t)\mathcal{B}$ 在 X 中相对紧.

进一步, 假定存在开集 $\mathcal{U} \subset X$, 以及在集合 $\mathcal{U}$ 中轨道吸收的有界集 $\mathcal{B} \subset \mathcal{U}$, 即对任意有界集 $\mathcal{B}_0 \subset \mathcal{U}$, 存在 $t_0(\mathcal{B})$, 使得对任意 $t \geqslant t_0(\mathcal{B}_0)$, $f(t)(\mathcal{B}_0) \subset \mathcal{B}$ 成立. 则集合 $\mathcal{B}$ 的轨道 ω- 极限集 $\mathcal{A} = \omega_f(\mathcal{B})$ 即为吸收所有集合 $\mathcal{U}$ 中有界集的紧致吸引子, $\mathcal{A}$ 也为集合 $\mathcal{U}$ 中的最大有界吸引子.

§2.3 遍历理论

动力系统研究变换对拓扑空间的连续或可微作用, 遍历理论讨论变换对测度空间结构的保持 (保测), 两者的进步和发展密不可分. 为了在动力系统研究中就可以同时使用拓扑方法和遍历理论方法, 扩大研究的范围和以供应用的技术手段, Krylov 与 Bogoliouboff 提出了通过在拓扑空间上赋以测度结构, 并使其上的变换作

用能够满足保持测度不变的条件, 从而在两者之间架设桥梁的有效方法, 把动力系统的研究进一步引向深入.

定义 2.3.1 设集合 E 为可测空间 $(X,\mathfrak{B})$ 上的可测集, f 为定义在 E 上的有限实值函数, 如果对任意 $c\in\mathbb{R}$ 均有 $\{X:f(X)>c\}\in\mathfrak{B}$ 成立, 则称函数 f 为集合 E 上关于 $(X,\mathfrak{B})$ 的可测函数, 也称 f 为 E 上的 $\mathfrak{B}$- 可测函数.

给定两个可测空间 $(X_1,\mathfrak{B}_1)$ 与 $(X_2,\mathfrak{B}_2)$, 以及变换 $f:X_1\to X_2$, 如果成立 $f^{-1}(\mathfrak{B}_2)\subset\mathfrak{B}_1$, 则称 f 关于 $\mathfrak{B}_1\to\mathfrak{B}_2$ 可测.

给定两个概率空间 $(\Omega_i,\mathfrak{F}_i,P_i),i=1,2$, 以及变换 $f:\Omega_1\to\Omega_2$, 如果对任意 $X_2\in\mathfrak{F}_2$, 均有 $P_1(f^{-1}(X_2))=P(X_2)$, 则称变换 f 为保测变换.

给定概率空间 $(\Omega,\mathfrak{F},P)$ 到自身的保测变换 F, 如果对 $X\in\mathfrak{F}$, 成立 $F^{-1}(X)=X$, 则称 X 为变换 F 的不变集.

称概率空间 $(\Omega,\mathfrak{F},P)$ 到自身的保测变换 F 是遍历的, 如果对任意不变集 $X\in\mathfrak{F}$, 均有 $P(X)=0$ 或 $P(X)=1$ 成立.

遍历定理研究源于对可测空间上保测变换的轨道观测值在一段时间的时间平均与在空间观测的平均的关系的研究. 早在 1909 年, Borel 在 Bernoulli 试验中建立了第一个强大数定律, 随后 Kolmogorov 针对独立分布的情形获得了相应的结果. 早期遍历理论的结果有在泛函分析中半群算子的 von Neumann 均方遍历定理与 Birkhoff 在几乎处处意义下的个体遍历定理. Kingman 在 1968 年推广了 Birkhoff 的工作, 得到次可加遍历定理, Liggett 减弱次可加条件得到了推广的次可加遍历定理. Birkhoff 遍历定理是次可加遍历定理及其推广的重要特例与基础. 进一步, 可以证明 Oledets 乘法遍历定理, 从而更一般地引入 Lyapunov 指数的概念及其存在的充分条件.

定理 2.3.1 (Birkhoff-Chintchin 遍历定理) 给定可测动力系统 $(X,\mathfrak{F},P,(\vartheta_t)_{t\in\mathbb{R}})$, $f\in L^1(X,\mathfrak{F},P)$, 则存在 $f^*\in L^1(X,\mathfrak{F},P)$, 成立

$$\lim_{T\to\infty}\frac{1}{T}\int_0^T f(\vartheta_t(\omega))\,\mathrm{d}t=f^*(x),\quad \text{a.e.},$$
$$f^*\circ\vartheta_t=f^*,\quad \forall t\in\mathbb{R}^+,\quad \text{a.e.},$$

以及对任意 $A\in\mathfrak{F}$,

$$\int_A f^*\,\mathrm{d}P=\int_A f\,\mathrm{d}P,\quad T^{-1}A=A,\quad \text{a.e.}.$$

对于可测动力系统 $(X,\mathfrak{F},P,(\vartheta_t)_{t\in\mathbb{R}})$, 对任意集合 $A\in\mathfrak{F}$, 经常关心的问题之一是对任意点 $x_0\in X$, 系统轨道 $\{\vartheta_t(x_0)|t\in\mathbb{R}^+\}$ 在集合 A 中出现的频率. 显然, $\vartheta_t(x_0)\in A$ 当且仅当 $\chi_A(\vartheta_t(x_0))=1$, 因而系统轨道 $\{\vartheta_t(x_0)|t\in\mathbb{R}^+\}$ 在集合 A 中出现的次数可以表示为 $\int_0^T\chi_A(\vartheta_t(x_0))\,\mathrm{d}t$. 系统轨道在集合 A 中出现的相对数为

$\frac{1}{T}\int_0^T \chi_A(\vartheta_t(x_0))\,\mathrm{d}t$. 所以, 由遍历定理, 当系统 ϑ 遍历时, 则有

$$\lim_{T\to\infty}\frac{1}{T}\int_0^T \chi_A(\vartheta_t(x_0))\,\mathrm{d}t = P(A), \quad \text{a.e.}.$$

以上表明, 过几乎空间中所有点系统的轨道落在集合 A 的渐近相对频率为 $P(A)$.

称集合 $I\subset[0,+\infty)$ 为相对测度 1 的集合, 如果

$$\lim_{T\to+\infty}\frac{1}{T}\ell_1(I\cap[0,T]) = 1,$$

其中, ℓ_1 为 $\mathbb{R}$ 上的 Lebesgue 测度.

轨道的混合是一类比大数定理更强的性质, 下面讨论可测动力系统轨道的混合特性.

定义 2.3.2 可测动力系统 $(X,\mathfrak{F},P,(\vartheta_t)_{t\in\mathbb{R}})$ 的轨道被称为是弱混合的, 如果存在相对测度 1 的集合 $I\subset[0,+\infty)$ 成立

$$\lim_{t\to+\infty,t\in I} P(\vartheta_{-t}(A)\cap B) = P(A)P(B), \quad A,B\in\mathfrak{F}.$$

可测动力系统 $(X,\mathfrak{F},P,(\vartheta_t)_{t\in\mathbb{R}})$ 的轨道被称为是强混合的, 如果成立

$$\lim_{t\to+\infty} P(\vartheta_{-t}(A)\cap B) = P(A)P(B), \quad A,B\in\mathfrak{F}.$$

由定义易知, 可测动力系统的强混合轨道也是弱混合的. 若可测动力系统的轨道是弱混合的, 则该动力系统是遍历的.

定理 2.3.2 设 $(X,\mathfrak{F},P,(\vartheta_t)_{t\in\mathbb{R}})$ 为可测动力系统, $\mathfrak{T}$ 为生成 $\mathfrak{F}$ 的半代数, 则

(i) 系统的轨道是遍历的当且仅当

$$\lim_{T\to+\infty}\frac{1}{T}\int_0^T P(\vartheta_{-t}A\cap B)\,\mathrm{d}t = P(A)P(B), \quad \forall A,B\in\mathfrak{T}. \tag{2.3.1}$$

(ii) 系统的轨道是弱混合的当且仅当

$$\lim_{T\to+\infty}\frac{1}{T}\int_0^T |P(\vartheta_{-t}A\cap B)-P(A)P(B)|\,\mathrm{d}t = 0, \quad \forall A,B\in\mathfrak{T}.$$

(iii) 系统的轨道是强混合的当且仅当

$$\lim_{T\to+\infty}\int_0^T P(\vartheta_{-t}A\cap B)\,\mathrm{d}t = P(A)P(B), \quad \forall A,B\in\mathfrak{F}.$$

证明 先证结论 (i). 假定系统 ϑ 是遍历的. 记 χ_A 为集合 A 的特征函数, 由 Birkhoff 遍历定理, 得

$$\lim_{T\to\infty}\frac{1}{T}\int_0^T \chi_A(\vartheta_t(\omega))\,\mathrm{d}t = P(A),\quad \text{a.e.},$$

或者

$$\lim_{T\to\infty}\frac{1}{T}\int_0^T \chi_A(\vartheta_t(\omega))\chi_B(\omega)\,\mathrm{d}t = P(A)\chi_B(\omega),\quad \text{a.e.}.$$

应用有界收敛定理,

$$\lim_{T\to\infty}\mathbf{E}\left(\frac{1}{T}\int_0^T \chi_A(\vartheta_t(\omega))\chi_B(\omega)\,\mathrm{d}t\right) = P(A)P(B).$$

于是, 在 $\mathfrak{F}$ 上成立

$$\lim_{T\to\infty}\frac{1}{T}\int_0^T P(\vartheta_{-t}(A)\cap B)\,\mathrm{d}t = P(A)P(B).$$

即 (2.3.1) 得证.

假定 (2.3.1) 成立, 则对对任意 $A,B\in\mathfrak{F}$, 存在 $A_0,B_0\in\mathfrak{A}(\mathfrak{T})$ 使得

$$\begin{aligned}&\left|\frac{1}{T}\int_0^T P(\vartheta_{-s}(A)\cap B)-P(A)P(B)\right|\\ \leqslant&4\varepsilon+\left|\frac{1}{T}\int_0^T P(\vartheta_{-s}(A_0)\cap B_0)-P(A_0)P(B_0)\right|,\end{aligned}$$

故只需证明系统在 $\mathfrak{F}$ 中结论为真. 假定 (2.3.1) 在 $\mathfrak{F}$ 中成立. 设集合 $A\in\mathfrak{F}$ 为系统不变集, 在 (2.3.1) 中取 $B=A$, 则成立

$$P(A)=\big(P(A)\big)^2,$$

故 $P(A)=0$ 或 $P(A)=1$, 即系统是遍历的.

结论 (ii) 以及 (iii) 的必要性是显然的, 下证充分性. 记半代数 $\mathfrak{T}$ 生成的代数为 $\mathfrak{A}(\mathfrak{T})$. $\mathfrak{A}(\mathfrak{T})$ 中的每个元是 $\mathfrak{T}$ 中有限个互不相交元的并, 那么定理中的极限等式在 $\mathfrak{T}$ 上成立时, 也一定在 $\mathfrak{A}(\mathfrak{T})$ 中成立.

设 $A,B\in\mathfrak{F}$, 则对任意 $\varepsilon>0$, 选择 $A_0,B_0\in\mathfrak{A}(\mathfrak{T})$, 成立

$$P(A\Delta A_0)<\varepsilon,\quad P(B\Delta B_0)<\varepsilon,$$

其中, Δ 表示集合的对称差. 对于任意的 $t\geqslant 0$,

$$(\vartheta_{-t}(A\cap B))\Delta(\vartheta_{-t}(A_0\cap B_0))\subset(\vartheta_{-t}(A)\Delta\vartheta_{-t}(A_0))\cup(B\Delta B_0),$$

以及

$$P((\vartheta_{-t}(A\cap B))\Delta(\vartheta_{-t}(A_0\cap B_0)))<2\varepsilon.$$

进而,

$$|P(\vartheta_{-t}(A\cap B))-P(\vartheta_{-t}(A_0\cap B_0))|<2\varepsilon.$$

所以,

$$\begin{aligned}&|P(\vartheta_{-t}(A\cap B))-P(A)P(B)|\\ \leqslant&|P(\vartheta_{-t}(A\cap B))-P(\vartheta_{-t}(A_0\cap B_0))|+|P(\vartheta_{-t}(A_0\cap B_0))-P(A_0)P(B_0)|\\ &+|P(A_0)P(B_0)-P(A)P(B_0)|+|P(A)P(B_0)-P(A)P(B)|\\ \leqslant&4\varepsilon+|P(\vartheta_{-t}(A_0\cap B_0))-P(A_0)P(B_0)|.\end{aligned}$$

由此可得结论 (ii) 与结论 (iii) 成立. □

定理 2.3.3 (von Neumann 遍历定理) 给定可测动力系统 $(X,\mathfrak{F},P,(\vartheta_t)_{t\in\mathbb{R}})$. 设 $1\leqslant p<\infty$, 如果 $f\in L^p(X,\mathfrak{F},P)$, 则存在 $f^*\in L^p(X,\mathfrak{F},P)$, 使得 $f^*\circ\vartheta=f^*$, 并且

$$\lim_{T\to\infty}\left|\frac{1}{T}\int_0^T f(\vartheta_t)\,\mathrm{d}t-f^*\right|_{L^p}=0.$$

定义 2.3.3 设 F 是概率空间 $(\Omega,\mathfrak{F},P)$ 上的保测变换, 如果实值函数列 $\{f_n\}_{n\in\mathbb{N}}$ 成立: 对任意 $m,n\in\mathbb{N}$,

$$f_{m+n}\leqslant f_m+f_n\circ F^m,\quad \text{a.e.},$$

则称函数列 $\{f_n\}_{n\in\mathbb{N}}$ 是次可加的.

定理 2.3.4 (Kingman 次可加遍历定理) 设 F 是概率空间 $(\Omega,\mathfrak{F},P)$ 上的保测变换, $\{f_n\}_{n\in\mathbb{N}}$ 为次可加实值函数列. 如果存在 $M>0$, 对任意 $n\in\mathbb{N}$,

$$\frac{1}{n}\int f_n\,\mathrm{d}P>-M,$$

则存在 F 不变的函数 $f\in L^1(\Omega,\mathfrak{F},P)$, 成立

$$f\circ F=f,\quad \text{a.e.},$$

$$\lim_{n\to\infty}\frac{1}{n}f_n=f,$$

以及对任意 F 不变的子集生成的 σ- 代数 $\mathfrak{A}\subset\mathfrak{F}$ 中的集合 $A\in\mathfrak{A}$, 成立

$$\lim_{n\to\infty}\frac{1}{n}\int_A f_n\,\mathrm{d}P=\int_A f\,\mathrm{d}P=\inf_n\frac{1}{n}\int_A f_n\,\mathrm{d}P.$$

定义 2.3.4 设 F 是概率空间 $(\Omega,\mathfrak{F},P)$ 上的保测变换, 称由映射 $A:\mathbb{N}\times\Omega\to L(\mathbb{R}^p)$ 定义的序列 $\{A^n(\omega)\}_{n\in\mathbb{N}}$ 为概率空间 $(\Omega,\mathfrak{F},P)$ 上关于 F 的上闭链, 如果成立

$$A^{m+n}(\omega)=A^m(F^n(\omega))\circ A^n(\omega),\quad \forall m,n\in\mathbb{N}.$$

进一步, 如果$\{A^n\}_{n\in\mathbb{N}}$是$(\mathfrak{B}(\mathbb{N}\times\omega),\mathfrak{B}(L(\mathbb{R}^p)))$-可测的, 则称上闭链 $\{A^n(\omega)\}_{n\in\mathbb{N}}$ 可测.

定理 2.3.5(乘法遍历定理) 给定可测动力系统 $(X,\mathfrak{F},P,(\vartheta_t)_{t\in\mathbb{R}})$, $\{A^n(\omega)\}_{n\in\mathbb{N}}$, $A^n:\mathbb{Z}\times X\to L(\mathbb{R}^m)$ 为可测上闭链, 则当 $\ln^+|A^1(\cdot)|,\ln^+|A^{-1}(\cdot)|\in L^1(X,\mathfrak{F},P)$ 时, 存在 ϑ- 不变可测集 $D\subset X$ 及 ϑ- 不变整值可测函数 $s:D\to\mathbb{N}$, 满足 $P(D)=1$, 且对任意 $x\in D$, 成立

(i) 存在由实数 $\chi_{1x}<\chi_{2x}<\cdots<\chi_{s(x)x}$ 以及整数 $k_{1x},k_{2x},\cdots,k_{s(x)x}$ 组成的谱 $\{(\chi_{ix},k_{ix})\}_{i=1,2,\cdots,s(x)}$, 其中 $\chi_i(\cdot):D\to\mathbb{R}$ 是 ϑ- 不变可测函数;

(ii) 存在 $\mathbb{R}^m$ 的直和分解

$$\mathbb{R}^m=E_{1x}\oplus E_{2x}\oplus\cdots\oplus E_{sx},$$

其中, E_{ix} 对 x 可测, 且

$$A_x^1E_{ix}=E_i(\vartheta_1(x)),\quad A_x^{-1}E_{ix}=E_i(\vartheta_{-1}(x));$$

(iii) 对任意 $u\in E_{ix}$,

$$\chi(x,u)=\lim_{n\to\pm\infty}\frac{1}{n}\ln|A_x^nu|.$$

定义 2.3.5 给定可测动力系统 $(X,\mathfrak{F},P,(\vartheta_t)_{t\in\mathbb{R}})$, $\{A^n(x)\}_{n\in P}$ 是 X 上关于 ϑ 的上闭链, $u\in\mathbb{R}^m$, 若极限

$$\chi_+(x,u)=\lim_{n\to\infty}\frac{1}{n}\ln|A^n(x)u|$$

存在, 则称 $\chi_+(x,u)$ 为在点 x 处向量 u 关于 (ϑ,A^n) 的 Lyapunov 特征指数.

§2.4 动力系统及整体吸引子

为便于描述无穷维动力系统对应的解半群的吸引子结构, 先给出一些基本概念和整体吸引子的存在性定理, 这节内容参阅文献 [35], [36] 和 [37].

定义 2.4.1 设 X 为完备的度量空间, $\{S(t)\}_{t\geqslant0}$ 为 X 到自身上的一簇算子, 即 $S(t):X\to X,t\geqslant0$. 称 $\{S(t)\}_{t\geqslant0}$ 为 X 上的强连续半群, 如果

(1) $S(0)=\mathrm{Id}$ 是 X 上的恒等算子;

(2) 对任意的 $s,t\geqslant0$, $S(t+s)=S(t)\circ S(s)$;

(3) 函数 $S(t)x,\forall(t,x)\in[0,\infty)\times X$ 是连续的.

称 X 为动力系统 $(X,S(t))$ 的相空间或状态空间, $(X,S(t))$ 称为连续动力系统, 也称其为度量空间 X 上连续算子半群, 一般将半群记为 $\{S(t)\}_{t\geqslant0}$. 如果 X 为线

性度量空间, 当 $\dim X < \infty$ 时, 称 $(X, S(t))$ 为有限维动力系统; 当 $\dim X = \infty$ 时, 称 $(X, S(t))$ 为无穷维动力系统.

定义 2.4.2 设 $\{S(t)\}_{t\geqslant 0}$ 是完备度量空间 X 上的半群, B_0 是 X 上的有界子集, 如果对 X 上的任意有界子集 B, 存在 $t_1 \geqslant 0$, 使得当 $t \geqslant t_1$ 时, $S(t)B \subset B_0$, 则称 B_0 是半群 $\{S(t)\}_{t\geqslant 0}$ 在 X 中的有界吸收集.

定义 2.4.3 设 E 为 Banach 空间, $S(t)$ 为连续的算子半群, 如果紧集 $A \subset E$ 满足

(i) 不变性: 即在半群 $S(t)$ 作用下为不变集,

$$S(t)A = A, \quad \forall\, t \geqslant 0; \tag{2.4.1}$$

(ii) 吸引性: A 吸引 E 中一切有界集. 即对任何有界集 $B \subset E$ 有

$$\mathrm{dist}(S(t)B, A) = \sup_{x\in B}\inf_{y\in A}\|S(t)x - y\|_E \to 0, \quad t \to \infty, \tag{2.4.2}$$

特别地, 当 $t \to \infty$ 时, 从 u_0 出发的一切轨线 $S(t)u_0$ 收敛于 A, 即有

$$\mathrm{dist}(S(t)u_0, A) \to 0, \quad t \to \infty, \tag{2.4.3}$$

则称 A 为半群 $S(t)$ 的整体吸引子.

直观上看, 整体吸引子是有界吸收集的 ω 极限集, 如何得到有界吸收集的 ω 极限集成为整体吸引子存在性的关键问题. 目前, 有几种方法来证明整体吸引子的存在性:

方法一 整体吸引子存在性的一般性定理, 参阅文献 [33]:

定理 2.4.1 设 H 是完备的度量空间, $\{S(t)\}_{t\geqslant 0}$ 是 H 中的 C_0 半群, 并且存在有界吸收集 B_0, 则当下面条件之一成立时, 吸收集 B_0 的 ω- 极限集是 $\{S(t)\}_{t\geqslant 0}$ 的整体吸引子.

(i) 当 t 充分大时, 半群 $\{S(t)\}_{t\geqslant 0}$ 是一致紧的, 即对任意有界集 B, 存在 $t(B) > 0$, 使得 $\bigcup\limits_{t\geqslant t(B)} S(t)B$ 在 H 中相对紧.

(ii) 对每个 $t \geqslant 0$, 半群 $S(t) = S_1(t) + S_2(t)$, 并满足

(1) 当 t 充分大时, 算子 $S_1(t)$ 是一致紧的;

(2) 算子 $S_2(t) : H \to H$ 连续, 并且对每个有界集 $B \subset H$, 当 $t \to \infty$ 时,

$$r_B(t) = \sup_{\phi\in B}\|S_2(t)\phi\|_H \to 0.$$

方法二 Hale 在文献 [19] 中提出的集压缩概念和集压缩半群方法:

定理 2.4.2 设 H 是完备的度量空间, $\{S(t)\}_{t\geqslant 0}$ 是 H 中的 C_0 半群, 并且存在有界吸收集 B_0, 如果对任意的有界集 $B \subset H$, 存在一个紧集 $K = K(B) \subset H$ 使得

$$\mathrm{dist}(S(t)B, K) \to 0, \quad t \to \infty,$$

则半群 $\{S(t)\}_{t\geqslant 0}$ 存在整体吸引子.

附注 2.4.1 该定理主要适用于半线性发展方程, 其中线性主部算子是耗散的, 非线性部分是紧算子.

方法三 "渐近紧" 方法:

定理 2.4.3 设 H 是完备的度量空间, $\{S(t)\}_{t\geqslant 0}$ 是 H 中的 C_0 半群, 并且存在有界吸收集 B_0. 如果半群 $\{S(t)\}_{t\geqslant 0}$ 是渐近紧的, 即对任意有界序列 $\{x_n\} \subset H$ 和任意序列 $\{t_k\}$, 当 $t_k \to \infty$ 时, $\{S(t_k)x_k\}_{k\in N}$ 在 H 中相对紧, 则半群 $\{S(t)\}_{t\geqslant 0}$ 在 H 中存在整体吸引子.

附注 2.4.2 该定理对带有弱耗散的 KDV 方程的整体吸引子存在性的研究很有效.

方法四 钟成奎、汪守宏等提出的基于非紧测度的 ω- 极限紧方法, 详见文献 [35]:

定义 2.4.4 称完备的度量空间 X 中的半群 $\{S(t)\}_{t\geqslant 0}$ 是 ω- 极限紧的, 如果对任意的 $\varepsilon > 0$ 和 X 中的任意有界集 B, 存在 $t(B) > 0$ 使得

$$\kappa\left(\bigcup_{t\geqslant t(B)} S(t)B\right) \leqslant \varepsilon,$$

其中 κ 是非紧测度, 即

$$\kappa(B) = \inf\{\delta > 0 | B \text{ 可被 } M \text{ 中有限个直径不大于 } \delta \text{ 的集合覆盖}\}.$$

定义 2.4.5 Banach 空间 X 中的半群 $\{S(t)\}_{t\geqslant 0}$ 称为满足条件 (C), 如果对任意的 $\varepsilon > 0$ 和任意的有界集 B, 存在 $t(B) > 0$ 和有限维子空间 X_1, 使得 $\{\|PS(t)x\|,\ x \in B, t \geqslant t(B)\}$ 有界, 且当 $t \geqslant t(B), x \in B$ 时,

$$\|(I-P)S(t)x\|_X < \varepsilon,$$

其中 $P : X \to X_1$ 是正交投影.

定理 2.4.4 设 $\{S(t)\}_{t\geqslant 0}$ 是完备的度量空间 X 中的 C_0 半群, 则 $\{S(t)\}_{t\geqslant 0}$ 存在整体吸引子的充要条件是

(1) $\{S(t)\}_{t\geqslant 0}$ 是 ω- 极限紧的;

(2) $\{S(t)\}_{t\geqslant 0}$ 在 X 中存在有界吸收集.

定理 2.4.5 设 $\{S(t)\}_{t\geqslant 0}$ 是 Banach 空间 X 中的 C_0 半群, 如果 $\{S(t)\}_{t\geqslant 0}$ 满足 (C) 条件, 则半群 $\{S(t)\}_{t\geqslant 0}$ 是 ω- 极限紧的. 进一步, 如果 X 是一致凸 Banach 空间, 特别是 Hilbert 空间, 则 $\{S(t)\}_{t\geqslant 0}$ 满足 (C) 条件当且仅当 $\{S(t)\}_{t\geqslant 0}$ 是 ω- 极限紧的.

方法五 钟成奎等提出的基于解的无界部分先验估计方法, 详见文献 [38]:

定理 2.4.6 设 $\{S(t)\}_{t\geqslant 0}$ 是一致凸的 Banach 空间 X 中的算子半群, 并且 $\{S(t)\}_{t\geqslant 0}$ 在 X 中存在有界吸收集, 则 $\{S(t)\}_{t\geqslant 0}$ 在 X 中满足 (C) 条件当且仅当 $\{S(t)\}_{t\geqslant 0}$ 在 X 中渐近紧.

定理 2.4.7 设 $\Omega\subset\mathbb{R}^n$ 是有界集, $\{S(t)\}_{t\geqslant 0}$ 是 $L^p(\Omega)$ $(p\geqslant 1)$ 上的半群, 且 $\{S(t)\}_{t\geqslant 0}$ 在 $L^p(\Omega)$ 中存在有界吸收集, 则对任意的 $\varepsilon>0$ 和有界集 $B\subset L^p(\Omega)$, 存在正常数 $T=T(B)$ 和 $M=M(\varepsilon)$, 使得

$$m(\Omega(|S(t)u_0|\geqslant M))\leqslant C\,\varepsilon,\quad \forall u_0\in B, t\geqslant T,$$

其中正常数 C 只与 B,T 和 ε 有关.

定义 2.4.6 设 $\{S(t)\}_{t\geqslant 0}$ 是 Banach 空间 X 中的半群, Z 是一个拓扑空间, 集合 $\mathcal{A}\subset X$ 如果满足在 X 中不变, 闭, 在 Z 中紧, 并且按照 Z 的拓扑吸引 X 中的有界集, 则称 $\mathcal{A}$ 是 $\{S(t)\}_{t\geqslant 0}$ 的 (X,Z)- 整体吸引子.

定理 2.4.8[38] 设 X 是定义在有界域 Ω 上的 Sobolev 空间, $\{S(t)\}_{t\geqslant 0}$ 是 X 上的连续半群, 且对于某个 $1\leqslant p\leqslant\infty$, 有 $S(t)X\subset L^p(\Omega)$ 成立, 其中 X 和 $L^p(\Omega)$ 之间的嵌入关系未知, 则当下面条件满足时, $\{S(t)\}_{t\geqslant 0}$ 存在 $(X,L^p(\Omega))$- 整体吸引子

(1) $\{S(t)\}_{t\geqslant 0}$ 存在 $(X,L^p(\Omega))$- 有界吸收集 $B_0\subset L^p(\Omega)$;

(2) 存在 $q(1\leqslant q\leqslant p)$, 使得 $\{S(t)\}_{t\geqslant 0}$ 是 $(X,L^p(\Omega))$- 渐近紧的;

(3) 对任意的 $\varepsilon>0$ 和任意的有界集 $B\subset X$, 存在正常数 $M=M(\varepsilon,B)$ 和 $T=T(\varepsilon,B)$ 使得

$$\int_{\Omega(|S(t)u_0|\geqslant M)}|S(t)u_0|^p<\varepsilon,\quad \forall u_0\in B, t\geqslant T.$$

附注 2.4.3 方法五对非线性方程中非线性项带有临界或超临界 Sobolev 指数增长时的整体吸引子的存在性很有效.

方法六 钟成奎等提出的强弱连续算子半群方法, 详见文献 [38]:

定义 2.4.7 设 X 是 Banach 空间, $\{S(t)\}_{t\geqslant 0}$ 是从 X 到 X 上的一簇映射, 称 $\{S(t)\}_{t\geqslant 0}$ 是从 X 的强拓扑到 X 的弱拓扑的强弱连续半群, 如果 $\{S(t)\}_{t\geqslant 0}$ 满足

(1) $S(0)=\mathrm{Id}$ 是 X 上的恒等映射;

(2) $S(t+s)=S(t)\circ S(s)$, $\forall t,s\geqslant 0$;

(3) 当 $t_n\to t, x_n\to x$ 时, 有 $S(t_n)x_n\to S(t)x$.

下面的定理是判断一个算子半群的强弱连续性的充要条件的重要定理.

定理 2.4.9[35]定理 3.1 设 X,Y 是两个 Banach 空间, X^*,Y^* 分别是其对应的对偶空间, 满足

$$X\hookrightarrow Y=Y^*\hookrightarrow X^*,$$

并且其中所有的嵌入都是连续的并且是稠的, 即 $i: X \to Y$ 是连续的, 其共轭映射 $i^*: Y^* \to X^*$ 是稠的, 并进一步假设 $\{S(t)\}_{t\geqslant 0}$ 是 Y 中的连续半群或弱连续半群, 则 $\{S(t)\}_{t\geqslant 0}$ 是 X 中从强拓扑到弱拓扑下的强弱连续半群当且仅当 $\{S(t)\}_{t\geqslant 0}$ 将 $X \times \mathbb{R}^+$ 中的紧集映成 X 中的有界集.

定理 2.4.10[35]定理 3.2 设 X 是 Banach 空间, $\{S(t)\}_{t\geqslant 0}$ 是 X 上的强弱连续半群, 则 $\{S(t)\}_{t\geqslant 0}$ 在 X 上存在整体吸引子当且仅当下面两个条件成立:

(i) $\{S(t)\}_{t\geqslant 0}$ 在 X 上存在有界吸收集 B_0;

(ii) $\{S(t)\}_{t\geqslant 0}$ 是 ω- 极限紧的, 即对任意的 $\varepsilon > 0$ 和 X 中的任何有界集 B, 存在 $t(B) > 0$ 使得

$$\gamma\Big(\bigcup_{t\geqslant t(B)} S(t)B\Big) \leqslant \varepsilon.$$

定理 2.4.11[35]定理 3.3 设 X 是 Banach 空间, $\{S(t)\}_{t\geqslant 0}$ 是 X 上的强弱连续半群, 如果下面两个条件成立:

(i) $\{S(t)\}_{t\geqslant 0}$ 在 X 上存在有界吸收集 B_0;

(ii) $\{S(t)\}_{t\geqslant 0}$ 满足 (C) 条件,

则 $\{S(t)\}_{t\geqslant 0}$ 在 X 中存在整体吸引子.

定理 2.4.12[35]推论 3.1 设 X 是 Banach 空间, $\{S(t)\}_{t\geqslant 0}$ 是 X 上的强弱连续半群, 并假设 $\{S(t)\}_{t\geqslant 0}$ 在 X 上存在有界吸收集 B_0, 则当下面条件之一成立时, $\{S(t)\}_{t\geqslant 0}$ 在 X 中存在整体吸引子.

(i) $\{S(t)\}_{t\geqslant 0}$ 满足渐近紧性;

(ii) $\{S(t)\}_{t\geqslant 0}$ 满足一致紧性;

(iii) $\{S(t)\}_{t\geqslant 0}$ 满足渐近光滑性;

(iv) $\{S(t)\}_{t\geqslant 0}$ 有如下分解: $S(t) = S_1(t) + S_2(t)$, 其中 $S_1(t)$ 满足一致紧性, 而 $S_2(t)$ 是 X 上的连续映射并满足对任何有界集 $B \subset X$, 当 $t \to \infty$ 时, $r_B = \sup_{\phi\in B} |S_2(t)\phi|_X \to 0$.

§2.5 过程簇与非自治动力系统

这一小节主要介绍非自治动力系统的一些概念和结果, 该节内容主要参考文献 [37].

定义 2.5.1 称双参数非线性算子族 $\{U(t,\tau) \mid U(t,\tau): H \to H, t, \tau \in \mathbb{R}, t \geqslant \tau\}$ 为过程, 若其满足

$$U(\tau,\tau) = \mathrm{Id} \quad (H \text{ 中的恒等算子}), \tag{2.5.1}$$

$$U(t,\tau) = U(t,s) \circ U(s,\tau), \quad \forall\, t \geqslant s \geqslant \tau. \tag{2.5.2}$$

定义 2.5.2 称一簇连续映射 $\phi(t,p): X \to X, t \in \mathbb{R}^+, p \in P$ 是关于 θ_t 的余环, 如果满足

(1) $\phi(0,p,x) = x, \forall (p,x) \in P \times X$;

(2) $\phi(t+\tau,p,x) = \phi(t,\theta_\tau(p),\phi(\tau,p,x)), \forall t,\tau \in \mathbb{R}^+, (p,x) \in P \times X$.

进一步, 如果 P 是紧空间, 映射 $\theta: \mathbb{R} \times P \to P$ 和 $\phi: \mathbb{R}^+ \times P \times X \to X$ 是连续的, 则 (θ,ϕ) 就构成了 $P \times X$ 上的非自治动力系统 (参见图 2.1).

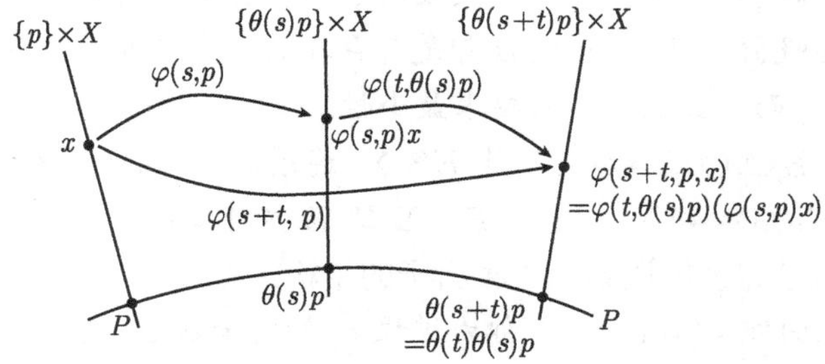

图 2.1 非自治动力系统

§2.5.1 非自治无穷维动力系统的一致吸引子

Chepyzhov V V 和 Vishik M I 在文献 [10] 中提出并发展了一致吸引子理论. 设 E 是 Banach 空间, $U(t,\tau)$ 是 E 上的过程. 下面定义过程的一致吸引子.

定义 2.5.3 称 E 中的闭集 $\mathcal{A}_0$ 为过程 $U(t,\tau)$ 的一致 (对 $\tau \in \mathbb{R}$) 吸引子, 若它是一致 (对 $\tau \in \mathbb{R}$) 吸引的, 并且包含在任意闭吸引集中.

考虑带参数 $\sigma \in \Sigma$ 的过程族 $\{U(t,\tau)\}$, 其中参数 σ 为方程中所有显式依赖时间的系数, Σ 为时间符号空间. 设时间符号空间为 $\Sigma = \mathcal{H}(\sigma_0)$, 其中 $\sigma_0(s)$ 是空间 $L^2_{\text{loc}}(\mathbb{R},H)$ 中的平移紧函数, $\mathcal{H}(\sigma_0)$ 是 σ_0 在空间 $L^2_{\text{loc}}(\mathbb{R},H)$ 中的壳, 即

$$\mathcal{H}(\sigma_0) = \overline{\{\sigma_0(\cdot+s) | s \in \mathbb{R}\}}.$$

平移紧函数类是一类非常广泛的函数类. 周期函数、拟周期函数、概周期函数等, 都是某些函数空间 (比如 $C_b(\mathbb{R})$ 或 $L^2_{\text{loc}}(\mathbb{R},H)$ 中的平移紧函数). 下面定义一致吸收集. 记 $\mathcal{B}(E)$ 为空间 E 中的全体有界集.

定义 2.5.4 E 中的集合 B_0 称为过程族 Us 的一致 (对 $\sigma \in \Sigma$) 吸收集, 若对任意的 $\tau \in \mathbb{R}$ 和 $B \in \mathcal{B}(E)$, 存在 $t_0 = t_0(\tau,B) \geqslant \tau$ 使得

$$\bigcup_{\sigma \in \Sigma} U(t,\tau)B \subset B_0, \quad \forall\, t \geqslant t_0. \tag{2.5.3}$$

这里沿用 Haraux A 在文献 [20] 的术语, 若过程族存在紧的一致吸收集, 则称过程族是一致紧的.

定义 2.5.5　称 E 中的闭集 $\mathcal{A}_\Sigma$ 为过程族 Us 的一致 (对 $\sigma \in \Sigma$) 吸引子, 若它是一致 (对 $\sigma \in \Sigma$) 吸引的 (吸引性), 并且包含于 Us 的任意的闭一致 (对 $\sigma \in \Sigma$) 吸引集 (最小性).

下面给出过程族一致吸引子的存在性定理.

定理 2.5.1　若过程族 Us 是一致 (对 $\sigma \in \Sigma$) 紧的, 则存在一致 (对 $\sigma \in \Sigma$) 吸引子 $\mathcal{A}_\Sigma$. 集合 $\mathcal{A}_\Sigma$ 是 E 中紧集.

附注 2.5.1　对于过程族而言, 一致吸引子的存在无需任何的连续性条件, 但是对于半群的全局吸引子来说, 连续性却是其存在的一个必要的条件. 这是因为整体吸引子是不变集, 而一致吸引子只要求最小性.

定义 2.5.6　E 上的过程族 Us 是 $E \times \Sigma$- 连续的, 若对于所有固定的 t 和 τ, $t \geqslant \tau$, $\tau \in \mathbb{R}$ 映射 $(u, \sigma) \mapsto U(t,\tau)u$ 从 $E \times \Sigma$ 到 E 是连续的.

下面的定义通过完全轨道刻画了吸引子的结构.

定义 2.5.7　曲线 $u(s)$ $(s \in \mathbb{R})$ 称为过程 U 的完全轨道, 若其满足

$$U(t,\tau)u(\tau) = u(t), \quad \forall\, t \geqslant \tau, \tau \in \mathbb{R}. \tag{2.5.4}$$

过程 U 的核 $\mathcal{K}$ 定义为包含所有的有界完全轨道:

$$\mathcal{K} = \{u(\cdot)|u(\cdot)\text{满足 (2.5.4) 并且}\|u\|_\infty < \infty\}.$$

集合 $\mathcal{K}(s) = \{u(s)|u(\cdot) \in \mathcal{K}\} \subset E$ 为时刻 $t = s$ $(s \in \mathbb{R})$ 的核截面.

考虑投影算子 $P_E : E \times \Sigma \to E$ 及 $P_\Sigma : E \times \Sigma \to \Sigma$. 在扩展空间 $E \times \Sigma$ 中由过程族 U 生成半群 $\{S(t)|t \geqslant 0\}$:

$$S(t)(u,\sigma) = (U(t,0)u, T(t)\sigma + t), \quad t \geqslant 0, (u,\sigma) \in E \times \Sigma. \tag{2.5.5}$$

下面给出过程族吸引子存在性的定理.

定理 2.5.2　设 E 中的过程族 Us 是一致 (对 $\sigma \in \Sigma$) 紧并且 $(E \times \Sigma, E)$- 连续. 若时间符号空间 $\Sigma = \mathcal{H}(\sigma_0)$ 是一个紧的距离空间, 则由过程族 Us 通过 (2.5.5) 生成半群 $\{S(t)|t \geqslant 0\}$ 存在紧的全局吸引子 $\mathbb{A}$. 它是不变的, $S(t)\mathbb{A} = \mathbb{A}$ $(t \geqslant 0)$, 并且满足

(i) $P_E\mathbb{A} = \mathcal{A}_\Sigma$, 其中 $\mathcal{A}_\Sigma$ 是过程族 U 的一致 (对 $\sigma \in \Sigma$) 吸引子;

(ii) $P_\Sigma\mathbb{A} = \Sigma$;

(iii) 全局吸引子满足

$$\mathbb{A} = \bigcup_{\sigma \in \Sigma} \mathcal{K}_\sigma(0) \times \{\sigma\};$$

(iv) 一致 (对 $\sigma \in \Sigma$) 吸引子满足

$$\mathcal{A}_\Sigma = \bigcup_{\sigma \in \Sigma} \mathcal{K}_\sigma(0),$$

其中 $\mathcal{K}_\sigma(0)$ 是具有时间符号 $\sigma \in \Sigma$ 过程 $\{U_\sigma(t,\tau)\}$ 的核 $\mathcal{K}_\sigma$ 在 $t=0$ 时刻的截面.

根据文献 [10] 中第四章命题 6.1, 过程 U 的一致 (对 $\tau \in \mathbb{R}$) 吸收性等价于过程族 U 的一致 (对 $\sigma \in \Sigma$) 吸收性. 有如下定理.

定理 2.5.3 若过程族 U 是一致 (对 $\sigma \in \Sigma$) 紧并且 $(E\times\Sigma, E)$- 连续, 则过程族的一致 (对 $\sigma \in \Sigma$) 吸引子 $\mathcal{A}_\Sigma$ 是过程 U 的一致 (对 $\tau \in \mathbb{R}$) 吸引子 $\mathcal{A}_0$:

$$\mathcal{A}_0 = \mathcal{A}_\Sigma = \bigcup_{\sigma\in\Sigma} \mathcal{K}_\sigma(0).$$

§2.5.2 非自治无穷维动力系统的拉回吸引子

接下来讨论由余环动力系统发展而来的拉回吸引子理论, 参见文献 [14] 及 [23]. 下面给出拉回吸引子定义及相关定理.

定义 2.5.8 设 U 定义在是完备距离空间 X 上的过程. 称一族紧集 $\{\mathcal{A}(t)\}_{t\in\mathbb{R}}$ 是过程 U 的拉回吸引子, 若它满足

(i) $U(t,\tau)\mathcal{A}(t) = \mathcal{A}(\tau),\ \forall t \geqslant \tau$,

(ii) $\lim\limits_{s\to\infty} \mathrm{dist}(U(t,t-s)D, \mathcal{A}(t)) = 0,\ \forall D \in \mathcal{B}(X)$.

此外, 若吸引性关于时间是一致的, 即有

$$\lim_{s\to\infty}\sup_{t\in\mathbb{R}} \mathrm{dist}(U(t,t-s)D, \mathcal{A}(t)) = 0, \quad \forall D \in \mathcal{B}(X), \tag{2.5.6}$$

则称 $\{\mathcal{A}(t)\}_{t\in\mathbb{R}}$ 是过程 U 的一致拉回吸引子.

定义 2.5.9 集族 $\{B(t)\}_{t\in\mathbb{R}}$ 称为过程 U 的拉回吸收集, 若 $\forall\, t \in \mathbb{R}$ 和 $D \in \mathcal{B}(X)$, 存在 $T_D(t) > 0$ 使得

$$U(t,t-s)D \subset B(t), \quad \forall\, s \geqslant T_D(t). \tag{2.5.7}$$

此外, 若 $T_D(t)$ 不依赖于时间 t, 则称 $\{B(t)\}_{t\in\mathbb{R}}$ 称为过程 U 的一致拉回吸收集.

定义 2.5.10 设 $U(t,\tau)$ 是双参数过程并且 $U(t,\tau): X \to X$ 对 $t \geqslant \tau$ 是连续的. 若存在一族紧的拉回吸收集 $\{B(t)\}_{t\in\mathbb{R}}$, 则过程存在拉回吸引子 $\{\mathcal{A}(t)\}_{t\in\mathbb{R}}$, 其中 $\mathcal{A}(t) \subset B(t), \forall t \in \mathbb{R}$. 并且,

$$\mathcal{A}(t) = \overline{\bigcup_{D\in\mathcal{B}(X)} \Lambda_D(t)}, \tag{2.5.8}$$

其中

$$\Lambda_D(t) = \bigcap_{n\in\mathbb{N}} \overline{\bigcup_{s\geqslant n} U(t,t-s)D}. \tag{2.5.9}$$

附注 2.5.2 注意到当 P 是紧参数空间时, 可以构造斜积流, 使得非自治系统转化为扩展了的相空间上的自治系统, 再利用动力系统理论得到非自治动力系统 (θ,ϕ) 的一致吸引子是拉回吸引子的截片 A_p 的并, 详见文献 [10].

定义 2.5.11　设 (θ,ϕ) 是 $P\times X$ 上的非自治动力系统, 称 (θ,ϕ) 是

(1) p 一致耗散的, 如果存在有界集 $U\subset X$, 使得对任意有界集 $B\subset X$, 存在与 $p\in P$ 无关的时刻 $t(B)\in\mathbb{R}^+$, 使得

$$\phi(t,p,B)\subset U,\quad \forall t\geqslant t(B),p\in P.$$

(2) 关于每个 $p\in P$ 是拉回 ω- 极限紧的, 如果对任意有界集 $B\subset X$ 及任意的 $\varepsilon>0$, 存在 $t_0=t_0(B,p,\varepsilon)$, 使得

$$\gamma\left(\bigcup_{t\geqslant t_0}\phi(t,\theta_{-t}(p),B)\right)\leqslant\varepsilon.$$

(3) p 一致 ω- 极限紧的, 如果对任意有界集 $B\subset X$ 及任意的 $\varepsilon>0$, 存在与 $p\in P$ 无关的 $t_0'=t_0'(B,\varepsilon)>0$, 使得

$$\gamma\left(\bigcup_{p\in P}\bigcup_{t\geqslant t_0'}\phi(t,p,B)\right)\leqslant\varepsilon.$$

下面利用非紧测度的概念来刻画 $P\times X$ 上的非自治动力系统 (θ,ϕ) 拉回吸引子的存在性.

定义 2.5.12　对任意固定的集合 $B\in\mathcal{B}(X)$, 定义 B 关于系统 (θ,ϕ) 相对于参数 $p\in P$ 的拉回 ω- 极限集 $\omega_p(B)$ 为

$$\omega_p(B)=\bigcap_{s\in\mathbb{R}^+}\overline{\bigcup_{t\geqslant s}\phi(t,\theta_{-t}(p),B)}.$$

附注 2.5.3　由上面定义可知, 在 $\theta_{-t}(p)$ 的状态下, 从有界集 B 出发经过 t 时间后的轨道的交集即为 $\omega_p(B)$.

定理 2.5.4[37]定理 3.1.3　如果 $P\times X$ 上的非自治动力系统 (θ,ϕ) 满足 p 一致耗散性, 即存在有界集 $U\subset X$, 使得对任意有界集 $B\subset X$, 存在与 $p\in P$ 无关的 $t(B)\in\mathbb{R}^+$, 满足

$$\phi(t,p,B)\subset U,\quad \forall t\geqslant t(B),p\in P,$$

则非自治动力系统 (θ,ϕ) 存在拉回吸引子 $\{A_p\}_{p\in P}$ 当且仅当 (θ,ϕ) 是拉回 ω 极限紧的.

下面给出判断拉回 ω- 极限紧的充要条件.

定义 2.5.13　设 X 是 Banach 空间, 称非自治动力系统 (θ,ϕ) 满足拉回条件 (C), 如果对任意的 $p\in P,B\in\mathcal{B}(X)$ 及任意的 $\varepsilon>0$, 存在常数 $\tau_0=\tau_0(p,B,\varepsilon)>0$ 和 X 的有限维子空间 $X_1\subset X$, 使得

(i) $\left\{\left\|P\left(\bigcup_{t\geqslant\tau_0}\phi(t,\theta_{-t}(p),B)\right)\right\|_X\right\}$ 有界;

(ii) $\left\|(I-P)\left(\bigcup_{t\geqslant\tau_0}\phi(t,\theta_{-t}(p),B)\right)\right\|_X<\varepsilon$,

其中 $P:X\to X_1$ 是有界投影.

定理 2.5.5[37]定理 3.2.2 设 X 是 Banach 空间, (θ,ϕ) 是 $P\times X$ 上的非自治动力系统, 如果 (θ,ϕ) 满足拉回条件 (C), 则 (θ,ϕ) 是拉回 ω- 极限紧的. 进一步, 如果 X 是一致凸的 Banach 空间, 特别是 Hilbert 空间, 则系统 (θ,ϕ) 的拉回条件 (C) 与拉回 ω- 极限紧是等价的.

定理 2.5.6[37]定理 3.2.3 设 X 是一致凸的 Banach 空间, 特别是 Hilbert 空间, 如果 $P\times X$ 上的非自治动力系统 (θ,ϕ) 是 p 一致耗散的, 即存在有界集 $U\subset X$, 使得对任意有界集 $B\subset X$, 存在与 $p\in P$ 无关的 $t\in\mathbb{R}^+$, 满足

$$\phi(t,p,B)\subset U,\quad \forall t\geqslant t(B),p\in P,$$

则此系统 (θ,ϕ) 在 X 中存在拉回吸引子 $\{A_p\}_{p\in P}$ 当且仅当 (θ,ϕ) 满足拉回条件 (C).

§2.6 随机动力系统

本节通过对随机动力系统概念的分析, 讲述随机动力系统发展及应用的主要方向和关键问题.

正如 Crauel 教授及其合作者所指出的, 流体动力学中有限维吸引子是过去的四十年中数学物理研究领域的重大发现之一[15]. 然而, 当考虑所研究系统受到随机因素影响时, 原有的结论已经不再成立. 例如, 当系统受到白噪声干扰时, 状态空间的有界子集不再保持不变了. 换句话说, 白噪声以概率 1 使得系统离开所有的有界集. 为了克服随机干扰对系统的影响, Craul 教授及其合作者引入了随机动力系统的方法. 寻求非固定的依赖于机会随时间变化 (稳态) 的紧不变子集, 通常这些子集在系统的演化中离开所有的有界确定子集, 却吸引状态空间中的所有有界子集. 简而言之, 从遍历理论的角度看来, 随机动力系统包含了随机性和时间演化的几乎所有的系统, 例如随机流、不规则流、稳定随机映射的乘积等[2].

为了将有限维系统的结果推广带无限维系统, 通常需要考虑相应系统生成随机流. Elworthy, Kunita 等研究了有限维系统生成的随机流, 参见文献 [18], [24], [25]. 随机流需要随机微分方程的解关于时间以及初始状态在零测度集合以外的联合连续依赖特性. 而这点对无穷维系统通常不再成立, 一些无穷维系统生成随机流, 另一些无穷维随机系统却不能生成随机流. 针对无穷维系统, 需要分别加以研究.

同时, Crauel, Debussche 和 Flandoli[14] 将 Hale 的渐近紧的概念推广到随机动力系统的情形, 并将其应用到研究有界区域上加白噪声驱动的 Navier-Stokes 方程

的全局吸引子的存在, 唯一及相应的其他特征. 然而正是基于与在确定性系统中所面临的同样的问题, 由于 Sobolev 紧嵌入的缺乏, 这种推广在研究无界区域上随机演化系统长期行为时不再适用. 文献 [28], [36], [37] 通过对 Ladyzhenskaya 的概念的推广, 引入了一种全新的, 不同于已有文献中随机动力系统渐近紧的概念, 同时也讨论了渐近紧随机动力系统的一些性质和特征.

§2.6.1　随机集与随机动力系统

作为应用, 可以通过对随机动力系统的性质的研究来研究对应的随机演化方程的长时间演化行为以及解的极限特性等. 因为噪声扰动的原因, 这些极限行为通常依赖于某些随机事件 $\omega \in \Omega$. 为了刻画系统的吸引性特征, 有必要计算系统轨迹与它们的极限对象 (例如吸引子等) 之间的距离, 并将其看作某种随机变量. 对于极限区域是否包含某一可以用来表示系统的状态函数在不同时刻对应的值的随机变量的确定, 也是研究系统的演化状态或者极限行为的关键问题之一. 所有这些对将考虑的 "随机集" 的定义提出了新的要求, 它将不仅仅是某些依赖于随机事件的集合的汇集, 而且更应该具备某些较强的性质, Chueshov[11], Castaing 和 Valadier[9] 将随机集看作是某种可测多值函数进行了研究. Crauel[13] 为了研究随机演化方程的需要也研究了随机集的定义及其性质.

假定 $(\Omega, \mathcal{F}, P)$ 为一给定概率空间, X 是一 Polish 空间, 即一可以由度量 d 生成对应拓扑的可分拓扑空间. 给定 $A, B \subset X$, 定义

$$
\begin{aligned}
d(x, A) &= \inf\{d(x, a) : a \in A\},\\
d(A, B) &= \sup\{d(x, B) : x \in A\},\\
\rho_X(A, B) &= \max\{d(A, B), d(B, A)\}.
\end{aligned}
$$

其中 ρ_X 为空间 X 上的 Hausdorff 距离. 所有由 Hausdorff 距离定义的 X 的闭子集构成的集合 $\mathcal{H}(X)$ 是一度量空间 (参见文献 [9] 的第 38 页). 由映射 $y \mapsto d(x, y)$ 的连续性, 对于任意 $x \in X, A \subset X$, 有 $d(x, A) = d(x, \bar{A})$, 其中 $\bar{A}$ 表示集合 A 的闭包.

定义 2.6.1　给定概率空间 $(\Omega, \mathcal{F}, P)$ 及 Polish 空间 X, 称集值映射 $A : \Omega \to \mathcal{H}(X)$ 为可测随机集, 当且仅当对任意给定 $x \in X$, 映射 $\Omega \ni \omega \mapsto d(x, A(\omega)) \in \mathbb{R}^+$ 是可测的. 在这种情形下我们也称 A 为闭随机集. 我们称集值映射 $U : \omega \mapsto U(\omega)$ 为开随机集当且仅当集合 U 的补子集 U^c 为闭随机集. 通常将闭随机集 A 记作 $A(\omega)$ 或者 $\{A(\omega)\}_{\omega \in \Omega}$.

如果进一步, 对任意 $\omega \in \Omega$, 闭随机集 $A(\omega)$ 是紧集, 称 A 为紧随机集. 如果 X 是 Banach 空间, 则称闭随机集 $\{A(\omega)\}_{\omega \in \Omega}$ 有界, 当且仅当对于任意给定 $\omega \in \Omega$, 集合 $A(\omega)$ 是 X 中的有界集.

称随机集 $\{K(\omega)|\omega\in\Omega\}$ 是 $\mathfrak{B}(X)$- 可测的, 如果对任意的 $x\in X$, 映射 $\Omega\ni\omega\mapsto d_X(x,K(\omega))\in\mathbb{R}^+$ 是 $(\mathfrak{F},\mathfrak{B}(X))$- 可测的.

给定可测动力系统 $(\Omega,\mathcal{F},P,(\vartheta_t)_{t\in\mathbb{R}})$ 上的 X 值可测随机动力系统 (φ,ϑ), 闭随机集 $\{A(\omega)\}_{\omega\in\Omega}$ 是 φ- 不变的, 当且仅当对任意 $t\geqslant 0$, $\omega\in\Omega$, 满足

$$\varphi(t,\omega)A(\omega)=A(\vartheta_t\omega).$$

随机动力系统的概念是对动力系统概念的一种推广, 简单地讲, 随机动力系统结构应该具备两方面的特征, 其一是对随机扰动 (噪声) 进行模拟的可测动力系统 (内部) 结构, 另一个是带扰动的拓扑动力系统 (外部) 结构.

定义 2.6.2 假定 $(\Omega,\mathfrak{F},P,(\vartheta_t)_{t\in\mathbb{R}})$ 为可测动力系统, (X,d) 是完备可分度量空间, $\mathfrak{B}$ 为 X 生成的 σ- 代数. 如果映射 $\varphi:\mathbb{R}^+\times\Omega\times X\ni(t,\omega,x)\mapsto\varphi(t,\omega)x\in X$ 满足下列条件:

(i) (可测性) φ 是 $(\mathfrak{B}(\mathbb{R}^+)\bigotimes\mathfrak{F}\bigotimes\mathfrak{B},\mathfrak{B})$- 可测的;

(ii) (共环性) 对任意给定 $\omega\in\Omega$, $\varphi(0,\omega)=\mathrm{Id}$, $\varphi(t+s,\omega)=\varphi(t,\vartheta_s\omega)\circ\varphi(s,\omega)$, $s,t\in\mathbb{R}^+$,

则称 φ 为定义在可测动力系统 $(\Omega,\mathcal{F},P,(\vartheta_t)_{t\in\mathbb{R}})$ 上的可测随机动力系统, 或称 φ 为 ϑ 驱动的随机动力系统, 简记作 (φ,ϑ).

进一步, 如果对任意 $\omega\in\Omega$, 映射 $\varphi(\cdot,\omega)\cdot:\mathbb{R}^+\times X\ni(t,x)\mapsto\varphi(t,\omega),x\in X$ 是连续的, 则称随机动力系统 (φ,ϑ) 连续.

若 X 为一光滑流形, (φ,ϑ) 为一连续随机动力系统, 如果对某个 $k, 1\leqslant k\leqslant\infty$, 对任意的 $(t,\omega)\in\mathbb{R}^+\times\Omega$,

$$\varphi(t,\omega):X\longmapsto X \text{ 是 } C^k \text{ 的},$$

则称 φ 为 ϑ 驱动的 C^k 随机动力系统 (参见图 2.2).

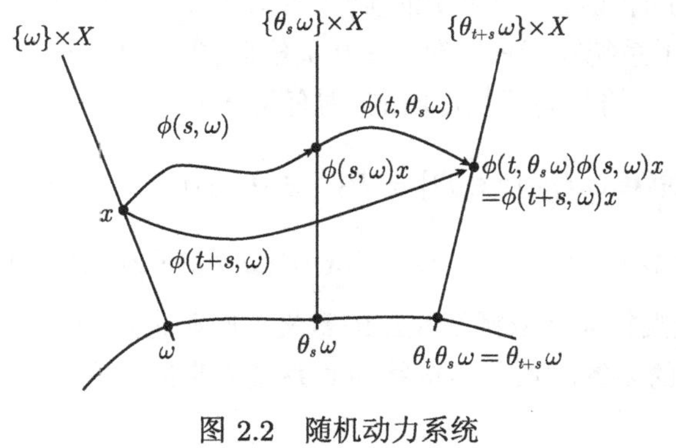

图 2.2 随机动力系统

从定义可以看出, 随机动力系统实质上是一带噪声扰动的动力系统. 当没有噪声时, 即 $P(\Omega)=1$ 时, (φ,ϑ) 简化为通常的动力系统. 可测动力系统 ϑ 是噪声活动

的环境, 噪声在其中保持演化. 也可用 $\mathbb{R}, \mathbb{Z}$ 或者 $\mathbb{N}$ 等替换时间域 $\mathbb{R}^+$ 来定义不同的动力系统, 但在后面的应用中我们将只考虑时间域为 $\mathbb{R}^+$ 的动力系统. 这从某种意义上说明了所研究的演化系统可以是不可逆的.

附注 2.6.1 假定 $u(t,s;\omega,x), t \geqslant s$ 是某一在初始时刻 s 取值为 $u(s)=x\in X$ 的随机演化方程的唯一解. 定义映射 $\varphi:\mathbb{R}^+\times\Omega\times X\to X$, $\varphi(t-s,\vartheta_s\omega)x = u(t,s;\omega,x), t\geqslant s, \omega\in\Omega$. 为了验证 (φ,ϑ) 是一随机动力系统, 只需验证方程的解 u 的各种特性, 例如, 解对初始值的连续依赖性以及相应可测动力系统 $(\Omega,\mathcal{F},P,(\vartheta_t)_{t\in\mathbb{R}})$ 的存在性等. 在这种情形下, 映射 φ 的余环特性也通过解的诸如解的唯一性等某些性质得以实现.

对 Ladyzhenskaya 在文献 [27] 中关于确定性动力系统理论进行推广, 有以下定理:

定理 2.6.1 假定 $(\Omega,\mathfrak{F},P,(\vartheta_t)_{t\in\mathbb{R}})$ 为一可测动力系统, (X,d) 是一完备可分度量空间, $\mathfrak{B}(X)$ 为 X 生成的 σ- 代数. 给定连续随机动力系统 (φ,ϑ), 如果 $\{K(\omega)\}_{\omega\in\Omega}$ 为一紧致随机集, 则随机集 $\{\varphi(t,\vartheta_{-t}\omega)K(\omega)\}_{\omega\in\Omega}, t\in\mathbb{R}^+$ 也是紧致的.

由于随机动力系统的极限结构在对系统长期行为及系统定性理论研究中的重要地位, 在对随机动力系统的研究中, 通常会考虑其极限结构. 从应用的观点来看, 许多随机动力系统是由随机偏微分生成的. 其参数依赖于 $\vartheta_t\omega$(即事件 ω 被动力系统 ϑ 经过时间 t 后提升所得的新事件). 从本质上看这些参数实际上反映了系统所处环境的内部演化. 从另一个角度来看, 可以让 ϑ_{-t} 表示在时刻 $-t$ 系统所处环境的实际状况, 因而经过时间 t 后开始观察, 会发现在时刻 0 系统所处环境的状态为 ω. 进一步, 可以发现如下定义的两参数映射 $U(\tau,s):=\varphi(\tau-s,\vartheta_s\omega)$ 对应于描述系统从时刻 s 到 τ $(\tau\geqslant s)$ 的演化方程的解. 从而随机动力系统 $\varphi(t,\vartheta_{-t}\omega)=U(0,-t)$ 的极限结构可以看作当将系统的过去状态 x 移动到“无穷远”之前的某一时刻 $(t=-\infty)$, 在时刻 0 时观察所得系统的实际状态. 所以, 对应不同初始状态的系统极限的总集给描述了系统在当前时刻 $t=0$ 的实际图景. 另一方面, 由于所考虑的可测动力系统 $(\vartheta_t)_{t\in\mathbb{R}}$ 的时间域是双向的, 对任意 $x\in X, D\in\mathfrak{B}(X), t\in\mathbb{R}$, 则有

$$P\{\omega\in\Omega:\varphi(t,\omega)x\in D\}=P\{\omega\in\Omega:\varphi(t,\vartheta_{-t}\omega)x\in D\}.$$

进一步, $\lim\limits_{t\to\infty}P\{\omega\in\Omega:\varphi(t,\omega)x\in D\}=\lim\limits_{t\to\infty}P\{\omega\in\Omega:\varphi(t,\vartheta_{-t}\omega)x\in D\}$. 这意味着 $\varphi(t,\vartheta_{-t}\omega)x$ 的极限行为从依概率收敛的意义上同时也反映了 $\varphi(t,\omega)x$ 的极限行为. 因此, 已经发生的系统的极限结构将为对系统将来的极限行为的预测提供了大量的信息.

从纯数学的角度出发, 在 X- 值随机变量所构成的空间上定义以下算子:

$$(T_tf)(\omega)=\varphi(t,\vartheta_{-t}\omega)f(\vartheta_{-t}\omega),\quad t\in\mathbb{R}^+.$$

应用随机动力系统的余环特性, $t, s \in \mathbb{R}^+$,

$$\begin{aligned}\big(T_s(T_t f)\big)(\omega) &= \varphi(s, \vartheta_{-s}\omega)\big[(T_t f)(\vartheta_{-s}\omega)\big] \\ &= \varphi(s, \vartheta_{-s}\omega)\big[\varphi(t, \vartheta_{-t}\vartheta_{-s}\omega) f(\vartheta_{-t}\vartheta_{-s}\omega)\big] \\ &= \varphi(t+s, \vartheta_{-t-s}\omega) f(\vartheta_{-t-s}\omega) = T_{t+s} f(\omega).\end{aligned}$$

不难看出算子 $T_t, t \in \mathbb{R}^+$ 实质上是一单参数群. 因而, 正如在对确定性动力系统中一样, 演化算子的半群结构也将在对随机动力系统的研究中发挥重要的作用.

定义 2.6.3 随机集 $\{K(\omega)\}_{\omega\in\Omega}$ 被称作随机动力系统 (φ, ϑ) 的吸收集当且仅当对于任意给定 X 的有界集 D, 存在随机时间 $\tau_D = \tau_D(\omega)$ 使得, 对于任意 $t \geqslant \tau_D(\omega)$, $\varphi(t, \vartheta_{-t}\omega)D \subset K(\omega)$. 称随机时间 t_0 为对应集合 $K(\omega)$ 的吸收时.

称随机集 $K(\omega)$ 吸引另外一随机集 $D(\omega)$, 当且仅当对于任意 $\omega \in \Omega$,

$$\lim_{t\to\infty} d(\varphi(t, \vartheta_{-t}\omega)D(\vartheta_{-t}\omega), K(\omega)) = 0.$$

称随机集 $K(\omega)$ 为随机动力系统的吸引集, 当且仅当 $K(\omega)$ 吸引该动力系统相空间 X 中的所有有界集 D.

通过 $\vartheta_{-s}\omega$ 替换 ω, $t-s$ 替换 t, 有以下关于吸收性的等价形式:

$$\varphi(t-s, \vartheta_{-t}\omega)D(\vartheta_{-t}\omega) \subset K(\vartheta_{-s}\omega), \quad t \geqslant s + \tau_D, \omega \in \Omega.$$

称动力系统是耗散的当且仅当它存在有界吸收集[19]16,[12]24. 对应随机动力系统也有类似的定义. 在此, 对于随机吸收集的有界性是通过随机球来加以实现的.

定义 2.6.4 定义在赋范向量空间 X 上的随机动力系统 (φ, ϑ) 是耗散的, 当且仅当存在有界吸收集 $K(\omega)$. 随机动力系统 (φ, ϑ) 具有紧性, 当且仅当 (φ, ϑ) 是耗散的, 并且对应吸收集是紧集.

例 2.6.1 由以上定义不难看出以下结论:

(i) 如果动力系统 (φ, ϑ) 的相空间 X 为紧度量空间, 那么 (φ, ϑ) 是紧的;

(ii) 如果耗散动力系统 (φ, ϑ) 的相空间 X 为一有限维的赋范向量空间, 则 (φ, ϑ) 是紧的.

对于随机动力系统的耗散性和紧性的关系, 考虑如下例子:

例 2.6.2 假设 B 为无穷维 Banach 空间 X 中的闭球, $\|\cdot\|$ 为空间 X 的范数. 定义如下系统:

$$\varphi(t, x) := \begin{cases} x, & x \in B, \\ \mathrm{e}^{-t}\left(x - \dfrac{x}{\|x\|}\right) + \dfrac{x}{\|x\|}, & x \notin B. \end{cases}$$

动力系统 φ 是耗散然而非紧的. 事实上, 以上构造同时也是确定性动力系统中的例子之一.

正如在前面所提到的, 在人们对确定性系统的研究中, 渐近紧的概念是作为紧性概念的一个较弱的替换而引出的. 在对随机系统的研究中, 通过对 Hale[19] 的推广, Crauel, Debussche 与 Flandoli[14] 首先定义了随机演化系统渐近紧的概念, 然后将其应用到对有界区域上加性白噪声驱动的 Navier-Stokes 方程的研究中.

对于一给定完备度量空间 (X,d) 及一概率空间 $(\Omega,\mathcal{F},P)$, 考虑如下映射系:

$$\Omega\times X\ni(\omega,x)\mapsto S(t,s;\omega)x\in X,\quad s\leqslant t\in\mathbb{R}.$$

假设映射 S 满足如下条件:

(i) 对于任意 $s\leqslant r\leqslant t$, $S(t,r;\omega)S(r,s;\omega)=S(t,s;\omega)$;

(ii) 对于任意 $s\leqslant t$, $\omega\in\Omega$, 映射 $x\mapsto S(t,s;\omega)x$ 在空间 X 中连续;

如果进一步, 存在一 P- 满测集 $\Omega_0\subset\Omega$ 使得对于任意 $t\in\mathbb{R}$, $\omega\in\Omega_0$, 映射系 $\{S(t,s;\omega):s\leqslant t\}$ 存在一紧吸引集 $K(t,\omega)$, 即对于所有 X 中有界集 B,

$$\lim_{s\to-\infty}d(S(t,s;\omega)B,K(t,\omega))=0,$$

则称随机演化系统 $\{S(t,s;\omega),t\geqslant s,\omega\in\Omega\}$ 是渐近紧的.

由随机动力系统渐近紧的定义及文献 [14] 中命题 2.2, 不难证明如下等价性定理:

定理 2.6.2 (X,d) 是一完备的度量空间, $(\Omega,\mathcal{F},P)$ 是一完备的概率空间, $\Omega\times X\ni(\omega,x)\mapsto S(t,s;\omega)x\in X$, $s\leqslant t\in\mathbb{R}$ 为一定义在 $\Omega\times X$ 上的映射集合, 如果

(i) $S(t,r;\omega)S(r,s;\omega)x=S(t,s;\omega), s\leqslant r\leqslant t, x\in X$;

(ii) 对于任意 $s\leqslant t,\omega\in\Omega$, $S(t,s;\omega)$ 在 X 上连续;

(iii) 对于任意 $s<t, x\in X$, 映射 $\Omega\ni\omega\mapsto S(t,s;\omega)x\in X$ 是 $(\mathcal{F},\mathcal{B}(X))$- 可测的;

(iv) 对于任意 $t, x\in X$, P-a.e. 映射 $s\mapsto S(t,s;\omega)x$ 在 $\mathbb{R}$ 上右连续;

(v) 存在一定义在 $(\Omega,\mathcal{F},P)$ 空间上的保测变换群 $(\vartheta_t)_{t\in\mathbb{R}}$, 使得

$$S(t,s;\omega)x=S(t-s,0;\vartheta_s\omega)x,\quad s<t, x\in X,\quad P\text{-a.s.};$$

(vi) 在 0 时刻, P-a.e. 存在一紧吸引集 $K(\omega)$, 即对于 X 中任意有界集 B,

$$\lim_{s\to-\infty}d(S(0,s;\omega)B,K(\omega))=0,$$

则随机演化系统 $(S(t,s;\omega))_{t\geqslant s,\omega\in\Omega}$ 是渐近紧的.

由此可以看出, 文献 [14] 中关于"渐近紧"性质的刻画实质上是通过紧吸收集的存在来实现的. 然而, 从应用的角度看, 由于在无界演化区域上 Sobolev 紧嵌入的缺乏, 它们的定义将不再适用. 有必要引进一个全新的定义来克服相应的困难.

定义 2.6.5 假定 (φ,ϑ) 为定义在一可分 Banach 空间 X 上的随机动力系统. 称 (φ,ϑ) 是渐近紧的当且仅当对于任意序列 $\{t_n:n\in\mathbb{N}\}$, $t_n\to+\infty$, X 中有界序列 $\{x_n:n\in\mathbb{N}\}$, 及任意 $\omega\in\Omega$, 集合 $\{\varphi(t_n,\vartheta_{-t_n}\omega)x_n:n\in\mathbb{N}\}$ 在 X 中是相对紧的.

下面的例子反映了所给出的定义的合理性与必要性, 以及该定义较文献 [14] 所定义的渐近紧随机演化系统更强的适应性和可操作性.

例 2.6.3 考虑空间 $\mathbb{R}^n$ 上的问题 $\dot{x}=0$. 不难看出该问题所生成的动力系统 $\varphi(t)\equiv\mathrm{Id}$, 并且 φ 在定义 2.6.5 下是渐近紧的. 然而, $\varphi(t)$ 不满足文献 [14] 中的关于渐近紧性的相关定义.

例 2.6.4 考虑定义在 Hilbert 空间上的动力系统 $\varphi(t)=P_F+\mathrm{e}^{-t}(1-P_F), t\geqslant 0$, 其中 P_F 为一从 X 到另一有限维子空间 $F\subset X$ 上的投影. 不难看出, 按照本节所给出的渐近紧的定义 φ 是渐近紧的. 然而, $\varphi(t)$ 不满足文献 [14] 中的关于渐近紧性的相关定义.

事实上, 在文献 [19] 中引理 2.2.3 的启发下, 下面定理刻画了随机动力系统渐近紧的特征.

定理 2.6.3 给定可分完备度量空间 X, 定义在可测动力系统 $(\Omega,\mathcal{F},P,(\vartheta_t)_{t\in\mathbb{R}})$ 上的 X- 值随机动力系统 (φ,ϑ) 是渐近紧的充分必要条件是对于任意有界集 D, 存在一吸引 D 的紧随机集 $K(\omega)=K(\omega,D)$, 即

$$\lim_{t\to\infty}\sup_{x\in D}d(\varphi(t,\vartheta_{-t}\omega)x,K(\omega))=0,\quad \omega\in\Omega. \tag{2.6.1}$$

证明 充分性. 假设对任意有界集 D, 存在一紧随机集 $K(\omega)$ 使得 (2.6.1) 成立, 则对任意有界序列 $\{x_n\}$ 及序列 $\{t_n\}:t_n\to\infty$, 存在一紧随机集 $K(\omega)$ 满足

$$\lim_{n\to\infty}\sup_{x_k}d(\varphi(t_n,\vartheta_{-t_n}\omega)x_k,K(\omega))=0,\quad \omega\in\Omega.$$

特别地, 对任意 $\omega\in\Omega$,

$$\lim_{n\to\infty}d(\varphi(t_n,\vartheta_{-t_n}\omega)x_n,K(\omega))=0.$$

进而, 由集 $K(\omega)$ 的紧性, 集合 $\{\varphi(t_n,\vartheta_{-t_n}\omega)x_n,n\in\mathbb{N}\}$ 是渐近紧的. 由定义 2.6.5, 随机动力系统 (φ,ϑ) 是渐近紧的.

必要性. 假定随机动力系统 (φ,ϑ) 是渐近紧的. 对 X 中任意有界集 D, 由 X 的可分性, 存在 D 中稠密序列 $\{x_n,n\in\mathbb{N}\}\subset D$, 对任意序列 $\{t_n\}$, $t_n\to\infty$, 及 $\omega\in\Omega$, 集合 $\{\varphi(t_n,\vartheta_{-t_n}\omega)x_n,n\in\mathbb{N}\}$ 是相对紧的. 令 $K(\omega)=\overline{\{\varphi(t_n,\vartheta_{-t_n}\omega)x_n,n\in\mathbb{N}\}}$. 不难看出随机集 $K(\omega)$ 是紧的并且满足 (2.6.1). 因此, 该定理得证. □

由以上定理可以看出, 紧随机动力系统是渐近紧的, 然而反过来却不成立. 例如, 定义在一无穷空间上的系统 $\varphi(t)=\mathrm{e}^{-t}\,\mathrm{Id}$ 是渐近紧, 却非紧的.

§2.6.2 随机动力系统的极限集

正如在确定性演化系统的渐近行为研究中, ω- 极限集发挥了重要的作用. 在对随机动力系统中, ω- 极限集也有其重要的意义. 在此, 采用文献 [15] 中所给出关于 ω- 极限集的定义.

定义 2.6.6 假设 (φ,ϑ) 为一定义在可分完备度量空间 X 上的随机动力系统, 集合 $B\subset X$ 的 ω- 极限集的定义如下

$$\Omega(B,\omega)=\Omega_B(\omega)=\bigcap_{T\geqslant 0}\overline{\bigcup_{t\geqslant T}\varphi(t,\vartheta_{-t}\omega)B(\vartheta_{-t}\omega)}.$$

附注 2.6.2 因为集合 $\overline{\bigcup_{t\geqslant T}\varphi(t,\vartheta_{-t}\omega)B(\vartheta_{-t}\omega)}$ 是闭的, 因而 $\Omega_B(\omega)$ 也是闭的.

由上述定义, 对 ω- 极限集, 有如下刻画:

定理 2.6.4 如果 (φ,ϑ) 为定义在可分完备度量空间 X 上的随机动力系统, B 为闭随机集, $\Omega_B(\omega)$ 为 B 的 ω- 极限集, 那么 $x\in\Omega_B(\omega)$ 的充分必要条件是存在序列 $\{x_n\}:x_n\in B(\vartheta_{-t_n}\omega)$ 及序列 $\{t_n\}:t_n\to\infty$, 满足

$$x=\lim_{n\to\infty}\varphi(t_n,\vartheta_{-t_n}\omega)x_n,\quad \omega\in\Omega. \tag{2.6.2}$$

证明 充分性. 假设 $x\in X$, 存在序列 $\{x_n\}:x_n\in B(\vartheta_{-t_n}\omega)$ 及序列 $\{t_n\}:t_n\to\infty$, 使得 (2.6.2) 成立. 因为对于任意 $x_n\in B(\vartheta_{-t_n}\omega)$, $T\geqslant 0$, 都有

$$\varphi(t_n,\vartheta_{-t_n}\omega)x_n\in\bigcup_{t\geqslant T}\varphi(t,\vartheta_{-t}\omega)B(\vartheta_{-t}\omega)\subset\overline{\bigcup_{t\geqslant T}\varphi(t,\vartheta_{-t}\omega)B(\vartheta_{-t}\omega)}.$$

所以

$$x\in\bigcap_{T\geqslant 0}\overline{\bigcup_{t\geqslant T}\varphi(t,\vartheta_{-t}\omega)B(\vartheta_{-t}\omega)},$$

即 $x\in\Omega_B(\omega)$.

必要性. 如果 $x\in\Omega_B(\omega)$, 则对任意 $T\geqslant 0$, 都有

$$x\in\overline{\bigcup_{t\geqslant T}\varphi(t,\vartheta_{-t}\omega)B(\vartheta_{-t}\omega)}. \tag{2.6.3}$$

因而, 对于 $T=1,2,3,\cdots$, (2.6.3) 成立. 对任意 $n\in\mathbb{N}$, 存在 y_n 满足

$$y_n\in\bigcup_{t\geqslant n}\varphi(t,\vartheta_{-t}\omega)B(\vartheta_{-t}\omega),\quad d(x,y_n)\leqslant\frac{1}{n},\quad n=1,2,3,\cdots.$$

进一步, 存在 $t_n\geqslant n$, $x_n\in B(\vartheta_{-t_n}\omega)$, 使得 $y_n=\varphi(t_n,\vartheta_{-t_n}\omega)x_n$. 不难看出对于序列 $\{x_n\}$ 及序列 $\{t_n\}$, 关系 (2.6.2) 成立. □

定义 2.6.7 称随机集 A 吸引随机集 B, 如果 P-a.s. 成立

$$\lim_{t\to\infty} d(\varphi(t,\vartheta_{-t}(\omega))B(\vartheta_{-t}\omega),\ A(\omega))=0.$$

称随机集 $K(\omega)$ 吸收随机集 B, 如果存在随机时 $t_B(\omega)$, 成立对 P-a.s. 所有 $\omega\in\Omega$,

$$\varphi(t,\vartheta_{-t}\omega)B(\vartheta_{-t}\omega)\subset K(\omega),\quad t\geqslant t_B(\omega),$$

其中随机时刻 $t_B(\omega)$ 被称为随机集 K 吸收随机集 B 的吸收时刻.

定理 2.6.5 给定定义在可分 Banach 空间 X 上的随机动力系统 (φ,ϑ), 随机 P-a.s. 紧集 $K(\omega)$ 吸收随机集 $B(\omega)$, 则 P-a.s. 对所有 ω,

(1) $\Omega_B(\omega)$ 非空, 并且 $\Omega_B(\omega)\subset K(\omega)$, 因而也是紧集;

(2) $\Omega_B(\omega)$ 吸引 B;

(3) $\Omega_B(\omega)$ 严格 φ- 前向不变.

证明 (1) 给定任意序列 $\{t_n\}_n$, $t_n\to\infty$, 以及序列 $\{b_n\}_n, b_n\in B(\vartheta_{-t_n}\omega)$. 由于 $K(\omega)$ 吸收 $B(\omega)$, 则对足够大的 n, 成立

$$\varphi(t_n,\vartheta_{t_n}\omega)b_n\in K(\omega).$$

再由 $K(\omega)$ 的紧性, 可知存在子序列 t_{n_k}, 以及 $y\in K(\omega)$, 成立

$$\lim_{n_k\to\infty}\varphi(t_{n_k},\vartheta_{t_{n_k}}\omega)b_{n_k}=y.$$

由定理 2.6.4, $y\in\Omega_B(\omega)$, 由此证明了 $\Omega_B(\omega)$ 是非空的紧集, 以及 $\Omega_B(\omega)\subset K(\omega)$.

(2) 应用反证法. 假定 $\Omega_B(\omega)$ 不吸引 B, 则存在 $\delta>0$ 及序列 $t_n\to\infty$, $b_n\in B(\vartheta_{-t_n}\omega)$, 成立

$$d(\varphi(t_n,\vartheta_{-t_n}\omega)b_n,\Omega_B(\omega))\geqslant\delta.$$

而由于紧集 $K(\omega)$ 吸收 $B(\omega)$, 对足够大的 n, 序列 $\{\varphi(t_n,\vartheta_{-t_n}\omega)b_n\}\subset K(\omega)$, 故存在收敛子序列, 由 $\varphi(t,\omega)$ 的连续性, 与以上不等式矛盾.

(3) 假定对任意 $s>0$, $y\in\Omega_B(\vartheta_s\omega)$, 则存在时序列 $\{t_n\}$, $t_n\to\infty$, 以及序列 $\{b_n\}$, $b_n\in B(\vartheta_{-t_n+s}\omega)$, 成立

$$y=\lim_{t_n\to\infty}\varphi(t_n,\vartheta_{-t_n+s}\omega)b_n=\lim_{t_n\to\infty}\varphi(s,\omega)\varphi(t_n-s,\vartheta_{-t_n+s}\omega)b_n.$$

由于 $K(\omega)$ 吸收 $B(\omega)$, 故对足够大 n, $\varphi(t_n-s,\vartheta_{-(t_n-s)}\omega)b_n\in K(\omega)$. 由 $K(\omega)$ 的紧性, 存在收敛子序列 $\varphi(t_{n_j}-s,\vartheta_{-(t_{n_j}-s)}\omega)b_{n_j}$, 以及由 Ω- 极限集的刻画可知, 存在 $u\in\Omega_B(\omega)$, 成立

$$u=\lim_{t_{n_j}\to\infty}\varphi(t_{n_j}-s,\vartheta_{-(t_{n_j}-s)}\omega)b_{n_j}.$$

而 $\varphi(t,\omega)$ 是连续的, 故 $y=\varphi(t,\omega)u$. 到此为止, 已经证明了 $y\in\varphi(s,\omega)\Omega_B(\omega)$, 也即 $\Omega_B(\vartheta_s\omega)\subset\varphi(s,\omega)\Omega_B(\omega)$. □

作为渐近紧随机动力系统定义的应用及对确定性动力系统 Ω- 极限集的性质的推广, 则有如下定理:

定理 2.6.6 如果 (φ,ϑ) 为定义在可分 Banach 空间 X 上的渐近紧随机动力系统, $B\subset X$ 为 X 中的有界集, 那么 B 的 Ω- 极限集 $\Omega_B(\omega)$ 是非空, φ- 不变的紧随机集, 并且 $\Omega_B(\omega)$ 吸引 B.

证明 由于 (ϑ,φ) 渐近紧, 则对任意 B 中序列 $\{x_n: n\in\mathbb{N}\}$, 序列 $\{t_n\}$, $t_n\to\infty$, 及任意 $\omega\in\Omega$, 集合 $\{\varphi(t_n,\vartheta_{-t_n}\omega)x_n, n\in\mathbb{N}\}$ 在 X 中相对紧. 因而, 存在子序列 $\{x_{n'}\}\subset\{x_n\}$, $\{t_{n'}\}\subset\{t_n\}$ 及 $y\in X$ 使得

$$\lim_{n'\to\infty}\varphi(t_{n'},\vartheta_{-t_{n'}}\omega)x_{n'}=y.$$

由定理 2.6.4 可得 $y\in\Omega_B(\omega)$, 因而证得 $\Omega_B(\omega)\neq\varnothing$.

对任意 $y\in\Omega_B(\omega)$, 由定理 2.6.4, 存在序列 $\{x_n\in B: n\in\mathbb{N}\}$ 及序列 $\{t_n: t_n\to\infty\}$ 使得

$$y=\lim_{n\to\infty}\varphi(t_n,\vartheta_{-t_n}\omega)x_n,$$
$$y'=\lim_{n\to\infty}\varphi(t_n-t,\vartheta_{-(t_n-t)}\vartheta_{-t}\omega)x_n\in\Omega_B(\vartheta_{-t}\omega).$$

由随机动力系统的余环性,

$$y=\varphi(t,\vartheta_{-t}\omega)\lim_{n\to\infty}\varphi(t_n-t,\vartheta_{-t_n}\omega)x_n=\varphi(t,\vartheta_{-t}\omega)y'. \tag{2.6.4}$$

因而由 (2.6.4), $y\in\varphi(t,\vartheta_{-t}\omega)\Omega_B(\vartheta_{-t}\omega)$, 即 $\Omega_B(\omega)\subset\varphi(t,\vartheta_{-t}\omega)\Omega_B(\vartheta_{-t}\omega)$.

对于任意 $y'\in\Omega_B(\vartheta_{-t}\omega)$, 由定理 2.6.4, 存在序列 $\{x_n\in B: n\in\mathbb{N}\}$ 及序列 $\{t_n: t_n\to\infty\}$ 满足

$$y'=\lim_{n\to\infty}\varphi(t_n,\vartheta_{-t_n}\vartheta_{-t}\omega)x_n.$$

由随机动力系统的余环性及连续性,

$$\begin{aligned}\varphi(t,\vartheta_{-t}\omega)y'&=\varphi(t,\vartheta_{-t}\omega)\lim_{n\to\infty}\varphi(t_n,\vartheta_{-t_n-t}\omega)x_n\\&=\lim_{n\to\infty}\varphi(t_n+t,\vartheta_{-t_n-t}\omega)x_n\in\Omega_B(\omega),\end{aligned}$$

即 $\varphi(t,\vartheta_{-t}\omega)\Omega_B(\vartheta_{-t}\omega)\subset\Omega_B(\omega)$.

纵上所述,

$$\Omega_B(\omega)=\varphi(t,\vartheta_{-t}\omega)\Omega_B(\vartheta_{-t}\omega),$$

即 $\Omega_B(\omega)$ 是 φ- 不变的.

下面将应用对角线原理来证明 $\Omega_B(\omega)$ 的紧性. 假设 $\{y^n\}_n \subset \Omega_B(\omega)$, 则对任意 $n \in \mathbb{N}$, 存在序列 $\{x_k^n\}_k, x_k^n \in B$ 及序列 $\{t_k^n\}, t_k^n \to \infty$ 满足 $y^n = \lim\limits_{k\to\infty} \varphi(t_k^n, \vartheta_{-t_k^n}\omega)x_k^n$, 也即

$$\begin{array}{lllllll}
\varphi(t_1^1, \vartheta_{-t_1^1}\omega)x_1^1, & \varphi(t_2^1, \vartheta_{-t_2^1}\omega)x_2^1, & \cdots, & \varphi(t_k^1, \vartheta_{-t_k^1}\omega)x_k^1 & \to & y^1, \\
\varphi(t_1^2, \vartheta_{-t_1^2}\omega)x_1^2, & \varphi(t_2^2, \vartheta_{-t_2^2}\omega)x_2^2, & \cdots, & \varphi(t_k^2, \vartheta_{-t_k^2}\omega)x_k^2 & \to & y^2, \\
 & & \cdots\cdots & & & \\
\varphi(t_1^n, \vartheta_{-t_1^n}\omega)x_1^n, & \varphi(t_2^n, \vartheta_{-t_2^n}\omega)x_2^n, & \cdots, & \varphi(t_k^n, \vartheta_{-t_k^n}\omega)x_k^n & \to & y^n, \\
 & & \cdots\cdots & & &
\end{array}$$

按如下对角线原则选择序列 $\{s_i\}_i$ 满足

$$\begin{aligned}
&s_1 = t_{k_1}^1, \quad d(\varphi(t_{k_1}^1, \vartheta_{-t_{k_1}^1}\omega)x_{k_1}^1, y^1) < \frac{1}{2}; \\
&s_2 = t_{k_2}^2, \quad t_k^2 > s_1 + 1, \quad d(\varphi(t_{k_2}^2, \vartheta_{-t_{k_2}^2}\omega)x_{k_2}^2, y^2) < \frac{1}{4}; \\
&s_3 = t_{k_3}^3, \quad t_k^3 > s_2 + 1, \quad d(\varphi(t_{k_3}^3, \vartheta_{-t_{k_3}^3}\omega)x_{k_3}^3, y^3) < \frac{1}{8}; \\
&\cdots\cdots
\end{aligned}$$

显然, $s_j \to \infty$, 令 $z_j = x_{k_j}^j$, 由 (φ, ϑ) 的渐近紧性, 集合 $\{\varphi(s_j, \vartheta_{-s_j}\omega)z_j\}$ 在 X 中相对紧. 因而存在子序列 $\{z_{j'}\}$, 子序列 $\{s_{j'}\}$ 及 $z \in X$, 使得

$$\lim_{j'\to\infty} \varphi(s_{j'}, \vartheta_{-s_{j'}}\omega)z_{j'} = z.$$

另一方面, 由 s_j 的定义, $d(\varphi(s_{j'}, \vartheta_{-s_{j'}}\omega)z_{j'}, y^{j'}) < \dfrac{1}{2^{j'}}$. 因而, 当 $j' \to \infty$ 时, 有 $y^{j'} \to z$ 成立. 由附注 2.6.2, 因为 $\Omega_B(\omega)$ 是闭集, 所以 $z \in \Omega_B(\omega)$. 即证明了 $\Omega_B(\omega)$ 是紧的.

只需证明 $\Omega_B(\omega)$ 吸引 B. 采用反证法, 假设 $\Omega_B(\omega)$ 不吸引 B, 则存在常数 $\delta > 0$, 序列 $\{x_n\} : x_n \in B$ 及序列 $t_n \to \infty$ 成立

$$d(\varphi(t_n, \vartheta_{-t_n}\omega)x_n, \Omega_B(\omega)) \geqslant \delta, \quad n \in \mathbb{N}. \tag{2.6.5}$$

然而, (ϑ, φ) 渐近紧, 所以存在子序列 $\{\varphi(t_{n'}, \vartheta_{-t_{n'}}\omega)x_{n'}\}$ 及 $y \in X$ 满足

$$y = \lim_{n'\to\infty} \varphi(t_{n'}, \vartheta_{-t_{n'}}\omega)x_{n'},$$

即 $y \in \Omega_B(\omega)$, 这与 (2.6.5) 矛盾. □

定理 2.6.7[15] 如果 (φ, ϑ) 为定义在可分 Banach 空间 X 上的渐近紧随机动力系统, $B \subset X$ 为 X 中的有界集, 那么 B 的 Ω- 极限集 $\Omega_B(\omega)$ 关于 $\mathfrak{F}$ 的 P 完备化是可测的.

§2.6.3　随机动力系统的吸引子

吸引子的概念是动力系统理论中的基本概念之一. 尽管对 (确定性) 动力系统, 正因为吸引子自身的重要性, 人们已经开展了长达几十年的研究[33]. 在对确定性系统的研究中, 从吸引子的收敛速度出发, 人们给出了许多不同的吸引子的概念. 然而, 对随机动力系统吸引子的研究还是一个相对年轻的领域. 其根本原因在于, 传统的基于特解的 Markov 特性确定 Markov 半群及相伴生成子的方法无法解决两个或更多点的协同运动问题. 直到 Kunita 与 Elworthy 等引入了随机流的概念, 以及随机动力系统定义的出现, 使得这一困难得到了突破. 而对基于随机动力系统理论的随机吸引子的研究真正始于 Crauel, Flandoli, Debussche 以及 Schmalfuss 等的工作 [14], [15], [32].

对随机系统而言, 可以从不同的角度定义吸引子. Brzezniak, Capinski 以及 Flandoli 等将系统轨迹当 $t\to\infty$ 时的 Ω- 极限集定义为对应随机系统的吸引子[5]. Morimoto[30] 及 Schmalfuss[32] 研究了随机微分方程生成 Markov 半群的吸引子. Crauel 和 Flandoli 等从随机动力系统的基本理论出发, 研究了如同文献 [5] 的相空间子集定义的吸引子, 不同之处在于他们考虑的是开始于时刻 $t=-\infty$ 的系统轨迹在时刻 $t=0$ 的 Ω- 极限集.

定义 2.6.8　设 $(\Omega,\mathfrak{F},P,(\vartheta_t)_{t\in\mathbb{R}})$ 为一可测动力系统, $(\Omega,\mathfrak{F},P)$ 为概率空间, (X,d) 是 Polish 空间, 映射 $\varphi:\mathbb{R}^+\times\Omega\times X\ni(t,\omega,x)\mapsto\varphi(t,\omega)x\in X$ 为 ϑ 驱动的随机动力系统, X 的非空子集簇 $\{A(\omega)|\omega\in\Omega\}$ 被称为是随机动力系统 (φ,ϑ) 的随机吸引子 (也称随机回拉吸引子), 如果 φ 不变的随机紧集 $A(\omega)$ 吸引 X 中所有确定的有界集合. 即对所有 $t>0$ 和 $\omega\in\Omega$, $B\subset X$,

$$\varphi(t,\omega)A(\omega)=A(\vartheta_t\omega),$$

$$\lim_{t\to\infty}d(\varphi(t,\vartheta_{-t}\omega)B,A(\omega))=0.$$

定理 2.6.8[15]　设 $(\Omega,\mathfrak{F},P,(\vartheta_t)_{t\in\mathbb{R}})$ 为可测动力系统, $\varphi:\mathbb{R}^+\times\Omega\times X\ni(t,\omega,x)\mapsto\varphi(t,\omega)x\in X$ 为 ϑ 驱动的随机动力系统, 如果存在一个随机紧集 $\omega\mapsto K(\omega)$, 吸引 X 中的所有有界集, 则随机动力系统 (φ,ϑ) 存在随机吸引子

$$\mathcal{A}(\omega)=\overline{\bigcup_{B\subset X}\Omega_B(\omega)},$$

且 $\mathcal{A}(\omega)$ 关于 $\mathfrak{F}$ 的完备化是可测的, 如果 X 是连通的, 则 P-a.s., $\mathcal{A}(\omega)$ 是连通的.

附注 2.6.3　由随机吸引子的定义可知, 整体随机吸引子是唯一的. 在实际应用中, 通常把初始时刻移到 $-\infty$, 对固定的 $\omega\in\Omega$, 考虑 $t=0$ 时刻的值即可.

定义 2.6.9　给定 Polish 空间 (X,d), X 上非空紧集 $K\subset X$, 以及 $k>0$. 集合 K 的 k- 维 Hausdorff 外测度定义为

$$\mu_H(K,k)=\lim_{\varepsilon\to 0}\mu_H(K,k,\varepsilon)=\sup_{\varepsilon>0}\mu_H(K,k,\varepsilon), \tag{2.6.6}$$

其中 $\mu_H(K,k,\varepsilon)=\inf\sum_i r_i^k$, 下确界在集合 K 的半径 r_i 小于 ε 的球的覆盖中取得.

不难看出, 如果存在数 k' 使得 $\mu_H(K,k')<\infty$, 那么对任意 $k>k'$, $\mu_H(K,k)=0$. 因而, 存在 $0\leqslant d_H(K)<\infty$, 成立

$$\mu_H(K,k)=0,\quad k>d_H(K),$$
$$\mu_H(K,k)=\infty,\quad d<d_H(K).$$

称数 $d_H(K)$ 为集合 K 的 Hausdorff 维数.

附注 2.6.4 由定义可知, 函数 $\mathbb{R}^+\ni\varepsilon\to\mu_H(K,d,\varepsilon)$ 非增. 因而 (2.6.6) 的定义是合理的.

定义 2.6.10 给定 Polish 空间 (X,d), X 上非空紧致集合 K 的分形维数定义为

$$d_F(K)=\limsup_{\varepsilon\to 0^+}\frac{\ln(N(K,\varepsilon))}{-\ln\varepsilon},$$

其中, $N(K,\varepsilon)$ 为覆盖 K 的半径为 ε 的球的最少数目.

附注 2.6.5 在此值得指出的是和以上等价的, 由 Mandelbrot 给出的另外一种形式的分形维数的定义是

$$d_F(K)=\inf\{d>0,\mu_F(K,d)=0\},$$

其中

$$\mu_F(K,d)=\limsup_{\varepsilon\to 0^+}\varepsilon^d N(K,\varepsilon).$$

由以上定义不难看出, Hausdorff 维数与分形维数的区别在于, 前者考虑集合 K 的覆盖是半径小于或等于 ε 的球, 而后者考虑的覆盖仅为半径等于 ε 的球. 因而成立

$$\mu_H(K,k,\varepsilon)\leqslant\mu_F(K,k,\varepsilon),$$

进而

$$\mu_H(K,k)\leqslant\mu_F(K,k),\quad d_H(K)\leqslant d_F(K).$$

给定映射族 $\varphi(t,\omega):X\to X$, $t\in\mathbb{R}$, $\omega\in\Omega$, 以及 $\varphi(t,\omega)$ 不变的随机可测集合 $A(\omega)$, 即 $\varphi(t,\omega)A(\omega)=A(\vartheta_t\omega)$, 考虑集合 $A(\omega)$ 的有限维特性.

由文献 [17], 考虑集合 $A(\omega)$ 的半径小于等于 ε 的球的覆盖:

$$A(\omega)\subset\bigcup_{i=1}B(u_i,r_i),\quad r_i\leqslant\varepsilon,u_i\in X,$$

其中, $B(u_i, r_i)$ 表示空间 X 中以 u_i 为球心, 半径为 r_i 的球. 因为集合 $A(\omega)$ 是 φ 不变的, 所以

$$A(\vartheta_s\omega) \subset \bigcup_{i=1} \varphi(t,\omega)B(u_i,r_i), \quad t \in \mathbb{R}.$$

为了通过线性映射估计映射族 $\varphi(t,\omega)$ 对 X 中球 $B(u_i, r_i)$ 作用的结果, 需要如下关于 φ 的可微性的假定.

定义 2.6.11 给定 $t \in \mathbb{R}^+$, $\omega \in \Omega$, 称映射 $\varphi(t,\omega)$ 在集合 $A(\omega) \subset X$ 上一致可微, 当且仅当 P-a.s. 对任意 $u \in A(\omega)$, 存在线性算子 $L(t,\omega,u)$ 使得

$$|\varphi(t,\omega,u+h) - \varphi(t,\omega,u) - L(t,\omega,u)h| \leqslant K(\omega)|h|^{1+\alpha},$$

其中 $\alpha > 0$ 为固定常数, 并且 $K(\omega)$ 为满足以下条件的随机变量

$$K(\omega) \geqslant 1, \quad \forall \omega \in \Omega,$$

$$\mathbf{E}(\ln K(\omega)) < \infty.$$

接下来考虑, 在线性映射作用下球的像. 给定有界线性算子 $L \in \mathcal{L}(X)$ 及 $n \in \mathbb{N}$, 定义

$$\begin{aligned}
\mathcal{P}_n(X) &= \{G : G \subset X, \dim G \leqslant n\}, \\
S_1(G) &= \{\phi : \phi \in G, |\phi| = 1\}, \\
\alpha_n(L) &= \sup_{G\in\mathcal{P}_n(X)} \inf_{\phi\in S_1(G)} |L\phi|,
\end{aligned}$$

并且

$$\omega_n(L) = \alpha_1(L) \cdots \alpha_n(L).$$

由文献 [33] 可知, $\alpha_n(L), n \in \mathbb{N}$ 为算子 $L * L$ 的特征值对应正交基 $\{e_n : n \in \mathbb{N}\}$ 的平方根.

注意到 $\alpha_n \geqslant \alpha_{n+1}, n \in \mathbb{N}$, 可知序列 $\{\alpha_n\}_{n\in\mathbb{N}}$ 非增, 因而可以定义

$$\alpha_\infty(L) = \inf_n \alpha_n(L).$$

如同在对确定性问题中的处理一样, 需要考虑不变集的 Hausdorff 维数与 $\sup\limits_{u\in A(\omega)} \cdot \ln \omega_d(L(t,\omega;u))$ 的关系, $t \geqslant 0$. 而 $\ln \omega_d(L(t,\omega;u))$ 反映了 d- 维体积被线性映射 $L(t,\omega;u)$ 的压缩特性.

然而, $\omega_d(L(t,\omega;u))$ 不一定满足可积性的条件. 为此需要以下较弱的假设条件:

假设 2.6.1 对任意 $d \in \mathbb{N}$, 存在可积随机变量 $\bar{\omega}_d$, 使得

$$\mathbf{E}(\ln(\bar{\omega}_d)) < 0, \tag{2.6.7}$$

并且 P-a.s., 对任意 $u \in A(\omega)$, $t \geqslant 0$,

$$\omega_d(L(t,\omega;u)) \leqslant \bar{\omega}_d(\omega). \tag{2.6.8}$$

同时也需要以下假设条件:

假设 2.6.2 存在随机变量 $\bar{\alpha}_1$,

$$\bar{\alpha}_1 \geqslant 1, \tag{2.6.9}$$

$$\mathbf{E}(\ln \bar{\alpha}_1) < \infty, \tag{2.6.10}$$

成立 P-a.s. 对任意 $u \in A(\omega)$, $t \geqslant 0$,

$$\alpha_1(L(t,\omega,u)) \leqslant \bar{\alpha}_1(\omega). \tag{2.6.11}$$

定理 2.6.9[17] 假定 $A(\omega)$, $\omega \in \Omega$ 为定义在空间 X 上的随机动力系统 (φ, ϑ) 的随机吸引子, 并且 φ 在集合 $A(\omega)$ 上几乎处处一致可微, 同时存在可积随机变量 $\bar{\omega}_d$, $\bar{\alpha}_1$ 满足条件 (2.6.7)~(2.6.11). 则对几乎所有 $\omega \in \Omega$, 集合 $A(\omega)$ 的 Hausdorff 维数 $\dim_H(A(\omega))$ 小于 d, 分形维数 $\dim_F(A(\omega))$ 满足条件

$$\dim_F(A(\omega)) \leqslant \gamma,$$

其中数 γ 为满足以下条件的任意数: $q_j = \ln \bar{\omega}_j$

$$\gamma > \frac{\mathbf{E}\Big[\max\limits_{1 \leqslant j \leqslant d}(dq_j - jq_d)\Big]}{-\mathbf{E}q_d}.$$

附注 2.6.6 值得指出的在考虑无界区域情形时, 由于 $V \hookrightarrow H$ 的紧嵌入不再成立, 为保证文献 [16] 中结论的正确性, 必须寻求其他的途径与方法.

命题 2.6.1 给定 Polish 空间 (X,d), X 上非空紧致集 $K \subset X$, 以及严格递增正整数序列 $\{\tau_k\}_{k=1}^{\infty}$, 成立

$$\limsup_{k \to \infty} \frac{\tau_{k+1}}{\tau_k} = 1. \tag{2.6.12}$$

同时, 假定序列 $\{\varepsilon_k\}_{k=1}^{\infty}$ 对某些 $\beta > 0$, $\delta > 0$, 存在 c_δ, C_δ 及 k_δ, 成立

$$c_\delta \mathrm{e}^{-(\beta+\delta)\tau_k} \leqslant \varepsilon_k \leqslant C_\delta \mathrm{e}^{-(\beta-\delta)\tau_k}, \quad \text{对所有 } k \geqslant k_\delta, \tag{2.6.13}$$

则集合 K 的分形维数可以表示为

$$d_F(K) = \limsup_{k \to \infty} \frac{\ln N(K, \varepsilon_k)}{-\ln \varepsilon_k}. \tag{2.6.14}$$

进一步, 如果

$$\lim_{k\to 0} V_\gamma(K,\varepsilon_k)=0, \tag{2.6.15}$$

其中, $V_\gamma(K,\varepsilon):=\varepsilon^\gamma N(K,\varepsilon)$ 表示集合 K 的 γ 体积的 ε- 估计. 那么成立,

$$d_F(K)\leqslant\gamma. \tag{2.6.16}$$

证明 由以上假设条件不难看出对任意 $\varepsilon>0$, 存在 k, 成立 $\varepsilon_{k+1}\leqslant\varepsilon<\varepsilon_k$. 因而,

$$\frac{\ln N(K,\varepsilon)}{-\ln\varepsilon}\leqslant\frac{\ln N(K,\varepsilon_{k+1})}{-\ln\varepsilon_k}=\frac{\ln N(K,\varepsilon_{k+1})}{-\ln\varepsilon_{k+1}}\cdot\frac{-\ln\varepsilon_{k+1}}{-\ln\varepsilon_k}.$$

应用 (2.6.13),

$$\limsup_{k\to\infty}\frac{\ln\varepsilon_{k+1}}{\ln\varepsilon_k}\leqslant\limsup_{k\to\infty}\frac{\ln C_\delta-(\beta-\delta)\tau_{k+1}}{\ln c_\delta-(\beta+\delta)\tau_k}=1.$$

进而,

$$d_f(K)\leqslant\limsup\frac{\ln N(K,\varepsilon_k)}{-\ln\varepsilon_k}. \tag{2.6.17}$$

另一方面, 由条件 (2.6.13),

$$\ln c_\delta-(\beta+\delta)\tau_k\leqslant\ln\varepsilon_k\leqslant\ln C_\delta-(\beta-\delta)\tau_k.$$

所以对任意给定 $\varepsilon>0$, 存在适当的 δ, $c_\delta, C_\delta, k_\delta$ 成立

$$\frac{-\ln c_\delta+(\beta+\delta)\tau_k}{-\ln C_\delta+(\beta-\delta)\tau_k}<1+\varepsilon,\quad k>k_\delta,$$

得到

$$\begin{aligned}\frac{\ln N(K,\varepsilon_k)}{-\ln\varepsilon_k}&\leqslant\frac{\ln N(K,c_\delta\mathrm{e}^{-(\beta+\delta)\tau_k})}{-\ln C_\delta+(\beta-\delta)\tau_k}=\frac{\ln N(K,c_\delta\mathrm{e}^{-(\beta+\delta)\tau_k})}{-\ln c_\delta+(\beta+\delta)\tau_k}\cdot\frac{-\ln c_\delta+(\beta+\delta)\tau_k}{-\ln C_\delta+(\beta-\delta)\tau_k}\\&<(1+\varepsilon)\frac{\ln N(K,c_\delta\mathrm{e}^{-(\beta+\delta)\tau_k})}{-\ln c_\delta+(\beta+\delta)\tau_k}.\end{aligned}$$

所以,

$$\limsup_{k\to\infty}\frac{\ln N(K,\varepsilon_k)}{-\ln\varepsilon_k}\leqslant(1+\varepsilon)d_f(K). \tag{2.6.18}$$

结合 (2.6.17) 及 (2.6.18), (2.6.14) 得证.

应用 (2.6.15), 对任意 $\varepsilon>0$, 存在 $k_\varepsilon>0$, 成立

$$\varepsilon_k N(K,\varepsilon_k)<\varepsilon,\quad k>k_\varepsilon.$$

所以

$$d_f(K)=\limsup_{k\to\infty}\frac{\ln N(K,\varepsilon)}{-\ln\varepsilon_k}\leqslant\limsup_{k\to\infty}\frac{\varepsilon-\gamma\ln\varepsilon_k}{-\ln\varepsilon_k}\leqslant\gamma.$$ □

§2.7 多值随机动力系统

对半流渐近性态的分析是现代数学物理中的最重要的研究方向之一. 通常在处理具有耗散性质的系统的时候, 人们通过对系统整体吸引子的存在性及其结构认识来描述系统的演化行为. 在自治情况, 整体吸引子是一个一致吸引有界集上所有轨道的紧不变集. 在自然科学的许多应用中, 非自治系统及随机系统是非常重要的且是有趣的, 扩展整体吸引子的概念到非自治情况及随机情况导致了所谓的拉回 (或上链) 吸引子的相关理论. 这些理论已经在非自治及随机动力系统中得到较好的研究和发展, 并且在理解非自治及随机动力系统的动力学行为是发挥了非常重要的作用. 然而, 当所面对的系统的解不具有唯一性或者模型是由微分包含来描述时, 多值流被证明可以有效地处理这些微分方程及微分包含的渐近性态. 研究表明, 可以通过对经典动力系统理论的推广来研究这些更为一般的问题, 参见文献 [8] 等.

给定可分 Banach 空间 $(X, \|\cdot\|)$, $\mathcal{B}(X)$ 为其对应的 Borel σ- 代数, $C(X)$ 及 $\beta(X)$ 分别记空间 X 的非空闭集与非空有界集. 对任意集合 $A, B \subset X$, 定义集合的范数与距离分别为 $\|A\| := \sup\limits_{a\in A}\|a\|$ 以及 $\operatorname{dist}(A, B) := \sup\limits_{a\in A}\inf\limits_{b\in B}\|a-b\|$. 同时, 令 $B_\delta(A) := \{x \in X | \operatorname{dist}(x, A) < \delta\}$, $B_r := \{x \in X | \|x\| \leqslant r\}$, 记集合 A 在空间 X 中的闭包为 $\bar{A}$. $(\vartheta_t)_{t\in\mathbb{R}}$ 为定义在概率空间 $(\Omega, \mathfrak{F}, P)$ 上的度量动力系统.

定义 2.7.1 多值随机映射 $G : \mathbb{R}^+ \times \Omega \times X \to C(X)$ 被称为多值随机动力系统, 如果成立

(1) 对任意 $x \in X$, 映射 $(t, \omega) \mapsto G(t, \omega)x$ 可测;

(2) 对任意 $x \in X$ 及 $\omega \in \Omega$, $G(0, \omega)x = x$, 以及对任意 $t, s \in \mathbb{R}^+$, 成立 $G(t + s, \omega)x \subset G(t, \vartheta_s\omega)G(s, \omega)x$.

多值随机动力系统 G 被称作上半连续的, 如果对任意 $t \in \mathbb{R}^+$, $\omega \in \Omega$ 以及任意 $x \in X$, $G(t, \omega)x$ 的邻域 $\mathcal{U}(G(t, \omega)x)$, 存在 $\delta > 0$, 成立如果 $d_X(x, y) < \delta$, 则 $G(t, \omega)y \subset \mathcal{U}(G(t, \omega)x)$.

另一方面, G 被称为下半连续的, 如果对任意 $t \in \mathbb{R}^+$, $\omega \in \Omega$, 给定序列 $x_n \to x\ (n \to +\infty)$, $y \in G(t, \omega)x$, 存在序列 $y_n \in G(t, \omega)x_n$, 当 $n \to +\infty$ 时, $y_n \to y$.

G 被称为是连续的, 如果它是上半连续与下半连续的.

定义 2.7.2 闭随机集合 $D(\omega)$ 称作多值随机动力系统 G 的不变 (严格不变) 集, 如果成立

$$D(\vartheta_t\omega) \subset G(t, \omega)D(\omega)\ (\text{相应地}\ D(\vartheta_t\omega) = G(t, \omega)D(\omega)), \quad \forall t \in \mathbb{R}^+, \omega \in \Omega.$$

对于多值随机动力系统, 可以给出如下的极限集的定义.

定义 2.7.3 假设 (G,ϑ) 为一定义在可分完备度量空间 X 上的多值随机动力系统, 有界集合 $D\subset X$ 的极限集定义为

$$\wedge(D,\omega)=\wedge_D(\omega)=\bigcap_{T\geqslant 0}\overline{\bigcup_{t\geqslant T}G(t,\vartheta_{-t}\omega)D}.$$

类似定理 2.6.4 的证明, 不难证明以下多值随机动力系统极限集刻画的结论.

定理 2.7.1 给定定义在可分完备度量空间 X 上的多值随机动力系统 (G,ϑ), $\wedge_D(\omega)$ 为闭随机集 $D\subset X$ 的极限集, 则 $x\in\wedge_D(\omega)$ 的充分必要条件是存在序列 $\{x_n:x_n\in D(\vartheta_{-t_n}\omega)\}$ 及序列 $\{t_n\}:t_n\to\infty$, 成立

$$x=\lim_{n\to\infty}G(t_n,\vartheta_{-t_n}\omega)x_n,\quad \omega\in\Omega. \tag{2.7.1}$$

多值随机动力系统的极限集也具有随机动力系统极限集类似的性质.

命题 2.7.1[8] 如果定义在可分度量空间 (X,d) 上的多值随机动力系统 (G,ϑ) 是上半连续, 且存在紧致吸收集 $B(\omega)$, 则 P-a.s., 对任意有界集合 $D\subset X$, 成立

(1) 集合 D 的极限集 $\wedge_D(\omega)$ 是非空、紧致的;

(2) 集合 D 的极限集 $\wedge_D(\omega)$ 是不变的, 如果进一步 G 是连续的, 则集合 D 的极限集 $\wedge_D(\omega)$ 是严格不变的;

(3) 集合 D 的极限集 $\wedge_D(\omega)$ 吸引集合 D, 也即

$$\lim_{t\to+\infty}d(G(t,\vartheta_{-t}\omega)D,\wedge_D(\omega))=0.$$

定义 2.7.4 闭随机集 $\mathcal{A}(\omega)$ 被称为多值随机动力系统 (G,ϑ) 的全局吸引子, 如果 P-a.s. 成立

(1) $\mathcal{A}(\omega)$ 是 G 的严格不变集, 也即对任意 $t\geqslant 0$, 成立 $G(t,\omega)\mathcal{A}(\omega)=\mathcal{A}(\vartheta_t\omega)$;

(2) (G,ϑ) 吸收空间 X 的任意有界集合;

(3) 集合 $\mathcal{A}(\omega)$ 是紧致的.

命题 2.7.2[8] 如果定义在可分度量空间 (X,d) 上的多值随机动力系统 (G,ϑ) 是上半连续, 且存在紧致吸收集 $B(\omega)$, 则 P-a.s., 对任意有界集合 $D\subset X$, 成立

(1) 集合 D 的极限集 $\wedge_D(\omega)$ 是非空、紧致的;

(2) 集合 D 的极限集 $\wedge_D(\omega)$ 是不变的, 如果进一步 G 是连续的, 则集合 D 的极限集 $\wedge_D(\omega)$ 是严格不变的;

(3) 集合 D 的极限集 $\wedge_D(\omega)$ 吸引集合 D, 也即

$$\lim_{t\to+\infty}d(G(t,\vartheta_{-t}\omega)D,\wedge_D(\omega))=0.$$

定理 2.7.2[8] 如果定义在可分度量空间 (X,d) 上的多值随机动力系统 (G,ϑ) 是上半连续, 且存在紧致吸收集 $B(\omega)$, 对任意有界集合 $D\subset X$, 映射 $\mathbb{R}^+\times\Omega\ni$

$(t,\omega)\mapsto\overline{G(t,\omega)D}\in X$ 可测, 映射 $X\ni x\mapsto G(t,\omega)x\in X$ 存在紧致取值. 则

$$\mathcal{A}(\omega)=\overline{\bigcup_{D\subset X,D\text{有界}}\Lambda_D(\omega)}$$

为多值随机动力系统 G 的唯一全局吸引子, 并且 $\mathcal{A}$ 是 G 的最小闭吸引集.

进一步, 如果对于固定 $(t,\omega)\in\mathbb{R}^+\times\Omega$, 映射 $x\mapsto G(t,\omega)x$ 是下半连续的, 则 G 的全局吸引子 $\mathcal{A}(\omega)$ 是严格不变的.

参考文献

[1] Arnold L. Random Dynamical Systems. Springer Monographs in Mathematics. Berlin: Springer-Verlag, 1998.

[2] Arnold L, Crauel H. Random dynamical systems // Arnold L, Crauel H, Eckmann J P et al. Lyapunov Exponents, Proceedings, Oberwolfach 1990 (Lect. Notes Math., 1486: 1–22). Berlin Heidelberg, New York: Springer, 1991.

[3] Arnold L, Schmalfuss B. Lyapunov's second method for random dynamical systems. Journal of Differential Equations, 2001, 177: 235–265.

[4] Birkhoff G D. Dynamical Systems. American Mathematical Society, Provedence, RI, 1927 (Reprinted with an introduction by Moser J and a preface by Morse M, 1966).

[5] Brzezniak Z, Capinski M, Flandoli F. Pathwise global attractors for stationary random dynamical systems. Probab. Theory Relat. Fields, 1993, 95: 87–102.

[6] Brzezniak Z and Li Y. Asymptotic compactness and absorbing sets for 2D stochastic Navier-Stokes equations on some unbounded domains. Transactions of the American Mathematical Society, 2006, 358(12): 5587–5629.

[7] Brzeźniak Z and Li Y. Asymptotic behaviour of solutions to the 2D stochastic Navier-Stokes equations in unbounded domains——new developments. Recent developments in stochastic analysis and related topics. Hackensack, NJ: World Sci. Publ., 2004: 78–111.

[8] Caraballo T, Langa J A, Valero J. Global attractors for multivalued random dynamical systems. Nonlinear Anal., 2002, 48: 805–829.

[9] Castaing C and Valadier M. Convex Analysis and Measurable Multifunctions. Lecture Notes in Mathematics 580. Berlin: Springer, 1977.

[10] Chepyzhov V V, Vishik M I. Attractors for Equations of Mathematical Physics (AMS). 2002.

[11] Chueshov I D. Monotone Random Systems Theory and Applications. Lecture Notes in Mathematics, 1779. Berlin: Springer-Verlag, 2002.

[12] Chueshov I D. Introduction to the theory of infinite-dimensional dissipative systems. University Lectures in Contemporary Mathematics, ACTA, Kharkiv, Ukraine, 1999. English tranlation, ACTA, Kharkiv, Ukraine, 2002.

[13] Crauel H. Random Probability Measures on Polish Spaces. Series Stochastics Monographs. London: Taylor & Francis, 2002, 11.

[14] Crauel H, Debussche A and Flandoli F. Random attractor. Journal of Dynamics and Differential Equations, 1997, 9(2): 307–341.

[15] Crauel H and Flandoli F. Attractors for random dynamical systems. Probability Theory and Related Fields, 1994, 100: 365–393.

[16] Crauel H and Flandoli F. Hausdorff dimension of invariant sets for random dynamical systems. Journal of Dynamics and Differential Equations, 1998, 10(3): 449–474.

[17] Debussche A. Hausdorff dimension of a random invariant set. Journal de Math é matiques Pures et Appliqués, 1998, 77(10): 967–988.

[18] Elworthy K D. Stochastic Differential Equations on Manifolds. Cambridge University Press, 1982.

[19] Hale J. Asymptotic Behavior of Dissipative Systems (Mathematical Surveys and Monographs). Providence, Rhode Island: American Mathematical Society, 1988.

[20] Haraux A. Systemes Dynamiques Dissipatifs et Applocations. Paris: Masson, 1991.

[21] Halmos P. Measure Theory. Van Nostrand, 1950.

[22] Hasselblatt B, Katok A. A First Course in Dynamics: with a panorama of recent developments. New York: Cambridge University Press, 2003 (动力系统入门教程及最新发展概述. 朱玉峻, 郑宏文, 张金莲, 阎欣华译. 北京: 科学出版社, 2009).

[23] Koeden P E, Schmalfuss B. Nonautonomous system, cocycle attractors and variable time-step discretization. Numer. Algorithms, 1997, 14: 141–152.

[24] Kunita H. Stochastic Differential Equations and Stichastic Flows of Diffeomorphism // Ecole d'Eté de Probabilities des SaintFlour 1982(Lect Notes Math., 1097: 143–303), Berlin Heidelberg, New York:Springer, 1984.

[25] Kunita H. Stochastic Flows and Stochastic Differential Equations. Cambridge University Press, 1990.

[26] Kuznetsov Y A. Elements of Applied Bifurcation Theory. New York: Springer-Verlag, 2004 (应用分支理论基础. 金成桴译. 北京: 科学出版社, 2010).

[27] Ladyzhenskaya O A. Attractors for semigroups and evolution equations. Lezioni Lincee. Cambridge: Cambridge University Press, 1991.

[28] Li Y, Brzezniak Z, Zhou J. Conceptual Analysis and Random Attractor for Dissipative Random Dynamical Systems. Acta Math. Sci. Ser. B Engl. Ed., 2008, 28(2): 253–268.

[29] Lyapounov M A. Probléme général de la stabilité du mouvement. Ann. Fac. Sci. Toulouse 9, 1907. [Translation of the Russian edition, Kharkov 1892, reprinted by Princeton University Press, Princeton, NJ, 1949 and 1952.]

[30] Morimoto H. Attractors of probability measures for semilinear stochastic evolution equations. Stochastic Anal. Appl., 1992, 10(2): 205–212.

[31] Poincaré H. Sur le probléme des trois corps et les équations de la dynamique. Acta

Mathematica, 1890, 13(1): A3–A270.

[32] Schmalfuss B. Measure attractors and random attractors for stochastic partial differential equations. Stochastic Anal. Appl., 1999, 17(6): 1075–1101.

[33] Temam R. Infinite-Dimensional Dynamical Systems in Mechanics and Physics, Second Edition. New York: Springer, 1997.

[34] Walters P. An Introduction to Ergodic Theory. Springer-Verlag, 1982.

[35] 王希营. 无穷维耗散非线性动力系统从强拓扑到弱拓扑连续半群的全局吸引子的存在性. 兰州大学博士学位论文, 2004.

[36] 王素云. 一类非经典反应扩散方程的动力学行为. 兰州大学博士学位论文, 2005.

[37] 王业娟. 非自治动力系统的渐近行为. 兰州大学博士学位论文, 2005.

[38] Zhong C K, Yang M H, Sun C Y. The existence of global attractors for the norm-to-weak continuous semigroup and its application to the nonlinear reaction-diffusion equations. J. Differential Equations, 2006, 223: 367–399.

第 3 章　高斯噪声驱动的 Navier-Stokes 方程的动力学

这一章重点研究带加性和乘性高斯白噪声干扰的随机 Navier-Stokes 方程解的适定问题及长期演化行为. 其内容主要取自文献 [30], [32], [35], [36] 和 [38] 等.

§3.1　基本概念和假设

考虑如下定义在 Hilbert 空间上的非线性随机偏微分方程:

$$\mathrm{d}u(t) = [Au(t) + f(t, u(t))]\,\mathrm{d}t + \Phi(t, u(t))\,\mathrm{d}W(t),$$

其中, Au 为线性部分, $f(t,u)$ 为非线性部分, $\Phi(t,u)$ 为噪声强度 (算子), $W(t)$ 为 Hilbert 空间上的布朗运动. 当 Φ 依赖于 u 时, 称 $\Phi(t,u(t))\,\mathrm{d}W(t)$ 为乘性噪声, 否则称其为加性噪声.

下面给出偏微分方程各种解的定义. 给定可分 Hilbert 空间 H, $A:\mathcal{D}(A)\to H$ 为 H 上一 C_0- 半群 $S(t), t\geqslant 0$ 的无穷小生成子. U 为另一 Hilbert 空间, $W(t)$ 为定义在完备概率空间 $(\Omega,\mathcal{F},\mathcal{F}_t,P)$ 上的 U- 值 Wiener 过程. 考虑如下的定义在空间 H 上的随机偏微分方程:

$$\begin{cases} \mathrm{d}u(t) = [Au(t) + f(t, u(t))]\,\mathrm{d}t + \Phi(t, u(t))\,\mathrm{d}W(t), \\ u(0) = u_0 \in H. \end{cases} \tag{3.1.1}$$

定义 3.1.1　给定两 Hilbert 空间 E 与 F, $\{e_k\}\subset E$ 与 $\{f_j\}\subset F$ 分别为其对应的完备正交基. 称线性有界算子 $T:E\to F$ 为 Hilbert-Schmidt 算子, 如果成立

$$\sum_{k}^{\infty}|Te_k|^2<\infty.$$

在本章中, 假定下面关于 F 与 Φ 的条件成立: 对任意的 $T>0$,

(1) 可测性.

(A_1) $F:[0,T]\times H\to H$ 是 $(\mathcal{B}(0,T)\times\mathcal{B}(H),\mathcal{B}(H))$ 可测的.

(A_2) $\Phi:[0,T]\times H\to\mathcal{L}^2(U,H)$ 是 $(\mathcal{B}(0,T)\times\mathcal{B}(H),\mathcal{B}(\mathcal{L}^2(U,H)))$ 可测的.

进一步, 关于线性增长性约束的假设, 也即存在常数 $L>0$, 对任意 $0\leqslant t\leqslant T$.

(2) 线性增长性.

(A_3) $\|f(t,u)-f(t,v)\|+\|\Phi(t,u)-\Phi(t,v)\|_{\mathcal{L}^2}\leqslant L\|u-v\|, u,v\in H$.

(A_4) $\|f(t,u)\|^2+\|\Phi(t,u)\|_{\mathcal{L}^2}\leqslant L(1+\|u\|^2), u\in H$.

定义 3.1.2 (强解) 称 $\mathcal{D}(A)$- 值可料随机过程 $u(t), 0\leqslant t\leqslant T$ 为随机偏微分方程 (3.1.1) 的强解, 如果成立

$$P\left\{\int_0^T[\|u(s)\|+\|Au(s)\|+\|f(s,u(s))\|]\,\mathrm{d}s<\infty\right\}=1,$$

$$P\left\{\int_0^T\|\Phi(s,u(s))\|_{\mathcal{L}^2}^2\,\mathrm{d}s<\infty\right\}=1,$$

以及

$$u(t)=u_0+\int_0^t[Au(s)+f(s,u(s))]\,\mathrm{d}s+\int_0^t\Phi(s,u(s))\,\mathrm{d}W(s),\quad P\text{-a.s.},\quad t\in[0,T].$$

附注 3.1.1 由定义可知, 随机偏微分方程 (3.1.1) 的强解必然存在连续修正.

下面考虑随机偏微分方程解 (3.1.1) 的其他意义下的不同定义.

定义 3.1.3 (弱解) 称 H- 值可料随机过程 $u(t), 0\leqslant t\leqslant T$ 为随机偏微分方程 (3.1.1) 的弱解, 如果成立

$$P\left\{\int_0^T\|u(s)\|\,\mathrm{d}s<\infty\right\}=1,$$

并且对任意 $\xi\in\mathcal{D}(A^*)$, 其中 A^* 为算子 A 的对偶算子, 对任意 $t\in[0,T]$, 成立

$$\begin{aligned}\langle u(t),\xi\rangle=&\langle u_0,\xi\rangle+\int_0^t[\langle u(s),A^*\xi\rangle+\langle f(s,u(s)),\xi\rangle]\,\mathrm{d}s\\&+\int_0^t\langle\Phi(s,u(s))\,\mathrm{d}W(s),\xi\rangle,\quad P\text{-a.s.}.\end{aligned}$$

下面给出随机偏微分方程弱解的存在性定理:

定理 3.1.1 假定 $u_0\in H$ 是 $\mathcal{F}_0$ 可测, 并且条件 (A_1)~(A_4) 成立, 则方程 (3.1.1) 存在唯一弱解 $u\in L^2(\Omega,C([0,T];H))$.

对于随机偏微分方程的强解与弱解的关系, 有如下结论:

定理 3.1.2 考虑随机偏微分方程 (3.1.1),

(a) 方程 (3.1.1) 的每一强解也是方程 (3.1.1) 的弱解;

(b) 给定方程 (3.1.1) 在空间 $\mathcal{D}(A)$ 中取值得弱解 $u(t)$, 如果成立

$$P\left\{\int_0^T[\|u(s)\|+\|Au(s)\|+\|f(s,u(s))\|]\,\mathrm{d}s<\infty\right\}=1,$$

$$P\left\{\int_0^T\|\Phi(s,u(s))\|_{\mathcal{L}^2}^2\,\mathrm{d}s<\infty\right\}=1,$$

则过程 $u(t)$ 也是方程 (3.1.1) 的强解.

定义 3.1.4 (适度解)　称 H- 值可料随机过程 $u(t), 0 \leqslant t \leqslant T$, 称其为随机偏微分方程 (3.1.1) 的 Mild 解, 如果成立

$$P\left\{\int_0^T \|u(s)\|^2 \,\mathrm{d}s < \infty\right\} = 1, \tag{3.1.2}$$

$$P\left\{\int_0^t [\|S(t-s)f(s,u(s))\| + \|S(t-s)\Phi(s,u(s))\|_{\mathcal{L}^2}] \,\mathrm{d}s < \infty\right\} = 1, \tag{3.1.3}$$

并且

$$u(t) = S(t)u_0 + \int_0^t S(t-s)F(s,u(s))\,\mathrm{d}s + \int_0^t S(t-s)\Phi(s,u(s))\,\mathrm{d}W(s), \quad \text{a.s.}. \tag{3.1.4}$$

附注 3.1.2　在上述定义中, 条件 (3.1.2) 包含了对 (3.1.4) 中积分定义的要求. 事实上, 当较弱的条件 (3.1.3) 成立时, (3.1.4) 中对积分定义的要求仍然能够得到满足. 从而, 在以上定义中只需要条件 (3.1.2) 或条件 (3.1.3) 成立.

定理 3.1.3　假定 $u_0 \in H$ 为 $\mathcal{F}_0$ 可测, 且条件 $(\mathrm{A}_1)\sim(\mathrm{A}_4)$ 成立, 则方程 (3.1.1) 存在唯一弱解 $u \in L^2(\Omega, C([0,T];H))$ 及唯一 Mild 解 $u(t) \in L^2(\Omega, C([0,T];H)) \cap L^2(\Omega, L^2([0,T];H))$.

定理 3.1.4　如果 $u(t)$ 是随机偏微分方程方程 (3.1.1) 的弱解, 并且成立

$$P\left\{\int_0^T [\|u(s)\| + \|f(s,u(s))\|] \,\mathrm{d}s < \infty\right\} = 1,$$

$$P\left\{\int_0^T \|\Phi(s,u(s))\|_{\mathcal{L}^2}^2 \,\mathrm{d}s < \infty\right\} = 1,$$

则过程 $u(t)$ 也是方程 (3.1.1) 的 Mild 解.

§3.2　加性高斯噪声驱动的随机 Navier-Stokes 方程

这一节, 假设区域 $D \subset \mathbb{R}^2$, 由随时间变化的外力 $f: \mathbb{R}^+ \times D \to \mathbb{R}^2$ 驱动的不可压常密度黏性流体. 不妨设密度函数为 1, 黏性系数 $\nu > 0$ 以 $u(t,x) \in \mathbb{R}^2$ 及 $p(t,x) \in \mathbb{R}$ 分别表示在位置 $x \in D$, 时间 $t \geqslant 0$ 的流体速度及压力. 假定所研究流体的速度与压力的演化由以下相应的 Navier-Stokes 方程的初、边值问题描述:

$$\begin{cases} \dfrac{\partial u}{\partial t} - \nu\Delta u + (u\cdot\nabla)u + \nabla p = f, & t>0,\ x\in D, \\ \operatorname{div} u = 0, & t>0,\ x\in D, \\ u = 0, & t>0,\ x\in\partial D, \\ u(\cdot,0) = u_0, & x\in D. \end{cases} \tag{3.2.1}$$

假定 $D \subset \mathbb{R}^2$ 为任意带足够光滑边界 ∂D 的 (例如边界满足所谓的 "锥" 特性的有界或无界) 区域. 在此, 采用常规的研究 Navier-Stokes 方程的数学框架, 参见文献 [24] 等. 基本空间为 Lebesgue 空间 $\mathbb{L}^2(D) := L^2(D, \mathbb{R}^2)$, 并且其上定义的内积及范数分别为

$$(u, v) = \sum_j \int_D (u_j(x) v_j(x))\, \mathrm{d}x, \quad |\cdot| = (\cdot, \cdot)^{1/2}.$$

考虑所有在空间 $L^p(D, \mathbb{R}^2)$ 中存在直到 k 阶弱导数的函数 $u \in L^p(D, \mathbb{R}^2)$ 组成的 Sobolev 空间 $\mathbb{H}^{k,p}(D) = H^{k,p}(D, \mathbb{R}^2)$, 其中 $k \in \mathbb{N}$, $p \in [1, \infty)$. 在范数

$$\|u\|_{k,p} := \left(\sum_{|\alpha| \leqslant k} \int_D |D^\alpha u(x)|^p \, \mathrm{d}x \right)^{1/p}$$

下, $\mathbb{H}^{k,p}(D)$ 为可分 Banach 空间.

显然, 对任意 $k \in \mathbb{N}$, $\mathbb{H}^{k,2}(D)$ 在自然定义的内积下为一 Hilbert 空间. 我们将考虑问题 (3.2.1) 的弱解, 因而需要定义合适的测试函数空间. 令

$$\mathcal{V} = \mathcal{V}(D) := \{\phi \in C_0^\infty(D, \mathbb{R}^2): \ \mathrm{div}\ \phi = 0, \ \forall\, x \in D\}.$$

空间 $\mathcal{V}$ 在 空间 $\mathbb{L}^2(D)$ 中的闭包, 相应地在空间 $\mathbb{H}^{1,2}(D)$ 中的闭包, 分别记为 H 与 V. 上述两空间的标量乘积范数分别为继承自空间 $\mathbb{L}^2(D)$, 相应地继承自空间 $\mathbb{H}^{1,2}(D)$ 中的标量乘积范数.

称区域 D 为 Poincaré 区域, 当且仅当存在 $\lambda_1 > 0$, 使得 Poincaré 不等式成立, 即

$$\int_D \phi^2 \, \mathrm{d}x \leqslant \frac{1}{\lambda_1} \int_D |\nabla \phi|^2 \, \mathrm{d}x, \quad \phi \in C_0^\infty(D, \mathbb{R}^2). \tag{3.2.2}$$

附注 3.2.1 *当 D 在某一方向有界时, 即存在向量 $b \in \mathbb{R}^2$, 使得 $\sup_{x \in D} |(x, b)| < \infty$, 则该区域 D 为一 Poincaré 区域*[30].

如果 D 为一 Poincaré 区域, 则空间 V 中原始范数等价于由以下内积导出的范数 $\|\cdot\|$,

$$((u, v)) = \int_D \sum_{j=1}^2 \nabla u_j \cdot \nabla v_j \, \mathrm{d}x = (\nabla u, \nabla v), \quad u, v \in V. \tag{3.2.3}$$

定义双线性映射 $a: V \times V \to \mathbb{R}$ 如下

$$a(u, v) := (\nabla u, \nabla v), \quad u, v \in V. \tag{3.2.4}$$

由上述定义可以看出, a 与空间 V 中的内积是一致的, 因而 a 在空间 V 中连续, 即存在 $C > 0$ 成立

$$|a(u, u)| \leqslant C \|u\|^2, \quad u \in V.$$

应用 Riesz 表示定理, 存在唯一线性算子 $\mathcal{A}: V \to V'$, 使得

$$a(u,v) = \langle \mathcal{A}u, v \rangle, \quad u, v \in V,$$

其中 V' 为空间 V 的对偶空间. a 是 V- 强迫的, 即存在 $\alpha > 0$, 使得

$$a(u,u) \geqslant \alpha \|u\|^2, \quad u \in V.$$

应用 Lax-Milgram 定理 (参见文献 [24] 中定理 II.2.1), 算子 $\mathcal{A}: V \to V'$ 为一同构算子.

由于空间 V 稠密并连续地嵌入空间 H, 空间 H 可以看作与它的对偶空间是一致的, 由如下嵌入关系

$$V \subset H \cong H' \subset V'. \tag{3.2.5}$$

在这种情形下, 空间 V, H 及 V' 构成了一 Gelfand 三元组.

接下来, 定义空间 H 中无界线性算子 A 如下

$$\begin{cases} D(A) := \{u \in V : \mathcal{A}u \in H\} \\ Au := \mathcal{A}u, \ u \in D(A). \end{cases} \tag{3.2.6}$$

在给定区域 D 的某些正则性的假设条件时, 空间 $D(A)$ 可由一些相应的 Sobolev 空间加以刻画. 对 3- 维空间中区域的情形[17] 可采用类似的技巧获得 2- 维空间区域的如下结果：给定区域 $D \subset \mathbb{R}^2$ 满足一致 C^2- 类边界正则性条件及 Poincaré 条件, 则成立

$$\begin{cases} D(A) := V \cap \mathbb{H}^{1,2}(D), \\ Au := -P\Delta u, \quad u \in D(A), \end{cases} \tag{3.2.7}$$

其中 $P: \mathbb{L}^2(D) \to H$ 为由空间 $\mathbb{L}^2(D)$ 到空间 H 上的正交投影算子.

下面给出一些经典结论, 参见文献 [10], [24] 等, 算子 A 为定义在空间 H 中的非负自伴算子. 同时, $V = D(A^{1/2})$. 由 Fujiwara, Morimoto 等的工作[15], 投影 P 能够被延拓为空间 $\mathbb{L}^q(D)$, $1 < q < \infty$ 上的有界线性投影.

附注 3.2.2 不难得出如下结论:

(i) 记 $\mathbb{H}_0^{1,2}(D)$ 为空间 $C_0^\infty(D, \mathbb{R}^2)$ 在空间 $\mathbb{H}^{1,2}(D)$ 中的闭包. 不难证明, 空间 V 等于空间 $\mathcal{V}$ 在空间 $\mathbb{H}_0^{1,2}(D)$ 中的闭包.

(ii) 文献 [24] 中有关空间 H 与空间 V 的特征刻画对 D 为无界 Poincaré 区域时同样成立.

也即, 当记 $\vec{n}$ 为区域 D 的边界 ∂D 的外法向量时, 成立

$$H^\perp = \{u \in \mathbb{L}^2(D) : u = \operatorname{grad} p, \ \forall\, p \in \mathbb{L}^2_{\mathrm{loc}}(D)\},$$

$$H = \{u \in \mathbb{L}^2(D) : \operatorname{div} u = 0, u \cdot \vec{n}|_{\partial D} = 0\},$$

$$V = \{u \in \mathbb{H}_0^{1,2}(D) : \text{div } u = 0\}.$$

(iii) 当 D 为有界区域时, 算子 A 可逆, 并且其逆算子 A^{-1} 为空间 H 有界、自伴紧算子. 此时, 算子 A 的谱是由一无穷序列 $0 < \lambda_1 \leqslant \lambda_2 \leqslant \cdots \leqslant \lambda_m \to \infty$ (包含所有重复的特征值的重复计数) 构成. 同时, 存在由 A 的特征向量组成的, 空间 H 的正交基 $\{w_m\}_{m\geqslant 1}$, 成立 $Aw_m = \lambda_m w_m, m \in \mathbb{N}$.

(iv) 然而当区域 D 为无界 Poincaré 区域时, 算子 A 可逆, 它的逆算子 A^{-1} 有界, 并且

$$|Au|^2 \geqslant \lambda_1 (Au, u) \geqslant \lambda_1^2 |u|^2, \quad \forall\, u \in D(A). \tag{3.2.8}$$

特别地, 空间 V 的原始范数等价于由内积

$$((u,v)) = \int_D \sum_{j=1}^{2} \nabla u_j \cdot \nabla v_j \, \mathrm{d}x = (\nabla u, \nabla u)$$

导出的范数 $\|\cdot\|$.

进一步, 空间 $D(A)$ 的相范数等价于范数 $|A\cdot|$[25],

$$\langle Au, u\rangle = ((u,u)) = \|u\|^2 = |\nabla u|^2, \quad u \in D(A). \tag{3.2.9}$$

(v) 当区域 D 不为 Poincaré- 型区域时, $\|\cdot\|$ 只为空间 V 上的半范数. 同样地, $|A\cdot|$ 只为空间 $D(A)$ 的半范数.

接下来, 定义如下基本三线性型:

$$b(u,v,w) = \int_D u\nabla v w \, \mathrm{d}x = \sum_{i,j=1}^{2} \int_D u^i(x) D_i v^j(x) w^j(x) \, \mathrm{d}x,$$

其中, $u, v, w \in \mathbb{L}^1_{\text{loc}}(D)$ 为满足上式中右边积分存在的任意函数. 如果 u, v 满足线性映射 $b(u,v,\cdot)$ 在空间 V 连续, 其相应的对偶空间 V' 中元素将被记作 $B(u,v)$. 同时记 $B(u) = B(u,u)$. 注意到, 如果 $u, v \in H$ 满足 $(u\nabla)v = \sum_j u_j D_j v \in \mathbb{L}^2(D)$, 则 $B(u,v) = P(u\nabla v)$.

下面为关于 b 的基本性质, 可参见文献 [24] 的引理 1.3 及文献 [25].

存在常数 $C > 0$, 使得

$$\begin{aligned} b(u,v,v) &= 0, \quad \text{对 } u \in V, v \in \mathbb{H}_0^{1,2}(D), \\ b(u,v,w) &= -b(u,w,v), \quad \text{对 } u \in V, v, w \in \mathbb{H}_0^{1,2}(D). \end{aligned} \tag{3.2.10}$$

$$|b(u,v,w)| \leqslant C \begin{cases} |u|^{1/2}|\nabla u|^{1/2}|\nabla v|^{1/2}|Av|^{1/2}|w|, & u \in V, v \in D(A), w \in H, \\ |u|^{1/2}|Au|^{1/2}|\nabla v||w|, & u \in D(A), v \in V, w \in H, \\ |u||\nabla v||w|^{1/2}|Aw|^{1/2}, & u \in H, v \in V, w \in D(A), \\ |u|^{1/2}|\nabla u|^{1/2}|\nabla v||w|^{1/2}|\nabla w|^{1/2}, & u, v, w \in V. \end{cases} \tag{3.2.11}$$

同样, 由文献 [24] 的引理 III.3.3, 成立如下不等式:

$$|v|_{\mathbb{L}^4(D)} \leqslant 2^{1/4}|v|_{\mathbb{L}^2(D)}^{1/2}|\nabla v|_{\mathbb{L}^2(D)}^{1/2}, \quad v \in \mathbb{H}_0^{1,2}(D). \tag{3.2.12}$$

应用 Hölder 不等式, 得出如下不等式:

$$|b(u,v,w)| \leqslant |u|_{\mathbb{L}^4(D)}|\nabla v|_{\mathbb{L}^2(D)}|w|_{\mathbb{L}^4(D)}, \quad u,v,w \in \mathbb{H}_0^{1,2}(D). \tag{3.2.13}$$

因而, b 为由 $\mathbb{L}^4(D) \times V \times \mathbb{L}^4(D)$ 到 $\mathbb{R}$ 的有界三线性型.

引理 3.2.1 映射 $b: V \times V \times V \to \mathbb{R}$ 可被唯一地延拓到有界线性映射

$$b: \mathbb{L}^4(D) \times (\mathbb{L}^4(D) \cap H) \times V \to \mathbb{R}.$$

由引理 3.2.1, B 映射空间 $\mathbb{L}^4(D) \cap H$ (同样的, V) 到空间 V', 并且

$$|B(u)|_{V'} \leqslant C_1|u|_{\mathbb{L}^4(D)}^2 \leqslant 2^{1/2}C_1|u||\nabla u| \leqslant C_2|u|_V^2, \quad u \in V. \tag{3.2.14}$$

附注 3.2.3 如果 $z \in L^4([0,T];\mathbb{L}^4(D))$, 则 $B(z) \in L^2([0,T];V')$.

实际上, 由 (3.2.14), 有

$$\int_0^T |B(z(t))|_{V'}^2 \,\mathrm{d}t \leqslant C_1^2 \int_0^T |z(t)|_{\mathbb{L}^4}^4 \,\mathrm{d}t < \infty.$$

由上面介绍的相关记法, 研究问题 (3.2.1) 的如下泛函分析方程:

$$\begin{cases} \dfrac{\mathrm{d}u}{\mathrm{d}t} + \nu Au + B(u) = f(t), \ t \geqslant 0, \\ u(0) = u_0. \end{cases} \tag{3.2.15}$$

本节主要目的是研究一类由以下定义在区域 D 上, 加随机外力 $f(t)$ 扰动的 Navier-Stokes 方程所刻画的随机耗散动力系统的长期演化行为.

$$\begin{cases} \mathrm{d}u + \{\nu Au + B(u)\}\,\mathrm{d}t = f\,\mathrm{d}t + \mathrm{d}W(t), \quad t \geqslant 0, \\ u(0) = x, \end{cases} \tag{3.2.16}$$

其中, $x \in H$, $f \in V'$, 且 $W(t), t \in \mathbb{R}$ 为一双边定义的空间 H 上的柱 Wiener 过程.

在 3.5 节中, 我们将给出问题 (3.2.16) 的准确的解的定义. 简单地讲, 问题 (3.2.16) 的解是一可以表示为 $u(t) = v(t) + z_\alpha(t)$ 的随机过程 $u(t)$, $t \geqslant 0$. 其中, $z_\alpha(t)$, $t \in \mathbb{R}$ 是漂移项为 $-A - \alpha I$ 的稳定 Ornstein-Uhlenbeck 过程, 也即以下方程的稳定解:

$$\mathrm{d}z + (A+\alpha)z\,\mathrm{d}t = \mathrm{d}W(t), \quad t \in \mathbb{R}.$$

并且 $v(t)$, $t \geqslant 0$ 为以下问题给定初始值 $v_0 = x - z(0)$ 时的解:

$$\begin{cases} \dfrac{\mathrm{d}v}{\mathrm{d}t} = -\nu Av - B(v) - B(v,z) - B(z,v) - B(z) + \alpha z + f, \\ v(0) = v_0. \end{cases} \tag{3.2.17}$$

§3.3 噪声模型与可测动力系统的生成

这一节主要在相应的概率空间上构造适当的的噪声模型. 在构造噪声模型之前, 先看看常规的噪声模型, 并分析其中存在的问题.

在对有界区域动力系统的研究中, 由于 Stokes 算子 A 的逆算子 A^{-1} 为空间 H 中的紧算子, 故算子 A 在空间 H 中存在谱分解. 记 $e_1, e_2, \cdots$ 为算子 A 的特征向量 (实际上这些特征向量构成了空间 H 的一组正交基), $\lambda_1, \lambda_2, \cdots \left(\lim\limits_{n\to+\infty} \lambda_n = +\infty\right)$ 为算子 A 对应上述特征向量的一组特征值.

令

$$w(t) = \sum_{j=1}^{\infty} \sigma_j\, \beta_j(t)\, e_j,$$

其中, $\beta_1, \beta_2, \cdots$ 为对应全体实值 t, 定义在概率空间 $(\Omega, \mathcal{F}, P)$ 上的 1- 维独立布朗运动, 其期望记作 $\mathbf{E}$, $\mathcal{F}_t = \sigma\{w(s) - w(\tau), \tau \leqslant s \leqslant t\}$.

研究表明, 通常需要 $w(t)$ 满足一定的条件, 从而在某些特定的空间中. 一般而言, 要求 $w(t)$ 在空间 $D(A^k)$ 中取值.

当 $f = \sum\limits_{j=1}^{\infty} f_j e_j$ 时,

$$|f|_{D(A^k)}^2 = |A^k f|^2 = \sum_{j=1}^{\infty} |\lambda_j^k f_j|^2 = \sum_{j=1}^{\infty} \lambda_j^{2k} f_j^2.$$

因而, $f \in D(A^k)$ 当且仅当 $\sum\limits_{j=1}^{\infty} \lambda_j^{2k} f_j^2 < \infty$, 故 $w(t)$ 为空间 $D(A^k)$ 中布朗运动的充分必要条件是

$$\sum_{j=1}^{\infty} \sigma_j^2 \lambda_j^{2k} < \infty.$$

考虑以下的辅助 Ornstein-Uhlenbeck 方程:

$$\mathrm{d}z_\alpha(t) + Az_\alpha(t)\,\mathrm{d}t = -\alpha z_\alpha(t)\,\mathrm{d}t + \mathrm{d}w(t), \quad \alpha \in \mathbb{R}^+. \tag{3.3.1}$$

由文献 [11], 方程 (3.3.1) 存在稳定遍历解:

$$z_\alpha(t) = \int_{-\infty}^{t} \mathrm{e}^{(-A-\alpha)(t-s)}\,\mathrm{d}w(s). \tag{3.3.2}$$

研究表明, $z_\alpha(t)$ 的正则性依赖于随机过程 $w(t)$. 在应用中为了满足 $z_\alpha(t)$ 在空间 $D(A^k)$ 中存在连续的轨迹, 通常是通过对随机过程 $w(t)$ 的某些假定来加以保证.

事实上,

$$A^k z_\alpha(t) = \sum_{j=1}^{\infty} \int_{-\infty}^{t} \lambda_j^k \mathrm{e}^{(-\lambda_j-\alpha)(t-s)} \sigma_j \,\mathrm{d}\beta_j(s) e_j,$$

$$\begin{aligned}\mathbf{E}|z_\alpha(t)|^2_{D(A^k)} = \mathbf{E}\left[|A^k z_\alpha(t)|_H^2\right] &= \sum_{j=1}^{\infty} \mathbf{E}\left[\int_{-\infty}^{t} \lambda_j^k \mathrm{e}^{(-\lambda_j-\alpha)(t-s)} \sigma_j \,\mathrm{d}\beta_j(s)\right] \\ &= \sum_{j=1}^{\infty} \int_{-\infty}^{t} \lambda_j^{2k} \mathrm{e}^{2(-\lambda_j-\alpha)(t-s)} \sigma_j^2 \,\mathrm{d}s = \frac{1}{2}\sum_{j=1}^{\infty} \sigma_j^2 \frac{\lambda_j^{2k}}{\lambda_j+\alpha}.\end{aligned}$$

如果 $\displaystyle\sum_{j=1}^{\infty} \frac{\sigma_j^2 \lambda_j^{2k}}{\lambda_j} < \infty$, 则过程 $z_\alpha(t)$ 依概率几乎完全在空间 $D(A^k)$ 中取值. 由于算子 A 为对角线算子过程, 与以上给定的布朗运动相关的算子 A 的协方差算子与算子 A 可交换, 故随机过程 $z_\alpha(t)$ 轨迹是连续的[11].

在一些特殊的情形下, 通常假设

$$\sum_{j=1}^{\infty} \frac{\sigma_j^2}{\lambda_j^{\frac{1}{2}}} < \infty,$$

则有 $z_\alpha \in C\left([t_0, T]; D(A^{\frac{1}{4}})\right)$, P-a.s..

附注 3.3.1　因为

$$|f|^4_{D(A^4)} = \left(\sum_{j=1}^{\infty} \lambda_j^{\frac{1}{2}} f_j^2\right)^2 = \sum_{i,j=1}^{\infty} \lambda_i^{\frac{1}{2}} \lambda_j^{\frac{1}{2}} f_i^2 f_j^2,$$

并且

$$\mathbf{E}(z_i(t))^2 = \int_{-\infty}^{t} \mathrm{e}^{-2(t-s)(\lambda_i+\alpha)} \sigma_i^2 \,\mathrm{d}s = \frac{\sigma_i^2}{2(\lambda_i+\alpha)} =: \rho_i,$$

$$\mathbf{E}(z_i(t))^4 = \int_{-\infty}^{+\infty} z^4 \frac{1}{\sqrt{2\pi\rho_i}} \mathrm{e}^{-\frac{z^2}{2\rho_i}} \,\mathrm{d}z = 3\left(\frac{\sigma_i^2}{2(\lambda_i+\alpha)}\right),$$

则

$$\begin{aligned}\mathbf{E}|z(t)|^4_{D(A^{\frac{1}{4}})} &= \sum_{i\neq j} \lambda_i^{\frac{1}{2}} \lambda_j^{\frac{1}{2}} \mathbf{E}(z_i(t))^2 \mathbf{E}(z_j(t))^2 + \sum_i \lambda_i \mathbf{E}(z_i(t))^4 \\ &\leqslant 3\left(\sum_{i=1}^{\infty} \frac{\lambda_i^{\frac{1}{2}} \sigma_i^2}{2(\lambda_i+\alpha)}\right).\end{aligned}$$

因而, 在如上假设条件下, 成立

$$\lim_{\alpha\to+\infty} \mathbf{E}|A^{\frac{1}{4}} z_\alpha(t)|^4 = 0.$$

在一些空间周期的情形, 通常考虑以下较弱的条件:

$$\sum_{j=1}^{\infty} \frac{\sigma_j^2}{\lambda_j} < \infty.$$

另一个较强的假设是

$$\text{存在 } \gamma_0>0, \text{ 使得 } \sum_{j=1}^{\infty}\frac{\sigma_j^2}{\lambda_j^{\frac{1}{2}-2\gamma_0}}<\infty.$$

在这种情形下, $w\in C\left([t_0,T];D(A^{-\frac{1}{4}+\gamma_0})\right)$, 并且 $z_\alpha\in C\left([t_0,T];D(A^{\frac{1}{4}+\gamma_0})\right)$.

另一方面, 如果 $\sigma_j\lambda_j^k=1$, 则

$$w(t)=\sum_{j=1}^{\infty}\sigma_j\lambda_j^k\beta_j(t)\frac{e_j}{\lambda_j^k}$$

为空间 $D(A^k)$ 中取值的柱布朗运动. 在这种情形下, 选取 $\sigma_j=\lambda_j^{-\frac{1}{4}-2\gamma_0}$, 即 $k=\dfrac{1}{4}+2\gamma$. 可知, $w(t)$ 为一在空间 $D(A^{\frac{1}{4}+2\gamma})$ 上取值的柱布朗运动.

为了实现对随机偏微分方程生成随机耗散动力系统研究的需要, 通常要求对应的辅助 Ornstein-Uhlenbeck 过程满足一定的条件. 如同许多学者已经研究过的一样, 一般而言, 对辅助 Ornstein-Uhlenbeck 过程的约束条件是通过对相应的 Wiener 过程的约束来实现. 这一部分首先给出对 Wiener 的一个约束条件, 接着通过常规流的构造, 定义在相应空间上的可测动力系统.

假设 3.3.1 给定 Hilbert 空间 $K\subset H\cap\mathbb{L}^4$, 使得对一些 $\delta\in\left(0,\dfrac{1}{2}\right)$,

$$A^{-\delta}:K\to H\cap\mathbb{L}^4 \text{ 为 } \gamma\text{-radonifying 算子}. \tag{3.3.3}$$

附注 3.3.2 条件 (3.3.3) 意味着 $A^{-\delta}:K\to H$ 为一 Hilbert-Schmidt 算子, 且

$$A^{-\delta}:K\to H\cap\mathbb{L}^4 \text{ 为 } \gamma\text{-radonifying 算子}.$$

(a) 注意到, 对任意 $s>0$, A^{-s} 为空间 $H\cap\mathbb{L}^4$ 中的有界算子. 因而, 当对一些数 δ_1, 条件 (3.3.3) 满足时, 它必然对任意 $\delta_2\geqslant\delta_1$ 也满足.

(b) 由文献 [8] 定理 2.3, 给定 $p\in(1,\infty)$. 假定 $(\mathcal{O}_i,\mathcal{F}_i,\nu_i)$, $i=1,2$ 为一 σ- 有限测度空间, 则有界线性算子 $K:L^2(\mathcal{O}_1)\to L^p(\mathcal{O}_2)$ 为 γ-radonifying 算子的充分必要条件是存在可测函数 $\kappa:\mathcal{O}_1\times\mathcal{O}_2\to\mathbb{R}$, 使得

$$\int_{\mathcal{O}_2}\left[\int_{\mathcal{O}_1}|\kappa(x_1,x_2)|^2\,\mathrm{d}\nu_1(x_1)\right]^{p/2}\mathrm{d}\nu_2(x_2)<\infty,$$

并且对任意 ν- 几乎所有 $x_2\in\mathcal{O}_2$,

$$(K(f))(x_2)=\int_{\mathcal{O}_1}\kappa(x_1,x_2)f(x_1)\mathrm{d}\nu_1(x_1),\quad f\in L^2(\mathcal{O}_1).$$

由此, 如果 $\mathcal{O}$ 为有界区域, 则 $A^{-s}: H \to \mathbb{L}^p(D)$ 为 γ-radonifying 算子的充分必要条件是

$$\int_D \left[\sum_j \lambda_j^{-2s} |e_j(x)|^2\right]^{p/2} \mathrm{d}x < \infty,$$

其中, e_j 为空间 H 的一正交基, 并且 $Ae_j = \lambda_j e_j$, $j \in \mathbb{N}$.

当 D 为 2- 维环面时, A^{-s} 为 γ-radonifying 算子的充要条件是 $s > \dfrac{1}{2}$. 换句话讲, 令 $K = D(A^s)$, 则嵌入 $K \hookrightarrow H \cap \mathbb{L}^4$ 为 γ-radonifying 算子的充要条件是 $s > \dfrac{1}{2}$. 从而在这种情形下, 对任何 $\delta > 0$, 假设 3.3.1 都成立.

事实上, 条件 (3.3.3) 成立的充分必要条件是算子 $A^{-(s+\delta)}: H \to H \cap \mathbb{L}^4$ 为 γ-radonifying 算子. 然而, 对一些有着更为复杂的几何结构的区域的情形, 上面所提到的假设及结论将更为精细[26].

(c) 由于希望相应的 Ornstein-Uhlenbeck 过程在空间 $H \cap \mathbb{L}^4$ 中, 因而在关于噪声的假设 3.3.1 中, 要求 $\delta < \dfrac{1}{2}$.

记 $X = H \cap \mathbb{L}^4$, 记 E 为集合 $A^{-\delta}(X)$ 关于相范数 $|x|_E = |A^{-\delta}x|_X$ 在空间 X 中的补集. 不难证明空间 E 为可分 Banach 空间. 对于 $\xi \in (0, 1/2)$, 令

$$C^{\xi}_{1/2}(\mathbb{R}, E) := \left\{\omega \in C(\mathbb{R}, E) : \omega(0) = 0,\ \sup_{t,s\in\mathbb{R}} \frac{|\omega(t) - \omega(s)|_E}{|t-s|^{\xi}(1+|t|+|s|)^{1/2}} < \infty\right\}.$$

容易证明, 空间 $C^{\xi}_{1/2}(\mathbb{R}, E)$ 在所定义的范数

$$\|\omega\|_{C^{\xi}_{1/2}(\mathbb{R},E)} = \sup_{t,s\in\mathbb{R}} \frac{|\omega(t) - \omega(s)|_E}{|t-s|^{\xi}(1+|t|+|s|)^{1/2}}$$

为不可分 Banach 空间.

然而, 空间 $\{\omega \in C_0^{\infty}(\mathbb{R}, E) : \omega(0) = 0\}$ 在空间 $C^{\xi}_{1/2}(\mathbb{R}, E)$ 中的闭包, 记作 $\Omega(\xi, E)$, 为可分 Banach 空间.

对 $\xi = 0$, 有类似的定义. 记 $C_{1/2}(\mathbb{R}, X)$ 为所有满足线性增长条件的连续函数构成的空间, 即对某些常数 $C = C(\omega) > 0$, 成立

$$|\omega(t)| \leqslant C(1 + |t|^{1/2}), \quad t \in \mathbb{R}. \tag{3.3.4}$$

空间 $C_{1/2}(\mathbb{R}, E)$ 及定义在其上的范数

$$\|\omega\|_{C_{1/2}(\mathbb{R},E)} = \sup_{t\in\mathbb{R}} \frac{|\omega(t)|_E}{1+|t|^{1/2}}$$

为可分 Banach 空间.

附注 3.3.3 记 $\mathcal{F}$ 为空间 $\Omega(\xi,E)$ 上的 Borel σ- 代数. 应用文献 [2] 中所提供的方法 (对一维空间的情形参阅文献 [16]), 对于 $\xi\in(0,1/2)$, 存在空间 $\Omega(\xi,E)$ 上的 Borel 概率测度 P, 满足由下式定义的经典的过程 w_t, $t\in\mathbb{R}$ 满足

$$w_t(\omega):=\omega(t),\quad \omega\in\Omega(\xi,E) \tag{3.3.5}$$

为一双向 Wiener 过程, 使得由定义在空间 E 上的高斯测度 $\mathcal{L}(w_1)$ 构成的再生核 Hilbert 空间 (或称为 Cameron-Martin 空间) 等于 K.

令 $t\in\mathbb{R}$, $\mathcal{F}_t:=\sigma\{w_s:s\leqslant t\}$. 由于对任意 $t\in\mathbb{R}$, 映射

$$z\circ i_t:E^*\to L^2(\Omega(\xi,E),\mathcal{F}_t,P),$$

其中, $i_t:\Omega(\xi,E)\ni\gamma\mapsto\gamma(t)\in E$, 满足条件

$$\mathbf{E}|z\circ i_t|^2=t|z|_K^2,$$

映射 $z\circ i_t$ 可被唯一地延拓到一有界线性映射

$$W_t:K\to L^2(\Omega(\xi,E),\mathcal{F}_t,P).$$

进一步, 映射族 $(W_t)_{t\in\mathbb{R}}$ 是一定义在筛选概率空间 $(\Omega(\xi,E),(\mathfrak{F}_t)_{t\in\mathbb{R}},P)$ 上的 H- 柱 Wiener 过程[7].

在空间 $C_{1/2}(\mathbb{R},X)$ 上定义流 $\vartheta=(\vartheta_t)_{t\in\mathbb{R}}$,

$$\vartheta_t\omega(\cdot)=\omega(\cdot+t)-\omega(t),\quad \omega\in\Omega,\ t\in\mathbb{R}.$$

流 $(\vartheta_t)_{t\in\mathbb{R}}$ 保持空间 $C^{\xi}_{1/2}(\mathbb{R},E)$ 与空间 $\Omega(\xi,E)$ 不变, 通常记 ϑ_t 为 ϑ_t 在上面两空间之一上的投影.

显然, 对任意 $t\in\mathbb{R}$, ϑ_t 保持 P 不变, 即对任意 $B\in\mathcal{F}$, $P(\vartheta_t^{-1}B)=P(B)$.

为了定义 Ornstein-Uhlenbeck 过程, 下一节将研究一些相关的分析基础理论作为准备.

这一节最后主要从分析的角度, 完成对后面将定义的辅助 Ornstein-Uhlenbeck 过程的存在性与一些正则性特性的准备.

命题 3.3.1 给定一定义在可分 Banach 空间 X 上的分析半群 $\{\mathrm{e}^{-tA}\}_{t\geqslant 0}$ 的生成子 A, 假定对一些正常数 $C>0$ 及 $\gamma>0$, 成立

$$\|A^{1+\delta}\mathrm{e}^{-tA}\|_{\mathcal{L}(X,X)}\leqslant Ct^{-1-\delta}\mathrm{e}^{-\gamma t},\quad t\geqslant 0. \tag{3.3.6}$$

对任意的 $\xi\in\left(\delta,\dfrac{1}{2}\right)$ 及 $\tilde{\omega}\in C^{\xi}_{1/2}(\mathbb{R},X)$, 定义

$$\hat{z}(t)=\hat{z}(\tilde{\omega})(t)=\int_{-\infty}^{t}A^{1+\delta}\mathrm{e}^{-(t-r)A}(\tilde{\omega}(t)-\tilde{\omega}(r))\,\mathrm{d}r,\quad t\in\mathbb{R}. \tag{3.3.7}$$

如果 $t \in \mathbb{R}$, 则 $\hat{z}(t)$ 为有定义的空间 X 中的元素, 并且映射

$$C^{\xi}_{1/2}(\mathbb{R}, X) \ni \tilde{\omega} \mapsto \hat{z}(t) \in X$$

连续.

进一步, 映射 $\hat{z}: C^{\xi}_{1/2}(\mathbb{R}, X) \to C_{1/2}(\mathbb{R}, X)$ 为有定义的线性、有界映射.

特别地, 存在常数 $C_2 < \infty$, 使得对任意 $\tilde{\omega} \in C^{\xi}_{1/2}(\mathbb{R}, X)$, 成立

$$|\hat{z}(\tilde{\omega})(t)| \leqslant C_2(1 + |t|^{1/2})\|\tilde{\omega}\|, \quad t \in \mathbb{R}. \tag{3.3.8}$$

附注 3.3.4 由于 $\Omega(\xi, X)$ 为空间 $C^{\xi}_{1/2}(\mathbb{R}, X)$ 的闭子空间, 当用空间 $C^{\xi}_{1/2}(\mathbb{R}, X)$ 替换空间 $\Omega(\xi, X)$ 时, 上述命题 3.3.1 依然成立.

证明 第 I 部分. 给定 $\tilde{\omega} \in C^{\xi}_{1/2}(\mathbb{R}, X)$, 及 $t \in \mathbb{R}$. 为证明 $\hat{z}(t)$ 在空间 X 中有定义, 需要证明

$$\int_{-\infty}^{t} |A^{1+\delta} \mathrm{e}^{-(t-r)A}(\tilde{\omega}(t) - \tilde{\omega}(r))| \,\mathrm{d}r < \infty.$$

由变量替换 $(s = t - r)$ 及 $\hat{z}(\tilde{\omega})(t)$ 的定义, 有

$$\int_{-\infty}^{t} |A^{1+\delta} \mathrm{e}^{-(t-r)A}(\tilde{\omega}(t) - \tilde{\omega}(r))| \,\mathrm{d}r = \int_{0}^{\infty} |A^{1+\delta} \mathrm{e}^{-sA}(\tilde{\omega}(t) - \tilde{\omega}(t-s))| \,\mathrm{d}s,$$

$$\hat{z}(\tilde{\omega})(t) = \int_{0}^{\infty} A^{1+\delta} \mathrm{e}^{-sA}(\tilde{\omega}(t) - \tilde{\omega}(t-s)) \,\mathrm{d}s. \tag{3.3.9}$$

由 (3.3.6) 可知

$$\int_{0}^{\infty} |A^{1+\delta} \mathrm{e}^{-sA}(\tilde{\omega}(t) - \tilde{\omega}(t-s))| \,\mathrm{d}s \leqslant C \int_{0}^{\infty} \frac{\mathrm{e}^{-\gamma s}}{s^{1+\delta}} |\tilde{\omega}(t) - \tilde{\omega}(t-s)| \,\mathrm{d}s, \tag{3.3.10}$$

又因为 $\tilde{\omega} \in C^{\xi}_{1/2}(\mathbb{R}, X)$,

$$\begin{aligned}
|\tilde{\omega}(t) - \tilde{\omega}(t-s)| &\leqslant |s|^{\xi}(1 + |t| + |t-s|)^{1/2} \sup_{t,s \in \mathbb{R}} \frac{|\tilde{\omega}(t) - \tilde{\omega}(t-s)|}{|s|^{\xi}(1 + |t| + |t-s|)^{1/2}} \\
&= \|\tilde{\omega}\|_{C^{\xi}_{1/2}(\mathbb{R},X)} |s|^{\xi}(1 + |t| + |t-s|)^{1/2} \\
&\leqslant \|\tilde{\omega}\|_{C^{\xi}_{1/2}(\mathbb{R},X)} |s|^{\xi}(1 + |2t|^{1/2} + |s|^{1/2}), \quad s, t \in \mathbb{R}.
\end{aligned} \tag{3.3.11}$$

因而, 给定 $C_1 = \displaystyle\int_{0}^{\infty} \frac{\mathrm{e}^{-\gamma s}}{s^{1+\delta-\xi}}(1 + s^{1/2}) \,\mathrm{d}s$ 及 $C_2 = \sqrt{2} \displaystyle\int_{0}^{\infty} \frac{\mathrm{e}^{-\gamma s}}{s^{1+\delta-\xi}} \,\mathrm{d}s$, 都有

$$\begin{aligned}
\int_{0}^{\infty} \frac{\mathrm{e}^{-\gamma s}}{s^{1+\delta}} |\tilde{\omega}(t) - \tilde{\omega}(t-s)| \,\mathrm{d}s &\leqslant \|\tilde{\omega}\|_{C^{\xi}_{1/2}(\mathbb{R},X)} \int_{0}^{\infty} \frac{\mathrm{e}^{-\gamma s}}{s^{1+\delta}} s^{\xi}(1 + |2t|^{1/2} + s^{1/2}) \,\mathrm{d}s \\
&\leqslant \|\tilde{\omega}\|_{C^{\xi}_{1/2}(\mathbb{R},X)} \left(C_1 + C_2|t|^{1/2}\right) < \infty.
\end{aligned} \tag{3.3.12}$$

所以, 由 (3.3.10), (3.3.12) 及 $\delta < \xi$ 可知, $1 + \delta - \xi < 1$, 推导得出 $\hat{z}(t)$ 在空间 X 中有定义.

进而, 当 $C = \max\{C_1, C_2\}$ 时, 证明了不等式 (3.3.8).

第 II 部分. 关于 t 的连续性. 对任意 $t, t_0 \in \mathbb{R}$, 都有

$$\begin{aligned}|\hat{z}(t) - \hat{z}(t_0)| &\leqslant \int_0^\infty |A^{1+\delta}\mathrm{e}^{-sA}(\tilde{\omega}(t) - \tilde{\omega}(t-s) - \tilde{\omega}(t_0) + \tilde{\omega}(t_0 - s))|\,\mathrm{d}s \\ &\leqslant C\int_0^\infty \frac{\mathrm{e}^{-\gamma s}}{s^{1+\delta}}|\tilde{\omega}(t) - \tilde{\omega}(t-s) - \tilde{\omega}(t_0) + \tilde{\omega}(t_0 - s)|\,\mathrm{d}s \\ &=: I(t, t_0). \end{aligned} \tag{3.3.13}$$

只需证明对固定 $t_0 \in \mathbb{R}$ 及序列 $(t_n)_{n\in\mathbb{N}}$ 满足 $t_n \to t_0$ 时, 都有

$$I(t_n, t_0) \to 0, \quad n \to \infty. \tag{3.3.14}$$

由于 $\tilde{\omega}$ 为 X- 值连续函数, 对任意 $s \in (0, \infty)$, 被积函数收敛到 0. 应用 Lebesgue 控制收敛定理, 为证明 (3.3.14), 只需找到可积函数 $g : [0, \infty) \to \mathbb{R}^+$ 满足对任意 $s > 0$, 及任意 $n \in \mathbb{N}$, 成立

$$\frac{\mathrm{e}^{-\gamma s}}{s^{1+\delta}}|\tilde{\omega}(t) - \tilde{\omega}(t-s) - \tilde{\omega}(t_0) + \tilde{\omega}(t_0 - s)| \leqslant g(s).$$

由 $t_n \to t_0$, 存在 $K > 0$ 使得对任意 $n \in \mathbb{N}$, 成立 $1 + 2|t_n| \leqslant K$.

因而, 由 (3.3.11), 对任意 $n \in \mathbb{N}$, 成立

$$|\tilde{\omega}(t_n) - \tilde{\omega}(t_n - s)|\,\mathrm{d}s \leqslant \|\tilde{\omega}\|_{C^{\xi}_{1/2}(\mathbb{R},X)}|s|^{\xi}(K^{1/2} + s^{1/2})\frac{\mathrm{e}^{-\gamma s}}{|s|^{1+\delta}}.$$

如果定义

$$g(s) = C\|\tilde{\omega}\|_{C^{\xi}_{1/2}(\mathbb{R},X)}s^{\xi}(K^{1/2} + s^{1/2})\frac{\mathrm{e}^{-\gamma s}}{|s|^{1+\delta}}, \quad s > 0,$$

则只需证明函数 g 的可积性.

这点可通过对以下结论的证明来实现.

$$\int_0^1 \frac{\mathrm{e}^{-\gamma s}}{s^{1+\delta-\xi}}(1 + s^{1/2})\,\mathrm{d}s < \infty \quad 且 \quad \int_1^\infty \frac{\mathrm{e}^{-\gamma s}}{s^{1+\delta-\xi}}(1 + s^{1/2})\,\mathrm{d}s < \infty.$$

分别由 $\delta < \xi$ 及 $\gamma > 0$, 完成了对上面两不等式的证明. 进而也完成了函数关于 t 的连续性的证明.

第 III 部分. 映射 $\hat{z}$. 由前面第 I、II 部分的证明, 得出对任意 $\tilde{\omega} \in C^{\xi}_{1/2}(\mathbb{R}, X)$, 函数 $\hat{z}(\tilde{\omega}) \in C_{1/2}(\mathbb{R}, X)$.

因而, 映射 $\hat{z} : C^{\xi}_{1/2}(\mathbb{R}, X) \to C_{1/2}(\mathbb{R}, X)$ 有定义.

显然, $\hat{z}$ 为线性映射.

由在第 I 部分证明的结尾处的观察可知, 不等式 (3.3.8) 成立, 因而 $\hat{z}$ 有界.

综上所述, 完成了对整个命题的证明. □

作为命题 3.3.1 一个直接结果, 有如下结论.

推论 3.3.1 在命题 3.3.1 中的假设条件下, 对任意 $t\in\mathbb{R}$ 及 $-\infty<a<b<\infty$,

$$C_{1/2}^{\xi}(\mathbb{R},X)\ni\tilde{\omega}\mapsto\hat{z}(\tilde{\omega})(t)\in X, \tag{3.3.15}$$

$$C_{1/2}^{\xi}(\mathbb{R},X)\ni\tilde{\omega}\mapsto\hat{z}(\tilde{\omega})\in L^4([a,b];X) \tag{3.3.16}$$

连续.

附注 3.3.5 在推论 3.3.1 中的第二部分中, 指数 4 不能被替换成任意 $q\in[1,\infty]$. 作为命题 3.3.1 的特例, 将空间 $C_{1/2}^{\xi}(\mathbb{R},X)$ 替换为空间 $\Omega(\xi,X)$ 时, 推论 3.3.1 同样成立.

定理 3.3.1 在命题 3.3.1 的题设条件下, 对任意 $\omega\in C_{1/2}^{\xi}(\mathbb{R},X)$, 成立

$$\hat{z}(\vartheta_s\omega)(t)=\hat{z}(\omega)(t+s),\quad t,s\in\mathbb{R}.$$

特别地, 对任意 $\omega\in\Omega$ 及任意 $t,s\in\mathbb{R}$, $\hat{z}(\vartheta_s\omega)(0)=\hat{z}(\omega)(s)$.

证明 由 $(\vartheta_s w)(r)=\omega(r+s)-\omega(s)$, $r\in\mathbb{R}$, 成立

$$\begin{aligned}\hat{z}(\vartheta_s\omega)(t)&=\int_{-\infty}^{t}A^{1+\delta}\mathrm{e}^{-(t-r)A}\left[\vartheta_s\omega(t)-\vartheta_s\omega(r)\right]\mathrm{d}r\\&=A^{1+\delta}\int_{-\infty}^{t}\mathrm{e}^{-(t-r)A}\left[\omega(t+s)-\omega(r+s)\right]\mathrm{d}r\\&=A^{1+\delta}\int_{-\infty}^{t+s}\mathrm{e}^{-(t+s-r')A}\left[\omega(t+s)-\omega(r')\right]\mathrm{d}r'=\hat{z}(\omega)(t+s).\end{aligned}$$ □

附注 3.3.6 对 $\zeta\in C_{1/2}(\mathbb{R},X)$, 令

$$(\tau_s\zeta)=\zeta(t+s),\quad t,s\in\mathbb{R},$$

则 τ_s 为一由空间 $C_{1/2}(\mathbb{R},X)$ 到它自身的映射.

进而, τ_s 为线性、有界映射, 并且映射族 $(\tau_s)_{s\in\mathbb{R}}$ 为定义在空间 $C_{1/2}(\mathbb{R},X)$ 上的有界线性算子的强连续群.

应用前面所介绍的记号, 定理 3.3.1 有如下形式.

推论 3.3.2 对 $s\in\mathbb{R}$, 成立

$$\tau_s\circ\hat{z}=\hat{z}\circ\vartheta_s.$$

即对任意 $s\in\mathbb{R}$ 及 $\omega\in C_{1/2}^{\xi}(\mathbb{R},X)$, 成立 $\tau_s(\hat{z}(\omega))=\hat{z}(\vartheta_s(\omega))$.

下面考虑线性演化 Stokes 算子的有关问题. 特别地, 给定可分 Hilbert 空间 H 及线性算子 A (Stokes 算子) 如同在 §3.2 所介绍的, 空间 X 及空间 E 如同在 §3.2 所定义的.

注意到, 在当前给出的定义框架下, 对任意 $\nu > 0$ 及 $\alpha \geqslant 0$,

$$(\nu A + \alpha I)^{\delta} : E \to X$$

及其导出映射

$$\Omega(\xi, E) \ni \omega \mapsto (\nu A + \alpha I)^{\delta}\omega \in \Omega(\xi, X)$$

均为有界线性映射.

给定实数 δ 满足假设 3.3.1 中条件, 并且假定 $\alpha \geqslant 0$, $\nu > 0$, $\xi \in (\delta, 1/2)$, 以及 $\omega \in C^{\xi}_{1/2}(\mathbb{R}, E)$ (因而也有 $(\nu A + \alpha I)^{-\delta}\omega \in C^{\xi}_{1/2}(\mathbb{R}, X)$), 定义

$$z_\alpha(\omega) := \hat{z}((\nu A + \alpha I)^{-\delta}\omega) \in C_{1/2}(\mathbb{R}, X),$$

即对任意 $t \geqslant 0$, 成立

$$\begin{aligned} z_\alpha(\omega)(t) :=& \int_{-\infty}^{t} (\nu A + \alpha I)^{1+\delta} \mathrm{e}^{-(t-r)(\nu A + \alpha I)} \\ & \cdot \left[(\nu A + \alpha I)^{-\delta}\omega(t) - (\nu A + \alpha I)^{-\delta}\omega(r)\right] \mathrm{d}r \qquad (3.3.17) \\ =& \int_{-\infty}^{t} (\nu A + \alpha I)^{1+\delta} \mathrm{e}^{-(t-r)(\nu A + \alpha I)}((\nu A + \alpha I)^{-\delta}\theta_r\omega)(t-r)\, \mathrm{d}r. \end{aligned}$$

应用分部积分公式, 不难证明当 $\omega \in C_0^{\infty}(\mathbb{R}, E)$ 且 $\omega(0) = 0$ 时, z_α 满足以下方程:

$$\frac{\mathrm{d}z_\alpha(t)}{\mathrm{d}t} + (\nu A + \alpha I)z_\alpha = \dot{\omega}(t), \quad t \in \mathbb{R}. \qquad (3.3.18)$$

因而, 由空间 $\Omega(\xi, E)$ 的定义, 有

推论 3.3.3 *如果 $\alpha, \beta \geqslant 0$, 则函数 z_α 与函数 z_β 的差 $z_\alpha - z_\beta$ 满足方程*

$$\frac{\mathrm{d}(z_\alpha - z_\beta)(t)}{\mathrm{d}t} + \nu A(z_\alpha - z_\beta)(t) = (-\alpha z_\alpha + \beta z_\beta)(t), \quad t \in \mathbb{R}. \qquad (3.3.19)$$

与前面 (3.3.5) 对 Wiener 过程 $w(t), t \in \mathbb{R}$ 的定义类似, 把公式 (3.3.17) 看作为空间 $(\Omega(\xi, E), \mathcal{F}, P)$ 中过程 $z_\alpha(t)$, $t \in \mathbb{R}$ 的定义. 由方程 (3.3.18) 可知, 过程 $z_\alpha(t)$ 为 Ornstein-Uhlenbeck 过程.

事实上, 有如下结论:

命题 3.3.2 *过程 $z_\alpha(t)$, $t \in \mathbb{R}$ 为稳定 Ornstein-Uhlenbeck 过程, 且为以下方程*

$$\mathrm{d}z_\alpha(t) + (\nu A + \alpha I)z_\alpha\, \mathrm{d}t = \mathrm{d}w(t), \quad t \in \mathbb{R}$$

的解, 即对意 $t \in \mathbb{R}$,

$$z_\alpha(t) = \int_{-\infty}^{t} \mathrm{e}^{-(t-s)(\nu A+\alpha I)}\,\mathrm{d}w(s), \quad P\text{-a.s.}, \tag{3.3.20}$$

其中, 上述积分为在 M- 型 2 Banach 空间上 X 上的 Itô 随机积分.

特别地, 存在 $C = C(X)$, 使得

$$\begin{aligned}\mathbf{E}|z_\alpha(t)|_X^2 &= \mathbf{E}\left|\int_{-\infty}^{t} \mathrm{e}^{(\nu A+\alpha I)(s-t)}\,\mathrm{d}w(s)\right|_X^2 \leqslant C\int_{-\infty}^{t} \|\mathrm{e}^{(\nu A+\alpha)(s-t)}\|_{R(K,X)}^2\,\mathrm{d}s \\ &= C\int_0^\infty \mathrm{e}^{-2\alpha s}\|\mathrm{e}^{-\nu s A}\|_{R(K,X)}^2\,\mathrm{d}s. \end{aligned}\tag{3.3.21}$$

进而,

$$\lim_{\alpha\to+\infty} \mathbf{E}|z_\alpha(t)|_X^2 = 0. \tag{3.3.22}$$

证明 过程 z_α 的稳定性可通过定理 3.3.1 的如下形式加以保证:

$$z_\alpha(\vartheta_s\omega)(t) = z_\alpha(\omega)(t+s), \quad \omega \in C_{1/2}^{\xi}(\mathbb{R}, X), \quad t, s \in \mathbb{R}.$$

通过有限维估计, 等式 (3.3.20) 成立. 应用文献 [3] 中结论, 不等式 (3.3.21) 成立.

最后, 由 (3.3.21), 并应用 Lebesgue 控制收敛定理, 有 (3.3.22) 成立. □

附注 3.3.7 由 $\mathrm{e}^{-sA} = A^\delta\,\mathrm{e}^{-sA}A^{-\delta}$, 可知[18]

$$\|\mathrm{e}^{-sA}\|_{R(K,X)} \leqslant |A^\delta\,\mathrm{e}^{-sA}|_{\mathcal{L}(X,X)}\|A^{-\delta}\|_{R(K,X)}.$$

由于对一些 $C, \gamma > 0$ 及任意 $s > 0$, 成立

$$|A^\delta\,\mathrm{e}^{-sA}|_{\mathcal{L}(X,X)} \leqslant Cs^{-\delta}\mathrm{e}^{-\gamma s},$$

可知当假设 3.3.1 条件满足时, 对任意 $\delta < \dfrac{1}{2}$,

$$\int_0^\infty \mathrm{e}^{-2\alpha s}\|\mathrm{e}^{-\nu s A}\|_{R(K,X)}^2\,\mathrm{d}s < \infty.$$

另外也注意, 因为 $z_\alpha(t)$ 为高斯随机变量, 所以对任意 $p \geqslant 2$, 存在常数 $C_p > 0$, 使得

$$\mathbf{E}|z_\alpha(t)|_X^p \leqslant C_p\left(\mathbf{E}|z_\alpha(t)|_X^2\right)^{p/2}.$$

附注 3.3.8 以上关于 Ornstein-Uhlenbeck 过程的定义是受文献 [14] 启发所获得的, 类似的工作也参见 Keller, Schmalfuss 等未发表的工作文献 [19].

由命题 3.3.2, $z_\alpha(t)$, $t\in\mathbb{R}$ 为一稳定遍历 X- 值过程, 由强大数定理, 类似讨论参见文献 [12],

$$\lim_{k\to\infty}\frac{1}{k}\int_{-k}^{0}|z_\alpha(s)|_X^2\,\mathrm{d}s=\mathbf{E}|z_\alpha(0)|_X^2,\quad \text{a.s..}\tag{3.3.23}$$

记 $\Omega_\alpha(\xi,E)$ 为所有满足等式 (3.3.23) 的集合 $\omega\in\Omega(\xi,E)$ 构成的集合. 如上所述, 集合 $\Omega_\alpha(\xi,E)$ 为满测集. 记一步, 由推论 3.3.2 可知, 该集合在所定义的流 ϑ 下不变, 即对任意 $\alpha\geqslant 0$, 及任意 $t\in\mathbb{R}$,

$$\vartheta_t(\Omega_\alpha(\xi,E))\subset\Omega_\alpha(\xi,E).$$

因而, 对集合

$$\hat{\Omega}(\xi,E)=\bigcap_{n=0}^{\infty}\Omega_n(\xi,E),$$

同样的结论成立.

综上所述, 作为一可测动力系统的模型, 可选取四元数对为

$$(\Omega(\xi,E),\mathcal{F},P,\vartheta)\quad 或\quad \left(\hat{\Omega}(\xi,E),\hat{\mathcal{F}},\hat{P},\hat{\vartheta}\right),$$

其中, $\hat{\mathcal{F}}$, $\hat{P}$ 及 $\hat{\vartheta}$ 分别为 $\mathcal{F}$, P 及 ϑ 在空间 $\hat{\Omega}(\xi,E)$ 上的自然投影.

作为本节的小结, 有如下结论:

命题 3.3.3 四元数对 $(\Omega(\xi,E),\mathcal{F},P,\vartheta)$ 及 $(\hat{\Omega}(\xi,E),\hat{\mathcal{F}},\hat{P},\hat{\vartheta})$ 都为可测动力系统. 对任意 $\omega\in\hat{\Omega}(\xi,E)$, (3.3.23) 中极限存在, 并且

$$\int_{\hat{\Omega}(\xi,E)}|z_n(\omega)(0)|^2\,\mathrm{d}\hat{P}(\omega)\to 0,\quad n\to\infty.$$

§3.4 随机 Navier-Stokes 方程解的存在性与唯一性

为了开展对一类由加白噪声的 Navier-Stokes 方程刻画的随机耗散动力系统研究的需要, 在这一部分, 我们将首先研究对应方程的存在性、唯一性与正则性, 主要局限于 $z\in L^4_{\mathrm{loc}}([0,\infty);\mathbb{L}^4(D))\cap L^2_{\mathrm{loc}}([0,\infty);V')$ 为确定函数时, 问题 (3.2.17) 结合初始条件 $v_0\in H$ 的解的研究. 其中有关随机 Ornstein-Uhlenbeck 过程 $z(t),t\in\mathbb{R}$ 假设, 将通过对白噪声模型的假定与构造加以实现. 在文献 [4], [24] 等的启发下, 我们有如下定义:

定义 3.4.1 假定成立 $z\in L^4_{\mathrm{loc}}([0,\infty);\mathbb{L}^4(D))\cap L^4_{\mathrm{loc}}([0,\infty);V)$, $f\in V'$ 及 $v_0\in H$. 函数 $v\in C([0,\infty);H)\cap L^2_{\mathrm{loc}}([0,\infty);V')\cap L^4_{\mathrm{loc}}([0,\infty);\mathbb{L}^4(D))$ 被称为问题 (3.2.17) 的解, 当且仅当满足 $v(0)=v_0$, 并且在弱导数意义下, (3.2.17) 成立, 也即对任意 $\phi\in V$, 成立

$$\frac{\mathrm{d}}{\mathrm{d}t}(v(t),\phi)=-\nu(v(t),A\phi)-b(v(t)+z(t),\phi,v(t)+z(t))+(\alpha z(t)+f,\phi).\tag{3.4.1}$$

定理 3.4.1 假定 $\alpha \geqslant 0$, $z \in L^4_{\text{loc}}([0,\infty);\mathbb{L}^4(D)) \cap L^2_{\text{loc}}([0,\infty);V')$, $v_0 \in H$ 及 $f \in V'$,

(i) 问题 (3.2.17) 存在如定义 3.4.1 给出的唯一解 v;

(ii) 如果另外已知 $v_0 \in V$, $f \in H$ 及 $z \in C(\mathbb{R};V) \cap L^2_{\text{loc}}(\mathbb{R};D(A))$, 则

$$v \in C([0,\infty);V) \cap L^2_{\text{loc}}([0,\infty);D(A)).$$

附注 3.4.1 定理 3.4.1 的证明较长, 在此只是给出其证明要点, 有关证明细节建议参考文献 [30] 与 [31] 分别对应定理的第一与第二部分的证明.

对问题 (3.2.17) 的解的存在与唯一性的证明, 有各种不同的方法.

例如, 可以借鉴文献 [4] 的方法, 首先证明在较为正则性初始条件与外力下, 局部解的存在性. 然后, 再证明在相同正则性条件下全局解的存在性. 最后, 通过在某些适当的弱范数 (弱拓扑) 下先验不等式的建立, 结合前面已经证明的正则初始条件与外力条件下的全局解的极限, 证明在一般初始条件与外力条件下解的存在性.

另一方法, 借鉴文献 [12] 与 [13]. 首先, 证明在空间 $L^4([0,T];\mathbb{L}^4(\mathcal{O}))$ 中问题 (3.2.17) 的局部极大解的存在性与唯一性. 然后, 证明该解的全局性结论与正则性结论.

分析可知, 以上两种方法, 都不依赖于常规的空间嵌入紧的讨论, 而更多地决定于经典的 Banach 不动点定理, 因而都能较好地适用于无界和有界两种不同区域的情形.

在此将给出另外一种不同的证明策略. 这种方法将更为复杂, 但却能有效地为后文中证明系统的渐近紧性与耗散性所必须的随机动力系统的弱连续性提供有效的帮助[30].

定理 3.4.1 的证明 固定 $T > 0$. 只需在区间 $[0,T]$ 上证明我们的结论.

解的存在性. 由 $z \in L^4_{\text{loc}}([0,\infty);\mathbb{L}^4(D)) \cap L^2_{\text{loc}}([0,\infty);V')$, 应用引理 3.2.1, 成立 $F \in L^2([0,T];V')$, 其中 $F(t) = B(z(t)) + \alpha z(t) + f$, $t \geqslant 0$.

其次, 因为 V 为可分 Hilbert 空间, $\mathcal{V}$ 在空间 V 中稠密, V 在空间 H 中稠密, 存在为空间 H 的正交基的空间 $\mathcal{V}$ 中自由与完全序列 $\{w_j\}_{j\in\mathbb{N}}$. 记 $H_m = \text{span}\{w_1, w_2, \cdots, w_m\}$ 与 $V_m = \text{span}\{w_1, w_2, \cdots, w_m\}$, H_m 与 V_m 分别继承了空间 H 与空间 V 的范数. 同时记 P_m 为由空间 H 到空间 H_m 上的正交投影.

考虑以下的在有限维空间 H_m 中, 对问题 (3.2.17) 的渐近估计方程:

$$\begin{cases} \dfrac{\mathrm{d}v_m}{\mathrm{d}t} = P_m\Big[-\nu A v_m - B(v_m) - B(v_m, z) - B(z, v_m) + F\Big], \\ v_m(0) = P_m v(0). \end{cases} \tag{3.4.2}$$

记 $j_m : H_m \hookrightarrow H$ 维对应空间的自然嵌入, $A_m := P_m A J_m$, $B_m = P_m B(j_m, j_m)$, 对 $t \in [0,T]$, $D_m(t) = P_m B(j_m, z(t))$, $E_m(t) = P_m B(z(t), j_m)$, $F_m(t) = P_m F(t)$.

不难证明, A_m, 相应地 B_m 为空间 H_m 连续线性映射, 相应地双线性映射. 进而, 对 $t \in [0,T]$, $D_m(t)$ 与 $E_m(t)$ 为空间 H_m 中有界线性映射, 同时可证明存在一致常数 $C>0$(不依赖于 m), 成立

$$|D_m(t)|_{\mathcal{L}(H_m,H_m)} \leqslant C|z(t)|_{\mathbb{L}^4}, \quad |E_m(t)|_{\mathcal{L}(H_m,H_m)} \leqslant C|z(t)|_{\mathbb{L}^4}, \quad t\in[0,T].$$

记 $G_m(t,x) = -\nu A_m x - B_m(x) + D_m(t)(x) + E_m(t)(x) + F_m(t)$, $x \in H_m$, $t \in [0,T]$, 并且 $x_0 = P_m v(0)$, 从而问题 (3.4.2) 简化为如下情形:

$$\begin{cases} \dfrac{\mathrm{d}x}{\mathrm{d}t} = G(t,x(t)), & t \geqslant 0, \\ x(0) = x_0. \end{cases} \tag{3.4.3}$$

由前面分析可见映射 $G(t,\cdot)$ 为局部 Lipschitz 映射, 即对任意 $R>0$, 存在正函数 $C=C_R \in L^1(0,T)$, 使得对任意 $t\in[0,T]$ 及 $|x|,|y| \leqslant R$,

$$|G(t,x)-G(t,y)| \leqslant C_R(t)|x-y|.$$

因而, 由 Banach 空间上常微分方程解的局部存在性及唯一性定理[9], 存在 $T_m \in (0,T]$ 及为上述问题的唯一局部极大值解的函数 $x:[0,T_m) \to H_m$.

特别地, 当 $T_m < T$ 时, 成立 $\limsup\limits_{t\nearrow T_m} |v_m(t)| = \infty$.

因而, 为了证明 $T_m = T$, 只需证明 $\limsup\limits_{t\nearrow T_m} |v_m(t)| < \infty$. 而这是我们将证明的一个先验估计的直接结果.

基于这种考虑我们将需要应用如下引理:

引理 3.4.1 [24]引理 III.1.2 假定 $V \subset H \cong V' \subset V'$ 为一 Gelfand Hilbert 空间三元组. 如果空间 $L^2([0,T];V)$ 中函数 u 的弱导数在空间 $L^2([0,T];V')$ 中, 则 u 几乎处处属于空间 $C([0,T];H)$, 同时实值函数 $|u|^2$ 绝对连续, 并且在弱拓扑意义下成立

$$\frac{\mathrm{d}}{\mathrm{d}t}|u(t)|^2 = 2\left\langle \frac{\mathrm{d}}{\mathrm{d}t}u(t), u(t)\right\rangle, \quad t\in(0,T), \tag{3.4.4}$$

其中 $\langle\cdot,\cdot\rangle$ 为空间 V' 与空间 V 之间的对偶.

由 (3.2.9), 成立

$$(-\nu A_m v_m, v_m) = -\nu(P_m A v_m, v_m) = -\nu(A v_m, v_m) = -\nu\|v_m\|^2,$$

由 (3.2.10), 成立

$$(B_m v_m, v_m) = (P_m B(v_m), v_m) = (B(v_m), v_m) = 0, \quad (E_m(t)v_m, v_m) = 0.$$

在三元组 V_m, H_m, V_m' 上 应用引理 3.4.1, 考虑方程 (3.4.3), 成立

$$\frac{1}{2}\frac{\mathrm{d}}{\mathrm{d}t}|v_m(t)|^2 = -\nu\|v_m(t)\| - b(v_m(t), v_m(t), z(t)) + \langle F(t), v_m(t)\rangle, \quad t \in [0, T_m).$$

结合 (3.2.11) 与 (3.2.14), 应用 (3.2.12), (3.2.13) 及 Young 不等式, 成立

$$\frac{\mathrm{d}}{\mathrm{d}t}|v_m(t)|^2 + \nu\|v_m(t)\|^2 \leqslant \frac{C}{\nu}|z(t)|^4_{\mathbb{L}^4(D)}|v_m(t)|^2 + \frac{2}{\nu}|F(t)|^2_{V'}, \quad t \in [0, T_m). \tag{3.4.5}$$

记 $\Psi_T(z) = \mathrm{e}^{\int_0^T \frac{C}{\nu}|z(\tau)|^4_{\mathbb{L}^4(D)}\mathrm{d}\tau}$, $C_F = \frac{2}{\nu}\int_0^T |F(s)|^2_{V'}\mathrm{d}s$, 则 $\Psi_T(z) < \infty$, $C_F < \infty$.

应用 Gronwall 不等式, 成立

$$\begin{aligned}|v_m(t)|^2 &\leqslant |v_m(0)|^2\mathrm{e}^{\int_0^t \frac{C}{\nu}|z(\tau)|^4_{\mathbb{L}^4(D)}\mathrm{d}\tau} + \int_0^t \frac{2}{\nu}|F(s)|^2_{V'}\mathrm{e}^{-\int_t^s \frac{C}{\nu}|z(\tau)|^4_{\mathbb{L}^4(D)}\mathrm{d}\tau}\,\mathrm{d}s \\ &\leqslant \Psi_T(z)|v_m(0)|^2 + C_F \leqslant \Psi_T(z)|v(0)|^2 + C_F < \infty, \quad t \in [0, T_m).\end{aligned}$$

因而,

$$\sup_{t\in[0,T_m)} |v_m(t)|^2 \leqslant \Psi_T(z)|v(0)|^2 + C_F, \tag{3.4.6}$$

以上结果一方面证明了 $T_m = T$, 而另一方面也有

$$\text{序列 } \{v_m\} \text{ 在空间 } L^\infty([0,T];H) \text{ 中有界.} \tag{3.4.7}$$

为了证明另一先验估计, 对 (3.4.5) 从 0 到 T 积分, 并应用 (3.4.6), 则成立

$$\begin{aligned}&|v_m(T)|^2 + \nu\int_0^T \|v_m(t)\|^2\,\mathrm{d}t \\ \leqslant& \frac{C}{\nu}\int_0^T |z(t)|^4_{\mathbb{L}^4(D)}|v_m(t)|^2\,\mathrm{d}t + \frac{2}{\nu}\int_0^T |F(t)|^2_{V'}\,\mathrm{d}t + |v_m(0)|^2 \\ \leqslant& \frac{C}{\nu}(\Psi_T(z)|v(0)|^2 + C_F)\int_0^T |z(t)|^4_{\mathbb{L}^4(D)}\,\mathrm{d}t + \frac{2}{\nu}\int_0^T |F(t)|^2_{V'}\,\mathrm{d}t + |v(0)|^2.\end{aligned}$$

由上面最后一个不等式, 有如下结果:

$$\text{序列 } \{v_m\} \text{ 在空间 } L^2([0,T];V) \text{ 中有界.} \tag{3.4.8}$$

值得指出, (3.4.7) 与 (3.4.8) 足以导出序列 $\{v_m\}$ 的收敛子序列的存在性. 然而, 为了同时证明该收敛子序列的极限 v 为所研究问题的解, 单纯在已经证明的弱拓扑意义下收敛是不够的, 还必须证明该收敛性在强拓扑意义下也成立.

如同在文献中可以发现的, 对经典 Navier-Stokes 方程的求解的许多其他情形一样, 这点可以通过许多不同的方法加以实现. 而分数导数方法尤其适用于对所研究的无界区域的情形, 现介绍如下[24]III.2.

由 (3.4.2) 及 (3.2.13), 可见

$$\text{序列 } \{v'_m\} \text{ 在空间 } L^2([0,T];V') \text{ 中有界.} \tag{3.4.9}$$

由 (3.2.13), (3.2.12) 及关于 z 的假设条件,

$$\begin{aligned}\int_0^T |D_m(t)v_m(t)|_{V'}^2\,\mathrm{d}t &\leqslant \int_0^T |v_m(t)|_{\mathbb{L}^4}|z(t)|_{\mathbb{L}^4}\,\mathrm{d}t\\ &\leqslant |v_m|_{L^\infty([0,T];H)}\left(\int_0^T |\nabla v_m(t)|^2\,\mathrm{d}t\right)^{1/2}\\ &\quad\times\left(\int_0^T |z(t)|_{\mathbb{L}^4}^4\,\mathrm{d}t\right)^{1/2}.\end{aligned}\tag{3.4.10}$$

进而, 由 (3.4.7) 及 (3.4.8), $\sup\limits_{m\in\mathbb{N}}\int_0^T |D_m(t)v_m(t)|_{V'}^2\,\mathrm{d}t<\infty$.

记所有 $v\in L^2(\mathbb{R};V)$, 且其 Fourier 变换 $\hat{v}$ 满足条件

$$\int_{\mathbb{R}} |(i\tau)^\gamma \hat{v}(\tau)|_H^2\,\mathrm{d}\tau<\infty$$

的所有函数构成的 Hilbert 空间为 $\mathcal{H}^{\gamma,2}(\mathbb{R};V,H)$[24],[21].

令 $\tilde{v}_m=1_{(0,T)}v_m$, 则由 (3.4.8) 及 (3.4.9), 对任意 $\gamma\leqslant 1/2$[21], 成立

$$\text{序列 } \{\tilde{v}_m(\cdot)\} \text{ 在空间 } \mathcal{H}^{\gamma,2}(\mathbb{R};V,H) \text{ 中有界.} \tag{3.4.11}$$

由 (3.4.7), (3.4.8), 不失一般性, 假设存在 $v\in L^2([0,T];V)\cap L^\infty([0,T];H)$, 使得

$$\begin{cases} v_m\to v, & \text{在 } L^2([0,T];V) \text{ 中弱收敛,}\\ v_m\to v, & \text{在 } L^\infty([0,T];H) \text{ 中弱 } * \text{ 收敛.}\end{cases}\tag{3.4.12}$$

由于对任意 $R>0$, 集合 $D_R=B(0,R)\cap D$ 有界, $\mathbb{H}^{1,2}(D_R)\hookrightarrow\mathbb{L}^2(D_R)$ 为紧嵌入, 又因为 (3.4.11), 故成立

$$\tilde{v}_m(\cdot)|_{D_R} \text{ 在空间 } \mathcal{H}^{\gamma,2}(0,T;\mathbb{H}^{1,2}(D_R),\mathbb{L}^2(D_R)) \text{ 中有界.} \tag{3.4.13}$$

同时, 由紧嵌入定理, 嵌入 $\mathcal{H}^{\gamma,2}(0,T;\mathbb{H}^1(D_R),\mathbb{L}^2(D_R))\hookrightarrow L^2([0,T];\mathbb{L}^2(D_R))$ 为紧嵌入. 由 (3.4.13), 对任意 $R>0$, 存在序列 $\{v_m\}$ 的子序列 (为简便记, 仍采用相同的符号来表示), 使得

$$v_m|_{D_R}\to v|_{D_R}, \quad \text{在 } L^2([0,T];\mathbb{L}^2(D_R)) \text{ 中强收敛.}$$

通过标准的对角线过程来考虑 $R=1,2,\cdots$, 可找出序列 $\{v_m\}$ 的一子序列 (仍然记作 $\{v_m\}$),

$$v_m \to v, \quad 在\ L^2([0,T];\mathbb{L}^2_{\rm loc}(D))\ 中强收敛. \tag{3.4.14}$$

只需证明 $v\in C([0,T];H)$, 并且 v 为问题 (3.2.17) 的解.

为证明后者, 选取连续可微函数 $\psi:[0,T]\to\mathbb{R}$, 使得 $\psi(T)=0$. 对 $n\in\mathbb{N}$, 选取 $\phi\in H_n$. 则对 (3.4.3) 与函数 $\psi(\cdot)\phi$ 在空间 H 中按内积相乘, 并分部积分,

$$\begin{aligned}-\int_0^T(v_m(t),\psi'(t)\phi)\,\mathrm{d}t=&-\nu\int_0^T(A_mv_m(t),\psi(t)\phi)\,\mathrm{d}t+\int_0^T(B_m(v_m(t)),\psi(t)\phi)\,\mathrm{d}t\\&+\int_0^T(D_m(t)v_m(t),\psi(t)\phi)\,\mathrm{d}t+\int_0^T(E_m(t)v_m(t),\psi(t)\phi)\,\mathrm{d}t\\&+\int_0^T\langle F_m(t),\psi(t)\phi\rangle\,\mathrm{d}t+(v_m(0),\psi(0)\phi).\end{aligned} \tag{3.4.15}$$

我们的目的是当 $m\to+\infty$ 时, 对 (3.4.15) 取极限. 由函数 ϕ 的选取, 存在 $R\in\mathbb{N}$, 使得 $\operatorname{supp}\phi\subset B(0,R)\cap D=D_R$.

由 (3.4.14), 成立

$$v_m|_{D_R}\to v|_{D_R}, \quad 在 \quad L^2([0,T];\mathbb{L}^2(D_R))\ 中强收敛. \tag{3.4.16}$$

因为 $\psi(\cdot)\phi\in L^2([0,T];\mathbb{L}^2(D_R))$, 且

$$(v_m(t)-v(t),\psi'(t)(t)\phi)=(v_m(t)-v(t),\psi'(t)\phi)_{\mathbb{L}^2(D_R)},$$

结合 (3.4.16), 应用 Cauchy-Schwarz 不等式,

$$\int_0^T(v_m(t)-v(t),\psi'(t)\phi)\,\mathrm{d}t\to 0.$$

故 (3.4.15) 的左边收敛到 $-\displaystyle\int_0^T(v(t),\psi'(t)\phi)\,\mathrm{d}t$.

接下来, 令 $m\geqslant n$, 因而 $H_n\subset H_m$, 且 $P_m\phi=\phi$.

为了估计 (3.4.15) 的右边的第一项, 观察发现

$$\begin{aligned}\int_0^T(A_mv_m(t),\psi(t)\phi)\,\mathrm{d}t&=\int_0^T(P_mAv_m(t),\psi(t)\phi)\,\mathrm{d}t=\int_0^T(Av_m(t),\psi(t)P_m\phi)\,\mathrm{d}t\\&=\int_0^T(Av_m(t),\psi(t)\phi)\,\mathrm{d}t=\int_0^T((v_m(t),\psi(t)\phi))\,\mathrm{d}t,\end{aligned}$$

由于 $\psi(\cdot)\phi\in L^2([0,T];V)$, 所以由 (3.4.12), 当 $m\to+\infty$,

$$\begin{aligned}&\int_0^T(A_mv_m(t),\psi(t)\phi)\,\mathrm{d}t-\int_0^T((v(t),\psi(t)\phi))\,\mathrm{d}t\\&=\int_0^T((v_m(t)-v(t),\psi(t)\phi))\,\mathrm{d}t\to 0.\end{aligned}$$

而对 (3.4.15) 的右边的第三项, 由

$$\begin{aligned}\int_0^T (D_m(t)v_m(t),\psi(t)\phi)\,\mathrm{d}t &= \int_0^T (P_mB(v_m(t),z(t)),\psi(t)\phi)\,\mathrm{d}t\\ &= \int_0^T b(v_m(t),z(t),\psi(t)P_m\phi)\,\mathrm{d}t\\ &= \int_0^T b(v_m(t),z(t),\psi(t)\phi)\,\mathrm{d}t,\end{aligned}$$

通过如同对 (3.4.10) 的估计一样, 也有

$$\begin{aligned}&\left|\int_0^T (D_m(t)v_m(t),\psi(t)\phi)\,\mathrm{d}t - \int_0^T b(v(t),z(t),\psi(t)\phi)\,\mathrm{d}t\right|\\ =&\left|\int_0^T b(v_m(t)-v(t),z(t),\psi(t)\phi)\,\mathrm{d}t\right|\int_0^T |v_m(t)-v(t)|_{\mathbb{L}^4}|z(t)|_{\mathbb{L}^4}|\nabla\psi(t)\phi|_{\mathbb{L}^2}\,\mathrm{d}t\\ \leqslant& C|v_m-v|^{1/2}_{L^\infty([0,T];H)}|v_m(t)-v(t)|^{1/2}_{L^2([0,T];V)}\to 0.\end{aligned}$$

同样, 可以证得 $\int_0^T (E_m(t)v_m(t),\psi(t)\phi)\,\mathrm{d}t - \int_0^T b(z(t),v(t),\psi(t)\phi)\,\mathrm{d}t \to 0.$

而对于 (3.4.15) 的右边的第五项, 有 $\int_0^T \langle F_m(t),\psi(t)\phi\rangle\,\mathrm{d}t = \int_0^T \langle F(t),\psi(t)\phi\rangle\,\mathrm{d}t.$

为了估计 (3.4.15) 的右边的第二项, 即非线性项, 需要如下引理, 对该引理得证明可以参见文献 [24] 中引理 III.3.2.

引理 3.4.2 假定 D_1 为 D 的有界子集, $u:[0,T]\times D\to\mathbb{R}^2$ 为 C^1- 类函数满足对任意 $t\in[0,T]$, 成立 $\operatorname{supp}u(t,\cdot)\subset D_1$, 并且

$$\sup_{i,j}\ \sup_{(t,x)\in[0,T]\times D_1}|D_iu^j(t,x)| = C<\infty.$$

假定 $v_m\to v$ 分别在空间 $L^2([0,T];V)$ 中弱收敛与在空间 $L^2([0,T];\mathbb{L}^2(D_1))$ 中强收敛. 则

$$\int_0^T b(v_m(t),v_m(t),u(t))\,\mathrm{d}t \to \int_0^T b(v(t),v(t),u(t))\,\mathrm{d}t.$$

接下来, 将对以上引理作如下的推广.

推论 3.4.1 如果 $\{v_m\}_m$ 在空间 $L^\infty([0,T];H)$ 中有界, $v\in L^\infty([0,T];H)$, 且 $v_m\to v$ 在空间 $L^2([0,T];V)$ 中弱收敛, 在空间 $L^2([0,T];\mathbb{L}^2_{\mathrm{loc}}(D))$ 中强收敛, 则对于任意 $w\in L^4([0,T];\mathbb{L}^4(D))$, 成立

$$\int_0^T b(v_m(t),v_m(t),w(t))\,\mathrm{d}t \to \int_0^T b(v(t),v(t),w(t))\,\mathrm{d}t.$$

证明　由题设条件, 存在常数 $C>0$, 使得

$$\sup_{0\leqslant t\leqslant T}|v_m(t)|+\sup_{0\leqslant t\leqslant T}|v(t)|^{\frac{1}{2}}\left(\int_0^T\|v_m(t)\|^2\,\mathrm{d}t\right)^{\frac{3}{4}}+\left(\int_0^T\|v(t)\|^2\,\mathrm{d}t\right)^{\frac{3}{4}}\leqslant C.$$

选取 $\varepsilon>0$. 由 $w\in L^4([0,T];\mathbb{L}^4(D))$, 通过标准的正规化方法, 存在函数 u 满足引理 3.4.2 的题设条件, 并且 $\left(\int_0^T|w(s)-u(s)|_{\mathbb{L}^4}^4\mathrm{d}s\right)^{\frac{1}{4}}<\dfrac{\varepsilon}{3C^2}$.

因而, 应用引理 3.4.2, 存在 $M_\varepsilon\in\mathbb{N}$, 使得对任意 $m\geqslant M_\varepsilon$, 成立

$$\left|\int_0^T b(v_m(t),v_m(t),u(t))\,\mathrm{d}t-\int_0^T b(v(t),v(t),u(t))\,\mathrm{d}t\right|<\frac{\varepsilon}{3}.$$

再由不等式 (3.2.13) 及 (3.2.12), 对任意 $m>M_\varepsilon$, 成立

$$\begin{aligned}
&\left|\int_0^T b(v_m(t),v_m(t),w(t))\,\mathrm{d}t-\int_0^T b(v(t),v(t),w(t))\,\mathrm{d}t\right|\\
=&\left|\int_0^T b(v_m(t),v_m(t),w(t)-u(t))\,\mathrm{d}t+\int_0^T b(v_m(t),v_m(t),u(t))\,\mathrm{d}t\right.\\
&\left.-\int_0^T b(v(t),v(t),w(t)-u(t))\,\mathrm{d}t-\int_0^T b(v(t),v(t),u(t))\,\mathrm{d}t\right|\\
\leqslant&\left|\int_0^T b(v_m(t),v_m(t),w(t)-u(t))\,\mathrm{d}t\right|+\left|\int_0^T b(v(t),v(t),w(t)-u(t))\,\mathrm{d}t\right|\\
&+\left|\int_0^T b(v_m(t),v_m(t),u(t))\,\mathrm{d}t-\int_0^T b(v(t),v(t),u(t))\,\mathrm{d}t\right|\\
\leqslant&\frac{\varepsilon}{3}+\int_0^T|v_m(t)|^{\frac{1}{2}}\|v_m(t)\|^{\frac{3}{2}}|w(t)-u(t)|_{\mathbb{L}^4}\,\mathrm{d}t\\
&+\int_0^T|v(t)|^{\frac{1}{2}}\|v(t)\|^{\frac{3}{2}}|w(t)-u(t)|_{\mathbb{L}^4}\,\mathrm{d}t\\
\leqslant&\frac{\varepsilon}{3}+\sup_{0\leqslant t\leqslant T}|v_m(t)|^{\frac{1}{2}}\left(\int_0^T\|v_m(t)\|^{\frac{3}{2}\frac{4}{3}}\,\mathrm{d}t\right)^{\frac{3}{4}}\left(\int_0^T|w(t)-u(t)|_{\mathbb{L}^4}^4\,\mathrm{d}t\right)^{\frac{1}{4}}\\
&+\sup_{0\leqslant t\leqslant T}|v(t)|^{\frac{1}{2}}\left(\int_0^T\|v(t)\|^{\frac{3}{2}\frac{4}{3}}\,\mathrm{d}t\right)^{\frac{3}{4}}\left(\int_0^T|w(t)-u(t)|_{\mathbb{L}^4}^4\,\mathrm{d}t\right)^{\frac{1}{4}}<\varepsilon.
\end{aligned}$$

完成了对引理的证明.　□

令 $u(t,x)=\psi(t)\phi(t)$, 对 (3.4.15) 中右边第二项应用引理 3.4.2, 注意到

$$\begin{aligned}
(B_m(v_m),\psi\phi)&=(P_mB(v_m,v_m),\psi\phi)=(B(v_m,v_m),\psi P_m\phi)\\
&=(B(v_m,v_m),\psi\phi)=b(v_m,v_m,\psi\phi),
\end{aligned}$$

有如下结论

$$\int_0^T (B_m(v_m(t)), \psi(t)\phi)\,\mathrm{d}t = \int_0^T b(v_m(t), v_m(t), \psi(t)\phi)\,\mathrm{d}t \\ \to \int_0^T b(v(t), v(t), \psi(t)\phi)\,\mathrm{d}t.$$

令 $m \to \infty$, 对 (3.4.15) 取极限,

$$\begin{aligned} -\int_0^T (v(t), \psi'(t)\phi)\,\mathrm{d}t = & -\nu \int_0^T ((v(t), \psi(t)\phi))\,\mathrm{d}t + \int_0^T b(v(t), v(t), \psi(t)\phi)\,\mathrm{d}t \\ & + \int_0^T (b(v(t), z(t), \psi(t)\phi)\,\mathrm{d}t + \int_0^T (b(z(t), v(t), \psi(t)\phi)\,\mathrm{d}t \\ & + \int_0^T \langle F(t), \psi(t)\phi\rangle\,\mathrm{d}t + (v_0, \phi)\psi(0). \end{aligned} \tag{3.4.17}$$

可见对任意 $\phi \in \bigcup_{n=1}^{\infty} H_n$, (3.4.17) 成立. 又因为集合 $\bigcup_{n=1}^{\infty} H_n$ 为空间 V 的稠密子空间, 通过应用标准的连续性讨论, 对任意 $\phi \in V$ 及任意 $\psi \in C_0^1([0,T))$, (3.4.17) 成立. 特别地, 对任意 $\psi \in C_0^1([0,T))$, (3.4.17) 成立.

故 v 满足方程 (3.4.1), 进一步也满足方程 (3.2.17).

下一步, 将证明 $v \in C([0,T];H)$. 由 v 满足方程 (3.2.17), 有 $v \in L^2([0,T];V)$. 又因为 $A: V \to V'$ 为有界线性算子, 所以 $Av \in L^2([0,T];V')$. 由题设条件, $z \in L^4_{\mathrm{loc}}([0,\infty);\mathbb{L}^4(D)) \cap L^2_{\mathrm{loc}}([0,\infty);V')$, 应用引理 3.2.1 可知

$$B(z) + \alpha z + f, B(v), B(v,z), B(z,v) \in L^2([0,T];V'),$$

故 $v' \in L^2([0,T];V')$.

因而, 由迹算子定理 (参见文献 [20] 定理 1.3.1, 或文献 [24] 引理 III.1.2), $v \in C([0,T];H)$.

接下来, 将证明 v 满足初始条件 (3.2.17), 即 $v(0) = v_0$.

注意到 $v \in L^2([0,T];V) \cap C([0,T];H)$, $v' \in L^2([0,T];V')$, 并且 v 满足 (3.2.17). 则可选取任意 $\phi \in V$, $\psi \in C_0^1([0,T))$ 使得 $\psi(0) = 1$.

在方程 (3.2.17) 两边同时乘以 $\psi(t)\phi$, 应用分部积分公式, 我们有

$$\begin{aligned} -\int_0^T (v(t), \phi)\psi'(t)\,\mathrm{d}t = & -\nu \int_0^T ((v(t), \phi))\psi(t)\,\mathrm{d}t + \int_0^T b(v(t), v(t), \phi)\psi(t)\,\mathrm{d}t \\ & + \int_0^T b(v(t), z(t), \phi)\psi(t)\,\mathrm{d}t + \int_0^T b(z(t), v(t), \phi)\psi(t)\,\mathrm{d}t \\ & + \int_0^T \langle \tilde{f}(t), \phi\rangle\psi(t)\,\mathrm{d}t + (v(0), \phi)\psi(0). \end{aligned} \tag{3.4.18}$$

比较 (3.4.17) 与 (3.4.18), 可知 $(v_0 - v(0), \phi)\psi(0) = 0$. 由 $\psi(0) = 1$, 得出对任意 $\phi \in V$, 成立 $(v_0 - v(0), \phi) = 0$. 因而, 由空间 V 在空间 H 中的稠密性, $v(0) = v_0$.

综上所述, $v \in L^2([0,T];V) \cap C([0,T];H)$, 应用不等式 (3.2.12), 我们有 $v \in L^4([0,T];\mathbb{L}^4(D))$.

解的唯一性. 本证明的主要思路来源于文献 [23], 另也可参阅文献 [24] 中的定理 III.3.2.

假定 v_1 与 v_2 为方程 (3.2.17) 的解, 令 $w = v_1 - v_2$. 由定义 3.4.1, v_1 与 v_2 (进而 w) 在空间 $L^2([0,T];V) \cap C([0,T];H)$ 中. 由以上讨论可见它们的弱导数在空间 $L^2([0,T];V')$ 中. 进而, w 为以下问题的解:

$$\begin{cases} \dfrac{\mathrm{d}w}{\mathrm{d}t} + \nu A w = B(w,z) - B(z,w) - B(w,v_1) - B(v_1,w), \\ w(0) = 0. \end{cases}$$

基于 w 的正则性特征, 应用文献 [24] 引理 III.1.2,

$$\frac{\mathrm{d}}{\mathrm{d}t}|w(t)|^2 + 2\nu\|w(t)\|^2 = 2b(w(t),z(t),w(t)) + 2b(w(t),u(t),w(t)).$$

综合应用 (3.2.12), (3.2.12) 及标准 Young 不等式,

$$\begin{aligned} \frac{\mathrm{d}}{\mathrm{d}t}|w(t)|^2 + 2\nu\|w(t)\|^2 &\leqslant 2^{5/4}|w(t)|^{1/2}\|w(t)\|^{3/2}(|v_1(t)|_{\mathbb{L}^4} + |z(t)|_{\mathbb{L}^4}) \\ &\leqslant \frac{3\nu}{4}\|w(t)\|^2 + \frac{2^6}{\nu^3}|w(t)|^2(|v_1(t)|_{\mathbb{L}^4}^4 + |z(t)|_{\mathbb{L}^4}^4). \end{aligned}$$

所以,

$$\frac{\mathrm{d}}{\mathrm{d}t}|w(t)|^2 \leqslant \frac{64}{\nu^3}|w(t)|^2(|v_1(t)|_{\mathbb{L}^4}^4 + |z(t)|_{\mathbb{L}^4}^4), \quad \text{a.e. } (0,T).$$

又由于 $\int_0^T (|v_1(t)|_{\mathbb{L}^4} + |z(t)|_{\mathbb{L}^4})^4 \,\mathrm{d}t < \infty$, $w(0) = 0$, 应用 Gronwall 不等式, 对任意 $t \in [0,T]$, $|w(t)|^2 = 0$. 即对任意 $t \in [0,T]$, $u(t) = v(t)$, 完成了对定理中唯一性的证明. □

作为以上证明过程的副产品之一, 事实上已经完成了对以下结论的证明.

命题 3.4.1 假定 $a < b \in \mathbb{R}$, $\{x_k\}$ 为空间 H 中有界序列, $\{f_k\}$ 为空间 $L^2(a,b;V')$ 中有界序列. 假定 v_k 为将方程 (3.4.1) 中 f 替换为 f_k, 初始条件为 $v_k(a) = x_k$ 时对应问题在区间 $[a,b]$ 上的解.

如果同时 $0 < \gamma \leqslant \dfrac{1}{2}$, 则序列 $\{v_k\}$ 在空间 $L^2([a,b];V) \cap L^\infty([a,b];H) \cap \mathcal{H}^{\gamma,2}(a,b;V,H)$ 中有界, 并且序列 $\{v_k'\}$ 在空间 $L^2([a,b];V')$ 中有界.

以下结论为文献 [31] 中引理 5.2 的加强版本.

定理 3.4.2 假定对任意固定 $T>0$, 空间 H 中任意序列 $\{x_n\}_{n\in\mathbb{N}}$, $x_n\to x$, 以及

$$\text{在 } L^4([0,T];\mathbb{L}^4(D))\cap L^2([0,T];V')\text{ 中},\ z_n\to z,\quad \text{在 } L^2([0,T];V')\text{ 中},\ f_n\to f.$$

记 $v(t,z)x$ 为问题 (3.2.17) 的解, 记 $v(t,z_n)x_n$ 为问题 (3.2.17) 中相应 z,f,x 被 z_n,f_n,x_n 替换的问题的解, 则成立

$$\text{在 } C([0,T];H)\cap L^2([0,T];V)\text{ 空间中},\ v(\cdot,z_n)\,x_n\to v(\cdot,z)\,x.$$

特别地, 在 H 中, $v(T,z_n)\,x_n\to v(T,z)\,x$.

证明 为了简化问题的证明, 引入如下记法:

$$v_n(t)=v(t,z_n),\quad v(t)=v(t,z),\quad y_n(t)=v(t,z_n)-v(t,z),\quad t\in[0,T],$$

$$\hat{z}_n=z_n-z,\quad \hat{f}_n=f_n-f.$$

不难证明 y_n 为以下初值问题的解:

$$\begin{cases}\dfrac{\mathrm{d}y_n(t)}{\mathrm{d}t}=-\nu Ay_n(t)-B(v_n(t)+z_n(t))-B(v(t)+z(t))+\alpha\hat{z}(t)+\hat{f}(t),\\ y_n(0)=x_n-x.\end{cases}\tag{3.4.19}$$

由 $y_n\in L^2([0,T];V)$ 及 $y_n\in L^2([0,T];V')$, 函数 $|y_n|^2$ 绝对连续, 并且在弱导数的意义下成立

$$\frac{1}{2}\frac{\mathrm{d}}{\mathrm{d}t}|y_n(t)|^2=\left\langle\frac{\mathrm{d}}{\mathrm{d}t}y_n(t),y_n(t)\right\rangle,\quad t\in(0,T).$$

进而, 由 (3.2.9),

$$\langle Ay_n(t),y_n(t)\rangle=|\nabla y_n(t)|^2,\qquad \text{a.e.},\ \forall\, t\in(0,T).$$

由不等式 (3.2.11), 考虑方程 (3.4.19), 有

$$\begin{aligned}\frac{1}{2}\frac{\mathrm{d}}{\mathrm{d}t}|y_n(t)|^2+\nu|\nabla y_n(t)|^2=&b(y_n(t),v_n(t),y_n(t))+b(y_n(t),z_n(t),y_n(t))\\&+b(v(t),\hat{z}_n(t),y_n(t))+b(\hat{z}_n(t),v_n(t),y_n(t))\\&+b(\hat{z}_n(t),z_n(t),y_n(t))+b(z(t),\hat{z}_n(t),y_n(t))\\&+\alpha(\hat{z}_n(t),y_n(t))+(\hat{f}_n(t),y_n(t)),\quad t\geqslant 0.\end{aligned}$$

应用 Young 不等式, 及估计 (3.2.12), (3.2.13),

$$\begin{aligned}b(y_n(t),v_n(t),y_n(t))&\leqslant|y_n(t)|_{L^4}^2|\nabla v_n(t)|\leqslant|y_n(t)||\nabla y_n(t)||\nabla v_n(t)|\\&\leqslant\frac{\nu}{16}|\nabla y_n(t)|^2+\frac{4}{\nu}|\nabla v_n(t)|^2|y_n(t)|^2,\end{aligned}$$

$$
\begin{aligned}
b(y_n(t),z_n(t),y_n(t)) &\leqslant |y_n(t)|_{L^4}|\nabla y_n(t)||z_n(t)|_{\mathbb{L}^4} \leqslant |y_n(t)|^{1/2}|\nabla y_n(t)|^{3/2}|z_n(t)|_{\mathbb{L}^4}\\
&\leqslant \frac{\nu}{16}|\nabla y_n(t)|^2+\frac{3\cdot 12^2}{\nu^3}|z_n(t)|_{L^4}^4|y_n(t)|^2,\\
b(v(t),\hat z_n(t),y_n(t)) &\leqslant |v(t)|_{L^4}|\nabla y_n(t)||\hat z_n(t)|_{\mathbb{L}^4} \leqslant |v(t)|^{1/2}|\nabla v(t)|^{1/2}|\nabla y_n(t)||\hat z_n(t)|_{\mathbb{L}^4}\\
&\leqslant \frac{\nu}{16}|\nabla y_n(t)|^2+\frac{4}{\nu}|v(t)||\nabla v(t)||\hat z_n(t)|_{\mathbb{L}^4}^2,\\
b(\hat z_n(t),v_n(t),y_n(t)) &\leqslant |\hat z_n(t)|_{\mathbb{L}^4}|\nabla y_n(t)||v_n(t)|^{1/2}|\nabla v_n(t)|^{1/2}\\
&\leqslant \frac{\nu}{16}|\nabla y_n(t)|^2+\frac{4}{\nu}|v_n(t)||\nabla v_n(t)||\hat z_n(t)|_{\mathbb{L}^4}^2,\\
b(\hat z_n(t),z_n(t),y_n(t)) &\leqslant |\hat z_n(t)|_{\mathbb{L}^4}|z_n(t)|_{\mathbb{L}^4}|\nabla y_n(t)| \leqslant \frac{\nu}{16}|\nabla y_n(t)|^2+\frac{4}{\nu}|z_n(t)|_{\mathbb{L}^4}^2|\hat z_n(t)|_{\mathbb{L}^4}^2,\\
b(z(t),\hat z_n(t),y_n(t)) &\leqslant |\hat z_n(t)|_{\mathbb{L}^4}|z(t)|_{\mathbb{L}^4}|\nabla y_n(t)| \leqslant \frac{\nu}{16}|\nabla y_n(t)|^2+\frac{4}{\nu}|z(t)|_{\mathbb{L}^4}^2|\hat z_n(t)|_{\mathbb{L}^4}^2,\\
\alpha(\hat z_n(t),y_n(t)) &\leqslant \alpha|y_n(t)|_V|\hat z_n(t)|_{V'} \leqslant \frac{\nu}{16}|\nabla y_n(t)|^2+\frac{\nu}{16}|y_n(t)|^2+\frac{4\alpha^2}{\nu}|\hat z_n(t)|_{V'}^2,\\
(\hat f_n(t),y_n(t)) &\leqslant |y_n(t)|_V|\hat f_n(t)|_{V'} \leqslant \frac{\nu}{16}|\nabla y_n(t)|^2+\frac{\nu}{16}|\nabla y_n(t)|^2+\frac{4}{\nu}|\hat f_n(t)|_{V'}^2.
\end{aligned}
$$

因而,

$$
\begin{aligned}
\frac{\mathrm{d}}{\mathrm{d}t}|y_n(t)|^2+\nu|\nabla y_n(t)|^2 \leqslant\ & \frac{8}{\nu}|\nabla v_n(t)|^2|y_n(t)|^2+\frac{6\cdot 12^2}{\nu^3}|z_n(t)|_{L^4}^4|y_n(t)|^2\\
&+\frac{8}{\nu}|v(t)||\nabla v(t)||\hat z_n(t)|_{\mathbb{L}^4}^2+\frac{8}{\nu}|v_n(t)||\nabla v_n(t)||\hat z_n(t)|_{\mathbb{L}^4}^2\\
&+\frac{8}{\nu}|z(t)|_{\mathbb{L}^4}^2|\hat z_n(t)|_{\mathbb{L}^4}^2+\frac{8}{\nu}|z_n(t)|_{\mathbb{L}^4}^2|\hat z_n(t)|_{\mathbb{L}^4}^2\\
&+\frac{8\alpha^2}{\nu}|\hat z_n(t)|_{V'}^2+\frac{8}{\nu}|\hat f_n(t)|_{V'}^2.
\end{aligned}
$$

对以上不等式两边从 0 到 t 积分,

$$
\begin{aligned}
|y_n(t)|^2+\nu\int_0^t|\nabla y_n(s)|^2\,\mathrm{d}s \leqslant & |y_n(0)|^2+\int_0^t\alpha_n(s)|y_n(s)|^2\,\mathrm{d}s\\
&+\frac{8}{\nu}\int_0^t\beta_n(s)\,\mathrm{d}s,\quad t\in[0,T],
\end{aligned}
\tag{3.4.20}
$$

其中,

$$
\begin{aligned}
\alpha_n(s) =& \frac{8}{\nu}|\nabla v_n(s)|^2+\frac{\nu}{8}\frac{6\cdot 12^2}{\nu^3}|z_n(s)|_{L^4}^4,\quad s\in[0,T],\\
\beta_n(s) =& |v(s)||\nabla v(s)||\hat z_n(s)|_{\mathbb{L}^4}^2+|v_n(s)||\nabla v_n(s)||\hat z_n(s)|_{\mathbb{L}^4}^2+|z(s)|_{\mathbb{L}^4}^2|\hat z_n(s)|_{\mathbb{L}^4}^2\\
&+|z_n(s)|_{\mathbb{L}^4}^2|\hat z_n(s)|_{\mathbb{L}^4}^2+\alpha^2|\hat z_n(s)|_{V'}^2+|\hat f_n(s)|_{V'}^2,\quad s\in[0,T].
\end{aligned}
$$

应用 Gronwall 不等式,

$$
|y_n(t)|^2 \leqslant \left(|y_n(0)|^2+\frac{8}{\nu}\int_0^t\beta_n(s)\,\mathrm{d}s\right)\mathrm{e}^{\int_0^t\alpha_n(s)\,\mathrm{d}s}.
$$

另一方面, 不难看出

$$
\begin{aligned}
\int_0^T \beta_n(s)\,\mathrm{d}s = &\int_0^T \big[|v(s)||\nabla v(s)||\hat{z}_n(s)|^2_{\mathbb{L}^4} + |v_n(s)||\nabla v_n(s)||\hat{z}_n(s)|^2_{\mathbb{L}^4} \\
&+ |\hat{z}_n(s)|^2_{\mathbb{L}^4}|z(s)|^2_{\mathbb{L}^4} + |z_n(s)|^2_{\mathbb{L}^4}|\hat{z}_n(s)|^2_{\mathbb{L}^4} + \alpha^2|\hat{z}_n(s)|^2_{V'} + |\hat{f}_n(s)|^2_{V'}\big]\,\mathrm{d}s \\
\leqslant &\Big[|v|_{L^\infty([0,T];H)}|v|_{L^2([0,T];V)} + |v_n|_{L^\infty([0,T];H)}|v_n|_{L^2([0,T];V)} \\
&+ |z_n|^2_{L^4([0,T];\mathbb{L}^4)} + |z_n|^2_{L^4([0,T];\mathbb{L}^4)}\Big]|\hat{z}_n|^2_{L^4([0,T];\mathbb{L}^4)} \\
&+ \alpha^2|\hat{z}_n|^2_{L^2([0,T];V')} + |\hat{f}_n|^2_{L^2([0,T];V')}.
\end{aligned}
$$

从而,

$$\int_0^T \beta_n(s)\,\mathrm{d}s \to 0, \quad 当\ n \to +\infty.$$

同时由

$$|y_n(0)| \to 0, \quad 当\ n \to +\infty,$$

对某些常数 $C < +\infty$, 及任意 $n \in \mathbb{N}$,

$$
\begin{aligned}
\int_0^T \alpha_n(s)\,\mathrm{d}s &= \int_0^T \left(\frac{8}{\nu}|\nabla v_n(s)|^2 + \frac{\nu}{8} + \frac{6\cdot 12^2}{\nu^3}|z_n(s)|^4_{L^4}\right)\mathrm{d}s \\
&\leqslant \frac{8}{\nu}|v_n(s)|^2_{L^2([0,T];V)} + \frac{6\cdot 12^2}{\nu^3}|z_n(s)|^4_{L^4([0,T];\mathbb{L}^4)} + T\frac{\nu}{8} \leqslant C
\end{aligned}
$$

得出, 在空间 H 中, 对 $t \in [0,T]$, 一致地成立

$$y_n(t) \to 0, \quad 当\ n \to +\infty.$$

换句话讲,

$$v(\cdot, z_n)x_n \to v(\cdot, z)x, \quad 在\ C([0,T];H)\ 中.$$

由不等式 (3.4.20), 成立

$$
\begin{aligned}
\nu\int_0^T |\nabla y_n(s)|^2\,\mathrm{d}s &\leqslant |y_n(0)|^2 + \int_0^T \alpha_n(s)|y_n(s)|^2\,\mathrm{d}s + \frac{8}{\nu}\int_0^T \beta_n(s)\,\mathrm{d}s \\
&\leqslant |y_n(0)|^2 + \int_0^T \alpha_n(s)\,\mathrm{d}s \sup_{s\in[0,T]}|y_n(s)|^2 + \frac{8}{\nu}\int_0^T \beta_n(s)\,\mathrm{d}s.
\end{aligned}
$$

因而,

$$\int_0^T |\nabla y_n(s)|^2\,\mathrm{d}s \to 0, \quad 当\ n \to +\infty,$$

进而, 成立

$$v(\cdot, z_n)x_n \to v(\cdot, z)x, \quad 在\ L^2([0,T];V)\ 中,$$

从而完成了对定理的证明. □

附注 3.4.2 由于问题 (3.2.17) 的解 v 不是通过应用 Banach 不动点定理构造的, 因而定理 3.4.2 中的连续性结论不能简单地通过应用定理 3.4.1 及不动点对参数的光滑依赖原理得出. 然而, 我们仍然可以通过引进的不同的拓扑空间上加以应用以上提到的定理及原理[1],[31].

当给定非 0 初始条件 $s \in \mathbb{R}$ 时, 前面所证明的有关存在性与唯一性的结论同样成立.

定理 3.4.3 在以上有关区域的假定条件下, 同时假定 $\alpha \geqslant 0, f \in V', x \in H$, 并且 $z \in \mathbb{L}^4_{\text{loc}}([s,\infty);\mathbb{L}^2(D)) \cap L^2_{\text{loc}}([s,\infty);V')$, 则方程 (3.2.17) 存在唯一解 $v(\cdot,s;z,x)$, 且

$$v(\cdot,s;z,x) \in L^2_{\text{loc}}([s,\infty);V) \cap C([s,\infty);H), \quad v(s,s;z,x) = x.$$

§3.5 随机 Navier-Stokes 方程生成随机动力系统

完成了对上一节有关噪声模型的构造后, 接下来我们回到对 Navier-Stokes 在该噪声干扰下所反映出来的随机动力学特征的研究. 研究将表明, 在以上噪声作用下, 问题 (3.2.16) 生成一定义在空间 H 以及由常规的连续函数构成的可测动力系统 $(\Omega, \mathcal{F}, P, (\vartheta_t)_{t\in\mathbb{R}})$ 上的随机动力系统 (φ, ϑ).

先简单回顾一下, 前文中的有关假设与结论. 假定满足假设 3.3.1, 固定黏性系数 $\nu > 0$, 假定 $\alpha \geqslant 0$, 固定 $\xi \in (\delta, 1/2)$, 令 $\Omega := \Omega(\xi, E)$.

定义 3.5.1 定义映射 $\varphi = \varphi_\alpha : \mathbb{R}^+ \times \Omega \times H \to H$ 如下

$$(t,\omega,x) \mapsto v(t,z(\omega))(x - z(\omega)(0)) + z(\omega)(t), \tag{3.5.1}$$

其中, 为简单记, $z = z_\alpha$.

由 $z(\omega) \in C_{1/2}(\mathbb{R}, X)$, $z(\omega)(0)$ 在空间 H 中有定义. 因而, 映射 φ 有定义. 进一步, 有如下主要结论:

定理 3.5.1 (φ, ϑ) 为定义在空间 H 及可测动力系统 $(\Omega, \mathcal{F}, P, (\vartheta_t)_{t\in\mathbb{R}})$ 上的随机动力系统.

证明 由定理 3.4.2 可得除共环特性以外的其他性质. 因而, 只需证明, 对任意 $x \in H$, 成立

$$\varphi(t+s,\omega)x = \varphi(t,\vartheta_s\omega)\varphi(s,\omega)x, \quad t,s \in \mathbb{R}^+. \tag{3.5.2}$$

由定理 3.3.2, 有

$$z(\omega)(s) = z(\vartheta_s\omega)(0), \quad s \in \mathbb{R}.$$

再由动力系统 (φ, ϑ) 的定义, 对任意 $t, s \in \mathbb{R}^+$, 成立

$$\varphi(t+s,\omega)x = v(t+s, z(\omega)(t+s))(x - z(\omega)(0)) + z(\omega)(t+s),$$

$$\begin{aligned}\varphi(t,\vartheta_s\omega)\varphi(s,\omega)x &= v(t,z(\vartheta_s\omega)(t))\big(v(s,z(\omega)(t))(x-z(\omega)(0))+z(\omega)(s)\\&\quad -z(\vartheta_s\omega)(0)\big)+z(\vartheta_s\omega)(t)\\&= v(t,z(\vartheta_s\omega)(t))\big(v(s,z(\omega)(s))(x-z(\omega)(0))\big)+z(\vartheta_s\omega)(t).\end{aligned}$$

观察定理 3.3.2 可知, 为了证明 (3.5.2), 只需证明对任意 $t,s\in\mathbb{R}^+$, 成立

$$\begin{aligned}&v(t+s,z(\omega)(t+s))(x-z(\omega)(0))\\=&v(t,z(\vartheta_s\omega)(t))\big(v(s,z(\omega)(s))(x-z(\omega)(0))\big).\end{aligned}\tag{3.5.3}$$

固定 $s\in\mathbb{R}^+$, 定义函数 v_1 与 v_2,

$$\begin{aligned}v_1(t)&=v(t+s,z(\omega)(t+s))(x-z(\omega)(0)),\quad t\in\mathbb{R}^+,\\v_2(t)&=v(t,z(\vartheta_s\omega)(t))\big(v(s,z(\omega)(s))(x-z(\omega)(0))\big),\quad t\in\mathbb{R}^+.\end{aligned}$$

因为

$$v(0,z(\vartheta_s\omega)(0))(x-z(\vartheta_s\omega)(0))=x-z(\vartheta_s\omega)(0),$$

有

$$\begin{aligned}v_1(0)&=v(s,z(\omega)(s))(x-z(\omega)(0))\\&=v(0,z(\vartheta_s\omega)(0))\big(v(s,z(\omega)(s))(x-z(\omega)(0))\big)=v_2(0).\end{aligned}$$

又由于 $\mathbb{R}^+\ni t\mapsto v(t,z(\omega))$ 为问题 (3.2.17) 的解, 并且

$$v_1'(t)=\frac{\mathrm{d}v(\cdot,z(\omega))}{\mathrm{d}t}(t+s),$$

故

$$\begin{aligned}v_1'(t)=&-\nu Av(t+s,z(\omega)(t+s))-B(v(t+s,z(\omega)(t+s))+z(\omega)(t+s))\\&+\alpha z(\omega)(t+s)+f\\=&-\nu Av_1(t;z(\omega))-B(v_1(t;z(\omega))+z(\omega)(t+s))+\alpha z(\omega)(t+s)+f.\end{aligned}$$

另一方面,

$$\begin{aligned}&\frac{\mathrm{d}v(t,z(\vartheta_s\omega)(t))}{\mathrm{d}t}\\=&-\nu Av(t,z(\vartheta_s\omega)(t))-B(v(t,z(\vartheta_s\omega)(t))+z(\vartheta_s\omega)(t))+\alpha z(\vartheta_s\omega)(t)+f.\end{aligned}$$

因而, v_1 为以下问题的解:

$$\begin{cases}\dfrac{\mathrm{d}v_1(t)}{\mathrm{d}t}=-\nu Av_1(t)-B(v_1(t)+z(\omega)(t+s))+\alpha z(\omega)(t+s)+f,\\v_1(0)=v(z(\omega))(s)(x-z(\omega)(0)),\end{cases}$$

并且, v_2 为以下问题的解:

$$\begin{cases}\dfrac{\mathrm{d}v_2(t)}{\mathrm{d}t}=-\nu Av_2(t)-B(v_2(t)+z(\vartheta_s\omega)(t))+\alpha z(\vartheta_s\omega)(t)+f,\\ v_2(0)=v(z(\omega))(s)(x-z(\omega)(0)).\end{cases}$$

应用定理 3.3.2,

$$z(\vartheta_s\omega)(t)=z(\omega)(t+s),\quad t\geqslant 0.$$

因此, v_1 及 v_2 均为问题 (3.2.17) 在初始时刻 0 时取值 $v(s,z(\omega)(s))(x-z(\omega)(0))$ 的解. 再由解的唯一性定理,

$$v_1(t)=v_2(t),\quad t\in\mathbb{R}^+.$$

最后, 由 s 在 $\mathbb{R}^+$ 中取值的任意性, 我们证明了 (3.5.3). □

由于在定义映射 φ 的过程中, 固定 $\alpha\geqslant 0$. 因而从实质上所定义的映射应记为 φ_α. 另一方面, 问题 (3.2.16) 中并不显含 α, 可见 α 仅为为解决问题所引入的辅助参数. 基于这种考虑, 应该证明是否 φ_α 依赖于 α. 在前面推论 3.3.3 中, 单纯针对线性问题证明了 φ_α 与 α 的独立性. 接下来, 针对一般随机演化系统给出正面的回答.

命题 3.5.1　对任意 $\alpha,\beta\geqslant 0$, $\varphi_\alpha=\varphi_\beta$.

证明　固定 $x\in H$. 需要证明

$$v^\alpha(t)+z_\alpha(t)=v^\beta(t)+z_\beta(t),\quad t\geqslant 0,$$

其中, z_α 由 (3.3.17) 定义, v^α 为问题 (3.2.17) 在给定初始值 $\big(x-z_\alpha(0)\big)$ 时对应的解.

由 (3.2.17), $v^\alpha(0)-v^\beta(0)=-z_\alpha(0)+z_\beta(0)$, 并且

$$\begin{aligned}\frac{\mathrm{d}(v^\alpha(t)-v^\beta(t))}{\mathrm{d}t}=&-\nu A(v^\alpha(t)-v^\beta(t))+(\alpha z_\alpha(t)-\beta z_\beta(t))\\&+[B(v^\alpha(t)+z_\alpha(t))-B(v^\beta(t)+z_\beta(t))],\quad t\geqslant 0.\end{aligned}$$

将以上方程与方程 (3.3.19) 相加, 有

$$\frac{\mathrm{d}(u^\alpha(t)-u^\beta(t))}{\mathrm{d}t}=-\nu A(u^\alpha(t)-v^\beta(t)+[B(u^\alpha(t))-B(v^\beta(t))],\quad t\geqslant 0,$$

其中, 对任意 $t\geqslant 0$, $u^\alpha(t)=v^\alpha(t)+z_\alpha(t)$, $v^\beta(t)=v^\beta(t)+z_\beta(t)$, 并且 $u^\alpha(0)-u^\beta(0)=0$.

接下来, 对函数 $u^\alpha-u^\beta$ 应用引理 3.4.1, 并应用不等式 (3.2.13), 则在弱拓扑意义下, 对任意 $t\in(0,\infty)$, 成立

$$\frac{1}{2}\frac{\mathrm{d}}{\mathrm{d}t}|u^\alpha(t)-u^\beta(t)|^2+\nu\|u^\alpha(t)-u^\beta(t)\|^2$$

$$\leqslant |u^\alpha(t)|_{\mathbb{L}^4}|u^\alpha(t)-u^\beta(t)|_{\mathbb{L}^2}^{1/2}\|u^\alpha(t)-u^\beta(t)\|^{3/2}$$
$$\leqslant \frac{\nu}{2}\|u^\alpha(t)-u^\beta(t)\|^2+\frac{2}{\nu^3}|u^\alpha(t)|_{\mathbb{L}^4}^4|u^\alpha(t)-u^\beta(t)|^2.$$

因而,

$$\frac{\mathrm{d}}{\mathrm{d}t}|u^\alpha(t)-u^\beta(t)|^2\leqslant \frac{4}{\nu^3}|u^\alpha(t)|_{\mathbb{L}^4}^4|u^\alpha(t)-u^\beta(t)|^2,\quad t\geqslant 0.$$

由 $\frac{4}{\nu^3}\int_0^t|u^\alpha(\tau)|_{\mathbb{L}^4}^4\mathrm{d}\tau<\infty$, 并且 $|u^\alpha(0)-u^\beta(0)|^2=0$, 应用 Gronwall 不等式, 有

$$|u^\alpha(t)-u^\beta(t)|^2=0,\quad t\geqslant 0.$$

由此可见

$$v^\alpha(t)+z_\alpha(t)=v^\beta(t)+z_\beta(t),\quad t\geqslant 0.$$

完成了对命题的证明. □

在此, 给出问题 (3.2.16) 在初始时刻 $s\in\mathbb{R}$ 初始值为 $u_0\in H$ 的解的定义.

定义 3.5.2 假定假设 3.3.1 满足, 并且 $u_s\in H$, $s\in\mathbb{R}$, $f\in V'$, $\{W_t\}_{t\in\mathbb{R}}$ 为如同附注 3.3.3 中所构造的一双向 Wiener 过程 (定义在空间 X 上的高斯测度 $\mathcal{L}(w_1)$ 的再生核 Hilbert 空间等于 K).

轨迹在空间 $C([s,\infty);H)\cap L^2_{\mathrm{loc}}([s,\infty);V)\cap L^4_{\mathrm{loc}}([s,\infty);\mathbb{L}^4(D))$ 中的随机过程 $u(t)$ 被称为问题 (3.2.16) 的解, 当且仅当, $u(s)=u_s$, 并且对任意 $\phi\in V$, $t>s$, 成立

$$\begin{aligned}(u(t),\phi)=(u(s),\phi)-\nu\int_s^t(u(r),A\phi)\,\mathrm{d}r-\int_s^t b(u(r),u(r),\phi)\,\mathrm{d}r\\+\int_s^t(f,\phi)\,\mathrm{d}r+\int_s^t\langle\phi,\mathrm{d}W_r\rangle.\end{aligned}\tag{3.5.4}$$

应用引理 3.2.1, 并注意到附注 3.2.3 (ii), 易得以下结果:

命题 3.5.2 假定

$$u(t)=z_\alpha(t)+v_\alpha(t),\quad t\geqslant s,$$

其中, v_α 为在时刻 s 给定初始条件为 $u_0-z_\alpha(s)$ 的问题 (3.2.17) 的唯一解.

若过程 $u(t)$, $t\geqslant s$ 的轨迹在空间 $C([s,\infty);H)\cap L^2_{\mathrm{loc}}([s,\infty);V)\cap L^4_{\mathrm{loc}}([s,\infty);\mathbb{L}^4(D))$ 中, 则它为问题 (3.2.16) 的解.

反之, 若轨迹在空间 $C([s,\infty);H)\cap L^2_{\mathrm{loc}}([s,\infty);V)\cap L^4_{\mathrm{loc}}([s,\infty);\mathbb{L}^4(D))$ 中的过程 $u(t)$, $t\geqslant s$ 为问题 (3.2.16) 的解, 则对任意 $\alpha\geqslant 0$, 由过程 $z_\alpha(t)=u(t)-v_\alpha(t)$, $t\geqslant s$, 所定义的过程 $v_\alpha(t)$, $t\geqslant s$ 为方程 (3.2.17) 在时间区域 $[s,\infty)$ 上的解.

前面的结论已经证明了问题 (3.2.16) 的解的存在性、唯一性以及对初始条件的连续依赖性. 进一步, 对任意 $x\in H$, $\omega\in\Omega$ 及 $t\geqslant s$, 如果定义

$$u(t,s;\omega,u_0) := \varphi(t-s;\vartheta_s\omega)u_0 = v(t,s;\omega,u_0-z(s))+z(t), \tag{3.5.5}$$

则对任意 $s\in\mathbb{R}$ 及任意 $u_0\in H$, 过程 $u(t), t\geqslant s$ 为问题 (3.2.16) 的解.

§3.6 乘性高斯噪声驱动的随机 Navier-Stokes 方程

由于随机流要求解对时间与初始条件的联合连续依赖性, 目前还没有关于随机偏微分方程的随机流的较好的结果[1]. 较早的结果是文献 [29], [37], Flandoli 及其合作者证明了一些线性抛物随机偏微分方程生成随机动力系统的存在性, 同时表明了 Ruelle 理论应用的具体途径. 与对线性系统研究的不同, 对非线性系统的研究更为困难. Brzeźniak 及其合作者们首先证明了二维 Navier-Stokes 方程生成 (局部) 随机动力系统的存在性理论, 参见文献 [28], [33] 等. 然而, 有关吸引子的存在性问题直到 Crauel 与 Flandoli[34], 以及 Schmalfuss 的独立工作[39] 才真正开始有所涉及 (对实噪声的情形, 参见文献 [27]). 而对于无界区域上的情形, 由于 Soblev 紧嵌入的缺乏, 需要引进新的研究方法与思想.

在此, 我们将主要专注于对乘性噪声驱动的二维随机 Navier-Stokes 方程的研究. 从文献中可以发现, 已经有很多学者开展了对乘性噪声驱动的 Navier-Stokes 方程的研究, 例如文献 [32], [35], [36], [38] 等.

给定实值 Hilbert 空间 H(内积定义为 $(\cdot,\cdot)$, 范数定义为 $|\cdot|$), 算子 $A: D(A)\subset H\to H$ 为定义在空间 H 上的严格负自伴线性算子. Hilbert 空间 $D((-A)^{1/2})$ 记作 V, 其中范数定义为

$$\|X\|^2 = |(-A)^{1/2}x|^2 = -(Ax,x), \quad \forall\, x\in D(A).$$

有如下 Gelfand 三元组 $V\subset H\subset V'$, 其中嵌入是稠密连续的. 假定算子 A^{-1} 也为紧算子, 嵌入 $V\subset H$ 为紧嵌入. 记算子 $-A$ 的第一特征值为 λ_1, 则成立

$$\|x\|^2 \geqslant \lambda_1|x|^2, \quad \forall\, x\in V.$$

定义 $B(u,v)$ 为 $V\times V$ 到空间 V' 的双线性连续算子. 假设存在常数 $c_B>0$ 成立

$$(B(u,v),z) \leqslant c_B|u|^{1/2}\|u\|^{1/2}|v|^{1/2}\|v\|^{1/2}\|z\|, \quad u,v,z\in V, \tag{3.6.1}$$

$$\langle B(u,v),v\rangle = 0, \quad \forall\, u,v\in V, \tag{3.6.2}$$

$$(B(u,v),z) \leqslant c_B|u|^{1/2}|Au|^{1/2}\|v\||z|, \quad \forall\, u\in D(A), v\in V, z\in H. \tag{3.6.3}$$

考虑刻画二维空间中有界或无界区域不可压流体运动的二维随机 Navier-Stokes 方程的抽象形式的 Stratonovich 乘性噪声驱动的随机发展方程, 给定 $b_1, b_2, \cdots, b_m\in$

$\mathbb{R}$, $f \in H$. 同时, 给定概率空间 $(\Omega, \mathcal{F}, P)$, 及独立双边 Wiener 过程 $w_j(t), 1 \leqslant j \leqslant m$,

$$\mathrm{d}u = \{Au + B(u,u) + f\}\,\mathrm{d}t + \sum_{j=1}^{m} b_j u \circ \mathrm{d}w_j(t). \tag{3.6.4}$$

考虑过程

$$\alpha(t) = \mathrm{e}^{-\sum\limits_{j=1}^{m} b_j w_j(t)}, \tag{3.6.5}$$

它满足以下 Stratonovich 方程

$$\mathrm{d}\alpha(t) = -\sum_{j=1}^{m} b_j \alpha(t) \circ w_j(t). \tag{3.6.6}$$

定义过程 $v(t)$

$$v(t) = \alpha(t) u(t), \tag{3.6.7}$$

则

$$\frac{\mathrm{d}v}{\mathrm{d}t} = \frac{\mathrm{d}\alpha}{\mathrm{d}t} u + \alpha \frac{\mathrm{d}u}{\mathrm{d}t}. \tag{3.6.8}$$

进而, 过程 $v(t)$ 满足方程

$$\frac{\mathrm{d}v}{\mathrm{d}t} = Av + \alpha B(u,u) + \alpha f, \tag{3.6.9}$$

或者方程

$$\frac{\mathrm{d}v}{\mathrm{d}t} = Av + \alpha^{-1} B(u,u) + \alpha f. \tag{3.6.10}$$

由确定性 Navier-Stokes 研究结果 (参见文献 [25] 中 Chapter III, Theorem 2.1), 有如下类似结论

定理 3.6.1 给定概率空间 $(\Omega, \mathcal{F}, P)$, 对 P-a.s. 所有 $\omega \in \Omega$,

(i) 对任意 $t_0 \in \mathbb{R}$, 以及任意初始值 $v(t_0) = v_0 \in H$, 方程 (3.6.10) 存在唯一解 $v \in C([t_0, \infty); V) \cap L^2_{\mathrm{loc}}([t_0, \infty); V)$.

(ii) 如果进一步 $v_0 \in V$, 则成立 $v \in C([t_0, \infty); V) \cap L^2_{\mathrm{loc}}([t_0, \infty); D(A))$.

(iii) 进而, 对任意 $\varepsilon > 0$, 以及任意 $v_0 \in H$, $v \in C([t_0 + \varepsilon, \infty); V) \cap L^2_{\mathrm{loc}}([t_0 + \varepsilon, \infty); D(A))$.

(iv) 将 v 记作 $v(t, \omega; t_0, v_0)$, 则对任意 $t \geqslant t_0$, 映射 $v_0 \mapsto v(t, \omega; t_0, v_0)$ 连续.

给定映射 $v_0 \mapsto v(t, \omega; 0, v_0)$, 注意到 $\alpha(0) = 1$, $v(0) = u(0)$, 可定义方程 (3.6.4) 对应的随机流 $\varphi(t, \omega)$,

$$\varphi(t, \omega) u_0 = \alpha(t, \omega)^{-1} v(t, \omega; 0, u_0).$$

接下来, 将研究方程 (3.6.4) 对应的随机流 $\varphi(t, \omega)$ 的动力学行为. 首先看到, 方程 (3.6.4) 对应的随机流 $\varphi(t, \omega)$ 是耗散的. 也即, 给定有界初始值, 只要给予系统足够的运行时间, 其拉回状态一定是有界的.

引理 3.6.1 存在仅仅依赖于 $\lambda_1, b_1, b_2, \cdots, b_m$ 与 $|f|$ 的随机半径 $r_1(\omega) > 0$, 使得对任意实数 $\rho > 0$, 均可找到时刻 $t(\omega) \leqslant -1$, 使得对任意初始时刻 $t_0 \leqslant t(\omega)$, 取初始值 $u_0 \in H$, $|u_0| \leqslant \rho$, 方程 (3.6.4) 的解 $v(t, \omega; t_0, \alpha(t_0, \omega)u_0)$, $t \in [t_0, \infty)$, $v_0 = \alpha(t_0)u_0$, 成立

$$|v(-1, \omega; t_0, \alpha(t_0, \omega)u_0)|^2 \leqslant r_1^2(\omega).$$

证明 给定初始时刻 t_0, $u_0 \in H$, $v_0 = \alpha(t_0)u_0$, 以及方程 (3.6.4) 的解 $v(t), t \geqslant t_0$, 记 $v(t) = v(t, \omega; t_0, \alpha(t_0, \omega)u_0)$. 由双线性映射 B 的性质及方程 (3.6.9), 成立

$$\begin{aligned}\frac{1}{2}\frac{\mathrm{d}}{\mathrm{d}t}|v|^2 &= \left\langle v, \frac{\mathrm{d}v}{\mathrm{d}t}\right\rangle = -\|v\|^2 + \langle v, \alpha B(u,u) + \alpha f\rangle \\ &= -\|v\|^2 + \langle v, \alpha f\rangle \leqslant -\|v\|^2 + |v||\alpha f|.\end{aligned}$$

进而, 存在依赖于 λ_1 的常数 c_0, 满足

$$\frac{\mathrm{d}}{\mathrm{d}t}|v|^2 + \|v\|^2 \leqslant -\frac{\lambda_1}{2}|v|^2 + c_0|\alpha f|. \tag{3.6.11}$$

应用 Gronwall 引理可得

$$|v(-1)|^2 \leqslant \mathrm{e}^{-\frac{\lambda_1}{2}(-1-t_0)}|\alpha(t_0)u_0|^2 + \int_{t_0}^{-1} \mathrm{e}^{-\frac{\lambda_1}{2}(-1-s)}c_0|\alpha(s)f|^2\,\mathrm{d}s \tag{3.6.12}$$

$$\leqslant \mathrm{e}^{\frac{\lambda_1}{2}}\left\{\mathrm{e}^{\frac{\lambda_1}{2}t_0}\alpha(t_0)^2|u_0|^2 + c_0|f|\int_{-\infty}^{-1}\mathrm{e}^{\frac{\lambda_1}{2}s}\alpha(s)^2\,\mathrm{d}s\right\}. \tag{3.6.13}$$

由布朗运动的性质, 成立

$$\lim_{t\to-\infty}\frac{1}{t}\sum_{j=1}^m b_j w_j(t) = 0, \quad P\text{-a.s.}.$$

不难证明, 映射 $s \mapsto \mathrm{e}^{\frac{\lambda_1}{2}s}\alpha(s)^2$ 在区间 $(-\infty, 0]$ 上是依路径可积的.

$$\lim_{s\to-\infty}\mathrm{e}^{\frac{\lambda_1}{2}s}\alpha(s)^2 = 0, \quad P\text{-a.s.},$$

进而, 对给定 $\rho > 0$, 存在 $t(\omega)$ 使得

$$\mathrm{e}^{\frac{\lambda_1}{2}t_0}\alpha(t_0)^2\rho^2 \leqslant 1, \quad t_0 \leqslant t(\omega). \tag{3.6.14}$$

令

$$r_1(\omega)^2 = \mathrm{e}^{\frac{\lambda_1}{2}}\left\{1 + c_0|f|^2\int_{-\infty}^{-1}\mathrm{e}^{\frac{\lambda_1}{2}s}\alpha(s)^2\,\mathrm{d}s\right\},$$

由 (3.6.13) 及 (3.6.14) 可得

$$|v(-1)|^2 \leqslant r_1(\omega)^2.$$

□

基于能量估计原理, 我们在区间 $[-1, 0]$ 上有如下先验估计.

引理 3.6.2 存在仅依赖于 $\lambda_1, b_1, b_2, \cdots, b_m$ 与 $|f|$ 的随机变量 $c_1(\omega), c_2(\omega) > 0$, 使得对任意实数 $\rho > 0$, 均可找到时刻 $t(\omega) \leqslant -1$, 使得对任意初始时刻 $t_0 \leqslant t(\omega)$, 取初始值 $u_0 \in H$, $|u_0| \leqslant \rho$, 方程 (3.6.4) 的解 $v(t, \omega; t_0, \alpha(t_0, \omega)u_0)$, $t \in [t_0, \infty)$, $v_0 = \alpha(t_0)u_0$, 成立

$$|v(t, \omega; t_0, \alpha(t_0, \omega)u_0)|^2 \leqslant c_1(\omega), \quad t \in [-1, 0];$$
$$\int_{-1}^{0} |v(s, \omega; t_0, \alpha(t_0, \omega)u_0)|^2 \, \mathrm{d}s \leqslant c_2(\omega).$$

证明 由不等式 (3.6.11), 在区间 $[-1, 0]$ 上应用 Gronwall 不等式,

$$|v(t)|^2 \leqslant \mathrm{e}^{-\frac{\lambda_1}{2}(t+1)}|v(-1)|^2 + c_0|f|^2 \int_{-1}^{t} \mathrm{e}^{-\frac{\lambda_1}{2}(t-s)}\alpha(s)^2 \, s\mathrm{d}s;$$

对不等式 (3.6.11) 在区间 $[-1, 0]$ 上积分,

$$\int_{-1}^{0} \|v(s)\|^2 \, \mathrm{d}s \leqslant |v(-1)|^2 + c_0|f| \int_{-1}^{0} \alpha(s)^2 \, \mathrm{d}s.$$

应用引理 3.6.1, 存在 $r_1(\omega)$ 使得, 对任意 $\rho > 0$, 存在时间 $t(\omega) \leqslant -1$, 满足对任意 $t_0 \leqslant t(\omega)$, $u_0 \in H$, $|u_0| \leqslant \rho$, $|v(-1)|^2 \leqslant r_1(\omega)$.

因而, 令

$$c_1(\omega) = \mathrm{e}^{-\frac{\lambda_1}{2}(t+1)}r_1(\omega)^2 + c_0|f|^2 \int_{-1}^{t} \mathrm{e}^{-\frac{\lambda_1}{2}(t-s)}\alpha(s)^2 \, \mathrm{d}s \tag{3.6.15}$$

$$c_2(\omega) = r_1(\omega)^2 + c_0|f|^2 \int_{-1}^{0} \alpha(s)^2 \, \mathrm{d}s, \tag{3.6.16}$$

则对任意 $\rho > 0$, 存在 $t(\omega) \leqslant -1$, 成立对任意 $t_0 \leqslant t(\omega)$, $u_0 \in H$, $|u_0| \leqslant \rho$,

$$|v(t, \omega; t_0, \alpha(t_0, \omega)u_0)|^2 \leqslant c_1(\omega), \quad t \in [-1, 0];$$
$$\int_{-1}^{0} |v(s, \omega; t_0, \alpha(t_0, \omega)u_0)|^2 \, \mathrm{d}s \leqslant c_2(\omega).$$
□

进一步, 我们需要研究方程 (3.6.4) 生成随机流吸收集的紧性特征. 由于嵌入 $V \subset H$ 为紧嵌入, 则当随机流作用于有界初始值的结果为有界时, 直接得出了随机流的紧性特征. 然而, 对相空间为无界的情形, 嵌入 $V \subset H$ 的紧性不再成立, 此时需要进一步研究随机流作用于有界初始值结果的弱化紧性特征, 例如渐近紧性等.

引理 3.6.3 存在仅依赖于 λ_1, $b_1, b_2, \cdots, b_m$ 与 $|f|$ 的随机变量 $r_2(\omega) > 0$, 使得对任意实数 $\rho > 0$, 均可找到时刻 $t(\omega) \leqslant -1$, 使得对任意初始时刻 $t_0 \leqslant t(\omega)$, 取初始值 $u_0 \in H$, $|u_0| \leqslant \rho$, 方程 (3.6.4) 的解 $v(t, \omega; t_0, \alpha(t_0, \omega)u_0)$, $t \in [t_0, \infty)$, $v_0 = \alpha(t_0)u_0$, $\varphi(t, \omega)$ 为方程 (3.6.4) 对应的随机流, 成立以下拉回估计

$$\|\varphi(0, \omega)u_0\|^2 \leqslant r_2(\omega)^2.$$

证明　应用能量函数估计,

$$\begin{aligned}\frac{1}{2}\frac{\mathrm{d}}{\mathrm{d}t}\|v(t)\|^2 &= -\left\langle Av, \frac{\mathrm{d}v}{\mathrm{d}t}\right\rangle \leqslant -|Av|^2 + |Av||\alpha B(u,u)| + |Av||f| \\ &\leqslant -|Av|^2 + \frac{1}{2}\left|\frac{1}{\sqrt{2}}Av\right|^2 + \frac{1}{2}|\sqrt{2}\alpha B(u,u)|^2 + \frac{1}{2}\left|\frac{1}{\sqrt{2}}Av\right|^2 + \frac{1}{2}|\sqrt{2}\alpha f|^2 \\ &\leqslant -\frac{1}{2}|Av| + c_B\alpha^2|u||Au|\|u\|^2 + |\alpha f|^2 \\ &= -\frac{1}{2}|Av| + c_B|u||A(\alpha u)|\|u\|\|(\alpha u)\| + |\alpha f|^2 \\ &= -\frac{1}{2}|Av| + c_B|u||Av|\|u\|\|v\| + |\alpha f|^2 \\ &\leqslant -\frac{1}{4}|Av|^2 + (c_B^2|u|^2\|u\|^2)\|v\|^2 + |\alpha f|^2,\end{aligned}$$

因而,

$$\frac{\mathrm{d}}{\mathrm{d}t}\|v(t)\|^2 \leqslant 2(c_B^2|u|^2\|u\|^2)\|v\|^2 + 2|\alpha f|^2,$$

对任意 $s \leqslant t$, 在区间 $[s,t]$ 上对上式积分

$$\|v(t)\|^2 \leqslant \|v(s)\|^2 + 2|f|^2\int_s^t \alpha(\tau)^2\,\mathrm{d}\tau + 2c_B^2\int_s^t |u(\tau)|^2\|u(\tau)\|^2\|v(\tau)\|^2\,\mathrm{d}\tau.$$

令 $s \in [-1,0]$, 在区间 $[s,0]$ 上应用 Gronwall 不等式

$$\|v(0)\|^2 \leqslant \mathrm{e}^{\int_s^0 c_B^2|u(\tau)|^2\|u(\tau)\|^2\,\mathrm{d}\tau}\left\{\|v(s)\|^2 + 2|f|^2\int_s^0 \alpha(\tau)^2\,\mathrm{d}\tau\right\}.$$

在区间 $[-1,0]$ 上对上式积分,

$$\begin{aligned}&\|\varphi(0,\omega)u(0)\|^2 = \|v(0)\|^2 \\ \leqslant &\mathrm{e}^{\int_{-1}^0 c_B^2|u(\tau)|^2\|u(\tau)\|^2\,\mathrm{d}\tau}\left\{\int_{-1}^0 \|v(s)\|^2\,\mathrm{d}s + 2|f|^2\int_{-1}^0 \alpha(\tau)^2\,\mathrm{d}\tau\right\}.\end{aligned}$$

而 $u(t) = \alpha(t)v(t)$, 所以

$$\int_{-1}^0 |u(\tau)|^2\|u(\tau)\|^2\,\mathrm{d}\tau = \sup_{-1\leqslant t\leqslant 0}\alpha(t)^{-4}\sup_{-1\leqslant t\leqslant 0}|v(\tau)|^2\int_{-1}^0\|v(\tau)\|^2\,\mathrm{d}\tau.$$

应用引理 3.6.2, 存在 $c(\omega) > 0$, 使得对任意 $\rho > 0$ 均可找到时刻 $t(\omega) \leqslant -1$, 使得对任意初始时刻 $t_0 \leqslant t(\omega)$, 取初始值 $u_0 \in H$, $|u_0| \leqslant \rho$, 方程 (3.6.4) 的解 $v(t,\omega;t_0,\alpha(t_0,\omega)u_0)$, $t \in [t_0,\infty)$, $v_0 = \alpha(t_0)u_0$, 成立

$$\sup_{-1\leqslant t\leqslant 0}|v(t,\omega;t_0,\alpha(t_0,\omega)u_0)|^2\int_{-1}^0 |v(s,\omega;t_0,\alpha(t_0,\omega)u_0)|^2\,\mathrm{d}s \leqslant c(\omega)^2.$$

令

$$r_2(\omega) = \left(c(\omega) + 2|f|^2 \int_{-1}^{0} \alpha(s)^2 \,\mathrm{d}s\right) \mathrm{e}^{c_B^2 \sup\limits_{-1\leqslant t\leqslant 0} \alpha(t)^{-4} c(\omega)^2},$$

引理得证. □

引理 3.6.3 给出了方程 (3.6.4) 对应的随机流 $\varphi(t,\omega)$ 的拉回估计, 而由嵌入 $V \subset H$ 的紧性, 实际上得到了随机流紧吸收集的存在性, 因而我们证明了如下重要结论:

定理 3.6.2 *方程 (3.6.4) 对应的随机流 $\varphi(t,\omega)$ 存在随机吸引子.*

附注 3.6.1 本节主要对 Stratonovich 型乘性噪声驱动的 Navier-Stokes 方程的动力学行为性态紧性了研究, 研究的重点在于对研究方程生成动力系统拉回耗散特性与吸收特性的分析. 然而, 对相空间为无界区域时, 由于嵌入紧特性的缺乏我们需要进一步弱化吸引子对紧性的依赖, 寻求新的解决途径, 参见文献 [30], [31].

参 考 文 献

[1] Brzeźniak Z. On analytic dependence of solutions of Navier-Stokes equations with respect to exterior force and initial velocity. Universitatis Iagellonicae Acta Mathematica, Fasciculus XXVIII, 1991: 111–124.

[2] Brzeźniak Z. On Sobolev and Besov spaces regularity of Brownian paths. Stochastics Stochastics Rep., 1996, 56(1): 1–15.

[3] Brzeźniak Z. On stochastic convolution in Banach spaces and applications. Stochastics and Stochastics Reports, 1997, 61: 245–295.

[4] Brzezniak Z, Capinski M, Flandoli F. Pathwise global attractors for stationary random dynamical systems. Probab. Theory Relat. Fields, 1993, 95: 87–102.

[5] Brzezniak Z and Li Y. Asymptotic Compactness and absorbing sets for 2D stochastic Navier-Stokes equations on some unbounded domains. Transactions of the American Mathematical Society, 2006, 358(12): 5587–5629.

[6] Brzeźniak Z and Li Y. Asymptotic behaviour of solutions to the 2D stochastic Navier-Stokes equations in unbounded domains—new developments. Recent developments in stochastic analysis and related topics. Hackensack, NJ: World Sci. Publ., 2004: 78–111.

[7] Brzeźniak Z and Peszat S. Stochastic two dimensional Euler equations. Annals of Probability, 2001, 29: 1796–1832.

[8] Brzeźniak Z, van Neerven J. Space-time regularity for linear stochastic evolution equations driven by spatially homogeneous noise. J. Math. Kyoto Univ., 2003, 43(2): 261–303.

[9] Cartan H. Differential Calculus. Paris: Hermann, 1971.

[10] Cattabriga L. Su un problema al contorno relativo al sistema di equazioni di Stokes (Italian). Rend. Sem. Mat. Univ. Padova., 1961, 31: 308–340.

[11] Da Prato G and Zabczyk J. Stochastic Equations in Infinite Dimensions. Cambridge: Cambridge University Press, 1992.

[12] Da Prato G and Zabczyk J. Ergodicity for infinite dimensional systems. London Mathematical Society Lecture Note Series 229. Cambridge: Cambridge University Press, 1996.

[13] Flandoli F. Dissipativity and invariant measures for stochastic Navier-Stokes equations. NoDEA Nonlinear Differential Equations Appl., 1994, 1(4): 403–423.

[14] Flandoli F and Tortorelli V M. Time discretization of Ornstein-Uhlenbeck equations and stochastic Navier-Stokes equations with a generalised noise. Stochastics Stochastics Rep., 1995, 55(1–2): 141–165.

[15] Fujiwara D and Morimoto H. An L_r theorem of the Helmhotz decomposition of vector fields. J. Fac. Sci. Univ. Tokyo Sect. IA Math., 1977, 24: 685–700.

[16] Hairer M. Ergodicity of stochastic differential equations driven by fractional Brownian motion. Ann. Probab., 2005, 33(2): 703–758.

[17] Heywood J G. The Navier-Stokes equations: on the existence, regularity and decay of solutions. Indiana Univ. Math. J., 1980, 29(5): 639–681.

[18] Neidhardt A L. Strassen-Type Laws of The Iterated Logarithm for Solutions of Stochastic Differential Equations. University of Wisconsin, 1978.

[19] Keller H and Schmalfuss B. Attractors For Stochastic Sine Gordon Equations Via Transformation into Random Equations. Preprint, the University of Bremen, 1999.

[20] Lions J L and Magenes E. Non-Homogeneous Boundary Value Problems and Applications. Translated from the French by P. Kenneth, Volume I, Springer-Verlag, 1972.

[21] Lions J L and Magenes E. Non-Homogeneous Boundary Value Problems and Applications. Translated from the French by P. Kenneth, Volume II, Springer-Verlag, 1972.

[22] Lions J L and Magenes E. Non-Homogeneous Boundary Value Problems and Applications. Translated from the French by P. Kenneth, Volume III, Springer-Verlag, 1973.

[23] Lions J L and Prodi G. Un théorème d'existence et unicité dans les équations de Navier-Stokes en dimension 2. C. R. Acad. Sci. Paris, 1959, 248: 3519–3521.

[24] Temam R. Navier-Stokes Equations, Revised edition. North-Holland Publishing Company, 1979.

[25] Temam R. Infinite-Dimensional Dynamical Systems in Mechanics and Physics. Second Edition. New York: Springer, 1997.

[26] Toth J and Zelditch S. L^p norms of eigenfunctions in the completely integrable case. Ann. Henri Poincaré, 2003, 4(2): 343–368.

[27] Brzeźniak Z, Capiński M and Flandoli F. Pathwise global attractors for stationary random dynamical systems. Probability Theory and Related Fields, 1993, 95: 87–102.

[28] Brzeźniak Z, Capiński M and Flandoli F. Stochastic Navier-Stokes equations with multiplicative noise. Stochastic Anal. Appl., 1992, 105: 523–532.

[29] Brzeźniak Z and Flandoli F. Regularity of solutions and random evolution operators for Stochastic Parabolic Equations // Proceedings of the Third Trento Conference on Stochastic PDE in held Trento (1990), Pitman Research Notes in Mathematics, 1992, 268: 54–71.

[30] Brzezniak Z and Li Y. Asymptotic compactness and absorbing Sets for 2D Stochastic Navier-Stokes equations on some unbounded domains. Transactions of the American Mathematical Society, 2006, 358(12): 5587–5629.

[31] Brzeźniak Z and Li Y. Asymptotic behaviour of solutions to the 2D stochastic Navier-Stokes equations in unbounded domains—new developments. Recent developments in stochastic analysis and related topics. Hackensack, NJ: World Sci. Publ., 2004: 78–111.

[32] Capinsky M, Gatarek D. Stochastic equations in Hilbert space with application to Navier-Stokes equations in any dimension, J. Funct. Anal., 1994, 126: 26–35.

[33] Capiński M and Cutland N. Existence of global stochastic flow and attractors for Navier-Stokes equations. Probability Theory Related Fields, 1999, 115(1): 121–151.

[34] Crauel H and Flandoli F. Attractors for random dynamical systems. Probability Theory and Related Fields, 1994, 100: 365–393.

[35] Flandoli F, Gatarek D. Martingale and stationary solutions for stochastic Navier-Stokes equations. Probab. Theory Related Fields, 1995, 102: 367–391.

[36] Flandoli F, Maslowski B. Ergodicity of the 2-D Navier-Stokes equation under random perturbations. Commun. Math. Phys., 1995, 171: 119–141.

[37] Flandoli F and Schaumlöffel K U. Stochastic parabolic equations in bounded domains: random evolution operator and Lyapunov exponents. Stochastics and Stochastic Reports, 1990, 29: 461–485.

[38] Menaldi J L, Sritharan S S. Stochastic 2-D Navier-Stokes equation. Appl. Math. Optim., 2002, 46: 31–53.

[39] Schmalfuss B. Backward cocycles and attractors of Stochastic Differential Equations // Reitmann T, Riedrich and Koksch N, eds. International Seminar on Applied Mathematics. Nonlinear Dynamics: Attractor Approximation and Global Behaviour. 1992: 185–192.

[40] Sritharana S S and Sundarb P. Large deviations for the two-dimensional Navier-Stokes equations with multiplicative noise. Stochastic Processes and their Applications, 2006, 116(11): 1636–1659.

第 4 章　Lévy 过程驱动的随机发展方程

这一章研究 Lévy 过程驱动的随机常微分方程和随机偏微分方程的解生成的随机动力系统. 尽管高斯随机过程在工程科学领域具有广泛的应用, 一些复杂现象也涉及到了非高斯不连续的随机过程. 例如, 地球物理中的湍流, 可理解为一系列“暂停”, 当粒子被其他介质干扰或吸附后逃逸、振动或其他极端的活动, 或者喷气式地运动等现象, 可理解为带跳的随机过程, 使得研究 Lévy 过程驱动的随机偏微分方程更加困难. 本章内容主要取自文献 [4], [5], [7] 及 [11] 等.

§4.1　α- 稳定 Lévy 噪声及相应 Ornstein-Uhlenbeck 变换

这一节讨论一类特殊的 Lévy 过程, 即 α- 稳定 Lévy 过程, 其特征三元组为 $(0,0,\nu)$, 其中 $\nu_\alpha(\mathrm{d}u)=\dfrac{\mathrm{d}u}{|u|^{1+\alpha}}$. 下面图 4.1, 图 4.2, 图 4.3, 图 4.4 分别为当 $\alpha=0.25, 0.75, 1.2, 1.9$ 时的样本轨道 (参考 [5] 中方法后用 Matlab 绘出). 当 $\alpha=2.0$ 时, 这类 α- 稳定的 Lévy 过程退化为布朗运动.

附注 4.1.1　粗略地讲, α- 稳定 Lévy 过程 L_t^α 满足下面的性质

$$\limsup_{t\to\infty}\frac{\sup\limits_{0<s\leqslant t} L_s^\alpha}{t^{\frac{1}{\eta}}}=\begin{cases}0, & 当\ \eta<\alpha,\\ \infty, & 当\ \eta>\alpha.\end{cases}\tag{4.1.1}$$

考虑 Langevin 方程

$$\mathrm{d}z=-z\mathrm{d}t+\mathrm{d}L^t,\tag{4.1.2}$$

其解称为 Ornstein-Uhlenbeck 过程.

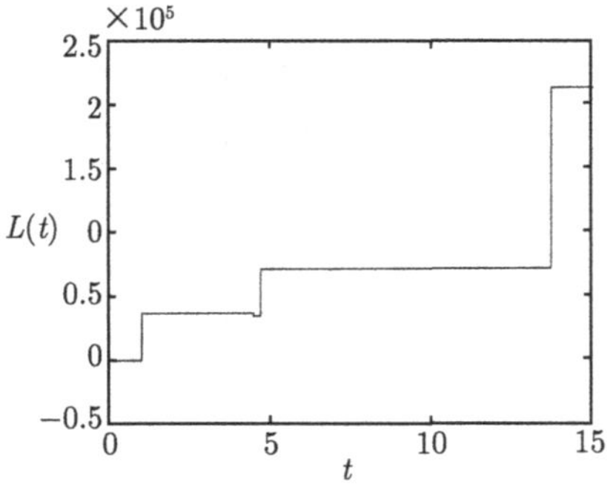

图 4.1　$\alpha=0.25$ 时 α-稳定 Lévy 过程样本轨道

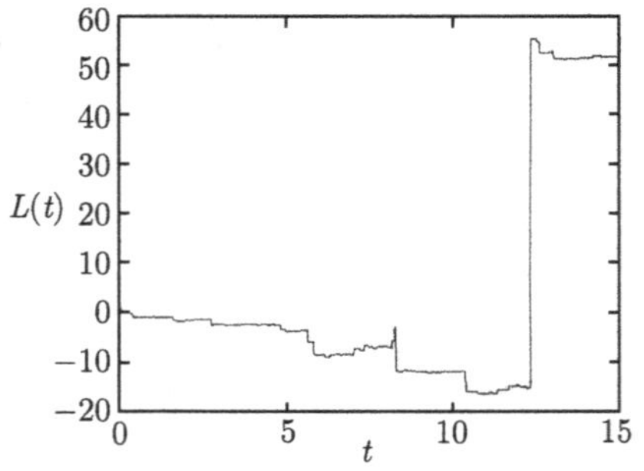

图 4.2　$\alpha=0.75$ 时 α-稳定 Lévy 过程样本轨道

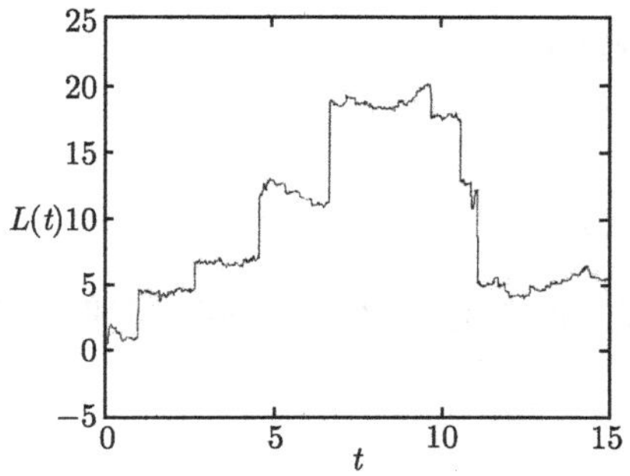

图 4.3 $\alpha=1.2$ 时 α-稳定 Lévy 过程样本轨道

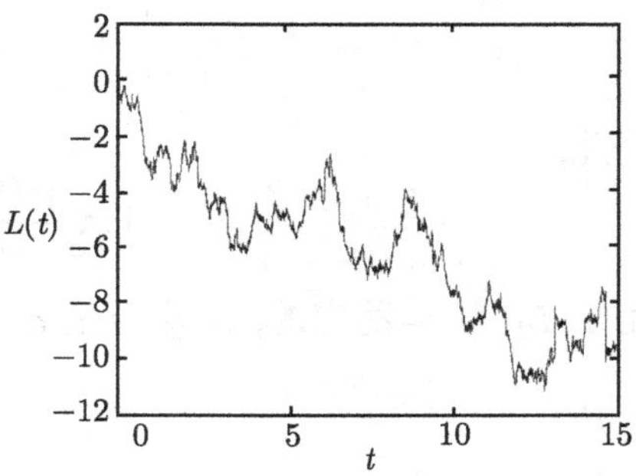

图 4.4 $\alpha=1.9$ 时 α-稳定 Lévy 过程样本轨道

引理 4.1.1[5] 设 L_t 是取值于 $\mathbb{R}^d$ 上的双边对称 α- 稳定的 Lévy 过程 $(1<\alpha<2)$, 则

(1) 存在 $\{\theta_t\}_{t\in\mathbb{R}}$ 不变的全测集 Ω, 使得

$$\lim_{t\to\pm\infty}\frac{\omega(t)}{t}=0,\quad \omega\in\Omega.$$

(2) 对 $\omega\in\Omega$, 方程 (4.1.2) 存在唯一的随机稳态解

$$z(\theta_t\omega)=-\int_{-\infty}^{0}\mathrm{e}^{s}\theta_t\omega(s)\mathrm{d}s.$$

映射 $t\to z(\theta_t\omega)$ 是右连左极的.

(3) 对 $\omega\in\Omega$,

$$\lim_{t\to\pm\infty}\frac{|z(\theta_t\omega)|}{|t|}=0,\quad \lim_{t\to\pm\infty}\frac{1}{t}\int_0^t z(\theta_s\omega)\mathrm{d}s=0.$$

证明 (1) 对 α- 稳定的 Lévy 过程 $(1<\alpha<2)$, 有 $\displaystyle\int_{|x|>1}|x|\nu(\mathrm{d}x)<\infty$, 则 $\mathbf{E}|L_1|<\infty$, $\mathbf{E}L_1=0$. 再由强大数定理即可得证.

(2) 由 (1) 知, 积分 $\displaystyle\int_{-\infty}^{0}\mathrm{e}^{s}\omega(s)\mathrm{d}s$ 是有界的. 利用分部积分得到

$$\int_{-\infty}^{0}\mathrm{e}^{s}\mathrm{d}L_s=-\int_{-\infty}^{0}\mathrm{e}^{s}\omega(s)\mathrm{d}s.$$

直接计算后, 由文献 [2] 的第 241, 258, 374 页的结论可得证.

(3) 根据 α- 稳定 Lévy 过程 $(1<\alpha<2)$ 的轨道性质可知, 对 $\dfrac{1}{\alpha}<\delta<1$, 存在常数 $C_{\delta,\omega}$ 满足

$$|\omega(s+t)|\leqslant C_{\delta,\omega}+|s|^{\delta}+|t|^{\delta},$$

并且

$$\lim_{t\to\infty}\left|\frac{1}{t}\int_{-\infty}^{0}\mathrm{e}^{s}\omega(t+s)\mathrm{d}s\right|=0.$$

因此,

$$\lim_{t\to\infty}\frac{|z(\theta_t\omega)|}{|t|}=0.$$

由于 L_t 为 α- 稳定的, $z(\omega)$ 也是 α- 稳定的, 并且 $\mathbf{E}z=0$. 由遍历定理即可得证. □

§4.2 Lévy 过程驱动的常微分方程生成随机动力系统

考虑 Lévy 过程驱动的常微分方程

$$\begin{aligned}\mathrm{d}Y(t)=&b(Y(t-))\mathrm{d}t+\sigma(Y(t-))\mathrm{d}B_t+\int_{|x|<c}F(Y(t-),x)\tilde{N}(\mathrm{d}t,\mathrm{d}x)\\&+\int_{|x|\geqslant c}G(Y(t-),x)N(\mathrm{d}t,\mathrm{d}x),\end{aligned}\tag{4.2.1}$$

其中 $\tilde{N}(\mathrm{d}t,\mathrm{d}x)$ 为补偿 Poisson 测度, $N(\mathrm{d}t,\mathrm{d}x)$ 为 Poisson 测度, 假设函数 $b(\cdot),\sigma(\cdot)$, $F(\cdot,\cdot),G(\cdot,\cdot)$ 均为可测函数, 并满足

(H1) 对任意的 $y_1,y_2\in\mathbb{R}^d$, 存在常数 $K_1>0$ 满足

$$\begin{aligned}&|b(y_1)-b(y_2)|^2+||a(y_1,y_1)-2a(y_1,y_2)+a(y_2,y_2)||\\&+\int_{|x|<1}|F(y_1,x)-F(y_2,x)|^2\nu(\mathrm{d}x)\\\leqslant&K_1|y_1-y_2|^2.\end{aligned}$$

(H2) 对任意的 $y\in\mathbb{R}^d$, 存在常数 $K_2>0$,

$$|b(y)|^2+||a(y,y)||+\int_{|x|<1}|F(y,x)|^2\nu(\mathrm{d}x)\leqslant K_2|1+y|^2.$$

(H3) 对任意的 $y_1,y_2\in\mathbb{R}^d$, 存在常数 $\delta>2,K_3>0$, 当 $2\leqslant p\leqslant\delta$ 时,

$$\int_{|x|<1}|F(y_1,x)-F(y_2,x)|^p\nu(\mathrm{d}x)\leqslant K_3|y_1-y_2|^p.$$

定理 4.2.1[5]　*假设 (H1) 和 (H2) 成立, 且对任意的 $|x|\geqslant c$, 映射 $y\to G(y,x)$ 是连续的, 则方程 (4.2.1) 存在唯一的 Càdlàg 整体解.*

证明　由文献 [1] 的定理 6.23 即可得证. □

定理 4.2.2[5]　*假设 (H1), (H2), (H3) 成立, 则方程 (4.2.1) 的解映射生成一个随机动力系统, 其中 $\phi(t,x,\omega)$ 关于 x 连续, 关于 t 是右连左极的.*

证明 令 $\Phi_{s,t}$ 为方程 (4.2.1) 满足 $\Phi_{s,s}(y)=y$ 的解, 即

$$
\begin{aligned}
\mathrm{d}\Phi_{s,t}(y)=&b(\Phi_{s,t-}(y))\mathrm{d}t+\sigma(\Phi_{s,t-}(y))\mathrm{d}B_t+\int_{|x|<c}F(\Phi_{s,t-}(y),x)\tilde{N}(\mathrm{d}t,\mathrm{d}x)\\
&+\int_{|x|\geqslant c}G(\Phi_{s,t-}(y),x)N(\mathrm{d}t,\mathrm{d}x).
\end{aligned}\tag{4.2.2}
$$

由文献 [1] 中的定理 6.4.2、推论 6.4.11 可知, Φ 为 Lévy 流, 且满足

$$
\Phi_{0,s+t}(y,\omega)=\Phi_{0,t}(\Phi_{0,t}(y),\theta_s(\omega)).\tag{4.2.3}
$$

定义映射 $\phi:\mathbb{R}\times\mathbb{R}^d\times\Omega\to\mathbb{R}^d$ 如下

$$
\phi(t,y,\omega)=\Phi_{0,t}(y,\omega),\tag{4.2.4}
$$

则有

$$
\phi(t+s,y,\omega)=\phi(t,\phi(s,y,\omega),\theta_s(\omega)).\tag{4.2.5}
$$

由 $\phi(t,y,\omega)$ 关于变量 y 连续, 关于 t 是右连左极的, 则 $\phi:\mathbb{R}\times\mathbb{R}^d\times\Omega\to\mathbb{R}^d$ 是三元可测函数. 由文献的定理 1.3.2 及注 1.3.3 即可得到结论. □

下面用 Liapunov-Perron 方法研究由 α- 稳定 Lévy 过程扰动的随机动力系统的随机不变流形.

考虑下面的随机常微分方程组

$$
\begin{cases}
\dot{u}=Au+F(\theta_t\omega,u,v)+z(\theta_t\omega)u,\\
\dot{v}=Bv+G(\theta_t\omega,u,v)+z(\theta_t\omega)v,
\end{cases}\tag{4.2.6}
$$

其中 $z(\theta_t\omega)$ 是 Langevin 方程 (4.2.1) 的随机稳态解, 矩阵 A 的特征值均具有负实部, 矩阵 B 的特征值具有正实部, 则存在常数 $K>0,a>0,b>0$ 满足下面的指数二分性:

$$
\begin{cases}
|\mathrm{e}^{At}x|\leqslant K\mathrm{e}^{bt}|x|, & t\geqslant 0,\\
|\mathrm{e}^{Bt}x|\leqslant K\mathrm{e}^{at}|x|, & t\leqslant 0.
\end{cases}\tag{4.2.7}
$$

非线性项 $F(\omega,u,v)$ 和 $G(\omega,u,v)$ 满足 Lipschitz 条件:

(H6) 对任意的 $u,v\in\mathbb{R}^d$, 存在 Lipschitz 常数 Lip 满足

$$
\begin{aligned}
&\max\{|F(\omega,u_1,v_1)-F(\omega,u_1,v_1)|,|F(\omega,u_1,v_1)-F(\omega,u_1,v_1)|\}\\
\leqslant&\mathrm{Lip}(|u_1-u_2|+|v_1-v_2|).
\end{aligned}
$$

对任意的 η $(b<\eta<a)$, 定义 Banach 空间

$$
C_\eta^+=\Big\{\phi:[0,\infty)\to\mathbb{R}^{m+n}|\ \phi\text{ 连续且 }\sup_{t\in[0,\infty)}\mathrm{e}^{-\eta t-\int_0^t z(\theta_\tau\omega)\mathrm{d}\tau}|\phi(t)|<\infty\Big\},
$$

并赋予范数

$$|\phi|_{C_\eta^+}=\sup_{t\in[0,\infty)}\mathrm{e}^{-\eta t-\int_0^t z(\theta_\tau\omega)\mathrm{d}\tau}|\phi(t)|.$$

定义集合

$$M^s(\omega)=\{(u_0,v_0)\in\mathbb{R}^m\times\mathbb{R}^n|\phi(\cdot,u_0,v_0,\omega)\in C_\eta^+\}.$$

定理 4.2.3[5]　如果指数二分性参数 K,a,b 和 Lip 满足谱间隙条件

$$K\,\mathrm{Lip}\left(\frac{1}{\eta-b}+\frac{1}{a-\eta}\right)<1, \tag{4.2.8}$$

则随机常微分方程组 (4.2.6) 存在随机稳定流形, 且随机稳定流形可表示为

$$M^s(\omega)=\{(\xi,h^s(\xi))|\xi\in\mathbb{R}^m\},$$

其中 $h^s:\mathbb{R}^m\to\mathbb{R}^n$ 是 Lipschitz 连续, 并满足 $h^s(0)=0$.

证明　先证明 $M^s(\omega)$ 为 $\mathbb{R}^m$ 上的 Lipschitz 连续函数的图像. 设 $(\xi,\zeta)\in M^s(\omega)$, 由常数变易公式得到

$$\phi_1(t)=\mathrm{e}^{At+\int_0^t z(\theta_s\omega)\mathrm{d}s}\xi+\int_0^t\mathrm{e}^{A(t-s)+\int_s^t z(\theta_r\omega)\mathrm{d}r}F(\theta_s,\phi)\mathrm{d}s, \tag{4.2.9}$$

$$\phi_2(t)=\mathrm{e}^{Bt+\int_0^t z(\theta_\tau\omega)\mathrm{d}\tau}\phi_2(\tau)+\int_\tau^t\mathrm{e}^{A(t-s)+\int_s^t z(\theta_r\omega)\mathrm{d}r}G(\theta_s,\phi)\mathrm{d}s. \tag{4.2.10}$$

由 $\phi\in C_\eta^+$ 可知, 对任意的 $t<\tau,\tau>0$,

$$|\mathrm{e}^{B(t-\tau)+\int_\tau^t z(\theta_s\omega)\mathrm{d}s}\phi_2(\tau)|\to 0,\quad \tau\to+\infty.$$

对方程 (4.2.10) 两边令 $\tau\to+\infty$ 可得

$$\phi_2(t)=\int_{+\infty}^t\mathrm{e}^{A(t-s)+\int_\tau^t z(\theta_r\omega)\mathrm{d}r}G(\theta_s,\phi)\mathrm{d}s. \tag{4.2.11}$$

综合 (4.2.9) 和 (4.2.11) 可知, $(\xi,\zeta)\in M^s(\omega)$ 当且仅当存在函数 $\phi(\cdot)\in C_\eta^+$, 满足 $\phi(0)=(\xi,\zeta)$, 并且

$$\begin{aligned}\phi(t)=&\mathrm{e}^{At+\int_0^t z(\theta_s\omega)\mathrm{d}s}\xi+\int_0^t\mathrm{e}^{A(t-s)+\int_s^t z(\theta_r\omega)\mathrm{d}r}F(\theta_s\omega,\phi(s))\mathrm{d}s\\&+\int_{+\infty}^t\mathrm{e}^{B(t-s)+\int_\tau^t z(\theta_r\omega)\mathrm{d}r}G(\theta_s\omega,\phi(s))\mathrm{d}s\triangleq J(\phi,\xi)(t,\omega),\end{aligned} \tag{4.2.12}$$

则定义在空间 $C_\eta^+\times\mathbb{R}^m$ 上取值于 C_η^+ 上的非线性算子, 则 $J(\phi,\xi)(t,\omega)$ 是有界的, 关于变量 η 是 Lipschitz 连续的.

任取 $\phi,\bar{\phi}\in C_\eta^+$, 直接计算得到

$$
\begin{aligned}
&|J(\phi,\xi)-J(\bar{\phi},\xi)|_{C_\eta^+}\\
\leqslant&\sup_{t\in[0,\infty)}\left\{\mathrm{e}^{\eta t-\int_0^t z(\theta_s\omega)\mathrm{d}s}\left(\left|\int_0^t \mathrm{e}^{A(t-s)+\int_s^t z(\theta_r\omega)\mathrm{d}r}(F(\theta_s\omega,\phi)-F(\theta_s\omega,\bar{\phi}))\mathrm{d}s\right.\right.\right.\\
&\left.\left.\left.+\int_{+\infty}^t \mathrm{e}^{B(t-s)+\int_s^t z(\theta_r\omega)\mathrm{d}r}(G(\theta_s\omega,\phi)-G(\theta_s\omega,\bar{\phi}))\mathrm{d}s\right|\right)\right\}\\
\leqslant&\sup_{t\in[0,\infty)}\left\{K\,\mathrm{Lip}|\phi-\bar{\phi}|_{C_\eta^+}\left(\int_0^t \mathrm{e}^{(b-\eta)(t-s)}\mathrm{d}s+\int_{-\infty}^t \mathrm{e}^{(a-\eta)(t-s)}\mathrm{d}s\right)\right\}\\
\leqslant&K\,\mathrm{Lip}\left(\frac{1}{\eta-b}+\frac{1}{a-\eta}\right)|\phi-\bar{\phi}|_{C_\eta^+},
\end{aligned}
$$

这表明算子 J 是一致压缩映射. 由一致压缩映射原理可得, 对任意的 $\xi\in\mathbb{R}^m$, 映射 J 在空间 C_η^+ 中存在唯一不动点 $\phi(\cdot,\xi,\omega)\in C_\eta^+$, 并且

$$
|\phi(\cdot,\eta,\omega)-\phi(\cdot,\bar{\eta},\omega)|_{C_\eta^+}\leqslant\frac{K}{1-K\,\mathrm{Lip}\left(\dfrac{1}{\eta-b}+\dfrac{1}{a-\eta}\right)}|\eta-\bar{\eta}|. \tag{4.2.13}
$$

$\phi(\cdot,\eta,\omega)$ 的 $\mathcal{F}$- 可测性可由 J 的 ω 意义下的迭代极限, 由 $\phi(\cdot,\eta,\omega)$ 关于 η 是 Lipschitz 连续可知, ϕ 关于 (t,ξ,ω) 三元可测的.

令 $h^s(\xi,\omega)=\phi_2(0,\xi,\omega)$, 则

$$
h^s(\xi,\omega)=\int_{+\infty}^0 \mathrm{e}^{-Bs+\int_s^0 z(\theta_s\omega)\mathrm{d}r}G(\theta_s\omega,\phi(s,\xi,\omega))\mathrm{d}s.
$$

由 $G(\omega,0)=0$ 可知, $h^s(0,\omega)=0$.

利用 (4.2.13) 可得

$$
|h^s(\xi,\omega)-h^s(\bar{\xi},\omega)|\leqslant\frac{K^2\mathrm{Lip}}{(a-\eta)\left[1-K\,\mathrm{Lip}\left(\dfrac{1}{\eta-b}+\dfrac{1}{a-\eta}\right)\right]}|\xi-\bar{\xi}|.
$$

即 h^s 是 Lipschitz 连续. 由 $h^s(\xi,\omega)$ 的定义可得

$$
M^s(\omega)=\{(\xi,h^s(\xi,\omega))|\xi\in\mathbb{R}^m\}.
$$

类似于文献 [6] 中的方法, 可以证明 $M^s(\omega)$ 的不变性. □

定理 4.2.4[5] 如果设指数二分性参数 K,a,b 和 Lip 满足谱间隙条件 (4.2.8), 则随机常微分方程组 (4.2.6) 存在随机不稳定流形, 且随机不稳定流形可表示为

$$
M^u(\omega)=\{(\zeta,h^u(\zeta))|\zeta\in\mathbb{R}^n\},
$$

其中 $h^u:\mathbb{R}^n\to\mathbb{R}^n$ 是 Lipschitz 连续, 并满足 $h^u(0)=0$,

$$
h^u(\zeta,\omega)=\int_{-\infty}^0 \mathrm{e}^{-As+\int_s^0 z(\theta_r\omega)\mathrm{d}r}F(\theta_s\omega,\phi(s,\zeta,\omega))\mathrm{d}s. \tag{4.2.14}
$$

§4.3 Poisson 噪声驱动的随机阻尼波方程解的存在唯一性

这一节研究非高斯的 Lévy 噪声扰动的随机阻尼波方程解的存在唯一性, 主要内容取自于文献 [7] 等.

设 $(\Omega,\mathcal{F},(\bar{\mathcal{F}}_t)_{t\geqslant 0},P)$ 是完备的概率空间, Poisson 随机测度 $N:\mathcal{B}(Z\times[0,\infty)\times\Omega)\to\mathbb{N}\bigcup\{0\}$, 其在 $(Z,\mathcal{B}(Z))$ 上的特征测度为 $\pi(\cdot)$, 且满足

$$\pi(\{0\})=0,\quad \int_Z 1\wedge|z|^2\pi(\mathrm{d}z)<\infty. \tag{4.3.1}$$

$\tilde{N}(\mathrm{d}z,\mathrm{d}t)=N(\mathrm{d}z,\mathrm{d}t)-\pi(\mathrm{d}z)$ 是相应的补偿 Poisson 随机测度, 其中 $Z=\mathbb{R}^m(m\in\mathbb{N})$. 定义 $Z_1=\{z\in Z,|z|\leqslant 1\}$,

$$\bar{\theta}=\int_{Z_1}|z|^1\pi(\mathrm{d}z),\quad \underline{\theta}=\pi(Z\backslash Z_1). \tag{4.3.2}$$

考虑非高斯的 Lévy 噪声扰动的随机阻尼波方程:

$$\begin{cases}\dfrac{\partial^2u(t,\xi)}{\partial t^2}+\kappa\dfrac{\partial u(t,\xi)}{\partial t}-\Delta u(t,\xi)=\displaystyle\int_{Z_1}a(u(t-,\xi),z)\dot{\tilde{N}}(\mathrm{d}z,\mathrm{d}t)\\ \qquad\qquad\qquad\qquad\qquad\qquad\quad+\displaystyle\int_{Z\backslash Z_1}b(u(t-,\xi),z)\dot{N}(\mathrm{d}z,\mathrm{d}t),\\ \qquad\qquad\qquad\qquad\qquad\qquad\quad(t,\xi)\in[0,\infty)\times D,\\ u(0,\xi)=\phi(\xi),\quad \dfrac{\partial u(0,\xi)}{\partial t}=\psi(\xi),\quad \xi\in D,\\ u(t,\xi)=0,\quad (t,\xi)\in[0,\infty)\times\partial D,\end{cases} \tag{4.3.3}$$

其中 $D\subset\mathbb{R}^d$ 是边界 ∂D 具有充分正则性的有界开集, κ 表示阻尼系数, 函数 $a:\mathbb{R}\times Z_1\to\mathbb{R}$ 和 $b:\mathbb{R}\times Z\backslash Z_1\to\mathbb{R}$ 满足条件

(H1) $a(\cdot),b(\cdot)$ 是可测函数, 并且存在常数 $\nu_a>0$ 满足

$$a(0,z)\equiv 0,$$
$$|a(x,z)-a(y,z)|^2\leqslant\nu_a|x-y|^2|z|^2.$$

定义 4.3.1　称一个 $V\times H$ 值的 $(\bar{\mathcal{F}}_t)_{t\geqslant 0}$ 适应过程 $X=(X(t))_{t\geqslant 0}=(u(t),v(t))_{t\geqslant 0}$ 为方程 (4.3.3) 的满足初值 $X(0)=(\phi,\psi)\in V\times H$ 的弱解, 如果 $X(t)$ 满足

(1) 对任意的 $T>0$, P-a.s. 都有 $X\in C([0,T];V)\times D([0,T];H)$,

(2) 对于任意的测试函数 $\phi=(\varphi_1,\varphi_2)\in D(A^*)$, 当 $t\geqslant 0$, 几乎必然地满足

$$\langle X^{\mathrm{T}}(t),\phi\rangle=\langle X^{\mathrm{T}}(0),\phi\rangle+\int_0^t\langle X^{\mathrm{T}}(s),A^*\phi\rangle\mathrm{d}s+\int_0^t\langle G(X^{\mathrm{T}}(s)),\phi\rangle\mathrm{d}s, \tag{4.3.4}$$

其中 $X^{\mathrm{T}}(t)=(u(t),v(t))^{\mathrm{T}}$, A^* 是 A 的伴随算子,

$$A=\begin{bmatrix}0 & I\\ -\Delta u & -\kappa I\end{bmatrix},$$

$$G(X^{\mathrm{T}}(t))=\begin{bmatrix}0\\ \displaystyle\int_{Z_1}a(u(t-,\xi),z)\dot{\tilde{N}}(\mathrm{d}z,\mathrm{d}t)+\int_{Z\backslash Z_1}b(u(t-,\xi),z)\dot{N}(\mathrm{d}z,\mathrm{d}t)\end{bmatrix}.$$

引理 4.3.1[7]引理 3.1 假设 $h\in L^2(L^2([0,T]\times Z_1;V))$, $Y(0)=(\phi,\psi)\in V\times H$, 则对任意的 $T>0$, 方程

$$\begin{cases}\mathrm{d}u(t)=v(t)\mathrm{d}t,\\ \mathrm{d}v(t)=-[\kappa v(t)+Au(t)]\mathrm{d}t+\displaystyle\int_{Z_1}h(t-,z)\tilde{N}(\mathrm{d}z,\mathrm{d}t),\\ u(0)=\phi,\quad v(0)=\psi\end{cases}\tag{4.3.5}$$

存在唯一的弱解 $(Y(t))_{t\geqslant 0}=(u(t),v(t))\in C([0,T];V)\times D([0,T];H)$.

证明 先定义函数

$$g(t)=\int_0^t\int_{Z_1}h(s,z)\tilde{N}(\mathrm{d}z,\mathrm{d}s),\quad t\geqslant 0.$$

注意到 $h\in L^2(L^2([0,T]\times Z_1;V))$, $g(t)\in L^2([0,T];V)$, 因此先考虑下面的系统

$$\begin{cases}\mathrm{d}u(t)=[\bar{v}(t)+g(t)]\mathrm{d}t,\\ \mathrm{d}\bar{v}(t)=-[\kappa(\bar{v}(t)g(t))+Au(t)]\mathrm{d}t.\end{cases}\tag{4.3.6}$$

由文献 [8] 可知, 系统 (4.3.6) 存在唯一的弱解 $(u(t),\bar{v}(t))\in C([0,T];V)\times C([0,T];H)$. 令 $v(t)=\bar{v}(t)+g(t)$, 则 $Y(t)=(u(t),v(t))$ 是方程组 (4.3.5) 的解, 并且 $Y(t)\in C([0,T];V)\times D([0,T];H)$, 引理证毕. □

引理 4.3.2[7]命题 3.2 如果条件 (H1) 成立, 则对任意的 $X(0)=(\phi,\psi)\in V\times H$, 系统

$$\begin{cases}\mathrm{d}u(t)=v(t)\mathrm{d}t,\\ \mathrm{d}v(t)=-[\kappa v(t)+Au(t)]\mathrm{d}t+\displaystyle\int_{Z_1}a(u(t-),z)\tilde{N}(\mathrm{d}z,\mathrm{d}t),\\ u(0)=\phi,\quad v(0)=\psi\end{cases}\tag{4.3.7}$$

存在唯一的弱解 $X=X(t)=(u(t),v(t))\in C([0,T];V)\times D([0,T];H),t\geqslant 0$.

证明 考虑下面的迭代系统

$$\begin{cases}\mathrm{d}u^{n+1}(t)=v^{n+1}(t)\mathrm{d}t,\\ \mathrm{d}v^{n+1}(t)=-[\kappa v^{n+1}(t)+Au^{n+1}(t)]\mathrm{d}t+\displaystyle\int_{Z_1}a(u^n(t-),z)\tilde{N}(\mathrm{d}z,\mathrm{d}t),\\ u^{n+1}(0)=\phi,\quad v^{n+1}(0)=\psi.\end{cases}\tag{4.3.8}$$

构造 $(\tilde{\mathcal{F}}_t)_{t\geqslant 0}$ 适应的随机过程 $(X^n)_{n\geqslant 0}$ 如下

$$\begin{aligned}&X^0(t)=X(0),\quad t\geqslant 0,\\&X^{n+1}=(X^{n+1}(t))_{t\geqslant 0}=(u^{n+1}(t),v^{n+1}(t))\in C([0,T];V)\times D([0,T];H),\end{aligned}$$

则 X^{n+1} 是系统 (4.3.8) 的唯一弱解.

接下来, 证明 $(X^n)_{n\geqslant 1}$ 在空间 $C([0,T];V)\times D([0,T];H)$ 中的 Cauchy 列. 利用 Itô 公式到 $|v^{n+1}(t)-v^n(t)|$ 后得到

$$\begin{aligned}&|X^{n+1}(t)-X^n(t)|^2_{V\times H}\\&=||u^{n+1}(t)-u^n(t)||^2+|v^{n+1}(t)-v^n(t)|\\&=-2\kappa\int_0^t|v^{n+1}(s)-v^n(s)|^2\mathrm{d}s+2\int_0^t\int_{Z_1}|a(u^n(s),z)-a(u^{n-1}(s),z)|^2\pi(\mathrm{d}z)\mathrm{d}s\\&\quad+\int_0^t\int_{Z_1}[|(v^{n+1}(s-)-v^n(s-))+(a(u^n(s),z)-a(u^{n-1}(s),z))|^2\\&\quad-|(v^{n+1}(s-)-v^n(s-))|^2]\tilde{N}(\mathrm{d}z,\mathrm{d}s).\end{aligned}\tag{4.3.9}$$

由条件 (H1) 和 Poincaré 不等式可得

$$2\int_0^t\int_{Z_1}|a(u^n(s),z)-a(u^{n-1}(s),z)|^2\pi(\mathrm{d}z)\mathrm{d}s\tag{4.3.10}$$

$$\leqslant 2\nu_a\int_0^t\int_0^t\int_{Z_1}|u^n(s)-u^{n-1}(s)|^2|z|^2\pi(\mathrm{d}z)\mathrm{d}s\tag{4.3.11}$$

$$=\frac{2\bar{\theta}\nu_a}{\lambda_1}\int_0^t||u^n(s)-u^{n-1}(s)||^2\mathrm{d}s.\tag{4.3.12}$$

当 $t\geqslant 0$ 时, 定义算子

$$\begin{aligned}I(t)=&2\int_0^t\int_{Z_1}\langle v^{n+1}(s-)-v^n(s-),a(u^n(s-),z)-a(u^{n-1}(s-),z)\rangle\tilde{N}(\mathrm{d}z,\mathrm{d}s)\\&+\int_0^t\int_{Z_1}|a(u^n(s-),z)-a(u^{n-1}(s-),z)|^2\tilde{N}(\mathrm{d}z,\mathrm{d}s)\\=&I_1(t)+I_2(t).\end{aligned}$$

直接计算后得到

$$[I_1,I_1]_t^{\frac{1}{2}}$$

$$=2\left[\int_0^t\int_{Z_1}\langle v^{n+1}(s-)-v^n(s-),a(u^n(s-),z)-a(u^{n-1}(s-),z)\rangle^2N(\mathrm{d}z,\mathrm{d}s)\right]^{\frac{1}{2}}\tag{4.3.13}$$

$$\leqslant 2\left[\int_0^t\int_{Z_1}|v^{n+1}(s-)-v^n(s-)||a(u^n(s-),z)-a(u^{n-1}(s-),z)|^2N(\mathrm{d}z,\mathrm{d}s)\right]^{\frac{1}{2}}$$

$$\leqslant 2\sup_{0\leqslant s\leqslant t}|v^{n+1}(s-)-v^n(s-)|^2$$
$$\cdot\left[\int_0^t\int_{Z_1}|a(u^n(s-),z)-a(u^{n-1}(s-),z)|^2N(\mathrm{d}z,\mathrm{d}s)\right]^{\frac{1}{2}}$$
$$\leqslant\frac{1}{4\sqrt{6}}\sup_{0\leqslant s\leqslant t}|v^{n+1}(s-)-v^n(s-)|^2$$
$$+4\sqrt{6}\int_0^t\int_{Z_1}|a(u^n(s-),z)-a(u^{n-1}(s-),z)|^2N(\mathrm{d}z,\mathrm{d}s).$$

再由 Davis 不等式和 Poincaré 不等式得到

$$\begin{aligned}\mathbf{E}\left[\sup_{0\leqslant s\leqslant t}|I_1(s)|\right]&\leqslant 2\sqrt{6}\mathbf{E}[I_1,I_1]_t^{\frac{1}{2}}\\&\leqslant\frac{1}{2}\mathbf{E}\left[\sup_{0\leqslant s\leqslant t}|v^{n+1}(s-)-v^n(s-)|^2\right]\\&\quad+\frac{48\bar{\theta}\nu_a}{\lambda_1}\int_0^t\mathbf{E}||u^n(s)-u^{n-1}(s)||^2\mathrm{d}s.\end{aligned}$$

类似地,

$$\begin{aligned}&[I_2,I_2]_t^{\frac{1}{2}}\\&=\left[\int_0^t\int_{Z_1}|a(u^n(s-),z)-a(u^{n-1}(s-),z)|^4N(\mathrm{d}z,\mathrm{d}s)\right]^{\frac{1}{2}}\\&\leqslant\nu_a\left[\int_0^t\int_{Z_1}|u^n(s-)-u^{n-1}(s-)|^4z^4N(\mathrm{d}z,\mathrm{d}s)\right]^{\frac{1}{2}}\\&\leqslant\frac{1}{16\sqrt{6}}\sup_{0\leqslant s\leqslant t}||u^n(s-)-u^{n-1}(s-)||^2\\&\quad+\sqrt{4\sqrt{6}\nu_a^2\lambda_1^2}\int_0^t\int_{Z_1}||u^n(s-)-u^{n-1}(s-)||^2z^4N(\mathrm{d}z,\mathrm{d}s).\end{aligned}\tag{4.3.14}$$

注意到 $\int_{Z_1}|z|^4\pi(\mathrm{d}z)\leqslant\bar{\theta}$, 于是

$$\mathbf{E}\left[\sup_{0\leqslant s\leqslant t}|I_2(s)|\right]$$
$$\leqslant\frac{1}{8}\mathbf{E}\left[\sup_{0\leqslant s\leqslant t}||u^n(s)-u^{n-1}(s)||^2\right]+\frac{48\bar{\theta}\nu_a^2}{\lambda_1^2}\int_0^t\mathbf{E}||u^n(s)-u^{n-1}(s)||^2\mathrm{d}s.$$

接下来估计 $||u^{n+1}(t)-u^n(t)||^2$ 和 $|v^{n+1}(t)-v^n(t)|$, 由 (4.3.9) 和 (4.3.10) 可得, 当 $t>0$ 时,

$$\mathbf{E}\left[\sup_{0\leqslant s\leqslant t}||u^n(s)-u^{n-1}(s)||^2\right]+\mathbf{E}\left[\sup_{0\leqslant s\leqslant t}|v^{n+1}(s)-v^n(s)|^2\right]$$
$$\leqslant\frac{2\bar{\theta}\nu_a}{\lambda_1}\mathbf{E}\int_0^t||u^n(s)-u^{n-1}(s)||^2\mathrm{d}s+\mathbf{E}\left[\sup_{0\leqslant s\leqslant t}I_1(s)\right]+\mathbf{E}\left[\sup_{0\leqslant s\leqslant t}I_2(s)\right].$$

再由 (4.3.14) 和 (4.3.14) 得到

$$\mathbf{E}\left[\sup_{0\leqslant s\leqslant t}||u^n(s)-u^{n-1}(s)||^2\right]+\mathbf{E}\left[\sup_{0\leqslant s\leqslant t}|u^{n+1}(s)-u^n(s)|^2\right]$$
$$\leqslant\frac{1}{8}\mathbf{E}\left[\sup_{0\leqslant s\leqslant t}||u^n(s)-u^{n-1}(s)||^2\right]+C_1\mathbf{E}\left[\int_0^t||u^n(s)-u^{n-1}(s)||^2\mathrm{d}s\right]$$
$$+\frac{1}{2}\mathbf{E}\left[\sup_{0\leqslant s\leqslant t}|v^{n+1}(s)-v^n(s)|^2\right],$$

其中 $C_1=\dfrac{50\bar{\theta}\nu_a\lambda_1+48\bar{\theta}\nu_a^2}{\lambda_1^2}$, 于是

$$\mathbf{E}\left[\sup_{0\leqslant s\leqslant t}||u^n(s)-u^{n-1}(s)||^2\right]$$
$$\leqslant\frac{1}{8}\mathbf{E}\left[\sup_{0\leqslant s\leqslant t}||u^n(s)-u^{n-1}(s)||^2\mathrm{d}s\right]+C_1\mathbf{E}\left[\int_0^t||u^n(s)-u^{n-1}(s)||^2\mathrm{d}s\right].$$

类似可得

$$\mathbf{E}\left[\sup_{0\leqslant s\leqslant t}||v^{n+1}(s)-v^n(s)||^2\right]$$
$$\leqslant-2\kappa\mathbf{E}\left[\int_0^t|v^{n+1}(s)-v^n(s)|^2\mathrm{d}s\right]+\frac{2\bar{\theta}\nu_a}{\lambda}\mathbf{E}\left[\int_0^t||u^n(s)-u^{n-1}(s)||^2\mathrm{d}s\right]$$
$$+\mathbf{E}\left[\sup_{0\leqslant s\leqslant t}I_1(s)\right]+\mathbf{E}\left[\sup_{0\leqslant s\leqslant t}I_2(s)\right],$$

$$\mathbf{E}\left[\sup_{0\leqslant s\leqslant t}|v^{n+1}(s)-v^n(s)|^2\right]$$
$$\leqslant-2\kappa\ \mathbf{E}\left[\int_0^t|v^{n+1}(s)-v^n(s)|^2\mathrm{d}s\right]+C_1\mathbf{E}\left[\int_0^t||u^n(s)-u^{n-1}(s)||^2\mathrm{d}s\right]$$
$$+\frac{1}{8}\mathbf{E}\left[\sup_{0\leqslant s\leqslant t}||u^n(s)-u^{n-1}(s)||^2\right]+\frac{1}{2}\mathbf{E}\left[\sup_{0\leqslant s\leqslant t}|v^{n+1}(s)-v^n(s)|^2\right].$$

于是

$$\mathbf{E}\left[\sup_{0\leqslant s\leqslant t}||v^{n+1}(s)-v^n(s)||^2\right]$$
$$\leqslant-4\kappa\mathbf{E}\int_0^t|v^{n+1}(s)-v^n(s)|^2\mathrm{d}s+\frac{1}{4}\mathbf{E}\left[\sup_{0\leqslant s\leqslant t}||u^n(s)-u^{n-1}(s)||^2\mathrm{d}s\right]$$

$$+2C_1\mathbf{E}\left[\int_0^t ||u^n(s)-u^{n-1}(s)||^2\mathrm{d}s\right].$$

因此, 当 $t>0$ 时,

$$\begin{aligned}&\mathbf{E}\left[\sup_{0\leqslant s\leqslant t}|X^{n+1}(t)-X^n(t)|^2_{V\times H}\right]\\&\leqslant -4\kappa\mathbf{E}\int_0^t |v^{n+1}(s)-v^n(s)|^2\mathrm{d}s+\frac{3}{8}\mathbf{E}\left[\sup_{0\leqslant s\leqslant t}|X^n(s)-X^{n-1}(s)|^2_{V\times H}\mathrm{d}s\right]\\&\quad +3C_1\mathbf{E}\left[\int_0^t |X^n(s)-X^{n-1}(s)|^2_{V\times H}\mathrm{d}s\right].\end{aligned}\tag{4.3.15}$$

对每个 $0<t\leqslant T$, 令

$$V^n(t)=\mathbf{E}\left[\sup_{0\leqslant s\leqslant t}||v^{n+1}(s)-v^n(s)||^2\right],\quad n\geqslant 0,$$

则 (4.3.15) 可写成

$$V^n(t)\leqslant \frac{3}{8}V^{n-1}(t)+3C_1\int_0^t V^{n-1}(s)\mathrm{d}s,\quad n\geqslant 1.$$

因此, 存在常数 $C_T>0$ 使得

$$V^n(t)\leqslant C_T\sum_{i=0}^n C_n^i\left(\frac{3}{8}\right)^{n-i}\frac{C_T^i}{i!}\leqslant C_T\left(\frac{3}{4}\right)^n \mathrm{e}^{\left(\frac{8C_T}{3}\right)},$$

这表明存在一个随机过程 $X\in C([0,T];V)\times D([0,T];H)$ 满足

$$\lim_{n\to\infty}\mathbf{E}\left[\sup_{0\leqslant s\leqslant t}|X^{n+1}(t)-X^n(t)|^2_{V\times H}\right]=0.\tag{4.3.16}$$

令系统 (4.3.8) 中的 $n\to+\infty$, 可知 $X(t)$ 是系统 (4.3.7) 的一个弱解. 再利用 Itô 公式和 Gronwall 不等式可得到弱解的唯一性. 从而定理证毕. □

定理 4.3.1[7]定理 3.3 如果条件 (H1) 成立, 则对任意的 $X(0)=(\phi,\psi)\in V\times H$, 系统 (4.3.7) 存在唯一的整体弱解 $X=X(t)=(u(t),v(t)),t\geqslant 0$.

证明 由于 $\pi(Z\backslash Z_1)<\infty$, 则随机过程 $(N(Z\backslash Z_1\times[0,t]))_{t\geqslant 0}$ 在 $\mathbb{R}^+$ 的每个有限区间上只有有限个跳, 即存在递增的跳时刻 $0<\tau_1<\tau_2<\cdots<\tau_n<\cdots$, 并且 $(N(A\times[0,t]))_{(A,t)\in\mathcal{B}(Z\backslash Z_1)\times\mathbb{R}^+}$ 能被一个 Z- 值, 定义域为 $\mathbb{R}^+$ 上的可数子集 D_p 的点过程 $(p(t))_{t\geqslant 0}$ 来表示, 即当 $t>0,A\in\mathcal{B}(Z\backslash Z_1)$ 时,

$$N(A\times[0,t])=\sum_{s\in D,s\leqslant t}1_A(p(s)).\tag{4.3.17}$$

因此, 当 $k=1,2,\cdots$, $\tau_k \in \{t\in D_p:\ p(t)\in Z\backslash Z_1\}$. 对每个 $k\in\mathbb{N}$, 容易证明 τ_k 是 $(\bar{\mathcal{F}}_t)_{t\geqslant 0}$ 停时, 并且当 $k\to\infty$ 时, $\tau_k\to\infty$.

对每个 $T\in(0,\tau_1)$, 由引理 4.3.2 可知, 系统 (4.3.7) 在 $(0,\tau_1)$ 上存在唯一的弱解 $X^0\in C([0,T];V)\times D([0,T];H)$. 定义

$$X^1=\begin{cases} X^0(t), & t\in[0,\tau_1),\\ X^0(\tau_1-)+\begin{bmatrix} 0, \\ b(u(\tau_1-)),p(\tau_1-) \end{bmatrix}, & t=\tau_1. \end{cases}$$

于是, 在 $[0,\tau_1]$ 上, $X^1(t)$ 是方程 (4.3.7) 的唯一弱解. 接下来, 定义

$$\begin{cases} \tilde{X}_0^1=X^1(\tau_1),\\ \tilde{p}(t)=p(t+\tau_1),\\ D_{\tilde{p}}=\{t\geqslant 0; t+\tau_1\in D_p\},\\ \tilde{\mathcal{F}}_t=\tilde{\mathcal{F}}_{t+\tau_1}, \end{cases}$$

注意到 $\tau_2-\tau_1\in\{t\in D_{\tilde{p}};\tilde{p}(t)\in Z\backslash Z_1\}$, 类似 $(X^1(t))_{0\leqslant t\leqslant\tau_1}$ 的构造, 可以得到 $(\tilde{X}^1(t))_{0\leqslant t\leqslant\tau_2-\tau_1}$, 于是, 构造

$$X^2=\begin{cases} X^1(t), & 0\leqslant t\leqslant\tau_1,\\ \tilde{X}^1(t-\tau_1), & \tau_1\leqslant t\leqslant\tau_2, \end{cases}$$

则当 $t\in[0,\tau_2]$ 时, $X^2(t)$ 是方程的唯一弱解, 继续下去, 可以得到方程 (4.3.7) 的唯一的整体弱解 $X(t)$, 于是, 定理证毕. □

定理 4.3.2[7]定理 4.5 *如果三元组* (ν_a,ν_b,κ) *满足*

$$\frac{\bar{\theta}\nu_a+2\underline{\theta}\nu_b}{\lambda_1}<\delta_0,\quad \kappa>\underline{\theta}, \tag{4.3.18}$$

则转移半群 $(\mathcal{P}_t)_{t\geqslant 0}$ *在* $(V\times H,\mathcal{B}(V\times H))$ *存在唯一的不变测度* $\nu(\cdot)$.

§4.4 Lévy 过程驱动的非 Lipschitz 系数的随机发展方程

这一节考虑 Lévy 过程驱动的非 Lipschitz 系数的随机发展方程

$$\begin{cases} \mathrm{d}u=[Au+F(u)]\mathrm{d}t+G\mathrm{d}L_t,\\ u(0)=u_0\in H, \end{cases} \tag{4.4.1}$$

其中 L_t 是平方可积的均值为零的 Lévy 过程, 其再生核空间嵌入到 Hilbert 空间 U 中, $G:U\to H$ 是线性算子, F 是定义在 H 上的非线性算子, 不满足 Lipschitz 条

件. 我们在算子 A 和 F 为 m- 耗散假设下, 利用 Yosida 近似方法和不动点定理来证明方程 (4.4.1) 存在唯一的 Càdlàg 解.

为便于读者阅读, 先给出下微分和 m 耗散的定义和性质, 然后再给出方程 (4.4.1) 解的存在唯一性证明.

定义 4.4.1

$$\partial|x|_B = \{x^* \in B^* : |x+y|_B - |x|_B \geqslant \langle x^*, y\rangle, \forall y \in B\}.$$

命题 4.4.1[10]命题 10.1 设 $u:[0,T] \to B$ 连续函数, 其左导数

$$\frac{\mathrm{d}^- u}{\mathrm{d}t}(t_0) = \lim_{\varepsilon \to 0, \varepsilon < 0} \frac{u(t_0+\varepsilon) - u(t_0)}{\varepsilon}$$

在 $t_0 \in [0,T]$ 处存在, 则 $\gamma(t) = |u(t)|_B, t \in [0,T]$ 是 t_0 处的左导数, 并且

$$\frac{\mathrm{d}^-\gamma}{\mathrm{d}t}(t_0) = \min\left\{\left\langle x^*, \frac{\mathrm{d}^- u}{\mathrm{d}t}(t_0)\right\rangle : x^* \in \partial|u(t_0)|_B\right\}.$$

定义 4.4.2 (1) 称映射 $F: D(F) \subset B \to B$ 是耗散的, 如果对任意的 $x, y \in D(F)$, 存在一个 $z^* \in \partial|x-y|_B$, 使得 $\langle z^*, F(x) - F(y)\rangle \leqslant 0$.

(2) 称耗散映射 F 是 m-耗散的 (最大耗散的), 如果对某个 $\lambda > 0$ (进而是任意的 $\lambda > 0$), $\lambda I - F$ 的象是整个空间 B.

(3) 称映射 F 是几乎 m-耗散的, 如果对某个 $\eta \in \mathbb{R}$, $F + \eta I$ 是 m- 耗散的.

定义 4.4.3 如果 F 是 m-耗散映射, $\alpha > 0$, 则 F 的 Yosida 近似 F_α 定义为

$$F_\alpha(x) = F(J_\alpha(x)) = \frac{1}{\alpha}(J_\alpha(x) - x), \quad x \in B,$$

其中 $J_\alpha(x) = (I - \alpha F)^{-1}(x), x \in B$.

关于算子 F_α 和 J_α 的性质如下:

命题 4.4.2[10]命题 10.2 设 $F: D(F) \to B$ 是 m-耗散映射, 则有

(1) 对所有的 $\alpha > 0, x, y \in B$, $|J_\alpha(x) - J_\alpha(y)|_B \leqslant |x-y|_B$,

(2) 当 $\alpha > 0$ 时, 映射 F_α 都是耗散的, 并且是 Lipschitz 连续的, 即

$$|F_\alpha(x) - F_\alpha(y)|_B \leqslant \frac{2}{\alpha}|x-y|_B, \quad \forall x, y \in B,$$

并且 $|F_\alpha(x)|_B \leqslant |F(x)|_B, \forall x \in D(F)$.

(3) $\lim\limits_{\alpha \to 0}(x) = x, \forall x \in \overline{D(F)}$.

命题 4.4.3[10]命题 10.3 设 H 为 Hilbert 空间, $F: D(F) \to H$ 是 H 上的 m- 耗散映射, $\alpha > 0, \beta > 0$, 则对任意的 $x, y \in H$,

$$\langle x-y, F_\alpha(x) - F_\alpha(y)\rangle_H \leqslant (\alpha+\beta)(|F_\alpha(x)|_H + |F_\beta(y)|_H)^2.$$

下面的命题给出了关于 m- 耗散生成元的性质.

命题 4.4.4[10]命题 10.4　设 $(A, D(A))$ 是 Banach 空间 S 上的 C_0 半群 S 的生成元, 则下面的条件是等价的:

(1) $||S(t)||_{L(B,B)} \leqslant 1, \forall t \geqslant 0$.

(2) A 是 m- 耗散的.

(3) 对任意的 $x \in D(A)$ 及某个 $x^* \in \partial|x|_B$, $\langle x^*, Ax\rangle \leqslant 0$.

(4) 对任意的 $x \in D(A)$ 及任意的 $x^* \in \partial|x|_B$, $\langle x^*, Ax\rangle \leqslant 0$.

记 Z_A 是 Lévy Ornstein-Uhlenbeck 过程

$$Z_A(t) = \int_0^t S(t-s)G\mathrm{d}Z(s), \quad t \geqslant 0.$$

设 B 是连续嵌入到 H 上的自反的 Banach 空间, 算子 A 和 F 满足下面假设.

(H2) A, F 及其在 B 上的限制 A_B, F_B 在 H 和 B 上分别是几乎 m- 耗散的, 并且 $B \subset D(F)$, F 将 B 中的有界集映到 H 中的有界集.

(H3) 随机过程 Z_A 在 B 中是 Càdlàg 的, 且对所有的 $T > 0$, P-a.s.

$$\int_0^T |F(Z_A(t))|_B \mathrm{d}t < \infty.$$

定义 4.4.4　称一个适应的 B- 值过程 u 是方程的 Càdlàg 的 Mild 解, 如果 u 在 B 中是 Càdlàg 的, 当 $s \geqslant 0$ 时, $u(s) \in D(F)$, 并且 P-a.s. 满足方程

$$u(t) = S(t)u_0 + \int_0^t S(t-s)F(u(s))\mathrm{d}s + Z_A(t).$$

定理 4.4.1　假设 (H2) 和 (H3) 成立, 则对任意的初值 $u_0 \in B$, 方程 (4.4.1) 都存在唯一的 Càdlàg 的 Mild 解.

证明　对于 $\alpha > 0, \beta > 0$ 及充分小的 $\eta > 0$, 定义 m- 耗散映射 $F + \eta$ 和 $A + \eta$ 的 Yosida 逼近算子 $(F+\eta)_\alpha$ 和 $(A+\eta)_\beta$ 如下

$$\begin{aligned}(F+\eta)_\alpha &= \frac{1}{\alpha}\Big((I - \alpha(F+\eta))^{-1} - I\Big),\\ (A+\eta)_\beta &= \frac{1}{\beta}\Big((I - \beta(A+\eta))^{-1} - I\Big).\end{aligned}$$

设 $v_{\alpha\beta}$ 是下面近似方程

$$\begin{aligned}&\frac{\mathrm{d}^-}{\mathrm{d}t}v_{\alpha\beta}(t) = (A+\eta)_\beta v_{\alpha\beta}(t) + (F+\eta)_\alpha((F+\eta)_\alpha + f(t-))\\ &\qquad\qquad -2\eta v_{\alpha\beta}(t) - \eta f(t-), \quad t \geqslant 0, \qquad (4.4.2)\\ &v_{\alpha\beta}(0) = u_0 \in B,\end{aligned}$$

其中 $f(t-)$ 的左极限是为了证明解 $v_{\alpha\beta}(t)$ 对 $t \geqslant 0$ 都满足方程 (4.4.2) 所必须的. 注意到 Yosida 近似算子是 Lipschitz 的, 因此, 方程 (4.4.2) 存在唯一的连续解. 下面证明在 H 中极限

$$\lim_{\alpha\to 0}\left[\lim_{\beta\to 0} v_{\alpha\beta}(t)\right] = v(t), \quad t \geqslant 0$$

存在, 并且 $v(t)$ 满足确定性方程

$$\frac{\mathrm{d}^-}{\mathrm{d}t}v_{\alpha\beta}(t) = (A+\eta)_\beta v_{\alpha\beta}(t) + (F+\eta)_\alpha((F+\eta)_\alpha + f(t-)) \\ -2\eta v_{\alpha\beta}(t) - \eta f(t-), \quad t \geqslant 0, \tag{4.4.3}$$

$$v_{\alpha\beta}(0) = u_0 \in B, \tag{4.4.4}$$

我们只先证 $\eta = 0$ 的情况. 设 $v_\alpha(t), t \geqslant 0$ 是下面积分方程

$$v_\alpha(t) = S(t)u_0 + \int_0^t S(t-s)F_\alpha(v_\alpha(s) + f(s-))\mathrm{d}s. \tag{4.4.5}$$

注意到 Yosida 近似算子 F_α 在 H 和 B 中都是 Lipschitz 连续的, $f(t-)$ 在 H 和 B 中是 Càdlàg 的, 因此, 方程 (4.4.5) 存在唯一的连续解.

下面证明存在常数 $c > 0$ 使得对所有的 $\alpha > 0$ 及 $t \in [0, T]$, 都有 $|v_\alpha(t)|_B \leqslant c$. 注意到当 $\alpha > 0, \beta > 0$ 时,

$$\begin{aligned} & v_\alpha(t) - v_{\alpha\beta}(t) \\ = & S(t)u_0 - S_\beta(t)u_0 + \int_0^t [S(t-s) - S_\beta(t-s)]F_\alpha(v_\alpha(s) + f(s-))\mathrm{d}s \\ & + \int_0^t S_\beta[F_\alpha(v_\alpha(s) + f(s-)) - F_\alpha(v_{\alpha\beta}(s) + f(s-))]\mathrm{d}s. \end{aligned}$$

对所有的 $t \geqslant 0$ 及任意的 $\xi, \zeta \in B$, 存在 M, ω 和 C_α 满足

$$||S_\beta||_{L(B,B)} \leqslant M\mathrm{e}^{\omega t}, \\ |F_\alpha(\xi) - F_\alpha(\zeta)|_B \leqslant C_\alpha|\xi - \zeta|_B,$$

则有

$$|v_\alpha(t) - v_{\alpha\beta}(t)|_B \tag{4.4.6}$$

$$\leqslant |S(t)u_0 - S_\beta(t)u_0|_B + MC_\alpha\int_0^t \mathrm{e}^{\omega(t-s)}|v_\alpha(s) - v_{\alpha\beta}(s)|_B\mathrm{d}s \\ + \int_0^t |[S_\beta(t-s) - S(t-s)]F_\alpha(v_\alpha(s) + f(s-))|_B\mathrm{d}s. \tag{4.4.7}$$

由 Hille-Yosida 定理可知, 在任何有界区间上, 当 $\beta \to 0$ 时, $S_\beta(t)u_0$ 关于 t 是一致地收敛到 $S(t)u_0$, 并且在 B 的紧子集上 $S_\beta(t)u_0$ 关于 u_0 是一致地收敛到 $S(t)u_0$.

因此, 令 $\beta \to 0$, 由 Gronwall 不等式可得

$$\lim_{\beta\to 0}\sup_{t\leqslant T}|v_\alpha(t)-v_{\alpha\beta}(t)|_B=0,\quad \forall T<\infty. \tag{4.4.8}$$

注意到 $v_{\alpha\beta}$ 是方程 (4.4.2) 的解, 由命题 4.4.1 可知

$$\begin{aligned}\frac{\mathrm{d}^-}{\mathrm{d}t}|v_{\alpha\beta}(t)|_B&=\min\left\{\langle x^*,v_{\alpha\beta}(t)\rangle : x^*\in\partial|v_{\alpha\beta}(t)|_B\right\}\\&=\min\left\{\langle x^*,A_\beta v_{\alpha\beta}(t)+F_\alpha(v_{\alpha\beta}(t)+f(t-))\rangle : x^*\in\partial|v_{\alpha\beta}(t)|_B\right\}.\end{aligned}$$

由于算子 A_β 和 F_α 都是 m- 耗散的, 因此, 由 m- 耗散算子的定义, A_β 的线性性和命题 4.4.2 的 (2) 可得

$$\frac{\mathrm{d}^-}{\mathrm{d}t}|v_{\alpha\beta}(t)|_B\leqslant|F_\alpha(f(t-))|_B\leqslant|F(f(t-))|_B.$$

因此

$$|v_{\alpha\beta}|_B\leqslant|u_0|_B+\int_0^t|F(f(t-))|_B\mathrm{d}s,\quad t\geqslant 0. \tag{4.4.9}$$

再利用 (4.4.8) 可知, 当 $\alpha>0$ 时,

$$|v_\alpha(t)|_B\leqslant|u_0|_B+\int_0^T|F(f(t-))|_B\mathrm{d}s,\quad t\in[0,T].$$

类似地, 当 $t\in[0,T]$, 由命题 4.4.2 和命题 4.4.3 可得

$$\begin{aligned}&\frac{1}{2}\frac{\mathrm{d}^-}{\mathrm{d}t}|v_{\alpha\beta}(t)-v_{\gamma\beta}(t)|_H^2\\&=\left\langle\frac{\mathrm{d}^-}{\mathrm{d}t}(v_{\alpha\beta}(t)-v_{\gamma\beta}(t),v_{\alpha\beta}(t)-v_{\alpha\beta}(t))\right\rangle_H\\&=\langle(A_\beta v_{\alpha\beta}(t)-A_\beta v_{\gamma\beta}(t))+(F_\alpha(v_{\alpha\beta}(t)+f(t-))\\&\quad-F_\gamma(v_{\alpha\beta}(t)+f(t-))),v_{\alpha\beta}(t)-v_{\alpha\beta}(t)\rangle_H\\&\leqslant\langle F_\alpha(v_{\alpha\beta}(t)+f(t-))-F_\gamma(v_{\gamma\beta}(t)+f(t-)),v_{\alpha\beta}(t)-v_{\gamma\beta}(t)\rangle_H.\\&\leqslant(\alpha+\gamma)\big[|F_\alpha(v_{\alpha\beta}(t)+f(t-))|_H+|F_\gamma(v_{\gamma\beta}(t)+f(t-))|_H\big]^2\\&\leqslant(\alpha+\gamma)\big[|F(v_{\alpha\beta}(t)+f(t-))|_H+|F(v_{\gamma\beta}(t)+f(t-))|_H\big]^2.\end{aligned}$$

再由假设 (H2) 和不等式 (4.4.9) 可知, 存在常数 C 使得

$$\frac{1}{2}\frac{\mathrm{d}^-}{\mathrm{d}t}|v_{\alpha\beta}(t)-v_{\gamma\beta}(t)|_H^2\leqslant C(\alpha+\gamma),\quad \forall t\in[0,T].$$

因此

$$|v_{\alpha\beta}(t)-v_{\gamma\beta}(t)|_H^2\leqslant 2C(\alpha+\gamma)T,\quad t\in[0,T].$$

再由 (4.4.8) 可知, 令 $\beta \to 0$, 则有

$$|v_\alpha(t) - v_\gamma(t)|_H^2 \leqslant 2C(\alpha+\gamma)T, \quad \alpha > 0, \gamma > 0,\ t \in [0,T].$$

于是, 当 $\alpha \to 0$ 时, 在 H 中 v_α 在 $[0,T]$ 上关于 t 一致收敛到 $v(t)$.

最后证明 $v(t)$ 是方程 (4.4.3) 的 Mild 解.

注意到空间 K 的自反性和不等式 $||v_\alpha(t)||_B \leqslant C_2||u_0||, t \in [0,T], \alpha > 0$ 可知, B 中的弱收敛序列 $\{v_{\alpha,n}(t)\}$ 弱收敛到 B 中的元素 $v(t) \in B$. 注意到 $\{v_{\alpha,n}(t)\}$ 在 H 中是强收敛的, 并且

$$||v(t)||_B \leqslant C_2||u_0||_B, \quad t \in [0,T].$$

令 $h \in H$, 则有

$$\langle v_\alpha(t), h\rangle_H = \langle S(t)u_0, h\rangle_H + \int_0^t \langle F(J_\alpha(v_\alpha(s) + f(s-))), S^*(t-s)h\rangle_H \mathrm{d}s. \quad (4.4.10)$$

当 $\alpha \to 0$ 时, 在 H 上 $J_\alpha(v_\alpha(s)+f(s-))$ 强收敛到 $v_\alpha(s)+f(s-)$, 并且 $F(J_\alpha(v_\alpha(s)+f(s-)))$ 在 H 上弱收敛到 $F(v_\alpha(s)+f(s-))$.

因此, 令方程 (4.4.10) 中的 $\alpha \to 0$ 得到

$$\langle v(t), h\rangle_H = \langle S(t)u_0, h\rangle_H + \int_0^t \langle S(t-s)F(v(s)+f(s-)), h\rangle_H \mathrm{d}s. \quad (4.4.11)$$

由 h 的任意性即可得到 $v(t)$ 是方程 (4.4.3) 的 Mild 解.

因此, 对任意的 $u_0, v_0 \in B$, 存在常数 c, 使得

$$\sup_{t\in[0,T]} |u(t,u_0)| - u(t,v_0)|_H \leqslant c|u_0 - v_0|_H,$$

这表明 (4.4.3) 的 Mild 解是唯一的, 定理证毕. □

§4.5 Lévy 过程驱动的随机 Burgers 方程的动力学

这一节主要研究从属子 Lévy 过程及 Oenstein-Uhlenbeck 变换的时空正则性, 以及 Lévy 过程驱动的随机 Burgers 方程生成的随机动力系统. 该节内容取自于文献 [4].

由文献 [10] 可知, Lévy 过程 $Y(t)$ 可分解成小跳部分 $Y_1(t)$ 和大跳部分 $Y_2(t)$ 两个部分, 即

$$Y(t) = Y_1(t) + Y_2(t), \quad t \geqslant 0,$$

其中, ν 为 Lévy 过程 Y 的强度测度, Y_1 是强度测度为 $\nu_1(\Gamma) = \nu(\Gamma \bigcap B_U(0,1))$, Y_2 为强度测度为 $\nu_2 = \nu - \nu_1$ 的 Lévy 过程, 则 Y_2 可以看成是强度测度为 ν_2 的补偿

Poisson 过程. 因此, Y_1 和 Y_2 均可以用 Poisson 随机测度 π 来定义, 其中

$$\pi([0,1]\times\Gamma)=\sum_{s\leqslant t}1_{\Gamma}(\Delta Y(s)),\quad \Gamma\in\mathcal{U},\quad \Delta Y(s)=Y(s)-Y(s^-),\quad s\geqslant 0.$$

注意到 π 是一个时齐的 Poisson 随机测度, 则 Y 可以表示为

$$Y(t)=\sum_{s\leqslant t}\Delta Y(s)=\int_0^t\int_U u\pi(\mathrm{d}y,\mathrm{d}s),\quad t\geqslant 0.$$

因此,

$$Y_1(t)=\sum_{s\leqslant t}1_{|\Delta Y(s)|<1}\Delta Y(s)=\int_0^t\int_{|u|<1}u\pi(\mathrm{d}y,\mathrm{d}s),\tag{4.5.1}$$

$$Y_2(t)=\sum_{s\leqslant t}1_{|\Delta Y(s)|\geqslant 1}\Delta Y(s)=\int_0^t\int_{|u|\geqslant 1}u\pi(\mathrm{d}y,\mathrm{d}s).\tag{4.5.2}$$

令 $0<\tau_1<\tau_2<\tau_3<\cdots\to\infty$ 是 Y_2 的跳时刻, 对每个 k, $\Delta Y_2(\tau_k)=\Delta Y(\tau_k)=Y(\tau_k)-Y(\tau_k-)$.

设算子 $\Psi(t),t\in[0,T]$ 是取值于从 U 到 E 的所有线性有界算子组成空间上强可测函数, Y 是 U 值的 Lévy 过程, 则当 $t\geqslant 0$ 时, 可定义随机积分如下

$$\int_0^t\Psi(s)\mathrm{d}Y_2(s)=\sum_{\tau_k\leqslant t}\Psi(\tau_k)\Delta Y_2(\tau_k).$$

由此, 随机积分可分成

$$\int_0^t\Psi(s)\mathrm{d}Y(s)=\int_0^t\Psi(s)\mathrm{d}Y_1(s)+\int_0^t\Psi(s)\mathrm{d}Y_2(s).\tag{4.5.3}$$

对于在 Banach 空间中的非线性发展方程

$$\begin{cases}\mathrm{d}u(t)=(Au(t)+F(u(t)))\mathrm{d}t+\mathrm{d}Y(t),\quad t\geqslant 0,\\ u(0)=u_0,\end{cases}\tag{4.5.4}$$

Langevin 方程

$$\begin{cases}\mathrm{d}X(t)=AX(t)\mathrm{d}t+\mathrm{d}Y(t),\quad t\geqslant 0,\\ X(0)=0\end{cases}\tag{4.5.5}$$

的解为 Y_A. 易知, Y_A 有局部无界的轨道, 在适当的条件下, Y_A 的轨线在 $L^p([0,T];E)$ 中, 则有

$$X(t)=\int_0^t S(t-s)\mathrm{d}Y_1(s)+\int_0^t S(t-s)\mathrm{d}Y_2(s)=X_1(t)+X_2(t).$$

由上述讨论可知

$$X_2(t)=\int_0^t \mathrm{e}^{(t-s)A}\mathrm{d}Y_2(s)=\sum_{\tau_k\leqslant t}\mathrm{e}^{(t-s)A}\Delta Y(\tau_k),\quad t\geqslant 0.$$

定理 4.5.1[4]定理 8.1 如果 $p\in(1,2]$, Z 是类 Sub(p) 中的从属子过程, E 是可分的 p- 型 Banach 空间, 则对某个 $C>0$,

$$\mathbf{E}\int_0^T |X_1(t)|_E^p\mathrm{d}t\leqslant CT\int_0^T |\mathrm{e}^{rA}|_{L(U,E)}^p\mathrm{d}r,$$

当 $\int_0^T |\mathrm{e}^{rA}|_{L(U,E)}^p\mathrm{d}r<\infty$ 时, 也有 $\mathbf{E}\int_0^T |X_1(t)|_E^p\mathrm{d}t<\infty$. 特别地, 如果对某个 $C>0$ 及某个 $\theta\in\left(0,\dfrac{1}{p}\right)$, $|\mathrm{e}^{rA}|_{L(U,E)}\leqslant Cr^{-\theta}, r>0$, 则对某个 C 及所有的 $T>0$, 都有

$$\mathbf{E}\int_0^T |X_1(t)|_E^p\mathrm{d}t\leqslant CT^{2-\theta p}.$$

证明 应用随机 Fubini 定理直接计算得到

$$\begin{aligned}\mathbf{E}\int_0^T |X_1(t)|_E^p\mathrm{d}t&\leqslant C\int_0^T\int_0^t |\mathrm{e}^{(t-s)A}|_{L(U,E)}^p\mathrm{d}s\mathrm{d}t\\&=C\int_0^T\int_0^t |\mathrm{e}^{rA}|_{L(U,E)}^p\mathrm{d}r\mathrm{d}t\leqslant\int_0^T\int_0^T |\mathrm{e}^{rA}|_{L(U,E)}^p\mathrm{d}r\mathrm{d}t\\&=CT\int_0^T |\mathrm{e}^{rA}|_{L(U,E)}^p\mathrm{d}r,\end{aligned}$$

从而该定理得证. □

设 Z_A 是从属子 Lévy 过程相应的 Ornstein-Uhlenbeck 方程

$$\begin{cases}\mathrm{d}X(t)=AX(t)\mathrm{d}t+\mathrm{d}Y(t), & t\geqslant 0.\\ X(0)=x_0\end{cases}\tag{4.5.6}$$

的解, 则有

引理 4.5.1[4]推论 8.1 如果 $p\in(1,2]$, Z 是属于 Sub(p) 的从属子过程, E 是一个可分型的 p-Banach 空间, 则以概率 1, 对所有的 $T>0$, 都有

$$\int_0^T |Z_A(t)|_E^p\mathrm{d}t<\infty.$$

证明 只需考虑过程 $X_2(t)$, 注意到

$$X_2(t)=\int_0^t \mathrm{e}^{(t-s)A}\mathrm{d}Y_2(s)=\sum_{\tau_k\leqslant t}\mathrm{e}^{(t-\tau_k)A}\Delta Y(\tau_k),\quad t\geqslant 0,$$

其中 $0<\tau_1<\tau_2\cdots$ 是 $Y_2(t)$ 的跳时刻, 且 $\Delta Y_2(\tau_k)=Y(\tau_k)-Y(\tau_k-)$. 注意到 X_2 是 U-Càdlàg 但是 E- 值随机过程, X_2 具有几乎必然无界样本轨道.

对任意的 k 和 $\omega\in\Omega$,

$$X_2(t)=S(t-\tau_k)[X_2(\tau_k-)+\Delta Y_2(\tau_k)],\quad t\in[\tau_k,\tau_{k+1}).$$

注意到当 $t\in[0,\tau_1)$ 时, $X_2(t)=0$, 则有 $\int_0^{\tau_1}|X_2(t)|_E^p\mathrm{d}t=0<\infty$. 如果 $k\geqslant 1$, 则有

$$\int_{\tau_k}^{\tau_{k+1}}|X_2(t)|_E^p\mathrm{d}t\leqslant C\int_0^{\tau_{k+1}-\tau_k}|\mathrm{e}^{rA}|_{L(U,E)}^p\mathrm{d}r|X_2(\tau_k-)+\Delta Y_2(\tau_k)|_U^p.$$

由再生核空间的性质可知, $C\int_0^{\tau_{k+1}-\tau_k}|\mathrm{e}^{rA}|_{L(U,E)}^p\mathrm{d}r|X_2(\tau_k-)+\Delta Y_2(\tau_k)|_U^p$ 几乎必然有限, 因此该引理得证. □

引理 4.5.2[4]命题 8.4 如果从属子 Lévy 噪声满足上面的假设, 则以概率 1, 对所有的 $T>0$,

$$\int_0^T|Z_A(t)|_{L^4}^4\mathrm{d}t<\infty.$$

下面考虑 Lévy 过程驱动的随机 Burgers 方程

$$\begin{cases}\mathrm{d}u(t)+[Au+B(u)]\mathrm{d}t=f\mathrm{d}t+\mathrm{d}Y(t), & t\geqslant 0,\\ u(0)=u_0(x).\end{cases}\tag{4.5.7}$$

其中$B(u)=uu_x=\dfrac{1}{2}\dfrac{\mathrm{d}}{\mathrm{d}t}(u^2), u_0\in H=L^2(0,1), V=H_0^{1,2}(0,1)$, $f\in H^{-1,2}(0,1)$, Y 是从属子 Lévy 过程, 其中 $\beta\in\mathrm{Sub}(p), p\in(1,2]$, W 是 $H^{\theta,2}(0,1)$ 柱面 Wiener 过程, $\theta\in(0,1)$.

定义 4.5.1 称 H- 值 $(\mathcal{F}_t)_{t\geqslant 0}$ 适应的 $H^{-s,4}(0,1)$ 值 Càdlàg 过程 $u(t),t\geqslant 0$ 是方程 (4.5.7) 的解, 如果

$$\sup_{0\leqslant t\leqslant T}|u(t)|_H^2+\int_0^T|u(t)|_{L^4(0,1)}^4\mathrm{d}t<\infty,\quad T>0,\text{a.s.},$$

并且对任意的 $\psi\in H^{2,2}(0,1)$ 及 $t>0$, 下面等式几乎必然成立

$$(u(t),\psi)-(u_0,\psi)-\int_0^t(u(s),\Delta\psi)\mathrm{d}s-\frac{1}{2}\int_0^t\int(u^2(s),\nabla\psi)\mathrm{d}s=\int_0^t(f,\nabla\psi)\mathrm{d}s+\langle\psi,Y(t)\rangle.$$

定理 4.5.2[4]定理 8.6 对任意的 $u_0\in H$, 随机 Burgers 方程 (4.5.7) 存在唯一的解 $u(t),t\geqslant 0$, 并且该解映射生成一个随机动力系统.

证明 该定理的证明类似于文献 [3], 在此略. □

定理 4.5.3[4]命题 8.7 如果 $z \in L^4([0,T];L^4(0,1))$, $g \in L^2([0,T];V')$, $v_0 \in H$, 则存在唯一的 $v \in \mathcal{H}^{1,2}(0,T)$ 使得

$$\begin{cases} \dfrac{\mathrm{d}v}{\mathrm{d}t} + Av + B(v,z) + B(z,v) + B(v,v) = g, \quad t \geqslant 0, \\ v(0) = v_0, \end{cases}$$

而且

$$K^2 = \mathrm{e}^{2\int_0^T |z(s)|_{L^4}^4 \mathrm{d}s}, \quad L^2 = |v_0|^2 + 2\int_0^T |g(s)|_{V'}^2 \mathrm{d}s,$$

$$M^2 = |v_0|^2 + 9KL\int_0^T |z(t)|_{L^4}^4 \mathrm{d}t + \int_0^T |g(t)|_{V'}^2 \mathrm{d}t,$$

$$N = |g|_{L^2([0,T];V')} + 2KLM|z|_{L^4([0,T];L^4(0,1))}^2 + \frac{T^{1/4}}{\sqrt{2}}K^{3/2}L^{1/2},$$

则有

$$\sup_{t\in[0,T} |v(t)|^2 \leqslant K^2L^2, \quad \int_0^T |\nabla v(t)|^2 \mathrm{d}t \leqslant M^2,$$

$$\int_0^T |v'(t)|_{V'}^2 \mathrm{d}t \leqslant N^2, \quad \int_0^T |v(t)|_{L^4(0,1)}^4 \mathrm{d}t \leqslant 2T^{1/2}K^3L^3M.$$

进一步地, 映射 $L^2([0,T];V') \times H \ni (g,v_0) \to v \in \mathcal{H}^{1,2}(0,T)$ 是解析的, 其中 v 是方程 (4.5.8) 的唯一解.

§4.6 Lévy 时空白噪声驱动的分数阶偏微分方程

这一节研究由 Lévy 时空白噪声驱动的分数阶偏微分方程, 利用格林函数表示分数阶抛物方程的适度解, 再利用 Banach 空间中的不动点定理来证明解的存在性. 该节内容主要取自文献 [9].

在研究分数阶随机偏微分方程之前, 先介绍要讨论的概率空间及其有关性质. 设 $(\Omega,\mathcal{F},(\mathcal{F}_t)_{t\geqslant 0},P)$ 是滤子为 $(\mathcal{F}_t)_{t\geqslant 0}$ 的概率空间, $(E_i,\mathcal{E},\mu_i), i=1,2$ 是两个 σ-有限的测度空间. 称 $N:(E_1,\mathcal{E}_1,\mu_1)\times(E_2,\mathcal{E}_2,\mu_2)\to \mathbb{N}\cup\{0\}\cup\{\infty\}$ 是定义在 $(E_1,\mathcal{E}_1,\mu_1)$ 上的 Poisson 噪声, 如果对任意的 $A\in\mathcal{E}_1, B\in\mathcal{E}_2$ 及 $n\in\mathbb{N}\cup\{0\}\cup\{\infty\}$, 都有

$$P(N(A,B)=n) = \frac{\mathrm{e}^{-\mu_1(A)\mu_2(B)}[\mu_1(A)\mu_2(B)]^n}{n!}.$$

特别地, 如果 $(E_1,\mathcal{E}_1,\mu_1) = ([0,\infty)\times\mathbb{R}, \mathcal{B}([0,\infty)\times\mathbb{R}), \mathrm{d}t\times\mathrm{d}x)$, 则定义补偿随机鞅测度为

$$M(B,A,t) = N([0,t]\times A, B) - \mu_1([0,t]\times A)\mu_2(B).$$

如果任意的 $(t,A,B)\in[0,\infty)\times\mathcal{B}(\mathbb{R})\times\mathcal{E}_2$, $\mu_1([0,t]\times A)\mu_2(B)<\infty$. 特别地, 令 $\phi: E_1\times E_2\times\Omega\to\mathbb{R}$ 是 $(\mathcal{F}_t)_{t\geqslant 0}$ 可料的函数, 且对任意的 $t>0$ 及任意的 $(A,B)\in\mathcal{E}_1\times\mathcal{E}_2$, 都满足 $\mathbf{E}\left[\int_0^t\int_A\int_B|\phi(s,x,y)|^2\mu_2(\mathrm{d}y)\mathrm{d}x\mathrm{d}s\right]<\infty$.

下面定义平方可积 $(P,(\mathcal{F}_t)_{t\geqslant 0})$ 鞅为随机积分

$$R_t=\int_0^{t^+}\int_A\int_B\phi(s,x,y)M(\mathrm{d}y,\mathrm{d}x,\mathrm{d}s).$$

对某个 $U_0\in\mathcal{E}_2$ 使得 $\mu_2(E_2/U_0)<\infty$, 及 $\int_{U_0}z^2\mu_2(\mathrm{d}z)<\infty$, 引入纯跳 Lévy 时空白噪声的结构为

$$\cdot L(x,t)=\cdot W(t,x)+\int_{U_0}h(t,x,y)\cdot M(dy,x,t)+\int_{E_2/U_0}h_2(t,x,y)\cdot N(\mathrm{d}y,x,t),$$

其中 $h_1,h_2:[0,\infty)\times D\times E_2\to\mathbb{R}$ 是可测函数, $\cdot W(t,x)$ 是定义在 $[0,T]\times\mathbb{R}$ 上的高斯时空白噪声, $\cdot M$ 和 $\cdot N$ 是 Radon-Nikodym 导数, 即对任意的 $(t,x,y)\in[0,\infty)\times\mathbb{R}\times E_2$,

$$\cdot M(\mathrm{d}y,x,t)=\frac{M(\mathrm{d}y,\mathrm{d}x,\mathrm{d}t)}{\mathrm{d}t\times\mathrm{d}x},\quad \cdot N(\mathrm{d}y,x,t)=\frac{N(\mathrm{d}t\times\mathrm{d}x,\mathrm{d}y)}{\mathrm{d}t\times\mathrm{d}x}.$$

考虑 Lévy 时空白噪声 $L(x,t)$ 驱动的分数阶偏微分方程

$$\begin{cases}\dfrac{\partial u(t,x)}{\partial t}=\Delta_\lambda u(t,x)+f(t,x,u(t,x))+\sigma(t,x,u)\dot{L}(t,x),\\ u(0,x)=u_0(x),\end{cases}\tag{4.6.1}$$

其中 $\dot{L}(x,t)$ 是定义在 $(\Omega,\mathcal{F},P)$ 由布朗单和 Poisson 时空白噪声构造的 Lévy 过程, $\Delta_\lambda(0<\lambda\leqslant 2)$ 是 λ 阶分数微分算子, 定义为

$$\widehat{(\Delta_\lambda)(\eta)}=-|\eta|^2\Delta\hat{u}(\eta),\quad u\in D(\Delta_\lambda),\eta\in\mathbb{R}.$$

令格林核 $G_\lambda(t,x)$ 是下面线性方程 Cauchy 问题的基本解

$$\begin{cases}\dfrac{\partial}{\partial t}G_\lambda(t,x)=\Delta_\lambda G_\lambda(t,x),\quad (t,x)\in[0,\infty)\times\mathbb{R},\\ G_\lambda(0,x)=\delta_0(x).\end{cases}$$

由 Fourier 变换可知

$$G_\lambda(t,x)=\mathcal{F}^{-1}(\mathrm{e}^{-t|\cdot|^\lambda})(x)=\int_{\mathbb{R}}\mathrm{e}^{2\mathrm{i}\pi x\xi}\mathrm{e}^{-t|\xi|^\lambda}\mathrm{d}\xi,$$

则对任意的 $(t,x)\in[0,T]\times\mathbb{R}$, 随机分数阶偏微分方程 (4.6.1) 的适度解可表示为

$$\begin{aligned}u(t,x)=&\int_{\mathbb{R}}G(t,x-y)u_0(y)\mathrm{d}y+\int_0^t\int_{\mathbb{R}}G_\lambda(t-s,x-y)f(s,y,u(s,y))\mathrm{d}y\mathrm{d}s\\&+\int_0^t\int_{\mathbb{R}}G_\lambda(t-s,x-y)\sigma(s,y,u(s,y))W(\mathrm{d}y,\mathrm{d}s)\\&+\int_0^t\int_{\mathbb{R}}G_\lambda(t-s,x-y)\sigma(s,y,u(s,y))\psi(s,y)\mathrm{d}y\mathrm{d}s\\&+\int_0^{t^+}\int_{\mathbb{R}}\int_{E_2}G_\lambda(t-s,x-y)\sigma(s,y,u(s,y))h(s,y,z)M(\mathrm{d}z,\mathrm{d}y,\mathrm{d}s),\end{aligned}$$

其中 $\psi(t,y)=\int_{E_2/U_0}h_2(t,y,z)\mu_2(\mathrm{d}z)$, $h(t,y,z)=h_1(t,y,z)1_{U_0}(z)+h_2(t,y,z)1_{E_2/U_0}(z)$.

下面先给出关于格林核的性质, 这在下面定理的证明中非常有用.

引理 4.6.1[9]引理 2.1 设 $\lambda\in(0,2]$, 则格林核函数 $G_\lambda(t,x)$ 是 Lévy 稳态过程, 并满足

(1) 对任意的 $(t,x)\in(0,\infty)\times\mathbb{R}$, $G_\lambda(t,x)\geqslant 0$, $\int_{\mathbb{R}}G_\lambda(t,x)\mathrm{d}x=1$.

(2) 对任意的 $(t,x)\in(0,\infty)\times\mathbb{R}$, $G_\lambda(t,x)=\frac{1}{t^\lambda}G_\lambda(1,t^{-1/t},x)$.

(3) 令 $m\in\mathbb{N}\bigcup\{0\}$, 则存在 $C_m>0$ 使得对任意的 $(t,x)\in(0,\infty)\times\mathbb{R}$,

$$|\partial_x^m G_\lambda(t,x)|\geqslant t^{-\frac{1+m}{\lambda}}\frac{C_m}{1+t^{-2/\lambda}|x|^2}.$$

(4) 对任意的 $s,t\in(0,\infty)$, $G_\lambda(t,\cdot)*G_\lambda(s,\cdot)=G_\lambda(t+s,\cdot)$.

(5) $\int_0^T\int_{\mathbb{R}}G_\lambda^\alpha(t,x)\mathrm{d}s\mathrm{d}t<\infty\Leftrightarrow 1/2<\alpha<1+\lambda$.

先给出一个重要的广义 B-D-G 不等式:

命题 4.6.1[9]命题 2.1 令 $\phi:[0,\infty)\times\mathbb{R}\times E_2\times\Omega\to\mathbb{R}$ 是 $(\mathcal{F}_t)_{t\geqslant 0}$ 可料的, 并且满足

$$\mathbf{E}\left[\int_0^t\int_A\int_B|\phi(s,x,y)|^2\mu_2(\mathrm{d}y)\mathrm{d}x\mathrm{d}s\right]<\infty,\quad\forall t>0,(A,B)\in\mathcal{E}_1\times\mathcal{E}_2.$$

定义随机过程

$$\left\{X_t=\int_0^{t^+}\int_{\mathbb{R}}\int_{E_2}\phi(s,y,z)M(\mathrm{d}z,\mathrm{d}y,\mathrm{d}s),t\geqslant 0\right\},$$

则对于任意的 $T>0$ 及 $p>1$, 存在常数 $C_{p,T}>0$ 使得下面不等式成立

$$\sup_{0\leqslant t\leqslant T}\mathbf{E}[|X_t|^p]\leqslant C_{p,T}\left[\int_0^T\int_{\mathbb{R}}\int_{E_2}(\mathbf{E}[|\phi(s,y,z)|^p])^{\frac{2}{p}}\mu_2(\mathrm{d}z)\mathrm{d}y\mathrm{d}s\right]^{p/2}.$$

定理 4.6.1[9]定理 3.1　如果下面假设成立

(1) f,σ 是一致 Lipschitz 的, 即存在常数 $C>0$, 使得对任意的 $(t,x)\in[0,T]\times\mathbb{R}$, 及 $u,v\in\mathbb{R}$,

$$|f(t,x,u)-f(t,x,v)|+|\sigma(t,x,u)-\sigma(t,x,v)|\leqslant C|u-v|. \tag{4.6.2}$$

(2) 当 $1<\lambda\leqslant 2$, $\dfrac{2(\lambda+1)}{\lambda-1}<p<\infty$,

$$\sup_{0\leqslant t\leqslant T}||\psi(t,\cdot)||_p^p<\infty,\quad \sup_{0\leqslant t\leqslant T}\left\|\int_{E_2}|h(t,\cdot,z)|^2\mu_2(\mathrm{d}z)\right\|_{\frac{p}{2}}^{\frac{p}{2}}<\infty,$$

则对任意由 $\mathbb{R}\times\Omega\to\mathbb{R}$ 的 $\mathcal{F}_0$ 可测的, 满足 $\mathbf{E}[||u_0(\cdot)||_p^p]<\infty$ 的初值 u_0, 方程 (4.6.1) 存在唯一的 Mild 解 $u(t,x)$, 并且当 $\dfrac{2(\lambda+1)}{\lambda-1}<p<\infty$ 时, $\sup\limits_{0\leqslant t\leqslant T}||u(t,\cdot)||_p^p<\infty$.

证明　定义函数空间 $\mathcal{H}$ 为

$$\left\{u: u \text{ 是 } L^p\text{- 值的 RCLL 随机过程, 且} ||u||_H=\left\{\sup_{0\leqslant t\leqslant T}\mathrm{e}^{-\eta t}\mathbf{E}||u(t,\cdot)||_p^p,\eta>0\right\}^{\frac{1}{p}}<\infty\right\},$$

则 H 是 Banach 空间.

定义算子

$$S(u)(t,x)=J_\lambda^0(u)(t,x)+J_\lambda^1(u)(t,x)+J_\lambda^2(u)(t,x)+J_\lambda^3(u)(t,x)+J_\lambda^4(u)(t,x),$$

其中

$$\begin{aligned}
J_\lambda^0(u)(t,x)&=\int_{\mathbb{R}}G(t,x-y)u_0(y)\mathrm{d}y,\\
J_\lambda^1(u)(t,x)&=\int_0^t\int_{\mathbb{R}}G_\lambda(t-s,x-y)f(s,y,u(s,y))\mathrm{d}y\mathrm{d}s,\\
J_\lambda^2(u)(t,x)&=\int_0^t\int_{\mathbb{R}}G_\lambda(t-s,x-y)\sigma(s,y,u(s,y))W(\mathrm{d}y,\mathrm{d}s),\\
J_\lambda^3(u)(t,x)&=\int_0^t\int_{\mathbb{R}}G_\lambda(t-s,x-y)\sigma(s,y,u(s,y))\psi(s,y)\mathrm{d}y\mathrm{d}s,\\
J_\lambda^4(u)(t,x)&=\int_0^t\int_{\mathbb{R}}G_\lambda(t-s,x-y)\sigma(s,y,u(s,y))h(s,y,z)M(\mathrm{d}z,\mathrm{d}y,\mathrm{d}s).
\end{aligned}$$

直接计算可得 (详细推导和计算参阅文献 [9])

$$\begin{aligned}
||J_\lambda^0(u)(t,\cdot)||_p&\leqslant C||u_0(\cdot)||_p<\infty,\\
\mathbf{E}[||J_\lambda^1(u)(t,\cdot)||_p^p]&\leqslant C_{p,T}[1+||u(\cdot)||_H^p]<\infty,\\
\mathbf{E}[||J_\lambda^2(u)(t,\cdot)||_p^p]&\leqslant C_{p,T}[1+||u(\cdot)||_H^p]<\infty,\\
\mathbf{E}[||J_\lambda^3(u)(t,\cdot)||_p^p]&\leqslant C_{p,T}\sup_{0\leqslant t\leqslant T}||\psi(t,\cdot)||_p^p[1+||u(\cdot)||_H^p]<\infty,
\end{aligned}$$

$$\mathbf{E}[||J_\lambda^4(u)(t,\cdot)||_p^p] \leqslant C_{p,T}\left[\sup_{0\leqslant t\leqslant T}\left\|\int_{E_2}|h(t,\cdot,z)|^2\mu_2(\mathrm{d}z)\right\|_{p/2}^{p/2}(1+||u(\cdot)||_H^p)\right] < \infty.$$

由此, 存在常数 $k\in(0,1)$ 使得

$$||S(u)-S(v)||_H = k||u-v||_H.$$

这表明算子 S 在空间 H 上是压缩的, 由压缩映像原理可知, 方程 (4.6.1) 在 H 中存在唯一的解. 因此该定理得证. □

§4.6.1 流的性质

对任意的 $\phi\in L^p, \dfrac{2(1+\lambda)}{\lambda-1}<p<\infty, 1<\lambda\leqslant 2$, 定义

$$\begin{aligned}\Psi_{s,t}(\phi)(x) =& \int_{\mathbb{R}} G(t,x-y)u_0(y)\mathrm{d}y + \int_0^t\int_{\mathbb{R}} G_\lambda(t-s,x-y)f(s,y,u(s,y))\mathrm{d}y\mathrm{d}s\\ &+\int_0^t\int_{\mathbb{R}} G_\lambda(t-s,x-y)\sigma(s,y,u(s,y))W(\mathrm{d}y,\mathrm{d}s)\\ &+\int_0^t\int_{\mathbb{R}} G_\lambda(t-s,x-y)\sigma(s,y,u(s,y))\psi(s,y)\mathrm{d}y\mathrm{d}s\\ &+\int_s^{t^+}\int_{\mathbb{R}}\int_{E_2} G_\lambda(t-s,x-y)\sigma(s,y,u(s,y))h(s,y,z)M(\mathrm{d}z,\mathrm{d}y,\mathrm{d}s),\end{aligned}$$

则有下面主要结论.

定理 4.6.2[9]定理 4.1 如果下面假设成立

(1) f,σ 是一致的 Lipschitz 的, 即存在常数 $C>0$, 使得对任意的 $(t,x)\in[0,T]\times\mathbb{R}$, 及 $u,v\in\mathbb{R}$,

$$|f(t,x,u)-f(t,x,v)|+|\sigma(t,x,u)-\sigma(t,x,v)|\leqslant C|u-v|; \tag{4.6.3}$$

(2) 当 $1<\lambda\leqslant 2, \dfrac{2(\lambda+1)}{\lambda-1}<p<\infty$,

$$\sup_{0\leqslant t\leqslant T}||\psi(t,\cdot)||_p^p<\infty, \quad \sup_{0\leqslant t\leqslant T}\left\|\int_{E_2}|h(t,\cdot,z)|^2\mu_2(\mathrm{d}z)\right\|_{\frac{p}{2}}^{\frac{p}{2}}<\infty,$$

则 $\Psi_{s,t}$ 是一个流.

证明 注意到 $G_\lambda(0,x)=\delta(x), x\in\mathbb{R}$, 显然算子 $\Psi_{t,t}$ 在 P 下几乎必然是恒同算子 I. 直接计算可知

$$\mathbf{E}\left[\left|\int_t^{t^+}\int_{\mathbb{R}}\int_{E_2}\delta_0(x-y)\sigma(r,y,u(r-,y))h(r,y,z)M(\mathrm{d}z,\mathrm{d}y,\mathrm{d}r)\right|^2\right]$$

$$
\begin{aligned}
&= \int_t^{t^+} \int_{\mathbb{R}} \int_{E_2} \delta_0(x-y)\mathcal{E}[\sigma^2(r,y,u(r-,y))h^2(r,y,z)]\mu_2(\mathrm{d}z)\mathrm{d}y\mathrm{d}r \\
&= \int_t^{t^+} \left[\int_{E_2} \mathcal{E}[\sigma^2(r,y,u(r-,y))h^2(r,y,z)]\mu_2(\mathrm{d}z)\right]\mathrm{d}r \\
&= 0.
\end{aligned}
$$

下面验证余环性质, 对任意的 $\phi \in L^p(\Omega), p \in \left(\dfrac{2(1+\lambda)}{\lambda-1}, \infty\right)$, 则有

$$
\begin{aligned}
&\int_{\mathbb{R}} G_\lambda(t-s',x-y)[\Psi_{s,s'}(\phi)](y)\mathrm{d}y \\
&= \int_{\mathbb{R}} G_\lambda(t-s',x-y)\left[\int_{\mathbb{R}} G_\lambda(s'-r,y-\xi)\phi(\xi)\mathrm{d}\xi\right]\mathrm{d}x \\
&\quad + \int_{\mathbb{R}} G_\lambda(t-s',x-y)\left[\int_s^{s'}\int_{\mathbb{R}} G_\lambda(s'-r,y-\xi)f(r,\xi,u(r,\xi))\mathrm{d}\xi\mathrm{d}r\right]\mathrm{d}y \\
&\quad + \int_{\mathbb{R}} G_\lambda(t-s',x-y)\left[\int_s^{s'}\int_{\mathbb{R}} G_\lambda(s'-r,y-\xi)\sigma(r,\xi,u(r,\xi))W(\mathrm{d}\xi,\mathrm{d}r)\right]\mathrm{d}y \\
&\quad + \int_{\mathbb{R}} G_\lambda(t-s',x-y)\left[\int_s^{s'}\int_{\mathbb{R}} G_\lambda(s'-r,y-\xi)\sigma(r,\xi,u(r,\xi))\psi(r,\xi)\mathrm{d}\xi\mathrm{d}r\right]\mathrm{d}y \\
&\quad + \int_{\mathbb{R}} G_\lambda(t-s',x-y)\left[\int_s^{s'+}\int_{\mathbb{R}} G_\lambda(s'-r,y-\xi)\right. \\
&\quad \left.\times\sigma(r,\xi,u(r,\xi))h(r,\xi,z)M(\mathrm{d}z,\mathrm{d}\xi,\mathrm{d}r)\right]\mathrm{d}y.
\end{aligned}
$$

再由广义 Fubini 定理及格林核的性质可得

$$
\begin{aligned}
&\int_{\mathbb{R}} G_\lambda(t-s',x-y)[\Psi_{s,s'}(\phi)](y)\mathrm{d}y \\
&= \int_{\mathbb{R}} G_\lambda(t-r,x-\xi)\phi(\xi)\mathrm{d}\xi + \int_s^{s'}\int_{\mathbb{R}} G_\lambda(t-r,x-\xi)f(r,\xi,u(r,\xi))\mathrm{d}\xi\mathrm{d}r \\
&\quad + \int_s^{s'}\int_{\mathbb{R}} G_\lambda(t-r,x-\xi)\sigma(r,\xi,u(r,\xi))W(\mathrm{d}\xi,\mathrm{d}r) \\
&\quad + \int_s^{s'}\int_{\mathbb{R}} G_\lambda(t-r,x-\xi)\sigma(r,\xi,u(r,\xi))\psi(r,\xi)\mathrm{d}\xi\mathrm{d}r \\
&\quad + \int_s^{s'}\int_{\mathbb{R}} G_\lambda(t-r,x-\xi)\sigma(r,\xi,u(r,\xi))h(r,\xi,z)M(\mathrm{d}z,\mathrm{d}\xi,\mathrm{d}r),
\end{aligned}
$$

则对任意的 $\phi \in L^p(\Omega), p \in \left(\dfrac{2(1+\lambda)}{\lambda-1}, \infty\right)$, 都有

$$
\begin{aligned}
&[\Psi_{s',t}\circ\Psi_{s,s'}](\phi)(x) \\
&= \int_{\mathbb{R}} G_\lambda(t-s',x-y)[\Psi_{s,s'}(\phi)](y)\mathrm{d}y + \int_{s'}^{t}\int_{\mathbb{R}} G_\lambda(t-r,x-\xi)\sigma(r,\xi,u(r,\xi))W(\mathrm{d}\xi,\mathrm{d}r)
\end{aligned}
$$

$$
\begin{aligned}
&+\int_{s'}^{t}\int_{\mathbb{R}}G_\lambda(t-r,x-\xi)\sigma(r,\xi,u(r,\xi))\psi(r,\xi)\mathrm{d}\xi\mathrm{d}r\\
&+\int_{s'}^{t^+}\int_{\mathbb{R}}G_\lambda(t-r,x-\xi)\sigma(r,\xi,u(r,\xi))h(r,\xi,z)M(\mathrm{d}z,\mathrm{d}\xi,\mathrm{d}r)\\
=&\Psi_{s,t}(\phi)(x).
\end{aligned}
$$

即映射 Φ 满足余环性质, 因此该定理得证. □

§4.7 一般 Lévy 噪声驱动的随机偏微分方程的随机吸引子

本节给出一般噪声驱动的随机偏微分方程的随机吸引子的理论框架, 并应用到 Lévy 驱动的随机偏微分方程. 该内容主要取自文献 [11].

考虑一般噪声驱动随机偏微分方程

$$
\begin{cases}
\mathrm{d}X_r = A(X_r)\mathrm{d}r + \mathrm{d}N_r, & r\in[s,t],\\
X_s = x\in H.
\end{cases}
\tag{4.7.1}
$$

假设算子 A 满足下面标准的单调性和强制性条件: 对任意的 $v, v_1, v_2\in V$, 存在常数 $\alpha>1$ 和 $\delta>0, K, C\in\mathbb{R}$ 使得下面条件成立

(H1) (半连续性) 映射 $s\to_{V^*}\langle A(v_1+sv_2),v)\rangle_V$ 在 $\mathbb{R}$ 上是连续的;

(H2) (单调性) $2_{V^*}\langle A(v_1)-A(v_2),v_1-v_2\rangle_V\leqslant C\|v_1-v_2\|_H^2$;

(H3) (强制性) $2_{V^*}\langle A(v),v\rangle_V+\delta\|v\|_V^\alpha\leqslant C+K\|v\|_H^2$;

(H4) (增长条件) $\|A(v)\|_{V^*}\leqslant C(1+\|v\|_V^{\alpha-1})$.

(H5) 假设存在 H 的子空间 S 使得嵌入 $V\subseteq S$ 是连续的, 嵌入 $S\subseteq H$ 是紧的. 令 T_n 是 H 上正定自伴算子使得

$$
\langle x,y\rangle_n=\langle x,T_ny\rangle_H,\quad x,y\in H,\quad n\geqslant 1,
$$

定义 H 上的新内积, 如果对任意的 $x\in S$, 诱导范数 $\|\cdot\|_n$ 与 $\|\cdot\|_H$ 是等价的, 且当 $n\to\infty$ 时, $\|x\|_n\to\|x\|_S$. 进一步地, 假设 $T_n: V\to V, n\geqslant 1$ 是连续的, 且存在常数 $C>0$ 使得

$$
2_{V^*}\langle A(v),T_nv\rangle_V\leqslant C(\|v\|_n^2+1),\quad v\in V,
$$

$$
\sup_{n\in\mathbb{N}}\int_0^{-1}\|T_nN_t\|_V^\alpha\mathrm{d}t\leqslant C.
$$

下面对概率空间作一些基本假设:

设 $(\Omega,\mathcal{F},P,(\theta_t)_{t\in\mathbb{R}})$ 是度量动力系统, 即 $(t,\omega)\to\theta_t(\omega)$ 是 $\mathcal{B}(\mathbb{R})\otimes\mathcal{F}/\mathcal{F}$ 可测的, 对于任意的 $s,t\in\mathbb{R}$, $\theta_0=\mathrm{Id}, \theta_{t+s}=\theta_t\circ\theta_t$, 并且 θ_t 是 P 保测的, 并且

(S1) (严格平稳增量) 对任意的 $t, s \in \mathbb{R}, \omega \in \Omega$,

$$N_t(\omega) - N_s(\omega) = N_{t-s}(\theta_s\omega) - N_0(\theta_s)\omega.$$

(S2) (正则性) 对任意的 $\omega \in \Omega$, 都有 $N_\cdot(\omega) \in L^\alpha_{\text{Loc}}(\mathbb{R}, V) \bigcap L^2_{\text{Loc}}(\mathbb{R}, H)$.

(S3) (联合可测性) $N : \mathbb{R} \times \Omega \to V$ 是 $\mathcal{B}(\mathbb{R}) \otimes \mathcal{F}/\mathcal{B}(V)$ 可测的.

(S4) (次指数增长) 对 P- a.s. $\omega \in \Omega$, $|t| \to \infty$, $N_t(\omega)$ 是下指数增长的, 即对每个 $\lambda > 0$, 都有 $||N_t(\omega)||_V = o(\mathrm{e}^{\lambda|t|})$.

定理 4.7.1[11]定理 1.10 如果当 $\alpha = 2, K = 0$ 或 $\alpha > 2$ 时, 假设条件 (H1)~(H5) 成立, 并且条件 (S1)~(S4) 也满足, 则由随机偏微分方程 (4.7.1) 生成的随机动力系统 ϕ 存在随机吸引子.

如果用更强的假设 (H2′):

(H2′) 存在常数 $\beta \geqslant 2$ 及 $\lambda > 0$ 使得对任意的 $v_1, v_2 \in V$, 都有

$$2_{V^*}\langle A(v_1) - A(v_2), v_1 - v_2\rangle_V \leqslant -\lambda||v_1 - v - 2||^\beta_H.$$

取代 (H2), 则得到的随机吸引子具有简单的结构:

定理 4.7.2[11]定理 1.12 假设 (H1), (H2′), (H3), (H4) 和 (S1)~(S3) 成立. 如果 $\beta = 2$, 就进一步假设 (S4) 也成立, 则由随机偏微分方程 (4.7.1) 生成的随机动力系统 ϕ 存在紧的随机吸引子 $\mathcal{A}(\omega)$, 并且 $\mathcal{A}(\omega)$ 只包含单点集

$$\mathcal{A}(\omega) = \{\eta_0(\omega)\}.$$

特别地, 存在唯一的随机不动点 $\eta_0(\omega)$ 和唯一的不变的随机测度 $\mu \in \mathcal{P}_\Omega(H)$, 即 $\mu_\omega = \delta_{\eta_0(\omega)}$, P-a.s., 而且

(1) 当 $\beta > 2$ 时, 以多项式速度收敛, 并且

$$||S(t, s, \omega)x - \eta_0(\theta_t\omega)||^2_H \leqslant \left\{\frac{\lambda}{2}(\beta - 2)(t - s)\right\}^{-\frac{2}{\beta-2}}, \quad \forall x \in H.$$

(2) 当 $\beta = 2$ 时, 以指数速度收敛, 并且对每个 $\eta \in (0, \lambda)$, 存在随机变量 K_η 使得

$$||S(t, s, \omega)x - \eta_0(\theta_t\omega)||^2_H \leqslant 2(K_\eta(\omega) + ||x||^2_H)\mathrm{e}^{(\lambda-\eta)s}\mathrm{e}^{-\lambda t}, \quad \forall x \in H.$$

下面利用定理 4.7.1 和定理 4.7.2 来研究 Lévy 过程驱动的随机反映扩散方程

$$\mathrm{d}X_t = (\Delta X_t - |X_t|^{p-2}X_t + \eta X_t)\mathrm{d}t + \mathrm{d}N_t, \quad x \in \Lambda \subseteq \mathbb{R}^d \tag{4.7.2}$$

的随机吸引子, 其中 $1 \leqslant p \leqslant 2, \eta$ 是某个常数, N_t 是 V- 值具有平稳增量的几乎必然 Càdlàg 过程, $V = W^{1,2}_0(\Lambda) \subseteq L^2(\Lambda) \subseteq (W^{1,2}_0(\Lambda))^*$.

为了研究随机反应扩散方程 (4.7.2) 的紧随机吸引子的存在性, 需要验证条件 (H1)~(H5) 和 (S1)~(S4) 成立, 为此, 需要下面的几个引理:

引理 4.7.1[11]引理 3.1 设 $(N_t)_{t\in\mathbb{R}}$ 是 V-值具有平稳增量且几乎必然 Càdlàg 轨道, 则存在一个度量动力系统 $(\Omega,\mathcal{F},P,\theta_t)$ 及 $(\Omega,\mathcal{F},P,\theta_t)$ 上的版本 $\tilde{N}_t$ 使得 $\tilde{N}_t$ 满足 (S1)~(S3).

引理 4.7.2[11]引理 3.2 设 V 是可分的 Banach 空间, N_t 是 V-值的 Lévy 过程, 且 Lévy 特征为 (m,R,ν). 假设 $\int_V(||x||_V\vee||x||_V^2)\mathrm{d}\nu(x)<\infty$, 则 P-a.s. $\dfrac{N_t}{|t|}\to\pm\mathbf{E}N_1(t\to\pm\infty)$.

引理 4.7.3[11]引理 3.3 设 $(N_t)_{t\in\mathbb{R}}$ 是度量动力系统 $(\Omega,\mathcal{F},P,\theta_t)$ 取值于 Banach 空间 V 的随机过程, 且满足 (S1). 假设存在常数 $\gamma>1,\alpha>0$ 和 $C\in\mathbb{R}$ 使得

$$\mathbf{E}||N_t-N_s||_V^\gamma\leqslant C|t-s|^{1+\alpha},\quad\forall t,s\in\mathbb{R},$$

则存在 θ_t 不变集 $\Omega_0\subseteq\Omega$, $P(\Omega_0)=1$, 对任意的 $\varepsilon>0,\omega\in\Omega_0$, $0<\beta<\dfrac{\alpha}{\gamma}$ 及区间 $[s_0,t_0]\subseteq\mathbb{R}$, 存在常数 $C_1=C_1(\varepsilon,\omega,\beta),C_2=C_2(\omega,\beta,s_0,t_0)$ 使得

$$||N_t(\omega)||_V\leqslant\varepsilon|t|^2+C-1,\forall t\in\mathbb{R},\quad ||N.(\omega)||_{C^\beta([s_0,t_0];V)}\leqslant C_2.$$

特别地, N_t 满足 (S4).

引理 4.7.4[11]推论 3.3 设 $(N_t)_{t\in\mathbb{R}}$ 是 V-值的具有平稳增量的随机过程, 且有几乎必然的 Càdlàg 样本轨道, 如果 $\mathbf{E}||N_t-N_s||_V^\gamma\leqslant C|t-s|^{1+\alpha},\forall t,s\in\mathbb{R}$ 或者引理 4.7.2 中的假设条件成立, 则存在一个度量动力系统 $(\Omega,\mathcal{F},P,\theta_t)$ 及 $(\Omega,\mathcal{F},P,\theta_t)$ 上的版本 $\tilde{N}_t$ 使得 $\tilde{N}_t$ 满足条件 (S1)~(S4).

定理 4.7.3 由 V-值具有平稳增量的具有几乎必然 Càdlàg 样本轨道的 Lévy 过程 N_t 驱动的随机反应扩散方程 (4.7.2) 解生成的随机动力系统存在紧的随机吸引子.

证明 (1) 由引理 4.7.1 可知, 关于噪声的条件 (S1)~(S3) 成立. 容易验证 (H1)~(H4) 也成立. 当 $\eta\leqslant0$ 时, 容易验证此时 $\beta=2$, 且 (H2′) 也成立, 因此定理 4.7.2 的条件都成立. 由定理 4.7.2 可知, 随机反应扩散方程 (4.7.2) 的解生成的随机动力系统存在紧的随机吸引子.

(2) 由定理 4.7.1 可知, 只需验证 (H5) 成立. 令 $S=W_0^{1,2}(\Lambda)$, Δ 是在 $L^2(\Lambda)$ 中满足 Dirichlet 边值条件的拉普拉斯算子. 定义 $T_n=-\Delta\left(1-\dfrac{\Delta}{n}\right)^{-1}$. 令 $\{P_t\}_{t\geqslant0}$ 为半群, $\mathcal{E}$ 为 Δ 相应的 Dirichlet 形式. 注意到 $T_n=n\left(I-\left(1-\dfrac{\Delta}{n}\right)\right)^{-1}$. 容易证明 T_n 在 $W_0^{1,2}(\Lambda)$ 中是连续的. 于是,

$${}_{V^*}\langle\Delta u,T_nu\rangle_V={}_{V^*}\left\langle\Delta u,-\Delta\left(I-\frac{\Delta}{n}\right)^{-1}u\right\rangle_V={}_{V^*}\left\langle\Delta u,nu-n\left(1-\frac{\Delta}{n}\right)^{-1}u\right\rangle_V$$

$$= -n\int_0^\infty \mathrm{e}^{-t}\langle \nabla u, \nabla u - \nabla P_{\frac{t}{n}}u\rangle_{L^2(\Lambda)}\mathrm{d}t$$
$$\leqslant -n\int_0^\infty \mathrm{e}^{-t}(\mathcal{E}(u,u) - \mathcal{E}(u, P_{\frac{t}{n}}u))\mathrm{d}t \leqslant 0.$$

类似可证,

$$_{V^*}\langle -|u|^{p-2}u + \eta u, T_n u\rangle_V \leqslant \eta ||u||_n^2, \quad u \in W_0^{1,2}(\Lambda).$$

因此假设 (H5) 中第一个不等式成立. 注意到 P_t 在 $W_0^{1,2}(\Lambda)$ 中有界, 且 P-a.s. 的, $N_\cdot(\omega) \in L^2([-1,0]; W^{3,2}(\lambda))$, 直接计算可得

$$\int_{-1}^0 ||T_n N_t||_V^2 \mathrm{d}t = \int_{-1}^0 \left\| -\Delta\left(1 - \frac{\Delta}{n}\right)^{-1} N_t \right\|_V^2 \mathrm{d}t = \int_{-1}^0 \left\| \left(1 - \frac{\Delta}{n}\right)^{-1} (\Delta N_t) \right\|_V^2 \mathrm{d}t$$
$$\leqslant C\int_{-1}^0 ||\Delta N_t||_V^2 \mathrm{d}t < \infty.$$

于是, 假设 (H5) 中第二个不等式也成立. 因此, 由定理 4.7.1 可知, 随机反应扩散方程 (4.7.2) 存在随机吸引子. □

参 考 文 献

[1] Applebaum D. Lévy Processes and Stochastic Calculus, 2nd Edition. Cambridge, UK: Cambridge Univesity, 2009.

[2] Arnold L. Random Dynamical Systems. New York: Springer, 1998.

[3] Zdzislaw Brzezniak. Asymptotic compactness and absorbing sets for stochastic Burgers equations driven by space-time white noise and for some two-dimensional stochastic Navier-Stokes equations on certain unbounded domains//Stochastic Partial Differential Equation and Applications, VII. Lect. Notes Pure APPL Math., 245: 35-52. Chapman and Hall /CRC, Baco Raton (2006).

[4] Zdzislaw Brzezniak and Jerzy Zabczyk. Regularity of Ornstein-Uhlenbeck processes driven by a Lévy white noise. Potential Anal., 2010, 32: 153-188.

[5] 刘显明. Lévy 过程驱动的动力系统的随机渐近现象. 华中科技大学博士学位论文, 2010.

[6] Duan J, Lv K and Schmalfuss B, Smooth stable and unstable manifolds for stochastic evolutionary equations. J.Dynamics and Diff. Eqns., 2004, 16: 949-972.

[7] Bo L J, Shi K H and Wang Y J. On a stochastic wave equation driven by a non-Gaussian Lévy process. J. Theory of Probab., DOI 10.1007/s10959-009-0228-4, 2009.

[8] Lions J L. Equations Differentielles Operationelles et Problemes Aux Limits. Berlin: Springer-Verlag, 1961.

[9] Shi K H and Wang Y J. On a stochastic fractional partial differential equations driven by a Lévy space-times white noise. J. Math. Anal. Appl., 2010, 364: 119-129.

[10] Peszat S and Zabczyk J, Stochastic Partial Differential Equations with Lévy noises-Evolution Equation Approach. Cambridge University Press, 2009.

[11] Gess B, Liu W and Rockner M. Random attractor for a class of stochastic partial differential equations driven by general additive noise. J. Differential Equations, 2011, 251: 1225-1253.

第 5 章　分数布朗运动驱动的随机发展方程

分数布朗运动具有长相依、自相似, 样本轨道是 α- 阶 Hölder 连续的特性, 其样本轨道不是 Markov 过程, 当 $H \neq \frac{1}{2}$ 时, 分数布朗运动 B^H 既不是半鞅, 也不是马氏过程, 使得由分数布朗运动驱动的随机偏微分方程的解的动力学研究变得更加困难和不同.

这一章研究加性和乘性分数布朗运动驱动的随机发展方程生产的随机动力系统的随机吸引子和随机不稳定流形, 本章内容主要取自于文献 [6], [7], [8] 和 [9].

§5.1　加性分数布朗运动驱动的随机微分方程

这一节主要研究加性噪声驱动的有限维随机常微分方程生产的随机动力系统的随机吸引子, 该节内容主要取自文献 [9].

考虑 d- 维随机微分方程

$$\mathrm{d}X_t = f(X_t)\mathrm{d}t + \sum_{j=1}^{m} g_j \mathrm{d}B_t^{(j)}, \quad t \geqslant 0, \tag{5.1.1}$$

其中 $B^{(j)}, i = 1, \cdots, m$ 是 Hurst 参数 $H \in (0,1)$ 独立的双边分数布朗运动, $g_i \in \mathbb{R}^d, g_j \neq 0$, $f: \mathbb{R}^d \to \mathbb{R}^d$ 是连续可微的, 并满足单边 Lipschitz 条件

$$\langle x - y, f(x) - f(y) \rangle \leqslant L|x - y|^2, \quad x, y \in \mathbb{R}^d, \tag{5.1.2}$$

其中 L 是 Lipschitz 常数, 并且对某个 $p^* \geqslant 1$ 和常数 $k > 0$ 使得

$$|f(x)| + |Df(x)| \leqslant K(1 + |x|^{p^*}). \tag{5.1.3}$$

下面研究方程 (5.1.1) 解的存在唯一性. 我们将方程 (5.1.1) 转化成逐条轨道意义下的 Riemann-Stieltjes 积分方程

$$X_t = X_0 + \int_0^t f(X_\tau)\mathrm{d}\tau + \sum_{j=1}^{m} g_i B_\tau^{(j)}, \quad t \geqslant 0. \tag{5.1.4}$$

定理 5.1.1[9]命题 1　如果 f 满足条件 (5.1.2) 和 (5.1.3), 则方程 (5.1.4) 存在唯一的逐条轨道意义下的解 $X = (X_t)_{t \geqslant 0}$, 并且对任意的 T,

$$\sup_{t \in [0,T]} |X_t| \leqslant C\left(|X_0| + \sum_{j=1}^{m} \sup_{t \in [0,T]} |B_t^{(j)}|^{p^*}\right), \tag{5.1.5}$$

其中 C 是确定的, 不依赖于 T.

证明 令 $W_t=\sum_{j=1}^{m}B_t^{(j)}$, 令 $Z_t=X_t-W_t$, 则方程 (5.1.4) 可写成

$$Z_t=X_0+\int_0^t f(Z_\tau+W_\tau)\mathrm{d}\tau,\quad t\geqslant 0. \tag{5.1.6}$$

注意到方程 (5.1.6) 中的被积函数是依轨道连续的, 因此其左边的微分是依轨道可微的. 因此, 对于固定的 $\omega\in\Omega$, 方程 (5.1.6) 是依轨道随机系数微分方程

$$\begin{cases}\dfrac{\mathrm{d}Z_t(\omega)}{\mathrm{d}t}=f(Z_t+W_t),\quad t\geqslant 0,\\ Z_0(\omega)=X_0(\omega).\end{cases} \tag{5.1.7}$$

由于 $f:[0,\infty)\times\mathbb{R}^d\to\mathbb{R}^d$ 关于 t 连续, 关于 x 连续可微, 因此, 方程 (5.1.7) 在 $[0,\tau(\omega)]$ 上存在唯一的局部解, 这表明方程 (5.1.1) 也在 $[0,\tau(\omega)]$ 上存在唯一的局部解.

下面证明方程 (5.1.1) 的解是整体存在的. 我们先证明一个先验估计. 假设 $X=X_t$ 是方程 (5.1.1) 在 $[0,T]$ 上的解, 则 $Z_t=X_t-W_t$ 是方程 (5.1.7) 在 $[0,T]$ 的解. 用 Z_t 与方程 (5.1.7) 两边作内积, 利用 f 的单边耗散条件 (5.1.2) 和 Hölder 不等式可得

$$\begin{aligned}\frac{\mathrm{d}|Z_t|^2}{\mathrm{d}t}&=2(Z_t,f(Z_t+W_t)-f(W_t))+2(Z_t,f(W_t))\\&\leqslant -2L|Z_t|^2+2|f(W_t)|\cdot|Z_t|,\quad t\in[0,T].\end{aligned}$$

两边除以 $|Z_t|$ 整理后得到

$$\frac{\mathrm{d}|Z_t|}{\mathrm{d}t}\leqslant -L|Z_t|+\sup_{t\in[0,T]}|f(W_t)|\cdot|Z_t|,\quad t\in[0,T].$$

直接计算得到

$$|Z_t|\leqslant |X_0|\mathrm{e}^{-Lt}+\frac{1}{L}\left(1-\mathrm{e}^{-Lt}\right)\sup_{s\in[0,T]}|f(W_t)|,\quad t\in[0,T].$$

因此

$$\sup_{t\in[0,T]}|Z_t|\leqslant|X_0|+\frac{1}{L}\sup_{s\in[0,T]}|f(W_t)|.$$

由 f 的多项式增长条件即可得到 (5.1.5), 其中 C 仅仅依赖于 K,L,m,p^* 和 $\max\{|g_i|, i=1,\cdots,m\}$. 再利用 (5.1.5) 即可得到解是整体存在. 定理证毕. □

推论 5.1.1 设 $q\in\mathbb{N}$, 如果 $\mathbf{E}|X_0|^q<\infty$, 则对于任意的 $T>0$, $\mathbf{E}\sup\limits_{t\in[0,T]}|X_t|^q<\infty$.

注意到分数布朗运动当 $|t| \to \infty$ 时具有多项式增长速度, 即对每个 $\omega \in \Omega$, 其中 $\Omega_0 \in \mathcal{F}$ 是 $(\theta_t)_{t\in\mathbb{R}}$ 不变的全测集. 因此由文献 [3] 的引理 2.6 可知, 存在随机常数 $K(\omega) > 0$ 满足

$$|B_t(\omega)| \leqslant K(\omega)(1+|t|^2), \quad t \in \mathbb{R}. \tag{5.1.8}$$

引理 5.1.1[9]引理 1　对任意的 $\omega\in\Omega$, Riemann-Stieltjes 积分 $\mathrm{e}^{-t}\int_{-\infty}^{t}\mathrm{e}^{s}\mathrm{d}B_s^{(j)}(\omega)$, $t \in \mathbb{R}, j = 1,\cdots,m$ 是适定的. 而且, 对所有的 $\omega \in \Omega$,

$$\left|\mathrm{e}^{-t}\int_{-\infty}^{t}\mathrm{e}^{s}\mathrm{d}B_s^{(j)}(\omega)\right| \leqslant 4K(\omega)(1+|t|)^2, \quad t \in \mathbb{R}, j=1,\cdots,m.$$

定理 5.1.2 [9]命题 2　方程 (5.1.1) 的解生成一个随机动力系统 $\phi : \mathbb{R}^+ \times \Omega \times \mathbb{R}^d \to \mathbb{R}^d$,

$$\phi(t,\omega,X_0) = X_0 + \int_0^t f(X_s(\omega))\mathrm{d}s + \sum_{j=1}^{m} g_j B_t^{(j)}(\omega), \tag{5.1.9}$$

并且, 随机动力系统 ϕ 存在随机吸引子.

证明　注意到对任意的 $\omega \in \Omega$ 及 $j = 1,\cdots,m$, 都有

$$B_{\cdot}^{(j)}(\theta_t\omega) = \omega^{(j)}(\cdot + t) - \omega^{(j)}(t) = B_{\cdot+t}^{(j)}(\omega) - B_t^{(j)}(\omega). \tag{5.1.10}$$

由引理 5.1.1 可知, $\phi(t,\omega,X_0)$ 是方程 (5.1.1) 的解, 并且 ϕ 是可测的, $\phi(0,\omega,\cdot) = I$.

下面验证余环性质. 令 $t,\tau \in \mathbb{R}^+, \omega \in \Omega, X_0 \in \mathbb{R}^d$, 由 (5.1.10) 可得

$$\begin{aligned}\phi(t+\tau,\omega,X_0) &= X_0 + \int_0^{t+\tau} f(X_s)\mathrm{d}s + \sum_{j=1}^{m} g_j B_{t+\tau}^{(j)}(\omega)\\ &= X_0 + \int_0^t f(X_s)\mathrm{d}s + \sum_{j=1}^{m} g_j B_t^{(j)}(\omega) + \int_t^{t+\tau} f(X_s)\mathrm{d}s + \sum_{j=1}^{m} g_j B_t^{(j)}(\theta_t\omega)\\ &= X_t + \int_0^{\tau} f(X_{s+t})\mathrm{d}s + \sum_{j=1}^{m} g_j B_t^{(j)}(\theta_t\omega).\end{aligned}$$

由 (5.1.11) 可知

$$\begin{aligned}\phi(t+\tau,\omega,X_0) &= X_t + \int_0^{\tau} f(X_{s+t})\mathrm{d}s + \sum_{j=1}^{m} g_j B_t^{(j)}(\theta_t\omega)\\ &= \phi(\tau,\theta_t\omega,\cdot)\circ\phi(t,\omega,X_0),\end{aligned}$$

即余环性质满足.

考虑分数布朗运动相应的 Ornstein-Uhlenbeck 方程

$$\mathrm{d}X_t = -X_t\mathrm{d}t + \sum_{j=1}^{m} g_j \mathrm{d}B_t^{(j)},$$

其解为

$$X_t = X_0\mathrm{e}^{-t} + \mathrm{e}^{-t}\sum_{j=1}^{m} g_j \int_0^t \mathrm{e}^s \mathrm{d}B_s^{(j)}.$$

依轨道取拉回极限, 即可得到随机稳态解

$$\tilde{X}_t = \mathrm{e}^{-t}\sum_{j=1}^{m} g_j \int_{-\infty}^t \mathrm{e}^s \mathrm{d}B_s^{(j)}, \quad t \in \mathbb{R}, \tag{5.1.11}$$

称之为分数 Ornstein-Uhlenbeck 解.

注意到 $X_t - \tilde{X}_t$ 是依轨道可微, 并且满足积分方程

$$X_t - \tilde{X}_t = X_0 - \tilde{X}_0 + \int_0^t (f(X_s) + \tilde{X}_s)\mathrm{d}s,$$

该方程等价于下面微分方程

$$\frac{\mathrm{d}}{\mathrm{d}t}(X_t - \tilde{X}_t) = f(X_t) + \tilde{X}_t.$$

由单边耗散 Lipschitz 条件 (5.1.2) 可得

$$\begin{aligned}\frac{\mathrm{d}|X_t - \tilde{X}_t|^2}{\mathrm{d}t} &= 2(X_t - \tilde{X}_t, f(X_t) - f(\tilde{X}_t)) + 2(X_t - \tilde{X}_t, f(\tilde{X}_t) + \tilde{X}_t) \\ &\leqslant -2L|X_t - \tilde{X}_t|^2 + 2|X_t - \tilde{X}_t| \cdot |f(\tilde{X}_t) + \tilde{X}_t|,\end{aligned}$$

于是

$$\frac{\mathrm{d}|X_t - \tilde{X}_t|}{\mathrm{d}t} \leqslant -L|X_t - \tilde{X}_t| + |f(\tilde{X}_t) + \tilde{X}_t|,$$

即

$$|X_t - \tilde{X}_t| \leqslant |X_0 - \tilde{X}_0|\mathrm{e}^{-Lt} + \mathrm{e}^{-Lt}\int_0^t \mathrm{e}^{Ls}|f(\tilde{X}_s) + \tilde{X}_s|\mathrm{d}s. \tag{5.1.12}$$

令

$$R(\omega) = 1 + \int_{-\infty}^0 \mathrm{e}^{L\tau}(|f(\tilde{X}_\tau(\omega))| + |\tilde{X}_\tau(\omega)|)\mathrm{d}\tau,$$

则 $\mathcal{B}(\tilde{X}_0(\omega), R(\omega))$ 是随机动力系统 ϕ 的一个随机拉回吸收集.

(2) 当 $t \geqslant 0$ 时, 直接计算得到

$$|X_t(\theta_{-t}\omega) - \tilde{X}_t(\theta_{-t}\omega)| \tag{5.1.13}$$

$$\leqslant |X_0(\theta_{-t}\omega) - \tilde{X}_0(\theta_{-t}\omega)|\mathrm{e}^{-Lt} + \int_0^t \mathrm{e}^{-L(t-s)}|f(X_s(\theta_{-t}\omega)) - \tilde{X}_s(\theta_{-t}\omega)|\mathrm{d}s. \tag{5.1.14}$$

注意到 $(\tilde{X}_t)_{t\in\mathbb{R}}$ 是稳态过程, 则 $\tilde{X}_s(\theta_{-t}\omega)=\tilde{X}_0(\theta_{s-t}\omega)=\tilde{X}_{s-t}(\omega)$ 最后的积分可写成

$$\int_{-t}^{0}\mathrm{e}^{L\tau}|f(X_\tau\omega)+\tilde{X}_\tau(\omega)|\mathrm{d}s.$$

令 $t\to\infty$, 则存在 $T_{\hat{D}}(\omega)$, 使得当 $t\geqslant T_{\hat{D}}(\omega)$ 时

$$|X_t(\theta_{-t}\omega)|\leqslant|\tilde{X}_0(\omega)|+R(\omega).$$

由文献 [1] 可知, 随机动力系统 ϕ 存在随机吸引子 $\hat{A}=\{A(\omega),\omega\in\Omega\}$.

注意到所有的解相互是依轨道收敛. 因此, 随机吸引子实际上是单点集 $\mathcal{A}(\omega)$, 即随机吸引子由稳态随机过程 $\hat{X}_t(\omega)=\hat{X}_0(\theta_t\omega)$, 依轨道前向和拉回方向吸引其他所有解. □

§5.2 乘性分数布朗运动驱动的随机微分方程的随机吸引子

这一节研究乘性分数布朗运动驱动的随机微分方程

$$\begin{cases}\mathrm{d}u=[Au+F(u)]\mathrm{d}t+G(u)\mathrm{d}\omega,\\ u(0)=u_0\in\mathbb{R}^n\end{cases}\tag{5.2.1}$$

的随机吸引子的存在性及其正则性. 本节内容取自文献 [6]. 需要指出的是, 文献 [6] 研究方程 (5.2.1) 在有限维的情形. 正如其所指出的, 对于无穷维情形, 必须克服一些本质困难, 文献 [8] 做出了很好的研究, 见下节内容. 同时, 这节只研究了 $H>\dfrac{1}{2}$ 的情形, 而当 $0<H\leqslant\dfrac{1}{2}$ 时, 不能用广义的 Stieltjes 积分来定义所需的随机积分, 这是一个具有挑战性的问题值得去研究.

为便于叙述, 先给出基本假设: 假设矩阵 A 的特征值的实部小于或等于 $-a<0$, 算子半群 $S(t)=\mathrm{e}^{At}$ 满足

$$||S(t)x||\leqslant||x||\mathrm{e}^{at},\quad t\geqslant 0,x\in\mathbb{R}^n.\tag{5.2.2}$$

非线性项 $F:\mathbb{R}^n\to\mathbb{R}^n$ 是 Lipschitz 函数, 且 $||F(u)||\leqslant K_F$. $G:\mathbb{R}^n\to\mathcal{L}(\mathbb{R}^m,\mathbb{R}^n)$ 是 $\mathbb{R}^n$ 上的有界连续可微函数, 即

$$||G(u)||_{\mathcal{L}(\mathbb{R}^n,\mathbb{R}^m)}\leqslant K_G,\quad ||DG(u)||_{\mathcal{L}(\mathbb{R}^n,\mathbb{R}^m)}\leqslant K_G,$$

且 DG 是 Lipschitz 连续的.

定义一个函数空间

$$\begin{aligned}&W^{\alpha,\infty}(0,T;\mathbb{R}^n)\\ =&\left\{f:[0,T]\to\mathbb{R}^n\text{ 是可测函数, 且}||f||_{\alpha,\infty}=\sup_{t\in[0,T]}\left(||f||+\int_0^t\frac{||f(t)-f(s)||}{(t-s)^{1+\alpha}}\mathrm{d}s\right)<\infty\right\},\end{aligned}$$

也给 $W^{\alpha,\infty}(0,T;\mathbb{R}^n)$ 赋予等价的范数

$$||f||_\sigma = \sup_{t\in[0,T]} \mathrm{e}^{-\sigma t}\left(||f|| + \int_0^t \frac{||f(t)-f(s)||}{(t-s)^{1+\alpha}}\mathrm{d}s\right),$$

其中 $\sigma \geqslant 1$.

定理 5.2.1[6]定理 5.2 如果 S, F, G 满足上述假设, 则在任意区间 $[0,T]$ 上, 方程 (5.2.1) 在空间 $W^{\alpha,\infty}(0,T;\mathbb{R}^n)$ 存在唯一的解, 并且是 $(1-\alpha)$-Hölder 连续的.

证明 定义算子 $M : W^{\alpha,\infty}(0,T;\mathbb{R}^n) \to W^{\alpha,\infty}(0,T;\mathbb{R}^n)$ 为

$$M_T(u)(t) = S(t)u_0 + \int_0^t S(t-s)F(u(s))\mathrm{d}s + \int_0^s S(t-s)G(u(s))\mathrm{d}\omega, \quad t\in[0,T].$$

由文献 [11] 可知, 映射 M_T 有定义, 并且对任意的 $u \in W^{\alpha,\infty}(0,T;\mathbb{R}^n)$ 满足

$$||M_T(u)(\cdot)||_\sigma \leqslant ||S(\cdot)u_0||_\sigma + C(\sigma)(1+||u||_\sigma), \tag{5.2.3}$$

其中 $C(\sigma)$ 是随机变量, 且 $\lim\limits_{\sigma\to\infty} C(\sigma) = 0$.

由有限维算子半群 e^{tA} 的性质可得

$$||S(t-s)-I|| \leqslant ||A||\cdot(t_s)\cdot \mathrm{e}^{||A||(t-s)}. \tag{5.2.4}$$

于是

$$\int_0^t \frac{||(S(t)-S(s))u_0||}{|t-s|^{1+\alpha}}\mathrm{d}s \leqslant \int_0^t \frac{||A||\mathrm{e}^{(t-s)||A||}|t-s|||S(s)u_0||}{|t-s|^{1+\alpha}}\mathrm{d}s \tag{5.2.5}$$

$$\leqslant \frac{||A||\mathrm{e}^{t||A||}}{1-\alpha}t^{1-\alpha}||u_0||. \tag{5.2.6}$$

因此, 对某个 $r>0$, 当 $\sigma \geqslant 1$ 时, $||S(\cdot)u_0||_\sigma \leqslant r$. 于是, 由 (5.2.4) 可得

$$||S(u)(\cdot)||_\sigma \leqslant r + C(\sigma)(1+||u||_\sigma).$$

令 $\sigma_0 \geqslant 1$ 使得 $C(\sigma_0)(1+2r) \leqslant r$, 即 $S(\cdot)$ 将球 $B_{\sigma_0}(0,2r) = \{u \in W^{\alpha,\infty}(0,T;\mathbb{R}^n) : ||u||_{\sigma_0} \leqslant 2r)$ 映到自身.

由文献 [11] 的定理 3.2 可知, 当 $\sigma \geqslant \sigma_0$ 时, 对每个 $u, v \in B_{\sigma_0}(0,2r)$,

$$||S(u)-S(v)||_\sigma \leqslant \tilde{C}(\sigma)(1+2R_0)(||u-v||_\sigma),$$

其中

$$\lim_{\sigma\to\infty}\tilde{C}(\sigma)=0, \quad R_0 = \sup_{u\in B_{\sigma_0}(0,2r)} ||u||_{\alpha,\infty}.$$

因此, 选取适当的 $\sigma \geqslant \sigma_0$ 使得 $\tilde{C}(\sigma)(1+2R_0)<1$, 则映射 S 是压缩的, 其在 $W^{\alpha,\infty}$ 上有唯一的不动点.

类似于文献 [12] 的讨论可得到方程 (5.2.1) 的解是 Hölder 连续的. □

定理 5.2.2[6]定理 5.4 随机偏微分方程 (5.2.1) 的解定义了一个随机动力系统 $\phi:\mathbb{R}^+\times\Omega\times\mathbb{R}^n\to\mathbb{R}^n$, 其中

$$\phi(t,\omega,u_0)=S(t)u_0+\int_0^t S(t-s)F(u(s))\mathrm{d}s+\int_0^t S(t-s)G(u(s))\mathrm{d}\omega. \tag{5.2.7}$$

证明 只要验证余环性质即可. 对任意的 $t,\tau\in\mathbb{R}^+$ 及 $u_0\in\mathbb{R}^n$,

$$\begin{aligned}&\phi(t+\tau,\omega,u_0)\\=&S(t+\tau)u_0+\int_0^{t+\tau}S(t+\tau-s)F(u(s))\mathrm{d}s+\int_0^{t+\tau}S(t+\tau-s)G(u(s))\mathrm{d}\omega\\=&S(t)\left(S(\tau)u_0+\int_0^{\tau}S(\tau-s)F(u(s))\right)\mathrm{d}s+\int_0^{\tau}S(t+\tau-s)G(u(s))\mathrm{d}\omega(s)\\=&\int_{\tau}^{t+\tau}S(t+\tau-s)F(u(s))\mathrm{d}s+\int_{\tau}^{t+\tau}S(t+\tau-s)G(u(s))\mathrm{d}\omega(s).\end{aligned}$$

令 $s-\tau=r$ 可得

$$\int_{\tau}^{t+\tau}S(t+\tau-s)G(u(s))\mathrm{d}\omega(s)=\int_0^t S(t-s)G(u(r+\tau))\mathrm{d}\theta_\tau\omega(r).$$

注意到当 $s\in[0,t]$, 由 (5.2.8) 可得

$$\begin{aligned}&\phi(t+\tau,\omega,u_0)\\=&S(t)\left(S(\tau)y(0)+\int_0^{\tau}S(\tau-s)F(y(r))\mathrm{d}r+\int_0^{\tau}S(t+\tau-s)G(y(r))\mathrm{d}\theta_\tau\omega(s)\right)\\=&\phi(t,\theta_t\omega,\cdot)\circ\phi(\tau,\omega,u_0).\end{aligned}$$

□

接下来, 证明方程 (5.2.1) 拉回吸收集的存在性.

设 $0=T_0(\omega)<T_1(\omega)<\cdots$ 是停时序列, 定义

$$\begin{aligned}\mathcal{H}_k=\{&u\in W^{\alpha,\infty}(0,T_{k+1}(\omega)-T_k(\omega)):\text{对于某个 }u_0\in\mathbb{R}^n,\\&\text{在区间 }[0,T_{k+1}(\omega)-T_k(\omega)]\text{ 上, }u\text{ 是方程 (5.2.1) 的解}\},\end{aligned}$$

则有

引理 5.2.1[6]引理 6.1 空间 $\mathcal{H}_k$ 是一个完备的度量空间.

下面对每个 $\omega\in\Omega$, 在状态空间 $(\mathcal{H}_k(\omega))_{k\in\mathbb{Z}}$ 上引入轨道非自治动力系统, 即对任意的 $U\in\mathcal{H}_j(\omega)$, $i\in\mathbb{Z}^+,j\in\mathbb{Z}$, 当 $s\in[0,T_{i+1}(\theta_{T_j(\omega)}\omega)-T_i(\theta_{T_j(\omega)}\omega)]$ 时, 定义

$$\Phi(i,j,\omega,\cdot):\mathcal{H}_k(\omega)\to\mathcal{H}_k(\omega),$$

$$\Phi(i,j,\omega,U)(s)=\phi(T_i(\theta_{T_j(\omega)}\omega)+s,\theta_{T_j(\omega)}\omega,U(0)),\tag{5.2.8}$$

其中 ϕ 是由 (5.2.7) 生成的随机动力系统. 则 Φ 具有下面的性质:

引理 5.2.2[6]引理 6.2 映射簇 Φ 在空间 $(\mathcal{H}_k(\omega))_{k\in\mathbb{Z}}$ 上定义了一个非自治动力系统.

引理 5.2.3[6]引理 6.3 设 $(T_n(\omega))_{n\in\mathbb{Z}}$ 是停时列, 则存在正常数 M_1,M_2,M_3 使得对任意的 $j\in\mathbb{Z},U^j\in\mathcal{H}_j(\omega)$ 和 $n\in\mathbb{N}$, 都有

$$\begin{aligned}||\Phi(n,j,\omega,U^j)||_{\mathcal{H}_{n+j}(\omega)}\leqslant &M_3\mathrm{e}^{-aT_n(\theta_{T_j(\omega)}\omega)}||U^j(0)||\\&+\lambda M_1\sum_{i=0}^{n}\mathrm{e}^{-a(T_n(\theta_{T_j(\omega)}\omega)-T_i(\theta_{T_j(\omega)}\omega))}\\&+\lambda M_2\sum_{i=0}^{n}\mathrm{e}^{-a(T_n(\theta_{T_j(\omega)}\omega)-T_i(\theta_{T_j(\omega)}\omega))}||\Phi(i,j,\omega,U^j)||_{\mathcal{H}_{n+j}(\omega)}.\end{aligned}$$

为了得到上面离散形不等式的精细估计, 下面给出离散时间的 Gronwall 不等式.

引理 5.2.4[6]引理 6.4 令 $0=t_0<t_1<t_2<\cdots$ 是有限或无限的数列, 如果对正数 u_i,v_0,k_1,k_2, 不等式

$$u_n\leqslant v_0\mathrm{e}^{-at_n}+k_1\sum_{i=0}^{n-1}\mathrm{e}^{-a(t_n-t_i)}u_i+k_2\sum_{i=0}^{n}\mathrm{e}^{-a(t_n-t_i)},\quad\forall n\in\mathbb{Z}^+$$

成立, 则下面不等式成立:

$$u_n\leqslant(1+k_1)^n v_0\mathrm{e}^{-at_n}+k_2\sum_{i=0}^{n}(1+k_1)^{n-i}\mathrm{e}^{-a(t_n-t_i)}.$$

由离散时间的 Gronwall 不等式可知

推论 5.2.1[6]推论 6.5

(i) 存在常数 C_1 和 C_2 使得下面不等式成立

$$||U^j||_{\mathcal{H}(\theta_{T_j\omega}\omega)}\leqslant C_1||U^j(0)||+C_2,\quad\forall j\in\mathbb{Z},U^j\in\mathcal{H}_j(\omega).$$

(ii) 对任意的 $n\in\mathbb{Z}^+,j\in\mathbb{Z}$ 和 $U^j\in\mathcal{H}_j(\omega)$, 都有

$$\begin{aligned}||\Phi(n,j,\omega,U^j)||_{\mathcal{H}_{n_j}(\omega)}\leqslant&(1+k_1)^n\frac{M_3}{1-\lambda M_2}||U^j(0)||\mathrm{e}^{-aT_n(\theta_{T_j(\omega)}\omega)}\\&+k_2\sum_{i=0}^{n}(1+k_1)^{n-i}\mathrm{e}^{-a(T_n(\theta_{T_j(\omega)}\omega)-T_i(\theta_{T_j(\omega)}\omega))}.\end{aligned}$$

令 $\mathcal{D}_\rho(\omega)$ 是集簇 $D=(D(i))_{i\in\mathbb{Z}}$ 的集合, $D(i)\subset\mathcal{H}_i(\omega)$ 包含在以 0 为心, $r(i)$ 为半径, 且在空间 $\mathcal{H}_i(\omega)$ 中的球, 使得

$$\lim_{i\to-\infty} r(i,\omega)\mathrm{e}^{\rho i}=0, \tag{5.2.9}$$

其中, ρ 由下面引理来确定, 且 $\rho_0=a-\log(1+k_1)$.

引理 5.2.5[6]引理 6.6　非自治动力系统 Φ 存在 $\mathcal{D}_\rho(\omega)$ 拉回吸收集 $\mathcal{B}_D(\omega)=(\mathcal{B}_D(j,\omega))_{j\in\mathbb{Z}}$, $0<\rho<\rho_0$, $\rho>a-ad$, 其中 $\mathcal{B}_D$ 是 $\mathcal{H}_j(\omega)$ 中以 0 为心, 半径 $R(j,\omega)=2k_2\sum\limits_{i=-\infty}^{0}\mathrm{e}^{aT_i(\theta_{T_j(\omega)}\omega)}(1+k_1)^{-i}$ 的球.

为证明随机吸引子的存在性, 先证明相应的依轨道非自治动力系统 Φ 存在拉回吸引子, 为此, 先考虑 ϕ 限制在时间集 $(T_k(\omega))_{k\in\mathbb{Z}^+}$,

$$\psi(m,j,\omega,u_0)=\Phi(m,j,\omega,U)(0)=\phi(T_m(\theta_{T_j}\omega),\theta_{T_j}\omega,u_0), \tag{5.2.10}$$

其中 U 是当初值 $u_0\in\mathbb{R}^n$, $\omega\in\Omega$ 时, 方程 (5.2.1) 在 $[0,T_1(\theta_{T_j}(\omega))]$ 上的解. 注意到 $\psi(m,j,\omega,u_0)$ 生成一个非自治动力系统.

令 $\mathcal{E}_\rho(\omega)$ 是 $\mathbb{R}^n$ 中包含在中心为 0, 半径为 $r(i)$ 的球内的非空集 $(E(i))_{i\in\mathbb{Z}}$ 构成的集族, 其中 $r(i)$ 满足 (5.2.9), 并且 $a-ad<\rho<\rho_0$, $\rho_0=ad-\log(1+k_1)$.

引理 5.2.6[6]引理 7.1　由 (5.2.7) 确定的非自治动力系统存在 $\mathcal{E}_\rho(\omega)$- 拉回紧吸收集 $B_{\mathcal{E}}(\omega)=(B_{\mathcal{E}}(i,\omega))_{i\in\mathbb{Z}}$, 其中

$$B_{\mathcal{E}}(i,\omega)=\{u\in\mathbb{R}^n:\ ||u||\leqslant R(i,\omega)\}.$$

证明　考虑解集

$$D(i)=\phi(\cdot,\theta_{T_i(\omega)},E(i)),\quad [0,T_1(\theta_{T_i(\omega)}\omega)].$$

由推论 5.2.1 的 (i) 可知, $(D(i))_{i\in\mathbb{Z}}\in D_\rho(\omega)$, 则存在拉回吸收集 $B_D(\omega)$.

由 Φ 的定义及 $\mathcal{H}_j(\omega)$ 的定义可知, 当 $m\geqslant m_0(j,E)=m_0(j,D)$ 时,

$$\begin{aligned}\sup_{u_0\in E(-m+j)}||\psi(m,-m+j,\omega,u_0)||&=\sup_{u_0\in D(-m+j)}||\Phi(m,j-m,\omega,U)(0)||\\&\leqslant\sup_{u_0\in D(-m+j)}||\Phi(m,j-m,\omega,U)||_{\mathcal{H}_j(\omega)}\\&\leqslant R(j,\omega),\end{aligned}$$

则当 $m\geqslant m_0(j,D)$ 时, $B_{\mathcal{E}}(j,\omega)$ 吸引每个 $u_0\in E(-m+j)$. □

定理 5.2.3[6]定理 7.2　由 (5.2.7) 确定的非自治动力系统存在唯一的 $\mathcal{E}_\rho(\omega)$-拉回吸引子 $(\mathcal{A}_{\mathcal{E}}(i,\omega))_{i\in\mathbb{Z}}$, 其中, 对任意的 $i\in\mathbb{Z}$,

$$\mathcal{A}_{\mathcal{E}}(i,\omega)=\bigcap_{n\in\mathbb{N}}\overline{\bigcup_{m\geqslant n\in\mathbb{N}}\psi(m,-m+i,\omega,B_{\mathcal{E}}(-m+i,\omega))}.$$

证明 由 $\mathcal{D}$-拉回吸引子和随机吸引子的存在性定理即可得证, 参阅文献 [17]. □

定理 5.2.4[6]定理 7.3 由 (5.2.1) 生成的随机动力系统存在随机吸引子 $\mathcal{A}(\omega)=\mathcal{A}(0,\omega)$, 其中 $\mathcal{A}$ 由定理 (5.2.3) 给出.

证明 (1) 对任意的 $t\in\mathbb{R}^+$ 及 $\omega\in\Omega$, 定义 $s=s(t,\omega)\in\mathbb{Z}^+$ 为 $s=\max\{s'\in\mathbb{Z}^+:T_{s'}(\omega)\leqslant t\}$, 则有 $t-T_s(\omega)\leqslant -T_{-1}(\theta_t\omega)$. 由文献 [6] 的引理 3.4 的 (ii) 可知, $0\leqslant t-T_s(\omega)< -T_{-1}(\theta_t\omega)$. 再利用推论 5.2.1 的 (ii) 可知, 当 $m\in\mathbb{Z}^-$ 时,

$$\begin{aligned}-T_0(\theta_t\omega)=0&\leqslant t-T_s(\omega)< -T_{-1}(\theta_t\omega)\leqslant t-T_{s-1}(\omega)\\&<-T_{-2}(\theta_t\omega)\leqslant\cdots<t-T_{m+1}(\omega)\\&<-T_{m-s}(\theta_t\omega)\leqslant t-T_m(\omega)<-T_{m-s-s}(\theta_t\omega)\leqslant\cdots.\end{aligned}$$

再引入 $\tilde{t}(m,\omega,t)$, 建立从 $\mathcal{E}_p(\omega)$ 到 $\mathcal{E}_p(\theta_t\omega)$ 之间的映射. 事实上, 当 $m+s\in\mathbb{Z}^-$ 时, $\tilde{t}\in[0,-T_{m-s-1}(\theta_t\omega)+T_{m-s}(\theta_t\omega)]$ 使得

$$\begin{aligned}\tilde{t}=\tilde{t}(m,\omega,t)&=t+T_{m-s}(\theta_t\omega)-T_m(\omega)\\&=t-T_{s-m}(\theta_{T_{m-s}(\theta_t\omega)}\theta_t\omega)+T_{-m}(\theta_{T_m(\omega)}\omega).\end{aligned}\tag{5.2.11}$$

类似地可得

$$\begin{aligned}&0=T_0(\theta_t\omega)<T_{s+1}(\omega)-t\leqslant T_1(\theta_t\omega)<T_{s+2}(\omega)-t\leqslant T_2(\theta_t\omega)<\cdots\leqslant T_{m-s-1}(\theta_t\omega)\\&<T_m(\omega)-t\leqslant T_{m-s}(\theta_t\omega)<\cdots,\end{aligned}$$

于是, 当 $s+m\in\mathbb{Z}^+$ 时, 等式 (5.2.11) 也成立.

(2) 由 $B_{\mathcal{E}}(\omega)$ 是 $\mathcal{E}_\rho(\omega)$ 拉回吸收集可得到另一个 $B^1_{\mathcal{E}}(\theta_t\omega)\in\mathcal{E}_\rho(\theta_t\omega)$, 其中, 对任意 $i\in\mathbb{Z}$,

$$B^1_{\mathcal{E}}(i,\theta_t\omega)=\phi(\tilde{t}(i+s,\omega,t),\theta_{T_{i+s}(\omega)}\omega,\mathcal{B}_{\mathcal{E}}(i+s,\omega)).\tag{5.2.12}$$

对任意的 $E^1\in\mathcal{E}_\rho(\theta_t\omega)$, 定义

$$E(i+s)=\phi(T_{i+s}(\omega)-t-T_{i-1}(\theta_t\omega),\theta_{T_{i-1}(\theta_t\omega)}\theta_t\omega,E^1(i-1)),$$

则由推论 5.2.1 的 (i) 可知, $E(i+s)$ 是 $\mathcal{E}_\rho(\omega)$ 中的一个元素, 于是, 由 (5.2.11) 可知, 对每个 $i\in\mathbb{Z}$,

$$T_{i+s}(\omega)-t-T_{i-1}(\theta_t\omega)\in[0,T_1(\theta_{T_{i-1}(\theta_t\omega)}(\theta_t\omega))].$$

由于 D 是被 $\mathcal{E}_\rho(\omega)$ 拉回吸收的集合, 因此,

$$\begin{aligned}&\psi(j-1,-j-1+i,\theta_t\omega,E^1(-j-a+i))\\=&\phi(\tilde{t}(i+s,\omega,t),\theta_{T_{i+s}(\omega)},\cdot)\circ\psi(j,-j+i+s,\omega,\cdot)\end{aligned}$$

$$\circ\phi(T_{-j+i+s}(\omega)-t-T_{-j+i-1}(\theta_t\omega),\theta_{T_{-j+i-1}(\theta_t\omega)}\theta_t\omega,E^1(-j+i-1))$$
$$\subset \mathcal{B}_E^1(i,\theta_t\omega).$$

把时间段按照分解方式连接起来得到, 由 $\tilde{t}$ 的定义得到

$$\begin{aligned}&t+T_i(\theta_t\omega)-T_{i+s}(\omega)+T_j(\theta_{T_{-j+i+s}(\omega)}\omega)-t+T_{-j+i+s}(\omega)-T_{-j+i-1}(\theta_t\omega)\\&=T_{j+1}(\theta_{T_{-j+i-1}(\theta_t\omega)}\theta_t\omega).\end{aligned}$$

(3) 接下来, 证明 $\mathcal{A}$ 的不变性. 由于

$$\begin{aligned}&\phi(t,\omega,\mathcal{A}(\omega))\\
&=\phi\Big(t,\omega,\bigcap_{n\in\mathbb{N}}\overline{\bigcup_{\mathbb{N}\ni i\geqslant n}\psi(i,-i,\omega,B_{\mathcal{E}}(-i,\omega))}\Big)\\
&=\phi\Big(t,\omega,\bigcap_{n\in\mathbb{N}}\overline{\bigcup_{\mathbb{N}\ni i\geqslant n}\phi(T_i(\theta_{T_{-i}}\omega),\theta_{T_{-i}},B_{\mathcal{E}}(-i,\omega))}\Big)\\
&\supset\bigcap_{n\in\mathbb{N}}\overline{\bigcup_{\mathbb{N}\ni i\geqslant n}\phi(T_i(\theta_{T_{-i}(\omega)}(\omega)+t,\theta_{T_{-i}\omega},B_{\mathcal{E}}(-i,\omega)))}\\
&=\bigcap_{n\in\mathbb{N}}\overline{\bigcup_{\mathbb{N}\ni i\geqslant n}\phi((T_{i+s}(\theta_{T_{-i-s}(\theta_t\omega)}\theta_t\omega),\theta_{T_{-i-s}(\theta_t\omega)}\theta_t\omega),\phi(\tilde{t}(-i,\omega,t),\theta_{T_{-i}(\omega)}\omega,B_{\mathcal{E}}(-i,\omega)))}\\
&=\bigcap_{n\in\mathbb{N}}\overline{\bigcup_{\mathbb{N}\ni i\geqslant n}\psi(i+s,-i-s,\theta_t\omega,B_{\mathcal{E}}^1(-i-s,\theta_t\omega))}\\
&=\mathcal{A}(\theta_t\omega).\end{aligned}$$

注意到

$$\begin{aligned}&\mathcal{A}(\theta_t\omega)\subset\phi(t,\omega,\mathcal{A}(\omega))\subset\phi(t,\omega,\psi(-i,i,\omega,B_{\mathcal{E}})\\
&=\phi(T_i(\theta_{T_{-i}(\omega)}(\omega)+t,\theta_{T_{-i}(\omega)}(\omega),B_{\mathcal{E}}(-i,\omega)))\\
&=\phi(T_{i+s}(\theta_{T_{-i-s}(\theta_t\omega)}\theta_t\omega)+\tilde{t},\theta_{T_{-i-s}(\theta_t\omega)-\tilde{t}}\theta_t\omega),B_{\mathcal{E}}(-i,\omega)))\\
&=\psi(i+s,-i-s,\theta_t\omega,B_{\mathcal{E}}^1(-i-s,\theta_t\omega)).\end{aligned}$$

但是, 对每个 $\varepsilon>0$, 存在充分大的 i, 使得上式右端都在 $\mathcal{A}(\theta_t\omega)$ 的邻域中, 因此, $\phi(t,\omega,\mathcal{A}(\omega))\subset\mathcal{A}(\theta_t\omega)$.

(4) 最后, 证明 $\mathcal{A}$ 的吸引性. 令 $D\in\mathcal{G}$, 当 $t\in[T_{k-1}(\omega),T_k(\omega))$ 时, 考虑 ϕ 在 $[0,T_k(\omega)-t)$. 由推论 5.2.1 和 $W^{\alpha,\infty}$ 范数可知

$$||\phi(\cdot,\theta_t\omega,u_0^t)||_{[0,T_k(\omega)-t)}\leqslant C_1||u_0^t||+C_2. \tag{5.2.13}$$

再由映射 $k\to T_k(\omega)$ 的增长条件可知, 对每个 $\rho>0$ 及 $k\in\mathbb{Z}$, 映射

$$k \to \sup\left\{|x| : x \in \overline{\bigcup_{s\in[T_{k-1}(\omega),T_k(\omega))} D(\theta_s\omega)}\right\}$$

至多是指数增长的, 但由 (5.2.13) 可知, 对每个 $\rho > 0$,

$$\mathbb{Z} \ni k \to E(k,\omega) = \overline{\bigcup_{s\in[T_{k-1}(\omega),T_k(\omega))} \phi(T_k(\omega)-s,\theta_s\omega,D(\theta_s\omega))} \in \mathcal{E}_\rho(\omega).$$

由定理 5.2.3 可知, 集合 $\mathcal{A}_\mathcal{E}(0,\omega) = \mathcal{A}(\omega)$ 吸引集合 $E(k,\omega)$.

类似地讨论可以证明, $\mathcal{A} \in \mathcal{G}$, 并且对每个 $t \in [T_{k-1}(\omega), T_k(\omega))$, 由引理 5.2.6 可得

$$\sup_{t\in[T_{k-1}(\omega),T_k(\omega))} \sup_{u\in\mathcal{A}} ||u|| \leqslant C_1 \sup_{u\in\mathcal{A}(\theta_{T_k(\omega)}\omega)} ||u|| + C_2.$$

由于 $\mathcal{A}(\omega) = \mathcal{A}_\mathcal{E}(0,\omega)$, 且 $\mathcal{A}_\mathcal{E}(\omega) \in \mathcal{E}_\rho(\omega)$. 再根据当 $t \to \pm\infty$ 时, $r(\theta_t\omega)$ 至多是多项式增长的性质可知, $\mathcal{A} \in \mathcal{G}$. □

§5.3 乘性分数布朗运动驱动的随机发展方程的不稳定流形

本节主要研究乘性分数布朗运动驱动的随机发展方程

$$\begin{cases} \mathrm{d}u(t) = [Au(t) + F(u(t))]\mathrm{d}t + G(u(t))\mathrm{d}B^H(t), \\ u(0) = u_0 \in V, \end{cases} \tag{5.3.1}$$

通过构造适当的函数空间 $W_{\eta,\sigma}^{\alpha,\infty}(0,T;V)$, 利用 Banach 空间压缩映像原理证明了该方程在 $W_{\eta,\sigma}^{\alpha,\infty}(0,T;V)$ 当 $\alpha \in \left(1-H, \dfrac{1}{2}\right)$ 时中存在唯一的 Mild 解

$$u(t) = S(t)u_0 + \int_0^t S(t-s)F(u(s))\mathrm{d}s + \int_0^t S(t-s)G(u(s))\mathrm{d}\omega, \quad t \in [0,T].$$

本节内容主要取自文献 [7] 和 [8].

对于方程 (5.3.1), 作下面假设: ω 是无穷维分数布朗运动 B^H, 其协方差算子为 Q, 且 $\sum\limits_{i=1}^{\infty}\sqrt{\lambda_i} < \infty$. 算子 A 是解析算子半群 $S(t)$ 的无穷小生成元, 其谱是离散的实数 $\mu_1 > \mu_2 > \cdots > \mu_n > \mu_{n+1} > \cdots$, 且 $\lim\limits_{n\to\infty} = -\infty$. 假设 A 是双曲的, 即 0 不是 A 的特征值. V^+ 是由 A 的正特征值对应特征函数张成的空间, V^- 是由 A 的负特征值对应特征函数张成的空间, 则 $V = V^+ \oplus V^-$. 记 $\pi^\pm$ 为 V 到 V^+, V^- 的投影算子. 记 S^+ 为 $S(t)$ 在 V^+ 上的限制, S^- 为 $S(t)$ 在 V^- 上的限制, 且

$$||S^+(t)|| \leqslant C_s \mathrm{e}^{\hat{\mu}t} \quad (t<0), \quad ||S^-(t)|| \leqslant C_s \mathrm{e}^{\check{\mu}t} \quad (t>0),$$

其中 $\hat{\mu}$ 是比 A 的最小正特征值都小的正数, $\hat{\mu}$ 是比 A 的最大负特征值都大的负数. 令 $V_\delta, \delta \geqslant 0$ 为算子 $\pi^+\mathrm{Id}_V + \pi^-(-A\pi)^\delta$ 的定义域, 其上的范数为 $||x|||_{V_\delta} = ||\pi^+x|| + ||\pi^-(-A\pi^-)^\delta x||, \forall x \in V_\delta$.

为便于后续讨论, 先给出常用算子半群的估计. 当 $0 \leqslant s < t$,

$$||S(t-s)||_{L(V_\gamma, V_\beta)} \leqslant C(t-s)^{-\beta+\gamma}, \quad 0 \leqslant \gamma < \beta \leqslant 1,$$

$$||S(t-s) - \mathrm{Id}||_{L(V_{\gamma+\mu}, V_\beta)} \leqslant C(t-s)^{\mu}, \quad \gamma \in [0,1), \mu \in (0, 1-\gamma).$$

假设算子 F 和 G, G' 都是全局 Lipschitz 连续, 且

$$\begin{aligned} &\sup_{i\in\mathbb{N}} ||F(v_1)e_i - F(v_2)e_i|| \leqslant L_F||v_1 - v_2||, \\ &\sup_{i\in\mathbb{N}} ||G(v_1)e_i - G(v_2)e_i|| \leqslant L_G||v_1 - v_2||, \end{aligned} \tag{5.3.2}$$

$$\sup_{i\in\mathbb{N}} ||G'(v_1)e_i - G'(v_2)e_i||_{L(V)} \leqslant L'_G||v_1 - v_2||, \tag{5.3.3}$$

其中 $\{e_i\}_{i\in\mathbb{N}}$ 是 V 的一组正交基.

注意到对加性分数布朗运动时的随机积分, 不需要细致分析可积函数类, 而对于乘性分数布朗运动的随机积分, 要定义 $\int_0^T G(u(s))\mathrm{d}\beta^H(s)$, 需要确定可积函数类. 下面参考文献 [7] 和 [8] 中的随机积分定义.

当 $T > 0$ 时, 定义 $W^{\alpha,1}(0,T;V)$ 为由可测函数 $f:[0,T] \to V$ 组成的集合并满足

$$|f|_\alpha = \int_0^T \left(\frac{||f(s)||}{s^\alpha} + \frac{||f(s) - f(\eta)||}{(s-\eta)^{\alpha+1}}\right)\mathrm{d}s < \infty,$$

其中, 假设 α 满足 $0 < \alpha < \dfrac{1}{2}$, $1 - \alpha < H$.

根据文献 [18] 的定义可知, 假设 $f \in W^{\alpha,1}(0,T;V)$, 当 $0 \leqslant s < t \leqslant T$ 时, 定义广义的 Stieltjes 积分

$$\int_0^T f\mathrm{d}\beta^H = (-1)^\alpha \int_0^T D_{0+}^\alpha f(s) D_{T-}^{1-\alpha}\beta_{T-}^H(s)\mathrm{d}s, \quad \int_s^t f\mathrm{d}\beta^H = \int_0^T f1_{(s,t)}\mathrm{d}\beta^H. \tag{5.3.4}$$

由文献 [18] 可知, 随机积分 (5.3.4) 存在, 并且满足下面重要不等式

$$\left\|\int_0^T f\mathrm{d}\beta^H\right\| \leqslant \Lambda_\alpha^{0,T}(\beta^H)|f|_\alpha, \tag{5.3.5}$$

其中, 当 $\alpha \in \left(1 - H, \dfrac{1}{2}\right)$ 时,

$$\Lambda_\alpha^{0,T}(\beta^H) = \frac{1}{\Gamma(1-\alpha)\Gamma(\alpha)} \sup_{0\leqslant s\leqslant t\leqslant T}\left(\frac{|\beta^H(s) - \beta^H(t)|}{(t-s)^{1-\alpha}} + \int_s^t \frac{|\beta^H(\eta) - \beta^H(s)|}{(\eta - s)^{2-s}}\mathrm{d}s\right).$$

注意到 $\Lambda_\alpha^{0,T}(\beta^H)$ 在全测集上是有限的, 并且关于 $\{\theta\}_{t\in\mathbb{R}}$ 是不变的.

下面对无穷维分数布朗运动 B^H 来定义随机积分.

令 $L(V)$ 为 V 上的线性有界算子组成的空间, $G:\Omega\times[0,T]\to L(V)$, 对每个 $i\in\mathbb{N}$, $\omega\in\Omega$, $G(\omega,\cdot)e_i\in W^{\alpha,1}(0,T;V)$. 下面定义

$$\int_0^T G(s)\mathrm{d}\omega=\sum_{i=1}^\infty\int_0^T G(s)Q^{\frac{1}{2}}e_i\mathrm{d}\beta_i^H(s)=\sum_{i=1}^\infty\sqrt{\lambda_i}\int_0^T G(s)e_i\mathrm{d}\beta_i^H(s). \tag{5.3.6}$$

引理 5.3.1 [11]命题 2.1 如果 $\sum_{i=1}^\infty\sqrt{\lambda_i}<\infty$, 则对所有的 $\omega\in\Omega$, 对每个 $G:\Omega\times[0,T]\to L(V)$, $G(\omega,\cdot)e_i\in W^{\alpha,1}(0,T;V)$, 随机积分 (5.3.6) 是有定义的, 并且

$$\left\|\int_0^T G(s)\mathrm{d}\omega(s)\right\|\leqslant\Lambda_\alpha^{0,T}(\omega)\mathrm{sup}_i|G(\cdot)e_i|_\alpha,\quad \omega\in\Omega,$$

其中, $\Lambda_\alpha^{0,T}(\omega)=\sum_{i=1}^\infty\sqrt{\lambda}\Lambda_\alpha^{0,T}(\beta_i^H)$.

引理 5.3.2 [8]引理 5 对任意的 $a,b,r\in\mathbb{R}$, 当下面的随机积分有意义时, 下面的平移性质成立, 即

$$\int_a^b G(s)\mathrm{d}\omega(s)=\int_{a-r}^{b-r}G(s+r)\mathrm{d}\theta_r\omega(s).$$

当 $\alpha\in\left(1-H,\dfrac{1}{2}\right),\eta\in[\alpha,1-\alpha),\sigma\geqslant 1$ 时, 定义 $W_{\eta,\sigma}^{\alpha,\infty}(0,T;V)$ 为

$$W_{\eta,\sigma}^{\alpha,\infty}(0,T;V)=\{x|x:[0,T]\to V\ \text{是可测函数, 且}\ ||x||_{\alpha,\eta}<\infty\},$$

其中

$$||x||_{\alpha,\eta,\sigma}=\sup_{[0,T]}\mathrm{e}^{-\sigma t}\left(||x(t)||+t^\eta\int_0^t\frac{||x(t)-x(r)||}{(t-r)^{1+\alpha}}\mathrm{d}r\right),$$

则 $W_{\eta,\sigma}^{\alpha,\infty}(0,T;V)$ 是一个 Banach 空间.

再定义一个函数空间

$$W_{\eta,\sigma,L}^{\alpha,\infty}(0,T;V)=\{v(t)\in L(V):\ \text{对每个}\ i,v(\cdot)e_i\in W_{\eta,\sigma}^{\alpha,\infty}(0,T;V),||v(\cdot)e_i||_{\alpha,\eta,\sigma}<\infty\}.$$

引理 5.3.3 [8]引理 7 设 $\alpha\in\left(1-H,\dfrac{1}{2}\right),\sigma\geqslant 1,\eta\in[\alpha,1-\alpha)$, 则有

(1) 对每个 $\omega\in\Omega$, 当 $v\in W_{\eta,\alpha,L}^{\alpha,\infty}$ 时, 则有

$$\left\|\int_0^t S(t-\tau)v(t)\mathrm{d}\omega(t)\right\|_{\alpha,\eta,\sigma}\leqslant C_1(\Lambda_\alpha^{0,T}(\omega),\sigma)\sup_{i\in\mathbb{N}}||v(t)e_i||_{\alpha,\eta,\sigma},$$

其中, 对每个 $\omega\in\Omega$, $\lim\limits_{\sigma\to\infty} C_1(\Lambda_\alpha^{0,T}(\omega),\sigma)=0$.

(2) 当可测函数 $v:[0,T]\to V$ 满足 $\sup\limits_{t\in[0,T]}||v(t)||<\infty$ 时, 则有

$$\left\|\int_0^t S(t-\tau)v(\tau)\mathrm{d}\tau\right\|_{\alpha,\eta,\sigma}\leqslant C_2(\sigma)\sup_{t\in[0,T]}\mathrm{e}^{-\sigma t}||v(t)||,$$

其中, $\lim\limits_{\sigma\to\infty} C_2(\sigma)=0$.

引理 5.3.4[8]引理 8　如果 $\mathcal{G}$ 满足条件 (5.3.2) 和 (5.3.3), 则对任意的 $u_1,u_2\in W_{\xi,\sigma}^{\alpha,\infty}(0,T;V)$, 都有

$$\sup_{i\in\mathbb{N}}||\mathcal{G}(u_1)e_i-\mathcal{G}(u_2)e_i||_{\alpha,\xi,\sigma}\leqslant(L_G+L_{G'}(||u_1||_{\alpha,\xi}+||u_2||_{\alpha,\xi}))||u_1-u_2||_{\alpha,xi,\sigma}.$$

定理 5.3.1[8]定理 9　设 $\alpha\in\left(1-H,\dfrac{1}{2}\right),\sigma\geqslant 1,\xi\in[\alpha,1-\alpha)$, 如果非线性项 F 是 Lipschitz 连续的, $G:V\to L(V)$, $G':V\to L(V,L(V))$ 满足条件

$$\sup_{i\in\mathbb{N}}||G(v_1)e_i-G(v_2)e_i||\leqslant L_G||v_1-V_2||,$$

$$\sup_{i\in\mathbb{N}}||G'(v_1)e_i-G'(v_2)e_i||\leqslant L_G'||v_1-V_2||,$$

其中 $\{e_i\}_{i\in\mathbb{N}}$ 是 V 的完备正交基, 则对任意的初值 $u_0\in V$, 方程 (5.3.1) 在空间 $W_{\xi,\sigma}^{\alpha,\infty}(0,T;V)$ 上存在唯一的解 $u(t,t_0,\omega)$, 其轨道 $W_{\xi,\sigma}^{\alpha,\infty}(0,T;V)$, 并且对每个 $\omega\in\Omega$, 映射 $\Phi:V\to W_{\xi,\sigma}^{\alpha,\infty}(0,T;V):u_0\to u$ 是连续的.

证明　本定理可利用标准的 Banach 中的压缩不动点定理来证明. 定义映射 $\mathcal{T}:W_{\xi,\sigma}^{\alpha,\infty}(0,T;V)\to\mathcal{T}:W_{\xi,\sigma}^{\alpha,\infty}(0,T;V)$ 为

$$\mathcal{T}(u)(t)=S(t)u_0+\int_0^t S(t-\tau)F(u)(\tau)\mathrm{d}\tau+\int_0^t S(t-\tau)G(u)(\tau)\mathrm{d}\omega(\tau).$$

容易验证, 该映射是良定的, 且对任意的 $u_0\in V$, 对适当的 $\sigma\geqslant 1$, 都有估计 $||S(\cdot)u_0||_{\alpha,\xi,\sigma}=r$. 直接计算得到

$$\begin{aligned}||\mathcal{D}(\omega,u)||_{\alpha,\xi,\sigma}&\leqslant||\mathcal{I}(\mathcal{F}(u))||_{\alpha,\xi,\sigma}+||\mathcal{L}(\mathcal{G}(u))||_{\alpha,\xi,\sigma}\\&\leqslant C\Big(||F(0)||+\sup_i||G(0)e_i||+(L_F+L_G)_{\alpha,\xi,\sigma}\Big),\end{aligned}$$

其中 $C=C(\sigma)$ 是随机变量, 且满足 $\lim\limits_{\sigma\to\infty}C(\sigma)=0$, 并且

$$||\mathcal{T}(u)||_{\alpha,\xi,\sigma}\leqslant\tilde{r}+C(\sigma)||u||_{\alpha,\xi,\sigma},$$

使得 $\lim\limits_{\sigma\to\infty}C(\sigma)=0$, $\tilde{r}=r+C(||F(0)||+\sup\limits_i||G(0)||e_i)$.

选取 $\sigma_0 \geqslant 1$ 使得 $C(\sigma_0) \leqslant \frac{1}{2}$. 直接验证可得, 映射 $\mathcal{T}$ 将 $B^{\sigma_0}(0,2\tilde{r}) = \{u \in W_{\xi,\sigma}^{\alpha,\infty}(0,T;V) : ||u||_{\alpha,\xi,\sigma_0} \leqslant 2\tilde{r}\}$ 映到自身.

下证映射 $\mathcal{T}$ 是压缩的: 实际上, 注意到算子 $\mathcal{I}$ 和 $\mathcal{L}$ 都是线性算子, 则对任意的 $u_1, u_2 \in W_{\xi,\sigma}^{\alpha,\infty}(0,T;V)$, 直接计算可得

$$\begin{aligned}
&||\mathcal{T}(u_1) - \mathcal{T}(u_2)||_{\alpha,\xi,\sigma}\\
\leqslant &C(\sigma)\Big(\sup_{t\in[0,T]} \mathrm{e}^{-\sigma t}||\mathcal{F}(u_1)(t) - \mathcal{F}(u_1)(t)|| + \sup_i ||\mathcal{G}(u_1)(t) - \mathcal{G}(u_2)(t)||_{\alpha,\xi,\sigma}\Big)\\
\leqslant &C(\sigma)(L_F||u_1 - u_1||_{\alpha,\xi,\sigma} + (L_G + L_{G'}(||u_1||_{\alpha,\xi} + ||u_2||_{\alpha,\xi})))||u_1 - u_2||_{\alpha,\xi,\sigma}.
\end{aligned}$$

注意到 $\lim\limits_{\sigma\to\infty} C(\sigma) = 0$, 特别地, $||u||_{\alpha,\xi,\sigma} \leqslant t^{\sigma_0 T}||u||_{\alpha,\xi,\sigma_0}$, 于是, 对每个 $u_1, u_2 \in B^{\sigma_0}(0,2\tilde{r})$, 下面的估计式成立:

$$||\mathcal{T}(u_1) - \mathcal{T}(u_2)||_{\alpha,\xi,\sigma} \leqslant \tilde{C}(\sigma)(1 + 4\tilde{r}\mathrm{e}^{\sigma_0 T})||u_1 - u_2||_{\alpha,\xi,\sigma}.$$

因此, 选择适当的 $\sigma \geqslant \sigma_0$ 使得 $\tilde{C}(\sigma)(1 + 4\tilde{r}\mathrm{e}^{\sigma_0 T}) < 1$, 因此算子 $\mathcal{T}$ 是压缩的, 从而 $\mathcal{T}$ 在 $B^{\sigma_0}(0,2\tilde{r})$ 中存在唯一的不动点, 定理证毕. □

定理 5.3.2[8]定理 10　*方程 (5.3.1) 的解 $u(t,\omega,u_0)$ 定义了一个随机动力系统 $\phi : \mathbb{R}^+ \times \Omega \times V \to V$:*

$$\phi(t,\omega,u_0) = S(t)u_0 + \int_0^t S(t-\tau)F(u)(\tau)d\tau + \int_0^t S(t-\tau)G(u)(\tau)\mathrm{d}\omega(\tau).$$

证明　由 F 的 Lipschitz 连续性可得

$$\begin{aligned}
||\mathcal{D}(\omega,u)(t)||_{V_\delta} \leqslant &C\mathrm{e}^{\sigma t}(\sup_i ||G(0)e_i|| + L_G||u||_{\alpha,\xi,\sigma})(\sigma^{\delta+a-1} + \sigma^{\delta+\xi-1})\\
&+C(||F(0)|| + L_F\mathrm{e}^{\sigma T}||u||_{\alpha,\xi,\sigma}).
\end{aligned}$$

注意到 $||S(t)u_0||_{V_\delta} \leqslant t^{-\delta}||u_0||$, 于是, $u(t) \in V_\delta, t \in (0,T]$. 其中 ξ 是参数中较大的, δ 是较小的参数.

利用 Banach 空间的不动点定理, 通过初始的可测函数 u_0 来迭代, 记 $\phi(t,\omega,u_0)$ 为该可测映射到逐点极限, 且 $\phi(0,\omega,u_0) = u_0$. 下面验证其余环性质. 对任意的 $t,\tau \in \mathbb{R}^+, \omega \in \Omega$ 及 $u_0 \in V$, 直接计算可得

$$\begin{aligned}
&\phi(t+\tau,\omega,u_0)\\
=&S(t+\tau)u_0 + \int_0^{t+\tau} S(t+\tau-s)F(u(s))\mathrm{d}s + \int_0^{t+\tau} S(t+\tau-s)G(u(s))\mathrm{d}\omega(s)\\
=&S(t)\Big(S(\tau)u_0 + \int_0^\tau S(\tau-s)F(u(s))\mathrm{d}s + \int_0^\tau S(\tau-s)G(u(s))\mathrm{d}\omega(s)\Big)\\
&+\int_\tau^{t+\tau} S(t+\tau-s)F(u(s))\mathrm{d}s + \int_\tau^{t+\tau} S(t+\tau-s)G(u(s))\mathrm{d}\omega(s).
\end{aligned}$$

令 $s-\tau=r$, 则有

$$\int_{\tau}^{t+\tau} S(t+\tau-s)G(u(s))\mathrm{d}\omega(s)=\int_0^t S(t-r)G(u(r+\tau))\mathrm{d}\theta_\tau\omega(r),$$

当 $s\in[0,t]$ 时, 令 $y(s)=u(s+\tau)$, 则有

$$\begin{aligned}\phi(t+\tau,\omega,u_0)&=S(t)y(0)+\int_0^t S(t-r)F(y(r))\mathrm{d}r+\int_0^t S(t-r)G(y(r))\mathrm{d}\theta_\tau\omega(r)\\&=\phi(t,\theta_\tau,\cdot)\circ\phi(\tau,\omega,u_0),\end{aligned}$$

从而定理得证. □

附注 5.3.1　由于定理 5.3.1 和定理 5.3.2 对非线性 F 和 G,G' 均要求是全局 Lipschitz 连续的, 使得应用范围很小, 需要利用 Yosida 近似的技巧来处理非 Lipschitz 情况, 或者利用广义的迭代方法来处理. 注意到分数布朗运动的轨道不满足 Markov 性质, 在利用随机动力系统的框架研究随机吸引子时, 紧性不易处理, 需要在 W^∞ 上构造新的余环, 而不是利用原来的 RDS, 使之与两个余环和 RDS 之间建立新的关系得到紧性, 从而建立随机吸引子的存在性.

§5.3.1　李亚普诺夫 - 佩龙变换的不动点

为了研究随机动力系统 ϕ 的不变流形, 下面限制工作空间为 $W^{\alpha,\delta,\infty}(0,T;V)$, 而不再是 $W_\xi^{\alpha,\infty}(0,T;V)$, 此时, 当 $\delta\in[0,1-\xi)$ 时, 光滑的初始条件是在 V_δ 中, 而不是在原来的 V 中. 注意到当 $\beta\in(\alpha,1]$ 时,

$$\begin{aligned}|S(\cdot)u_0|_{\alpha,\delta}&=\sup_{t\in[0,T]}\left(||S(t)u_0||_{V_\delta}+\int_0^t\frac{||(S(t)-S(s))u_0||}{(t-s)^{1+\alpha}}\mathrm{d}s\right)\\&\leqslant\sup_{t\in[0,T]}\left(C||u_0||_{V_\delta}+\int_0^t\frac{||(S(t-s)-\mathrm{Id})S(s)u_0||}{(t-s)^{1+\alpha}}\mathrm{d}s\right)\\&\leqslant||u_0||_{V_\delta}\sup_{t\in[0,T]}\left(C+t^{\delta-\alpha}CB(1+\delta-\beta,\beta-\alpha)\right)=C_\delta||u_0||_{V_\delta},\end{aligned}$$

则当 $u_0\in V^+$ 时, $|S^+(\cdot)u_0|_{\alpha,\delta}\leqslant C^+||u_0||$.

为便于利用李亚普诺夫 - 佩龙变换, 需要定义下面的 Lipschitz 连续截断函数 $\chi:W^{\alpha,\delta,\infty}(0,1;V)\to W^{\alpha,\delta,\infty}(0,1;V)$ 为

$$\chi(u)=\begin{cases}u, & |u|_{\alpha,\delta}\leqslant\dfrac{1}{2},\\ 0, & |u|_{\alpha,\delta}\geqslant 1.\end{cases}$$

对给定的正数 R, 定义 $\chi_R(u)=R\chi\left(\dfrac{u}{R}\right)$, 并假设

$$F(0)=0,\quad G(0)=0,\quad G'(0)=0 \tag{5.3.7}$$

使得 $u=0$ 是所研究的方程的稳态解. 对于任意的 $u\in W^{\alpha,\delta,\infty}(0,1;V)$, 定义算子:

$$\mathcal{G}_R(u)=\mathcal{G}\circ\chi_R(u),\quad \mathcal{F}_R(u)=\mathcal{F}\circ\chi_R(u).$$

容易验证, 当 $|u|_{\alpha,\delta}\leqslant\dfrac{R}{2}$, 则 $\mathcal{G}_R(u)=\mathcal{G}(u)$, 且 $\mathcal{F}_R(u)=\mathcal{F}(u)$. 记 $L_{\mathcal{G}_R}$ 和 $L_{\mathcal{F}_R}$ 分别是 $\mathcal{G}_R$ 和 $\mathcal{F}_R$ 的 Lipschitz 常数. 直接验证得到算子 $\mathcal{G}_R$ 的性质:

引理 5.3.5[7]引理 4.1 假设算子 $\mathcal{G}$ 满足假设 (5.3.2), (5.3.3) 及假设 (5.3.7), 则有

$$\sup_{i\in\mathbb{N}}|\mathcal{G}_R(u_1)(\cdot)e_i-\mathcal{G}_R(u_2)(\cdot)e_i|_{\alpha,0}\leqslant L_{\mathcal{G}}|u_1-u_2|_{\alpha,\delta},$$

其中 $L_{\mathcal{G}}=c_\delta^2L'_G(3L_\chi+1)R$, c_δ 为空间 $W^{\alpha,\delta,\infty}(0,1;V)$ 嵌入到空间 $W^{\alpha,0,\infty}(0,1;V)$ 的嵌入常数.

关于 $\mathcal{F}_R$, 作如下假设:

$$\sup_{t\in[0,1]}||\mathcal{F}_R(u_1)(t)-\mathcal{F}_R(u_2)(t)||\leqslant L_{\mathcal{F}}|u_1-u_2|_{\alpha,\delta},\quad \forall u_1,u_2\in W^{\alpha,\delta,\infty}(0,1;V). \tag{5.3.8}$$

对于随机变量 $R(\omega)>0$ 及任意的 $\omega\in\Omega$, 定义

$$\mathcal{D}_{R(\omega)}(\omega,\cdot)=\mathcal{I}\circ\mathcal{F}_{R(\omega)}+\mathcal{L}\circ\mathcal{G}_{R(\omega)}:W^{\alpha,\delta,\infty}(0,1;V)\to W^{\alpha,\delta,\infty}(0,1;V),$$

则对每个 $\omega\in\Omega$ 及 $u_1,u_2\in W^{\alpha,\delta,\infty}(0,1;V)$, 都有

$$|\mathcal{D}_R(\omega,u_1)-\mathcal{D}_R(\omega,u_2)|_{\alpha,\delta}\leqslant K|u_1-u_2|_{\alpha,\delta},$$

其中 $0\leqslant\delta<1-\alpha$.

定义 $\kappa=\dfrac{\hat{\mu}+\breve{\mu}}{2}$, $\mu=\dfrac{\hat{\mu}-\breve{\mu}}{2}>0$. 定义序列组成的空间

$$\mathcal{H}_k=\{U:U=(u_{i-1})_{i\in\mathbb{Z}^-},u_i\in W^{\alpha,\delta,\infty}\},$$

并赋以范数

$$||U||_{\mathcal{H}_k}=\sup_{i\in\mathbb{Z}^-}\mathrm{e}^{-\kappa(i-1)}|u_{i-1}|_{\alpha,\delta},\quad u_{i-1}(0)=u_{i-2}(1),\quad i\in\mathbb{Z}^-.$$

记 $U(i-1,t)=u_{i-1}(t),t\in[0,1]$, 则当 $\tau=t+i-1$ 时, $U(\tau)=U(i,t)$. 记 $\mathcal{H}_k^{u_0^+}$ 是 $\mathcal{H}_k$ 的完备空间使得 $\pi^+U(-1,1)=u_0^+\in V^+$.

下面定义 Lyapunov-Perron 变换 $J(\omega,U)$ 为

$$\begin{aligned}J(\omega,U)(i-1,t)=&\sum_{k=-\infty}^{i-1}S^-(t+i-1-k)\mathcal{D}_R^-(\theta_{k-1}\omega,u_{k-1})(1)+\mathcal{D}_R^-(\theta_{i-1}\omega,u_{i-1})(t)\\&-\sum_{k=-\infty}^{i-1}S^+(t+i-1-k)\mathcal{D}_R^+(\theta_{k-1}\omega,u_{k-1})(1)-\hat{\mathcal{D}}_R^+(\theta_{i-1}\omega,u_{i-1})(t)\\&+S^+(t+i-1)u_0^+,\quad t\in[0,1],\omega\in\Omega,i\in\mathbb{Z}^-,\end{aligned}$$

其中 $\mathcal{D}_R^- = \pi^-\mathcal{D}_R, \mathcal{D}_R^+ = \pi^+\mathcal{D}_R$, 且

$$\hat{\mathcal{D}}_R^+(\omega, u)(t) = \int_t^1 S^+(t-\tau)\mathcal{G}_R(u)(\tau)\mathrm{d}\omega(\tau) + \int_t^1 S^+(t-\tau)\mathcal{F}_R(u)(\tau)\mathrm{d}\tau.$$

附注 5.3.2　容易验证:

$$\left|\int_t^1 S^+(t-\tau)v_1(\tau)\mathrm{d}\omega(\tau) - \int_t^1 S^+(t-\tau)v_2(\tau)\mathrm{d}\omega(\tau)\right|_{\alpha,\delta} \leqslant C(\Lambda_\alpha^{0,1}(\omega))|v_1 - v_2|_{\alpha,\delta},$$

$$\left|\int_t^1 S^+(t-\tau)v_1(\tau)\mathrm{d}\omega(\tau) - \int_t^1 S^+(t-\tau)v_2(\tau)\mathrm{d}\omega(\tau)\right|_{\alpha,\delta} \leqslant C \sup_{t\in[0,1]} ||v_1 - v_2||.$$

特别地, 对任意的 $\omega \in \Omega, u_1, u_2 \in W^{\alpha,\delta,\infty}(0,1;V)$, 都有

$$|\hat{\mathcal{D}}_R^+(\omega, u_1) - \hat{\mathcal{D}}_R^+(\omega, u_2)|_{\alpha,\delta} \leqslant K|u_1 - u_2|_{\alpha,\delta}.$$

定理 5.3.3[7]定理 4.5　如果 $K^{-1} = 4\mathrm{e}^{\mu}\left(\dfrac{\mathrm{e}^{-\kappa}C_S(C_\delta + C^+) + 1}{1-\mathrm{e}^{-\mu}}\right)$, 其中 $C_\delta = \sup\limits_{t\in[0,T]}(C + t^{\delta-\alpha}CB(1+\delta-\beta, \beta-\alpha))$, C^+ 由不等式 $|S^+(\cdot)u_0|_{\alpha,\delta} \leqslant C^+||u_0||, \forall u_0 \in V^+$ 确定, 则有

(1) 对任意的 $\omega \in \Omega$, 映射 $J(\omega,\cdot): \mathcal{H}_k^{u_0^+} \to \mathcal{H}_k^{u_0^+}$.

(2) 对任意的 $u_0^+ \in V^+$ 及 $\omega \in \Omega$, 映射 $J(\omega,\cdot)$ 在 $\mathcal{H}_k^{u_0^+}$ 中存在唯一的不动点 $\Gamma(u_0^+, \omega) \in \mathcal{H}_k^{u_0^+}$.

(3) 映射 $V^+ \ni u_0^+ \to \Gamma(u_0^+, \omega) \in \mathcal{H}_k^{u_0^+}$ 是 Lipschitz 连续的, 且 Lipschitz 常数为 L_Γ.

证明　第一步: 直接计算得到

$$\begin{aligned}\mathrm{e}^{-\kappa(i-1)}|S^+(\cdot)S^+(i-1)u_0^+|_{\alpha,\delta} \leqslant \mathrm{e}^{-\kappa(i-1)} \sup_{t\in[0,1]}\Bigg(&||S^+(\cdot)S^+(i-1)u_0^+|| \\ &+ \int_0^t \frac{||S^+(i-1)S^+(t)u_0^+ - S^+(i-1)S^+(\lambda)u_0^+||}{(t-\lambda)^{1+\alpha}}\mathrm{d}\lambda\Bigg)\end{aligned} \tag{5.3.9}$$

且关于 $i \in \mathbb{Z}^-$ 是有界的. 再由下面估计

$$\begin{aligned}&\int_t^1 S^+(t-\tau)\mathcal{F}_R(\omega, u_{i-1})(\tau)\mathrm{d}\tau + \int_t^1 S^+(t-\tau)\mathcal{G}_R(\omega, u_{i-1})(\tau)\mathrm{d}\theta_{i-1}\omega|_{t=0} \\ &= S^+(-1)\mathcal{D}_R^+(\theta_{i-1}\omega, u_{i-1})(1)\end{aligned}$$

可知, $J(\omega, U)(i-1, 0) = J(\omega, U)(i-2, 1)$.

直接验证得到 $\pi^+ J(\omega, U)(-1, 1) = u_0^+$, 于是 $J(\omega, U) \in \mathcal{H}_k^{u_0^+}$.

第二步：证明 J 是压缩的. 任取 $U^j=(u_{i-1}^j)_{i\in\mathbb{Z}^-}\in\mathcal{H}_k^{u_0^+}, j=1,2$, 则对任意的 $i\in\mathbb{Z}^-$, 直接计算得到

$$\begin{aligned}
&\sum_{k=-\infty}^{i-1}|S^-(\cdot+i-1-k)(\mathcal{D}_R^-(\theta_{k-1}\omega,u_{k-1}^1)(1)-\mathcal{D}_R^-(\theta_{k-1}\omega,u_{k-1}^2)(1))|_{\alpha,\delta}\mathrm{e}^{-\kappa(i-1)}\\
&+|\mathcal{D}_R^-(\theta_{i-1}\omega,u_{k-1}^1)(\cdot)-\mathcal{D}_R^-(\theta_{i-1}\omega,u_{k-1}^1)(\cdot)|_{\alpha,\delta}\mathrm{e}^{-\kappa(i-1)}\\
\leqslant&\sum_{k=-\infty}^{i-1}C_S\mathrm{e}^{(\breve{\mu}-\kappa)(i-k-1)}\mathrm{e}^{-\kappa(k-1)}\mathrm{e}^{-\kappa}C_\delta||\mathcal{D}_R^-(\theta_{k-1}\omega,u_{k-1}^1)(1)-\mathcal{D}_R^-(\theta_{k-1}\omega,u_{k-1}^2)(1)||_{V_\delta}\\
&+|\mathcal{D}_R^-(\theta_{i-1}\omega,u_{k-1}^1)(\cdot)-\mathcal{D}_R^-(\theta_{i-1}\omega,u_{k-1}^2)(\cdot)|_{\alpha,\delta}\mathrm{e}^{-\kappa(i-1)}\\
\leqslant&C_S\sum_{k=-\infty}^{i-1}\mathrm{e}^{(\breve{\mu}-\kappa)(i-k-1)}\mathrm{e}^{-\kappa(k-1)}K\mathrm{e}^{-\kappa}C_\delta|u_{k-1}^1-u_{k-1}^2|_{\alpha,\delta}\\
&+|\mathcal{D}_R^-(\theta_{i-1}\omega,u_{k-1}^1)(\cdot)-\mathcal{D}_R^-(\theta_{i-1}\omega,u_{k-1}^2)(\cdot)|_{\alpha,\delta}\mathrm{e}^{-\kappa(i-1)}\\
\leqslant&\sum_{k=-\infty}^{i}\mathrm{e}^{-\mu(i-k-1)}K(\mathrm{e}^{-\kappa}C_5C_\delta+1)\mathrm{e}^{-\kappa(k-1)}|u_{k-1}^1-u_{k-1}^2|_{\alpha,\delta}\leqslant\frac{1}{4}|U^1-U^2|_{\mathcal{H}_k}.
\end{aligned}$$

同时, 直接估计得到

$$\begin{aligned}
&\sum_{i+1}^{k=0}|S^+(\cdot+i-1-k)(\mathcal{D}_R^+(\theta_{k-1}\omega,u_{k-1}^1)(1)-\mathcal{D}_R^+(\theta_{k-1}\omega,u_{k-1}^2)(1))|_{\alpha,\delta}\mathrm{e}^{-\kappa(i-1)}\\
&+|\hat{\mathcal{D}}_R^+(\theta_{i-1}\omega,u_{i-1}^1)(\cdot)-\hat{\mathcal{D}}_R^+(\theta_{i-1}\omega,u_{i-1}^2)(\cdot)|_{\alpha,\delta}\mathrm{e}^{-\kappa(i-1)}\\
\leqslant&\sum_{i+1}^{k=0}C_S\mathrm{e}^{(\breve{\mu}-\kappa)(i-k-1)}\mathrm{e}^{-\kappa(k-1)}\mathrm{e}^{-\kappa}C^-||\mathcal{D}_R^+(\theta_{k-1}\omega,u_{k-1}^1)(1)-\mathcal{D}_R^+(\theta_{k-1}\omega,u_{k-1}^2)(1)||\\
&+|\hat{\mathcal{D}}_R(\theta_{i-1}\omega,u_{i-1}^1)(\cdot)-\hat{\mathcal{D}}_R(\theta_{i-1}\omega,u_{i-1}^1)(\cdot)|_{\alpha,\delta}\mathrm{e}^{-\kappa(i-1)}\\
\leqslant&C_S\sum_{i+1}^{k=0}\mathrm{e}^{(\hat{\mu}-\kappa)(i-k-1)}\mathrm{e}^{-\kappa(k-1)}K\mathrm{e}^{-\kappa}C^+|u_{k-1}^1-u_{k-1}^2|_{\alpha,\delta}\\
&+|\hat{\mathcal{D}}_R(\theta_{i-1}\omega,u_{i-1}^1)(\cdot)-\hat{\mathcal{D}}_R(\theta_{i-1}\omega,u_{i-1}^2)(\cdot)|_{\alpha,\delta}\mathrm{e}^{-\kappa(i-1)}\\
\leqslant&\sum_{i}^{k=0}\mathrm{e}^{\mu(i-k-1)}K(\mathrm{e}^{-\kappa}C_SC^++1)\mathrm{e}^{-\kappa(k-1)}|u_{k-1}^1-u_{k-1}^2|_{\alpha,\delta}\leqslant\frac{1}{4}||U^1-U^2||_{\mathcal{H}_k}.
\end{aligned}$$

因此, J 是压缩映射. 注意到空间 $\mathcal{H}_k^{u_0^+}$ 是完备的, 则由 Banach 空间不动点定理即可得到映射 J 存在唯一的不动点.

第三步：当 $U\in\mathcal{H}_k^{u_0^+}$, $u_0^+\in V^+$, $\hat{J}(\omega,U,u_0^+)$ 定义如前, 则有

$$J(\omega,U)=\hat{J}(\omega,U,\pi^+U(-1,1)).$$

对于 $u_{0j}^+\in V^+, j=1,2$. 由不动点 $\Gamma(u_{0j}^+,\omega)$ 的性质可得

$$
\begin{aligned}
&||\Gamma(u_{0j}^+,\omega)-\Gamma(u_{0j}^+,\omega)||_{\mathcal{H}_k}\\
\leqslant&||\hat{J}(\omega,\Gamma(u_{01}^+,\omega),u_{01}^+)-\hat{J}(\omega,\Gamma(u_{02}^+,\omega),u_{02}^+)||_{\mathcal{H}_k}\\
\leqslant&||\hat{J}(\omega,\Gamma(u_{01}^+,\omega),u_{01}^+)-\hat{J}(\omega,\Gamma(u_{01}^+,\omega),u_{02}^+)||_{\mathcal{H}_k}\\
&+||\hat{J}(\omega,\Gamma(u_{01}^+,\omega),u_{02}^+)-\hat{J}(\omega,\Gamma(u_{02}^+,\omega),u_{02}^+)||_{\mathcal{H}_k},\\
&||S^+(\cdot+i-1)(u_{01}^+-u_{02}^+)||_{\mathcal{H}_k}+||\hat{J}(\omega,\Gamma(u_{01}^+,\omega),u_{02}^+)-\hat{J}(\omega,\Gamma(u_{02}^+,\omega),u_{02}^+)||_{\mathcal{H}_k}\\
\leqslant&\mathrm{e}^{\hat{\mu}}C^+||u_{01}^+-u_{02}^+||+\frac{1}{2}||\Gamma(u_{01}^+,\omega)-\Gamma(u_{02}^+,\omega)||_{\mathcal{H}_k},
\end{aligned}
$$

这表明 $\Gamma(u_0^+,\omega)$ 关于 u_0^+ 是 Lipschitz 连续的, 证毕. □

附注 5.3.3[7]附注 4.6　直接计算可知, $\Gamma(u_0^+,\omega)(-1,\cdot)\in W^{\alpha,\delta,\infty}(0,1;V)$ 是方程

$$
u(t)=S(t)\Gamma(u_0^+,\omega)(-1,0)+\mathcal{D}_R(\omega,u)(t),\quad \pi^+u(1)=u_0^+
$$

在 $[0,1]$ 上的解.

令 $\phi_R(\cdot,\omega,v_0)$ 是方程

$$
u=Sv_0+\mathcal{D}_R(\omega,u)
$$

在 $[0,1]$ 上的解, 则当 $v_0\in V_\delta$ 时, 该解在空间 $W^{\alpha,\delta,\infty}(0,1;V)$ 中.

下面给出映射 $J(\omega)$ 和 $J(\theta_{-1}\omega)$ 的不动点之间的联系.

引理 5.3.6[7]引理 4.7　对于 $u_0^+\in V^+$, 令 $u_{-1}^+=\pi^+\Gamma(u_0^+,\omega)(-1,0)$, 则 $J(\omega,U)$ 在 $\mathcal{H}_k^{u_0^+}$ 中唯一的不动点 $\Gamma(u_0^+,\omega)$ 可以表示为

$$
\Xi(u_0^+,\omega)(i,\cdot)=\begin{cases}\Gamma(u_{-1}^+,\theta_{-1}\omega)(i+1,\cdot), & i=-2,-3,\cdots,\\ \phi_R(\cdot,\theta_{-1}\omega,\Gamma(u_{-1}^+,\theta_{-1}\omega)(-1,1)), & i=-1.\end{cases}
$$

§5.3.2　随机不稳定流形

这一小节主要证明分数布朗运动驱动的随机偏微分方程的随机不稳定流形的存在性. 设 $\hat{\mu}$ 比算子 A 的最小正特征值小的任意正数, $\breve{\mu}$ 是比算子 A 的最大的负特征值都大的任意负数, 选择适当的 $\hat{\mu}$ 和 $\breve{\mu}$ 使得 $\kappa=\dfrac{\hat{\mu}+\breve{\mu}}{2}>0$. 设 R 是下侧缓变随机变量, 且 $R(\omega)=\min(\tilde{R}(\omega),1)$, 其中 $\tilde{R}(\omega)$ 是方程

$$
C_L(\omega)L_g(\tilde{R}(\omega))+C_IL_F(\tilde{R}(\omega))=K
$$

的解. 定义

$$
\hat{r}(\omega)=\frac{R(\theta_{-1}\omega)}{2L_\Gamma\mathrm{e}^{-\kappa}}. \tag{5.3.10}
$$

对任意的 $u_0^+\in B_{V^+}(0,\hat{r}(\omega))$, 使得 $|\Gamma(u_0^+,\omega)(-1,\cdot)|_{\alpha,\delta}\leqslant\dfrac{R(\theta_{-1}\omega)}{2}$. 定义

$$
M(\omega)=\{x^+\Gamma^-(x^+,\omega)(-1,1):x^+\in B_{V^+}(0,\hat{r}(\omega))\},
$$

$$m(\omega,\cdot)=\Gamma^{-}(\cdot,\omega)(-1,1)|_{B_{V^+}(0,\hat{r}(\omega))}.$$

为了证明 $M(\omega)$ 是随机动力系统 ϕ 的局部不稳定流形, 需要下面两个引理:

引理 5.3.7[7]引理 5.1 设 r 是正的下侧缓变随机变量, C 是正常数, 则存在一个正的下侧缓变随机变量 ρ, 使得

$$\rho(\omega)C\mathrm{e}^{\kappa(i-1)}\leqslant r(\theta_{i-1}\omega),\quad i\in\mathbb{Z}^-.$$

证明 定义

$$\rho(\omega)=\inf_{i\in\mathbb{Z}^-}\frac{1}{C}\mathrm{e}^{-\kappa(i-1)}\leqslant r(\theta_{i-1}\omega)>0,\tag{5.3.11}$$

则对任意的 $k\in\mathbb{Z}^-$, 都有

$$\rho(\omega)C\mathrm{e}^{\kappa k}=\inf_{i\in\mathbb{Z}^-}\frac{1}{C}\mathrm{e}^{-\kappa(i-1+k)}r(\theta_{i-1+k}\omega)=\frac{1}{C}\inf_{i\leqslant k}\mathrm{e}^{-\kappa(i-1)}r(\theta_{i-1}\omega).$$

由于 r 是下侧缓变的, 且当 $k\to-\infty$ 时, $r\to\infty$. 因此, ρ 是下侧缓变的. 证毕. □

引理 5.3.8[7]引理 5.2 设 $\bar{\rho}(\omega)$ 由等式 (5.3.11) 定义, 其中 $C=L_\gamma\mathrm{e}^{-\kappa}$, $\bar{r}(\omega)=\inf\limits_{\tau\in[-1,0]}\hat{r}(\theta_\tau\omega)$. 如果 $u_0^+\in B_{V^+}(0,\bar{\rho}(\omega)\mathrm{e}^{\kappa}L_\Gamma^{-1})$, 则当 $t\in[0,1]$ 时, 都有

$$u_{-1+t}^+\in B_{V^+}(0,\hat{\rho}(\theta_{-1+t}\omega)),$$

其中

$$\hat{\rho}(\omega)=\int_{i\in\mathbb{Z}^-}\frac{1}{C}\mathrm{e}^{-\kappa(i-1)}\hat{r}(\theta_{i-1}\omega).\tag{5.3.12}$$

证明 注意到 $\sup\limits_{t\in[-1,0]}\Lambda_\alpha^{-1,0}(\theta_t\omega)\leqslant\Lambda_\alpha^{-2,0}$, 并且 $\Lambda_\alpha^{-2,0}$ 是上侧缓变随机变量, 因此 $\bar{r}$ 是下侧缓变随机变量. 注意到当 $t\in[0,1]$ 时, $\bar{\rho}(\omega)\leqslant\hat{\rho}(\theta_{-1+t}\omega)$, 于是

$$\begin{aligned}\hat{\rho}(\theta_{-1+t}(\omega))&=\inf_{i\in\mathbb{Z}^-}\frac{1}{C}\mathrm{e}^{-\kappa(i-1)}\hat{r}(\theta_{i-1}\theta_{-1+t}\omega)\geqslant\inf_{i\in\mathbb{Z}^-}\frac{1}{C}\mathrm{e}^{-\kappa(i-1)}\inf_{t\in[0,1]}\hat{r}(\theta_{i-1}\theta_{-1+t}\omega)\\&=\inf_{i\in\mathbb{Z}^-}\frac{1}{C}\mathrm{e}^{-\kappa(i-1)}\inf_{\tau\in[-1,0]}\hat{r}(\theta_{i-1}\theta_\tau\omega)=\inf_{i\in\mathbb{Z}^-}\frac{1}{C}\mathrm{e}^{-\kappa(i-1)}\hat{r}(\theta_{i-1}\omega)=\bar{\rho}(\omega).\end{aligned}$$

再利用定理 5.3.3 的 (3) 可得

$$||u_{-1+t}^+||\leqslant\mathrm{e}^{-\kappa}L_\Gamma||u_0^+||\leqslant\mathrm{e}^{-\kappa}L_\Gamma\mathrm{e}^{\kappa}L_\Gamma^{-1}\bar{\rho}(\omega)\leqslant\hat{\rho}(\theta_{-1+t}\omega).$$

从而引理得证. □

定理 5.3.4 由随机偏微分方程 (5.3.1) 生成的随机动力系统 RDS 存在局部不稳定流形 $M(\omega)$.

证明 令 $r=\hat{r}$, $C=L_\Gamma e^{-\kappa}$, $\hat{\rho}$ 是相应的随机变量, 由 (5.3.10) 确定, $\hat{\rho}$ 由 (5.3.12) 确定, 则对任意的 $||u_0^+||\leqslant\hat{\rho}(\omega)$. 由定理 5.3.3 的 (3) 可得

$$\hat{r}(\theta_i\omega)\geqslant\hat{\rho}(\omega)L_\Gamma e^{-\kappa}e^{\kappa i}\geqslant||\Gamma^+(\omega,u_0^+)(i-1,1)||,\quad i\in\mathbb{Z}^-.$$

再由定理 5.3.6 可知

$$x_i(\omega)=\Gamma(u_0^+,\omega)(i-1,1)\in M(\theta_i\omega).$$

进行迭代后得到

$$|\Gamma(u_0^+,\omega)(i-1,\cdot)|_{\alpha,\delta}=|\Gamma(u_i^+,\theta_i\omega)(-1,\cdot)|_{\alpha,\delta}\leqslant L_\Gamma e^{-\kappa}\hat{r}(\theta_i\omega)=\frac{R(\theta_{i-1}\omega)}{2},$$

其中 $x_i^+=u_i^+=\Gamma^+(u_0^+,\omega)(i-1,1)$. 则对于截断函数 χ_R, 则对任意的 $u_0^+\in B_{V^+}(0,\hat{\rho}(\omega))$ 和 $i\in\mathbb{Z}^-$, 则有

$$\chi_{R(\theta_{i-1}\omega)}(\Gamma(u_0^+,\omega)(i-1,\cdot))=1.$$

由于 $\Gamma(u_0^+,\omega)$ 是算子 $J(\omega)$ 的不动点, 则对于任意的 $t\in[0,1]$, $\Gamma(u_0^+,\omega)(i-1,t)$ 满足

$$\begin{aligned}\Gamma(u_0^+,\omega)(i-1,t)&=S(t)\Gamma(u_0^+,\omega)(i-1,0)+\mathcal{D}(\theta_{i-1}\omega,\Gamma(u_0^+,\omega)(i-1,\cdot))(t)\\&=S(t)\Gamma(u_0^+,\omega)(i-2,1)+\mathcal{D}(\theta_{i-1}\omega,\Gamma(u_0^+,\omega)(i-1,\cdot))(t).\end{aligned}$$

利用余环 ϕ 的性质可得

$$\phi(-i+1,\theta_{i-1}\omega,x_{i-1}(\omega))=\Gamma(u_0^+,\omega)(-1,1)\in M(\omega).$$

再由x_{i-1}的定义可知, 当 $t\to-\infty$ 时, $x_{i-1}(\omega)$以指数κ收敛到 0, 即 $\lim\limits_{t\to-\infty}x_{i-1}(\omega)=0$.

下面证明局部不变流形的第二条性质. 对任意的 $j\in\mathbb{Z}^+$, 定义映射

$$\begin{aligned}H_j(\omega,\cdot)=\Gamma^+(\cdot,\theta_j\omega)(-j-1,1):B_{V^+}(0,\hat{\rho}(\theta_j\omega))\to\Gamma^+(B_{V^+}(0,\hat{\rho}(\theta_j\omega)),\theta_j\omega)(-j-1,1)\\=S_j(\omega).\end{aligned}$$

由定理 5.3.3 的 (3) 可知及映射 $W^{\alpha,\delta,\infty}(0,1;V)\ni u\to u(0)\in V$ 及 π 的连续性可知, 映射 H_j 是连续的, 注意到 $x^+\in S_j(\omega)\to\phi^+(j,\omega,\Gamma(x^+,\theta_j\omega)(-j-1,1))$ 的值域是 $B_{V^+}(0,r_j(\omega))$, 则该映射是连续的, 并使得 $H_j(\omega)$ 是同胚. 因此, $S_j(\omega)$ 是 V^+ 中的 0 的闭邻域, 而且如果 $x^+\in\bigcap\limits_{j=1,\cdots,k}S_j(\omega)$, 则对 $j=1,\cdots,k$, 都有 $\phi(j,\omega,\Gamma(x^+,\theta_j\omega)(-j-1,1))\in M(\theta_j\omega)$ 且是 V^+ 的 0 的闭邻域.

下面考虑正实数 $\mathbb{R}^+$ 上的连续情形. 注意到当 $u_0^+\in B_{V^+}(0,\hat{\rho}(\omega))$, 都有

$$\Gamma(u_0^+,\omega)(i-2,1)=\Gamma(u_0^+,\omega)(i-1,0)=x_{i-1}(\omega)\in M(\theta_{i-1}\omega),$$

且在 $[0,1]$ 上,

$$\phi_R(\cdot,\theta_{i-1}\omega,x_{i-1})=\phi(\cdot,\theta_{i-1}\omega,x_{i-1}).$$

因此, 由离散情形可知, 当 $i\in-\infty$ 时, x_{i-1+t} 以指数阶 κ 收敛到 0, 且

$$\begin{aligned}M(\omega)\ni\Gamma(u_0^+,\omega)(-1,1)&=\phi(-i+1,\theta_{i-1}\omega,x_{i-1}(\omega))\\&=\phi(-i+1-t,\theta_{i-1+t}\omega,x_{i-1+t}(\omega)),\end{aligned}$$

且在 $[0,1]$ 上

$$x_{i-1+t}(\omega)=\Gamma(u_0^+,\omega)(i-1,t)=\phi(t,\theta_{i-1}\omega,x_{i-1}(\omega)).$$

再证：当 u_0^+ 充分小及 $i\in\mathbb{Z}^-$ 时, $x_{i-1+t}(\omega)\in M(\theta_{i-1+t}(\omega))$. 对 $u_{-1+t}^+=\Gamma^+(u_0^+,\omega)(-1,t)$, $u_{-2+t}^+=\Gamma(u_{-1+t}^+,\theta_{-1+t}\omega)(-1,0)$, $u_{-3+t}^+=\Gamma(u_{-3+t}^+,\theta_{-3+t}\omega)(-1,0)$, 可以证明

$$||x_{i-1+t}(\omega)||\leqslant\hat{r}(\theta_{i-1+t}\omega), \tag{5.3.13}$$

$$x_{i-1+t}(\omega)=\Gamma(u_{-1+t}^+,\theta_{-1+t}\omega)(i-1,1)=\Gamma(u_{i-1+t}^+,\theta_{i-1+t}\omega)(-1,1). \tag{5.3.14}$$

由引理 5.3.6 即可得知 (5.3.14) 也成立.

当 $||u_0^+||\leqslant\hat{\rho}(\omega)$, 则 $x_{i-1}(\omega)$ 可用 $J(\omega,U)(i-1,t)$ 来表示, 其中 $U(\tau)=\Gamma(u_0^+,\omega)(\tau)$, $s=i-1$. 类似地, 当 $u_{-1+t}^+\in B_{V^+}(0,\hat{\rho}(\theta_{-1+t}\omega)),t\in[0,1]$ 时, 则有

$$\begin{aligned}&\Gamma(u_{-1+t}^+,\theta_{-1+t}\omega)(s)\\=&\int_{-\infty}^s S^-(s-\tau)G(\Gamma(u_{-1+t}^+,\theta_{-1+t}\omega)(\tau))\mathrm{d}\theta_{-1+t}\omega(\tau)\\&+\int_{-\infty}^s S^-(s-\tau)F(\Gamma(u_{-1+t}^+,\theta_{-1+t}\omega)(\tau))\mathrm{d}\tau\\&+S^+(s)u_{-1+t}^++\int_0^s S^+(s-\tau)G(\Gamma(u_{-1+t}^+,\theta_{-1+t}\omega)(\tau))\mathrm{d}\theta_{-1+t}\omega(\tau)\\&+\int_0^s S^+(s-\tau)F(\Gamma(u_{-1+t}^+,\theta_{-1+t}\omega)(\tau))\mathrm{d}\tau.\end{aligned}$$

类似于引理 5.3.6 在离散情况的证明可得

$$\begin{aligned}x_{i-1+t}(\omega)=\phi(t,\theta_{i-1}\omega,x_{i-1}(\omega))&=\phi(t,\theta_{i-1}\omega,\Gamma(u_{i-1}^+,\theta_{i-1}\omega\Gamma(u_{i-1}^+,\theta_{i-1}\omega)(-1,1))\\&=\Gamma(u_{i-1+t}^+,\theta_{i-1+t}\omega)(-1,1).\end{aligned}$$

于是, 由文献 [10] 的引理 5.5 可知, 当 u_0^+ 充分小及 $i\in\mathbb{Z}^-$ 时, $x_{i-1+t}(\omega)\in M(\theta_{i-1+t}(\omega))$. □

附注 5.3.4 考虑由无穷维分数布朗运动驱动的随机多孔介质方程

$$\mathrm{d}X_t = (\Delta(|X_t|^{r-1}X_t) + \eta X_t) + \mathrm{d}N_t.$$

其中 Λ 是 $\mathbb{R}^d$ 中的有界开区间, $r > 1$, 考虑函数空间 $V = L^{r+1}(\Lambda) \subseteq H = W_0^{-1,2} \subseteq V^*$, η 是常数. 由第 4 章定理 4.7.1 和定理 4.7.2 可知, 当噪声具有更多的正则性, 即取值于 $W^{2,r+1}$ 中, 该方程生成的随机动力系统存在随机吸引子. 文献 [19] 研究了有限维布朗运动驱动是广义随机多孔介质方程的随机吸引子的存在性, 其要求噪声取值于 $W^{1,r+1}$. 由此可见, 第 4 章定理 4.7.1 和定理 4.7.2 更具一般性, 将文献 [19] 推广到无穷维情形.

参考文献

[1] Crauel H, Debussche A and Flandoli F. Random attractor. J. Dyn. Diff. Equ., 1997, 9: 307-341.

[2] Biagini F, Hu Y, Øksendal B, Zhang T. Stochastic Calculus for Fractional Brownian Motion and Applications. London: Springer-Verlag, 2008.

[3] Maslowski B, Schmalfuß B. Random dynamics systems and stationary solutions of differential equations driven by the fractional Brownian motion. Stoahstic Anal. Appl., 2004, 22: 1557-1607.

[4] Kunita H. Stochastic Flows and Stochastic Differential Equations. Cambridge: Cambridge University Press, 1990.

[5] Duncan T E, Maslowski B, Duncan B P. Fractional Brownian motion and stochastic equations in Hilbert spaces. Stochastic Dyn., 2002, 2: 225-250.

[6] Garrido-Atenza M, Maslowski B and Schmalfuss B. Random attactors for stochastic equations driven by a fractional Brownian motion. Internation Journal of Bifurcation and Chaos, 2010, 9(20): 2761-2782.

[7] Garrido-Atenza M, Lu Keling and Schmalfuss B. Unstable invariant manifolds for stochastic PDEs driven by a FBM. J of Differential Equations, 2010, Z48: 1637-1667.

[8] Garrido-Atenza M, Lu Keling and Schmalfuss B. Random dynamical systems for stochastic partial diffusion equations driven by driven by a FBM. Discrete and Continuous Dynamical Systems-B, 2010, 14(2): 473-493.

[9] Garrido-Atenza M et al. Discretization of stationary solutions of stochastic systems driven by FBM. Appl.Math. Optim., 2009, 60(2): 151-172.

[10] Lu K and Schmalfuss B. Invariant manifold for stochastic wave equations. J. Differential Equations, 2007, 236: 460-492.

[11] Maslowski B and Nualart D. Evolution equations driven by a fractional Brownian motion. Journal of Functional Analysis, 2003: 277-305.

[12] Nualart D and Rascanu A. Differential equations driven by fractional Brownian motion. Collect. Math., 2002, 53(1): 55-81.

[13] Marta Sanz-Sloe, Pierre-A Vuillermot. Mild solutions for a class of fractional spdes and their sample paths, 2007.

[14] Duncan T E, et al. Semilinear stochastic equations in a Hilbert space with a fractional brownian motion. Siam J. Math Anal., 2009.

[15] Fang Liqun. Stochastic Navier-Stokes equation with fractional Brownian motions. Dissertation in Louisiana State University, 2009.

[16] Gess B, Liu W and Rockner M. Random attractor for a class of stochastic partial differential equations driven by general additive noise. J. Differential Equations, 2011, 251: 1225-1253.

[17] Schmalfuss B. Attractors for the nonautonomous dynamical systems. International conference on differential equations, Berlin, 1999, 1-2: 684-689.

[18] Zahle M. Integration with respective to fractal functions and stochastic calculus, I. Probab. Theory Related Fields, 1998, 111: 333-374.

[19] Beyn W J, Lescot P, Rockner M. The global attractor for a class of stochastic porous media equations. Comm. Partial Differential Equations, 2011, 36: 446-469.

第 6 章　随机偏微分方程的大偏差原理

大偏差原理源于 Donsker 和 Varadhan 在 1976 年的奠基性工作, 由于它在 Markov 过程、偏微分方程、动力系统以及统计力学中的现代 Giggs 场理论等领域中都有广泛的应用, 现已成为概率论中的一个重要分支. 本章主要介绍大偏差原理及其判断方法, 以及高斯噪声, 分数布朗运动和 Lévy 过程驱动的随机偏微分方程的大偏差原理. 本章内容主要参考文献 [19], [16], [18] 和 [23] 等.

§6.1　大偏差原理

关于随机偏微分方程和半线性随机发展方程大偏差原理的研究结论很多, 主要的研究方法也比较类似, 即对满足好速率函数 I 能够用其再生核 Hilbert 空间来表示, 再利用一般的 Schilder 定理就可推出大偏差原理. 通常的方法是基于弱收敛方法的拉普拉斯原理.

这一节, 先介绍随机偏微分方程的大偏差的定义, 再给出几种常用的判定方法.

定义 6.1.1　对于完备的可分空间 $E=C([0,T];H)$ 上的概率测度族 $\{\mu_\varepsilon\},\varepsilon>0$, 下半连续函数 $I:\ E\to[0,\infty)$ 及任意的 $r\in[0,\infty)$, 集合

$$K(r)=\{x\in E,\ I(x)\leqslant r\},\quad r>0$$

是紧的, 如果

$$\text{对 } E \text{ 中的 Borel 闭子集},\quad \limsup_{\varepsilon\to0}\varepsilon\log\mu_\varepsilon(\Gamma)\leqslant-\inf_{x\in\Gamma}I(x),\tag{6.1.1}$$

$$\text{对 } E \text{ 中的 Borel 开子集},\quad \liminf_{\varepsilon\to0}\varepsilon\log\mu_\varepsilon(G)\geqslant-\inf_{x\in G}I(x),\tag{6.1.2}$$

则称概率测度族 $\{\mu_\varepsilon\}$ 关于速率函数 I 满足大偏差原理 (LDP).

下面给出另大偏差原理的一种形式的定义.

定义 6.1.2[11]　设 X 是 Polish 空间, $\mathcal{B}(X)$ 为 X 的 Borel σ- 域, 如果随机族 $\{\phi^\varepsilon\}$ 满足下面条件:

(1) (好速率函数) 称 $I:X\to[0,\infty]$ 为速率函数, 若对任意的 $M\in[0,\infty)$, 水平集 $\{\phi:\phi\in X,I(\phi)\leqslant M\}$ 是 X 中的紧子集. 如果 $\forall A\in\mathcal{B}(X)$, 都有 $I(A)=\inf\limits_{\phi\in A}I(\phi)$, 则称 I 是好的速率函数.

(2) (大偏差上界) 对 X 中的任意闭子集 F, 都有

$$\limsup_{\varepsilon} \varepsilon \log P(\phi^\varepsilon \in F) \leqslant -I(F)$$

成立.

(3) (大偏差下界) 对 X 中的任意开子集 F, 都有

$$\liminf_{\varepsilon} \varepsilon \log P(\phi^\varepsilon \in F) \geqslant -I(G)$$

成立,

则称随机族 $\{\phi^\varepsilon\}$ 在 X 上满足好的速率函数 I 的大偏差原理.

对于随机发展方程

$$\begin{cases} \mathrm{d}u = (Au + F(u))\mathrm{d}t + \sqrt{\varepsilon} B(u)\mathrm{d}W(t), \\ u(0) = u_0 \in H, \end{cases} \tag{6.1.3}$$

其解为 $u(t, u_0, \varepsilon)$ 为系统 (6.1.3) 的解. 相应的确定性发展方程

$$\begin{cases} \mathrm{d}u = (Au + F(u))\mathrm{d}t, \\ u(0) = u_0 \in H \end{cases} \tag{6.1.4}$$

的解记为 $z(t, u_0)$, 则有下面的结论:

定理 6.1.1[19] 随机系统 (6.1.3) 的解 $u(t, u_0, \varepsilon)$ 依概率收敛到确定系统 (6.1.4) 的解 $z(t, u_0)$, 即

$$\lim_{\varepsilon \to 0} P\Big(\sup_{t \in [0,T]} |u(t, u_0, \varepsilon) - z(t, u_0)| \geqslant r \Big) = 0. \tag{6.1.5}$$

定理 6.1.2[19]命题 12.2 令 $I:\ E \to [0, \infty]$ 对任意的 $r \in [0, \infty)$, 集合

$$K(r) = \{x \in E,\ I(x) \leqslant r\}, \quad r > 0$$

是紧的下半连续函数, 则 $\{\mu_\varepsilon\}$ 满足大偏差原理的充要条件是下面的两个条件成立:

(I) 对于任意的 $r > 0, \delta > 0, \gamma > 0$, 存在 $\varepsilon_0 > 0$ 使得对任意的 $\varepsilon \in (0, \varepsilon_0)$,

$$\mu_\varepsilon(B(K(r)), \delta) \geqslant 1 - \mathrm{e}^{-\frac{1}{\varepsilon}(r-\gamma)}. \tag{6.1.6}$$

(II) 对于任意的 $x \in E, \delta > 0, \gamma > 0$, 存在 $\varepsilon_0 > 0$ 使得对任意的 $\varepsilon \in (0, \varepsilon_0)$,

$$\mu_\varepsilon(B(x, \delta)) \geqslant 1 - \mathrm{e}^{-\frac{1}{\varepsilon}(I(x)+\gamma)}, \tag{6.1.7}$$

而且 (6.1.1), (6.1.2) 分别与 (6.1.6), (6.1.7) 等价.

通常称 (6.1.6) 和 (6.1.7) 为 Freidlin-Wentsell 指数估计式.

设 E 是可分的 Banach 空间, 范数为 $\|\cdot\|$, μ 是 E 上的对称高斯测度, H_μ 是其再生核, 其内积和范数分别为 $\langle\cdot,\cdot\rangle_\mu$ 和 $|\cdot|_\mu$. 定义测度族

$$\mu_\varepsilon(\Gamma)=\mu(\varepsilon^{-1/2}\Gamma),\quad \Gamma\in\mathcal{B}(E),\varepsilon>0. \tag{6.1.8}$$

$$I(x)=\begin{cases}\dfrac{1}{2}|x|_\mu^2, & x\in H_\mu,\\ +\infty, & \text{其他}.\end{cases} \tag{6.1.9}$$

定理 6.1.3 [19]　令 $\{\mu_\varepsilon\}$ 是一族概率测度, 则对于任意的正数 $r_0\in E,\delta>0,\gamma>0$, 存在 $\varepsilon_0>0$, 使得对任意 $\varepsilon\in(0,\varepsilon_0)$, 任意满足 $|x|_\mu^2\leqslant r_0$ 的初值函数 u_0, 有

$$\mu_\varepsilon(B(u_0,\delta))\geqslant 1-\mathrm{e}^{-\frac{1}{\varepsilon}\left(\frac{1}{2}|u_0|_\mu^2+\gamma\right)}.$$

定理 6.1.4[19]　由 (6.1.8) 定义的高斯测度簇 $\{\mu_\varepsilon\}$ 满足由 (6.1.9) 确定的速率函数 $I(x)$ 的大偏差原理.

下面给出基于弱收敛方法的拉普拉斯原理. 令 $(\Omega,\mathcal{F},P)$ 是一概率空间, 其子 σ- 域具有递增簇 $\{\mathcal{F}_t\}_{0\leqslant t\leqslant T}$, 且满足右连续和 P 完备的假设. 令 $\mathcal{A}$ 表示满足 $\int_0^T|\phi(s)|_0^2\mathrm{d}s<\infty$ 的 H_0- 值 $\{\mathcal{F}_t\}$ 可料过程的集合, 令

$$S_N=\left\{v\in L^2([0,T];H_0),\int_0^T|v(s)|_0^2\mathrm{d}s\leqslant N\right\},$$

并在 S_N 上赋以弱拓扑后成为一个 Polish 空间, 定义 $\mathcal{A}_N=\{\phi\in\mathcal{A},\phi(\omega)\in S_N,P\text{-a.s.}\}$. 令 E 是一 Polish 空间, $g^\varepsilon:C([0,T];H)\to E$ 是一可测映射, $X^\varepsilon=g^\varepsilon(W(\cdot))$. 注意到 $\{X^\varepsilon\}$ 是 Polish 空间值的随机元, 则大偏差原理和拉普拉斯原理是等价的.

定义 6.1.3　设 I 是 E 上的速率函数, E- 值随机元簇 $\{X^\varepsilon:\varepsilon>0\}$ 在 E 上满足速率函数 I 的拉普拉斯原理, 如果对每个定义在 E 上的实值, 有界的连续函数 h, 都有

$$\lim_{\varepsilon\to0}\varepsilon\log\mathbf{E}\left\{\mathrm{e}^{-\frac{1}{\varepsilon}h(X^\varepsilon)}\right\}=-\inf_{x\in E}[h(x)+I(x)].$$

下面给出假设: 存在可测映射 $g^0:C([0,T];H)\to E$ 使得下面结论成立:

(H1) 对某个 $M>\infty$, 令 $\{v^\varepsilon:\varepsilon>0\}\subset\mathcal{A}_M$, 令 v^ε 作为 S_M-值随机元素按照分布意义收敛到 v, 则 $g^\varepsilon\left(W(\cdot)+\dfrac{1}{\sqrt{\varepsilon}}\displaystyle\int_0^\cdot v^\varepsilon(s)\mathrm{d}s\right)$ 按照分布意义收敛到 $g^0\left(\displaystyle\int_0^\cdot v(s)\mathrm{d}s\right)$.

(H2) 对每个 $M<\infty$, 集合 $K_M=\left\{g^0\left(\displaystyle\int_0^\cdot v(s)\mathrm{d}s\right):v\in S_M\right\}$ 是 E 中的紧子集.

定理 6.1.5[4]　设随机过程 $X^\varepsilon=g^\varepsilon(W(\cdot))$. 如果 $\{g^\varepsilon\}$ 满足假设 (H1) 和 (H2), 则随机过程簇 $\{X^\varepsilon:\varepsilon>0\}$ 在 E 上满足速率函数为 I 的拉普拉斯原理, 其中

$$I(f)=\inf_{\{v\in L^2([0,T];H_0):\ f=g^0(\int_0^\cdot v(s)\mathrm{d}s)\}}\left\{\frac{1}{2}\int_0^T\|v(t)\|_0^2\mathrm{d}t\right\}, \tag{6.1.10}$$

空集的下极限为 ∞.

§6.2 乘性高斯噪声驱动的 Navier-Stokes 方程的大偏差原理

对于乘性噪声驱动的随机偏微分方程, 通常利用拉普拉斯原理和弱收敛方法, 即直接证明速率函数的水平集是紧的, 再证明原系统的解弱收敛于原系统噪声 $\sqrt{\varepsilon}W$ 换成它的再生核 Hilbert 空间中随机元 v_ε 的随机方程的解, 从而得到大偏差原理, 详细的过程可参阅文献 [12] 和 [23] 等.

本节利用基于弱收敛方法的拉普拉斯原理来研究乘性高斯噪声驱动的 Navier-Stokes 方程的大偏差原理, 该节内容取自文献 [24].

考虑乘性高斯噪声驱动的 Navier-Stokes 方程

$$\begin{cases} \mathrm{d}u^\varepsilon + [\nu Au^\varepsilon + B(u^\varepsilon)]\mathrm{d}t = [f + \sqrt{\varepsilon}\sigma(t, u^\varepsilon)]\mathrm{d}Wt, \\ u(0) = \xi \in H, \end{cases} \tag{6.2.1}$$

其中 $\int_0^T |f(t)|^4 \mathrm{d}t < \infty$.

引理 6.2.1[24]引理 4.1 设函数簇 $\{g^\varepsilon\}$ 定义如上, 对任意的 $v \in \mathcal{A}_M$ $(0 < M < \infty)$. 定义 $u_v^\varepsilon = g^\varepsilon\left(W(\cdot) + \dfrac{1}{\sqrt{\varepsilon}}\displaystyle\int_0^\cdot v(s)\mathrm{d}s\right)$, 则 u_v^ε 是方程

$$\begin{cases} \mathrm{d}u_v^\varepsilon(t) + [\nu Au_v^\varepsilon(t) + B(u_v^\varepsilon(t))]\mathrm{d}t = [f + \sigma(t, u_v^\varepsilon(t))]\mathrm{d}t + \sqrt{\varepsilon}\sigma(t, u_v^\varepsilon(t))\mathrm{d}W(t), \\ u_v^\varepsilon(0) = \xi \end{cases} \tag{6.2.2}$$

的唯一强解.

证明 由于 $v \in \mathcal{A}_M$, $\displaystyle\int_0^T |v(s)|_0^2 \mathrm{d}s < M$, a.s., $\tilde{W}(\cdot) = W(\cdot) + \dfrac{1}{\sqrt{\varepsilon}}\displaystyle\int_0^\cdot v(s)\mathrm{d}s$ 是 Wiener 过程, 且协方差算子 Q, 且概率测度为

$$\mathrm{d}\tilde{P}_v^\varepsilon = \mathrm{e}^{\{-\frac{1}{\sqrt{\varepsilon}}\int_0^T v(s)\mathrm{d}W(s) - \frac{1}{2\varepsilon}\int_0^T |v(s)|_0^2 \mathrm{d}s\}}\mathrm{d}P.$$

令 w 是方程 (6.2.1) 在概率空间 $(\Omega, \mathcal{F}, \tilde{P}_v^\varepsilon)$, 则 w P-a.s. 满足方程 (6.2.1), 记 $w(\cdot) = g^\varepsilon(\tilde{W}(\dot{c}))$. 如果 u_v^ε 和 w 都是方程 (6.2.1) 在概率空间 $(\Omega, \mathcal{F}, P)$ 的解, 则 u_v^ε 和 w 在概率空间 $(\Omega, \mathcal{F}, \tilde{P}_v^\varepsilon)$ 上满足方程 (6.2.1), 只需要将 W 换成 $\tilde{W}$ 即可. 于是, $u_v^\varepsilon = w, \tilde{P}_v$-a.s., 因此, $u_v^\varepsilon = w, P$-a.s.. 方程 (6.2.1) 解的唯一性得证. □

定理 6.2.1[24]定理 4.4 令 $v \in L^2([0,T]; H_0)$, 固定 $\xi \in H$, 令 $f \in L^4([0,T] : V')$, σ 满足假设

(1) $\sigma \in C([0,T] \times V; L_Q(H_0, H))$;

(2) 对任意的 $t \in (0,T)$, 都存在正常数 K, 使得 $|\sigma(t,u)|_{L_Q}^2 \leqslant K(1 + ||u||^2)$;

(3) 对任意的 $t \in (0,T)$, 都存在正常数 L, 使得对所有的 $u, v \in V$, 都有

$$|\sigma(t,u) - \sigma(t,v)|_{L_Q}^2 \leqslant L||u - v||,$$

则积分方程

$$w(t)+\int_0^t[\nu Aw(s)+B(w(s))]\mathrm{d}s=\xi+\int_0^t f(s)\mathrm{d}s+\int_0^t\sigma(s,w(s))v(s)\mathrm{d}s$$

在空间 $C([0,T];H)\bigcap L^2([0,T];V)$ 中存在唯一强解 w.

证明　该定理利用 Banach 空间上的压缩映像原理来证明.

定义 $S(t)$ 为 Stokes 算子生成的半群, 定义 $Y_1(t)=S(t)\xi$, $Y_2(t)=\int_0^t S(t-r)Bw(r)\mathrm{d}r$, $Y_3(t)=\int_0^t S(t-r)\sigma(w(r))v(r)\mathrm{d}r$, $Y_4(t)=\int_0^t S(t-r)f(r)\mathrm{d}r$. 定义 $X=L^2([0,T];V)\bigcap C([0,T];H)$. 先证明 $Y_i,i=1,2,3,4$: 将 $X\to X$ 是映上的. 对任意的 $\xi\in H$, 由文献 [15] 的引理 8.6.3 可知, $Y_1\in L^2([0,T]:V)\bigcap C([0,T];H)$.

令 $E(\cdot)$ 是算子 A 的谱测度, 算子 A 的谱分解为 $\int_0^\infty\lambda\mathrm{d}E(\lambda)$, 则

$$|A^\alpha S(t)v|_H^2\leqslant\int_0^\infty|\lambda^\alpha\mathrm{e}^{-t\lambda}|^2\mathrm{d}(E(\lambda)v,v).$$

注意到 $|A^{-1/2}B(w)|\leqslant C|w|||w||,|w(\cdot)|\in L^\infty(0,T)$, $||w(\cdot)||\in L^2(0,T)$, 于是 $A^{-1/2}B(w(t))\in L^2([0,T];H)$, 且 $Y_2(\cdot)\in L^2([0,T];V)\cap C([0,T];H)$. 类似地可证 $Y_3(\cdot),Y_4(\cdot):X\to X$.

定义 $J(w)=Y_1(w)+Y_2(w)+Y_3(w)+Y_4(w)$, 下证 J 是压缩的. 事实上, 对任意的 $u_1,u_2\in X$,

$$\begin{aligned}|Y_3(u_1)(t)-Y_3(u_2)(t)|&\leqslant C\int_0^t|S(t-r)|||u_1(r)-u_2(r)||\mathrm{d}r\\&\leqslant C(T)||u_1-u_2||_{L^2([0,T];V)}.\end{aligned}$$

定义 $g(t)=(\sigma(u_1(t))-\sigma(u_2(t)))v(t)$, 则 $|g(t)|\leqslant L||u_1(t)-u_2(t)||\in L^2(0,T)$, 这表明 $g(\cdot)\in L^2([0,T];H)$, 于是, $Y_3\in L^2([0,T];D(A))$, 于是

$$|Y_3(u_1)-Y_3(u_2)|_{L^2([0,T];V)}\leqslant C(T)||u_1-u_2||_{L^2([0,T];V)}.$$

即当 T 充分小时, 映射 Y_3 是压缩的.

注意到

$$Y_2(u_1)(t)-Y_2(u_2)(t)=\int_0^t S(t-r)(B(u_1(r))-B(u_2(r)))\mathrm{d}r.$$

注意到

$$|A^{-1/2}(B(u_1)-B(u_2))|\leqslant|u_1-u_2|^{1/2}||u_1-u_2||^{1/2}(|u_1|^{1/2}||u_1||^{1/2}+|u_2|^{1/2}||u_2||^{1/2}),$$

于是,

$$|Y_2(u_1)-Y_2(u_2)|_{L^2([0,T];V)} \leqslant C(T)\|u_1-u_2\|_X,$$

易知 Y_1, Y_2 在 X 上也是压缩的. 因此, $J: X \to X$ 是映上的压缩映射, 由不动点定理可知, 方程 (6.2.1) 存在唯一的局部解. 再利用能量估计得到整体解. 由文献 [15] 的 Masuda 引理和 De Simon 定理可得方程 (6.2.1) 的 Mild 解也是 $L^2([0,T];V')$ 的强解. □

定理 6.2.2[24]定理 4.6 设 $\{u^\varepsilon(\cdot)\}$ 是乘性高斯白噪声驱动的二维 Navier-Stokes 方程 (6.2.1) 的解, 则 $\{u^\varepsilon\}$ 在 $C([0,T];H)\bigcap L^2([0,T];V)$ 中满足好的速率函数 $I_\eta(h)$ 的拉普拉斯原理, 其中

$$I_\eta(h)=\inf_{\{v\in L^2([0,T]:H_0):\ h(t)=g^0(\int_0^\cdot v(s)\mathrm{d}s)\}}\left\{\frac{1}{2}\int_0^T\|v(t)\|_0^2\mathrm{d}t\right\}, \tag{6.2.3}$$

空集的下极限为 ∞.

证明 设 u_v^ε 是随机 Navier-Stokes 方程的解, u_v 是确定性 Navier-Stokes 方程

$$\begin{cases}\mathrm{d}u_v(t)+[\nu Au_v(t)+B(u_v(t))]\mathrm{d}t=[f+\sigma(t,u_v(t))v(t)]\mathrm{d}t,\\ u_v(0)=\xi\end{cases} \tag{6.2.4}$$

的解. 由引理 6.2.1 可知, 方程 (6.2.2) 存在按轨道意义下唯一的强解, 且 Borel 可测函数 g^ε 满足等式

$$g^\varepsilon\left(W(\cdot)+\frac{1}{\sqrt{\varepsilon}}\int_0^\cdot v^\varepsilon(s)\mathrm{d}s\right)=u_v^\varepsilon.$$

对任意的 $v\in L^2([0,T];H_0)$, 注意到 $\displaystyle\int_0^\cdot v(s)\mathrm{d}s\in C([0,T];H_0)$. 定义 $g^0: C([0,T];H_0)\to C([0,T];H)\bigcap L^2([0,T];V)$ 为

$$g^0(h)=u_v,\quad 如果\ h-\int_0^\cdot v(s)\mathrm{d}s,\quad v\in L^2([0,T];H_0).$$

如果 h 不能表示上面形式, 则定义 $g^0(h)=0$.

由定理 6.1.5 可知, 只需验证条件 (H1) 和 (H2) 成立即可. 注意到引理 6.2.1 已经验证了 (H2) 成立. 因此只需验证 (H1) 成立即可.

由于 S_M 是 Polish 空间, 利用 Skorokhod 表示定理可以构造随机过程 $(\tilde{v}_\varepsilon,\tilde{v},\tilde{W}_\varepsilon)$, 使得 $(\tilde{v}_\varepsilon,\tilde{W}_\varepsilon)$ 的联合分布和 (v_ε,W) 的联合分布相同, $\tilde{v}$ 的分布也与 v 是一致的, 并且 $\tilde{v}_\varepsilon$ 依拓扑收敛到 $\tilde{v}$.

定义 $w_\varepsilon=u_{v_\varepsilon}(t)-u_v(t)$, $|\cdot|_{\mathrm{H.S.}}$ 表示 Hilbert-Schmidt 范数. 应用由 Gyöngy 和 Krylov 证明的 Itô 引理可得

$$\begin{aligned}
&\frac{1}{2}|w_\varepsilon(t)|^2+\nu\int_0^t||w_\varepsilon(s)||^2\mathrm{d}s\\
=&-\int_0^t b(w_\varepsilon(s),u_v(s),w_\varepsilon(s))+\frac{\varepsilon}{2}\int_0^t|\sigma(s,u_{v_\varepsilon}(s)Q^{1/2})|^2_{\mathrm{H.S.}}\mathrm{d}s\\
&+\int_0^t(\sigma(s,u_{v_\varepsilon}(s))v_\varepsilon(s)-\sigma(s,u_v(s))v(s),w_\varepsilon)\mathrm{d}s\\
&+\sqrt{\varepsilon}\int_0^t(w_\varepsilon(s),\sigma(s,u_{v_\varepsilon}(s))\mathrm{d}W(s))\\
\leqslant&\int_0^t|w_\varepsilon(s)|||u_v(s)||||w_\varepsilon(s)||\mathrm{d}s+\int_0^t(\sigma(s,u_{v_\varepsilon}(s))\\
&-\sigma(s,u_v(s)))Q^{1/2}|_{\mathrm{H.S.}}|v_\varepsilon(s)|_0|w_\varepsilon(s)|\mathrm{d}s\\
&+\int_0^t|\sigma(s,u_v(s))(v_\varepsilon(s)-v(s))||w_\varepsilon(s)|\mathrm{d}s\\
&+\sqrt{\varepsilon}\int_0^t(w_\varepsilon(s),\sigma(s,u_{v_\varepsilon}(s))\mathrm{d}W(s))+\frac{\varepsilon}{2}\int_0^t|\sigma(s,u_{v_\varepsilon}(s)Q^{1/2})|^2_{\mathrm{H.S.}}\mathrm{d}s.
\end{aligned}$$

直接计算可得

$$\begin{aligned}
&\frac{1}{2}|w_\varepsilon(t)|^2+\frac{3\nu}{4}\int_0^t||w_\varepsilon(s)||^2\mathrm{d}s\\
\leqslant&\frac{1}{\nu}\int_0^t|w_\varepsilon(s)|^2||u_v(s)||^2\mathrm{d}s+\frac{\nu}{4}\int_0^t||w_\varepsilon(s)||^2\mathrm{d}s+\frac{L^2}{\nu}\int_0^t|v_\varepsilon|_0^2|w_\varepsilon(s)|^2\mathrm{d}s\qquad(6.2.5)\\
&+\frac{1}{\nu}\int_0^t|\sigma(s,u_v(s))(v_\varepsilon-v(s))|^2\mathrm{d}s+\frac{\nu}{4}\int_0^t||w_\varepsilon||^2\mathrm{d}s+\frac{\varepsilon}{2}K\int_0^t(1+||u_{v_\varepsilon}(s)||^2)\mathrm{d}s\\
&+\sqrt{\varepsilon}\left|\int_0^t(w_\varepsilon(s),\sigma(s,\mu_{v\varepsilon}(s)))\mathrm{d}\omega\right|.
\end{aligned}$$

定义停时序列

$$\begin{aligned}
\tau_{N,\varepsilon}=T\wedge\inf\Big\{t:&\int_0^t\{||u_v(s)||^2+||u_{v_\varepsilon}(s)||^2\}\mathrm{d}s>N,\text{或}\sup_{0\leqslant s\leqslant t}|u_v(s)|^2>N,\\
&\text{或}\sup_{0\leqslant s\leqslant t}|u_{v_\varepsilon}(s)|>N\Big\}.
\end{aligned}$$

设 T_0 是 $[0,T]$ 上的任意一个数, 在区间 $[0,T_0\wedge\tau_{N,\varepsilon}]$ 上对不等式 (6.2.5) 取上确界后得到

$$\begin{aligned}
&\frac{1}{2}\Big(\sup_{0\leqslant t\leqslant T_0\wedge\tau_{N,\varepsilon}}|w_\varepsilon(t)|^2\Big)+\frac{\nu}{4}\int_0^{T_0\wedge\tau_{N,\varepsilon}}||w_\varepsilon(s)||^2\mathrm{d}s\\
\leqslant&\frac{1}{\nu}\int_0^{T_0\wedge\tau_{N,\varepsilon}}|w_\varepsilon(s)|^2(||u_v(s)||^2+L^2|v_\varepsilon(s)|_0^2)\mathrm{d}s+\frac{\varepsilon}{2}K(T+N)\\
&+\frac{1}{\nu}\int_0^{T_0\wedge\tau_{N,\varepsilon}}|\sigma(s,u_v(s))(v_\varepsilon(s)-v(s))|^2\mathrm{d}s
\end{aligned}$$

$$+\sqrt{\varepsilon}\left\{\sup_{0\leqslant t\leqslant T_0\wedge\tau_{N,\varepsilon}}\left|\int_0^t (w_\varepsilon(s),\sigma(s,u_{v_\varepsilon}))\mathrm{d}W(s)\right|\right\}.$$

由 Burrkholder-Davis-Gundy 不等式可得

$$\begin{aligned}
&2\sqrt{\varepsilon}\mathbf{E}\left[\left\{\int_0^{T\wedge\tau_{N,\varepsilon}}|w_\varepsilon(s)|^2|\sigma(s,u_{v_\varepsilon})|_{LQ}^2\mathrm{d}s\right\}^{1/2}\right]\\
\leqslant&\sqrt{\varepsilon}\left(\mathbf{E}\left[\sup_{0\leqslant t\leqslant T\wedge\tau_{N,\varepsilon}}|w_\varepsilon(s)|^2+\int_0^{T\wedge\tau_{N,\varepsilon}}|\sigma(s,u_{v_\varepsilon})|_{LQ}^2\mathrm{d}s\right]\right)\\
\leqslant&\sqrt{\varepsilon}\left(\mathbf{E}\left[\sup_{0\leqslant t\leqslant T\wedge\tau_{N,\varepsilon}}|w_\varepsilon(s)|^2\right]+2K^2(T+N)\right)<\infty. \qquad (6.2.6)
\end{aligned}$$

再由 Gronwall 不等式及停时 $\tau_{N,\varepsilon}$ 的定义可得

$$\begin{aligned}
&\frac{1}{2}\sup_{0\leqslant t\leqslant T\wedge\tau_{N,\varepsilon}}|w_\varepsilon(t)|^2+\frac{\nu}{4}\int_0^{T\wedge\tau_{N,\varepsilon}}||w_\varepsilon(s)||^2\mathrm{d}s\\
\leqslant&\left\{\frac{1}{\nu}\int_0^{T\wedge\tau_{N,\varepsilon}}|w_\varepsilon(s)|^2(||u_v(s)||^2+L^2|v_\varepsilon(s)|_0^2)\mathrm{d}s\right.\\
&+\frac{\varepsilon}{2}K\int_0^{T\wedge\tau_{N,\varepsilon}}(1+||u_{v_\varepsilon}(s)||^2)\mathrm{d}s\\
&\left.+\sqrt{\varepsilon}\left\{\sup_{0\leqslant t\leqslant T\wedge\tau_{N,\varepsilon}}\left|\int_0^t(w_\varepsilon(s),\sigma(s,u_{v_\varepsilon}(s)))\mathrm{d}W(s)\right|\right\}\right\}\mathrm{e}^{\frac{1}{\nu}N+L^2M}. \qquad (6.2.7)
\end{aligned}$$

固定 N, 容易证明对适当的常数 C, 都有

$$\liminf_{\varepsilon\to 0}P\{\tau_{N,\varepsilon}=T\}\geqslant 1-\frac{C}{N}.$$

注意到不等式 (6.2.6) 表明, 当 $\varepsilon\to 0$ 时, $\sup\limits_{0\leqslant t\leqslant T\wedge\tau_{N,\varepsilon}}\left|\int_0^t(w_\varepsilon(s),\sigma(s,u_{v_\varepsilon}(s)))\mathrm{d}W(s)\right|$ 依概率收敛到 0. 令 v_ε 在 S_M 中弱收敛到 v, 由不等式 (6.2.7) 可知, 当 $\varepsilon\to 0$ 时. $\frac{1}{2}\sup\limits_{0\leqslant t\leqslant T}|w_\varepsilon(t)|^2+\frac{\nu}{4}\int_0^T||w_\varepsilon(s)||^2\mathrm{d}s$ 依概率收敛到 0. 从而定理得证. □

§6.3 加性 Lévy 噪声驱动的 Navier-Stokes 方程的大偏差原理

关于 Lévy 过程驱动的随机偏微分方程的大偏差原理的论文不多, 目前能找到相关文献是 Michael 和 Zhang 在 2007 年的第一篇文献 [18], 他们考虑的是具有 Lipschitz 系数的情形. 关于纯跳过程驱动的有限维随机发展方程解的大偏差原理,

参阅文献 [2]. Xu 和 Zhang 在文献 [25] 中研究了 Lévy 过程驱动的随机 Navier-Stokes 方程大偏差原理. 正如文献 [25] 中所指出的, 研究 Lévy 过程驱动的非线性发展方程的大偏差原理, 主要困难在于处理较高的非线性项的估计, 为此, 需要对解的能量泛函给出指数估计, 以及对近似解给出指数收敛估计等.

令 $W(\cdot)$ 是 H- 值的布朗运动, b 是 H 中的常值向量, f 是从某个可测函数空间 X 到 H 上的可测映射, 且满足假设

$$\int_X |f(x)|^2 \exp(a|f(x)|)\nu(\mathrm{d}x) < +\infty, \quad \forall a > 0. \tag{6.3.1}$$

$\tilde{N}_n(\mathrm{d}t, \mathrm{d}x)$ 是 $[0,\infty)\times X$ 的具有强度为 $n\nu$ 的补偿 Poisson 测度, ν 是 $B(X)$ 上是 σ- 有限测度. $D([0,T];H)$ 表示从 $[0,T]$ 到 H 所有 Càldàg 轨道 (左连续右极限存在的函数) 组成的集合, 赋予一致收敛拓扑构成的空间.

记

$$L_t^n = bt + \frac{1}{\sqrt{n}}W(t) + \frac{1}{n}\int_0^t\int_X f(x)\tilde{N}_n(\mathrm{d}s, \mathrm{d}x), \tag{6.3.2}$$

由文献 [1] 可知, Lévy 过程 $\{L^n, n \geqslant 1\}$ 的分布在 $D([0,1];H)$ 上满足速率函数为 I_0 的大偏差原理, 其中

$$I_0 = \begin{cases} \displaystyle\int_0^1 F^*(g'(s))\mathrm{d}s, & g \in D([0,1];H), g' \in L^1([0,1];H), \\ \infty, & \text{其他}, \end{cases} \tag{6.3.3}$$

其中, 对任意的 $l \in H$,

$$F(l) = \int_X [\exp(f(x), l) - 1 - (f(x), l)]\nu(\mathrm{d}x) + (Ql, l) + (b, l),$$

$$F^*(z) = \sup_{l\in H}[(z,l) - F(l)], \quad z \in H.$$

设 $Z^n(t)$ 是下面随机线性微分方程的解

$$\mathrm{d}Z^n + AZ^n = \frac{1}{n}\int_X f(x)\tilde{N}_n(\mathrm{d}t, \mathrm{d}x). \tag{6.3.4}$$

投影算子

$$P_m x = \sum_{i=1}^m (x, e_i)e_i, \quad x \in H.$$

设 $Z^{n,m}(t)$ 是下面的随机线性方程的解

$$\mathrm{d}Z^{n,m} + AZ^{n,m} = \frac{1}{n}\int_X P_m f(x)\tilde{N}_n(\mathrm{d}t, \mathrm{d}x), \tag{6.3.5}$$

则 $\tilde{Z}^{n,m} = n(Z^{n,m}(t) - Z^n(t))$ 是下面方程的解

$$d\tilde{Z}^{n,m} + A\tilde{Z}^{n,m} = \frac{1}{n}\int_X (P_m f(x) - f(x))\tilde{N}_n(dt, dx). \tag{6.3.6}$$

用文献 [24] 的方法可以证明 Lévy 过程驱动的 2 维的 Navier-Stokes 方程

$$\begin{cases} du^n(t) = -Au^n(t)dt - B(u^n(t))dt + bdt + \dfrac{1}{\sqrt{n}}dW(t) + \dfrac{1}{n}\displaystyle\int_X f(x)\tilde{N}_n(dt, dx), \\ u^n(0) = u_0 \in H \end{cases} \tag{6.3.7}$$

在空间 $L^2([0,T];V) \cap D([0,T];H)$ 中存在唯一的解.

为建立大偏差原理, 我们需要下面的指数估计的结论.

引理 6.3.1[25]引理 3.1 如果 $g \in C_b^2(H)$, 则 $M_t^g = e^{g(X_t^n) - g(nx) - \int_0^t h(X_s^n)ds}$ 是 $\mathcal{F}_t$- 局部鞅, 其中

$$h(y) = -\left\langle Ay + \frac{1}{n}B(y), g'(y)\right\rangle + n(b, g'(y)) + \frac{n}{2}\sum_{k=1}^{\infty}\lambda_k\big(([g'(y)\otimes g'(y) + g''(y)])e_k, e_k\big)$$
$$+ n\int_X e^{[g(y+f(x)) - g(y)] - 1 - (g'(y), f(x))}\nu(dx). \tag{6.3.8}$$

引理 6.3.2[25]引理 3.2

$$\lim_{r\to\infty}\limsup_{n\to\infty}\frac{1}{n}\log P\left(\sup_{0\leqslant t\leqslant 1}|u_t^n| > r\right) = -\infty.$$

引理 6.3.3[25]引理 3.3

$$\lim_{r\to\infty}\limsup_{n\to\infty}\frac{1}{n}\log P\left(\left(\int_0^1 \|u_t^n\|^2 dt\right)^{\frac{1}{2}} > r\right) = -\infty.$$

引理 6.3.4[25]引理 3.4 对任意的 $\delta > 0$, 都有

$$\lim_{m\to\infty}\limsup_{n\to\infty}\frac{1}{n}\log P\left(\sup_{0\leqslant t\leqslant 1}|Z_t^{m,n} - Z_t^n| > \delta\right) = -\infty.$$

对任意的 $g \in D([0,1];H)$ 且 $g' \in L^1([0,1];H)$, 定义 $\phi(g) \in D([0,1];H) \cap L^2([0,1];V)$ 是下面方程

$$\phi_t(g) = x - \int_0^t A\phi_s(g)ds - \int_0^t B(\phi_s(g))ds + g(t) \tag{6.3.9}$$

的解. 对任意的 $h \in D([0,1];H)$, 定义

$$I(h) = \inf\{I_0(g) : h = \phi(g), g \in D([0,1];H)\},$$

空集的下极限为 ∞.

为证明大偏差原理, 需要先证明下面三个引理, 为便于阅读, 我们给出这三个证明的主要思路, 详细证明参阅文献 [25].

引理 6.3.5[25]引理 4.1　映射 ϕ 从 $D([0,1];V) \to D([0,1];H) \cap L^2([0,1];V)$ 按照一致收敛拓扑意义下连续.

证明　令 $v_t(g) = \phi_t(g) - g(t)$, 则 $v_t(g)$ 满足下面的方程

$$v_t(g) = x - \int_0^t Av_s(g)\mathrm{d}s - \int_0^s Ag(s)\mathrm{d}s - \int_0^s B(v_s(g) + g(s))\mathrm{d}s.$$

下面只需证明 $v(\cdot) : D([0,1];V) \to D([0,1];H) \subset L^2([0,1];V)$ 是连续的, 即证明对序列 $\{g_n\}_{n=1}^{\infty}, g \in D([0,1];V)$ 满足 $\lim\limits_{n\to\infty} \sup\limits_{0\leqslant t\leqslant t} ||g_n(t) - g(t)|| = 0$, 则有

$$\lim_{n\to\infty}\left(\sup_{0\leqslant t\leqslant 0} |v_t(g) - v_t(g_n)|^2 + \frac{\nu}{2}\int_0^1 ||v_s(g) - v_s(g_n)||^2\mathrm{d}s\right) = 0.$$

利用能量估计的方法得到

$$\begin{aligned}&\sup_{0\leqslant t\leqslant 1} |v_s(g)|^2 \\ &\leqslant \left[|x|^2 + t\left(\frac{1}{\nu}\sup_{0\leqslant t\leqslant 1} ||g(s)||^2 + \frac{16c^2}{\nu}\sup_{0\leqslant t\leqslant 1} ||g(s)||^4\right)\right]\mathrm{e}^{\frac{16}{\nu}t \sup\limits_{0\leqslant t\leqslant 1} ||g(s)||^2}\end{aligned} \tag{6.3.10}$$

及

$$\begin{aligned}&\frac{\nu}{2}\int_0^t ||v_s(g)||^2\mathrm{d}s \\ &\leqslant |x|^2 + \frac{1}{\nu}t\left(\sup_{0\leqslant s\leqslant t} ||g(s)||^2 + 16\sup_{0\leqslant s\leqslant t} ||g(s)||^2 M_t(g) + 16c^2\sup_{0\leqslant s\leqslant t} ||g(s)||^4\right),\end{aligned} \tag{6.3.11}$$

其中

$$M_g(t) = \left[|x|^2 + t\left(\frac{1}{\nu}\sup_{0\leqslant s\leqslant t} ||g(s)||^2 + \frac{16c^2}{\nu}\sup_{0\leqslant s\leqslant t} ||g(s)||^4\right)\right].$$

由于 $\lim\limits_{n\to\infty}\sup\limits_{0\leqslant t\leqslant 1} ||g_n(t) - g(t)||^2 = 0$, 则存在依赖于 $\sup\limits_{0\leqslant t\leqslant 1} ||g(t)||^2$ 和 $|x|^2$ 的常数 $C_g(x)$ 使得

$$\int_0^1 ||v_s(g_n)||^2\mathrm{d}s \leqslant C_g(x), \quad n \geqslant 1. \tag{6.3.12}$$

利用双线性算子 B 的性质和链式求导法则可得

$$\begin{aligned}&|v_t(g_n) - v_t(g)|^2 + 2\nu\int_0^1 ||v_s(g_n) - v_s(g)||^2\mathrm{d}s \\ &\leqslant \frac{1}{\nu}\int_0^t ||g_n(s) - g(s)||^2\mathrm{d}s + \frac{24}{\nu}\int_0^t (||v_s(g)|| + ||g_n(s)||)^2 \cdot |v_s(g_n) - v_s(g)|^2\mathrm{d}s \\ &\quad + \frac{24c^2}{\nu}\int_0^t (||v_s(g_n)|| + ||g_n(s)||)^2 \cdot ||g_n(s) - g(s)||^2\mathrm{d}s \\ &\quad + \frac{24c^2}{\nu}\int_0^t (||v_s(g)|| + ||g(s)||)^2 \cdot ||g_n(s) - g(s)||^2\mathrm{d}s.\end{aligned}$$

由 Gronwall 不等式可得

$$\begin{aligned}
&\sup_{0\leqslant t\leqslant 1}|v_t(g_n)-v_t(g)|^2+2\nu\int_0^1||v_s(g_n)-v_s(g)||^2\mathrm{d}s\\
\leqslant&\left(\frac{48c^2}{\nu}\int_0^t[(||v_s(g_n)||+||g_n(s)||)^2]\cdot||g_n(s)-g(s)||^2\mathrm{d}s\right.\\
&\left.+\frac{2}{\nu}\int_0^1(||g_n(s)-g(s)||^2)\mathrm{d}s\right)\times\left(\frac{48c^2}{\nu}\int_0^1(||v_s(g_n)||+||g_n(s)||)^2\mathrm{d}s\right)\\
\leqslant&\left(\frac{2}{\nu}+\frac{48c^2}{\nu}\right)C_g(x)\sup_{0\leqslant t\leqslant 1}||g_n(t)-g(t)||.
\end{aligned}$$

令 $n\to\infty$ 即可证明引理 6.3.5. □

令 $u^{n,m}$ 是方程

$$\begin{aligned}
u_t^{n,m}=&x-\int_0^t Au_s^{n,m}\mathrm{d}s-\int_0^t B(u_s^{n,m})\mathrm{d}s+b^m t\\
&+\frac{1}{\sqrt{n}}W_t^m+\frac{1}{n}\int_0^t\int_X f^m(x)\tilde{N}_n(\mathrm{d}s,\mathrm{d}x),
\end{aligned}\tag{6.3.13}$$

其中 $b^m=P_m b, W_t^m=P_m W_t, f^m(x)=P_m f(x)$. 令 $\bar{u}_t^{n,m}=u_t^{n,m}-Z_t^{n,m}$, $\bar{u}_t^n=u_t^n-Z_t^n$, 则

$$\bar{u}_t^{n,m}=x-\int_0^t A\bar{u}_s^{n,m}\mathrm{d}s-\int_0^t B(\bar{u}_s^{n,m}+Z_s^{n,m})\mathrm{d}s+b^m t+\frac{1}{\sqrt{n}}W_t^m,$$

及

$$\bar{u}_t^n=x-\int_0^t A\bar{u}_s^n\mathrm{d}s-\int_0^t B(\bar{u}_s^n+Z_s^n)\mathrm{d}s+bt+\frac{1}{\sqrt{n}}W_t.$$

引理 6.3.6[25]引理 4.2　对任意的 $\delta>0$, 都有

$$\lim_{m\to\infty}\limsup_{n\to\infty}\frac{1}{n}\log P\left(\sup_{0\leqslant t\leqslant 1}|u_t^{m,n}-u_t^n|>\delta\right)=-\infty.$$

证明　注意到

$$\begin{aligned}
&P\left(\sup_{0\leqslant t\leqslant 1}|u_t^{n,m}-u_t^n|>\delta\right)\\
\leqslant&P\left(\sup_{0\leqslant t\leqslant 1}|\bar{u}_t^{n,m}-\bar{u}_t^n|>\frac{\delta}{2}\right)+P\left(\sup_{0\leqslant t\leqslant 1}|Z_t^{n,m}-Z_t^n|>\frac{\delta}{2}\right).
\end{aligned}\tag{6.3.14}$$

由文献 [18] 的引理 5.6 可知

$$\lim_{m\to\infty}\limsup_{n\to\infty}\frac{1}{n}\log P\left(\sup_{0\leqslant t\leqslant 1}|Z_t^{n,m}-Z_t^n|>\frac{\delta}{2}\right)=-\infty.\tag{6.3.15}$$

因此, 只需证明对任意的 $\delta > 0$,

$$\lim_{m\to\infty}\limsup_{n\to\infty}\frac{1}{n}\log P\left(\sup_{0\leqslant t\leqslant 1}|\bar{u}_t^{n,m}-\bar{u}_t^n|>\frac{\delta}{2}\right)=-\infty \tag{6.3.16}$$

成立即可得证该引理.

为此, 定义停时

$$\tau_{u,1,M}^n=\inf\{t\geqslant 0,|u^n(t)|>M\},\quad \tau_{u,2,M}^n=\inf\left\{t\geqslant 0,\int_0^1||u_s^n||\mathrm{d}s>M\right\}.$$

也可以类似地关于 $u^{n,m},Z^{n,m},z^n$ 定义停时 $\tau_{u,1,M}^{n,m},\tau_{u,2,M}^{n,m},\tau_{Z,1,M}^{n},\tau_{Z,2,M}^{n},\tau_{Z,1,M}^{n,m}$, $\tau_{Z,2,M}^{n,m}$. 再定义

$$\tau_M^{n,m}=\tau_{u,1,M}^n\wedge\tau_{u,2,M}^n\wedge\tau_{u,1,M}^{n,m}\wedge\tau_{u,2,M}^{n,m}\wedge\tau_{Z,1,M}^{n,m}\wedge\tau_{Z,2,M}^{n,m}\wedge\tau_{Z,1,M}^{n}\wedge\tau_{Z,2,M}^{n}$$

及

$$\begin{aligned}A^{n,m}(\omega)=&\left\{\sup_{0\leqslant t\leqslant 1}|u_t^{n,m}|\leqslant M\right\}\bigcap\left\{\sup_{0\leqslant t\leqslant 1}|u_t^n|\leqslant M\right\}\\&\bigcap\left\{\sup_{0\leqslant t\leqslant 1}|Z_t^{n,m}|\leqslant M\right\}\bigcap\left\{\sup_{0\leqslant t\leqslant 1}|Z_t^n|\leqslant M\right\},\\B^{n,m}(\omega)=&\left\{\int_0^1||u_s^{n,m}||^2\mathrm{d}s\leqslant M\right\}\bigcap\left\{\int_0^1||u_s^n||^2\mathrm{d}s\leqslant M\right\}\\&\bigcap\left\{\int_0^1||Z_s^{n,m}||^2\mathrm{d}s\leqslant M\right\}\bigcap\left\{\int_0^1||Z_s^n||^2\mathrm{d}s\leqslant M\right\},\\C^{n,m}=&\left\{\sup_{0\leqslant t\leqslant 1}|Z_t^{n,m}-Z_t^n|\leqslant\delta_0,\int_0^1||Z_t^{n,m}-Z_t^n||^2\mathrm{d}t\leqslant\delta_0\right\}.\end{aligned}$$

对 $|\tilde{u}^{n,m}_{t\wedge\tau_M^{n,m}\wedge\tau_{\delta_0}^{n,m}}-\tilde{u}^{n,m}_{t\wedge\tau_M^{n,m}\wedge\tau_{\delta_0}^{n}}|$ 运用 Itô 公式后得到

$$\begin{aligned}&\sup_{0\leqslant s\leqslant t\wedge\tau_M^{n,m}\wedge\tau_{\delta_0}^{n,m}}|\bar{u}_s^{n,m}-\bar{u}_s^n|^2+2\nu\int_0^{t\wedge\tau_M^{n,m}\wedge\tau_{\delta_0}^{n,m}}||\tilde{u}_s^{n,m}-\tilde{u}_s^n||^2\mathrm{d}s\\\leqslant&4\int_0^{t\wedge\tau_M^{n,m}\wedge\tau_{\delta_0}^{n,m}}|\langle B(\bar{u}_s^{n,m}+Z_s^{n,m})-B(\bar{u}_s^n+Z_s^n),\bar{u}_s^{n,m}-\bar{u}_s^n\rangle|\mathrm{d}s\\&+4\int_0^{t\wedge\tau_M^{n,m}\wedge\tau_{\delta_0}^{n,m}}|(\bar{u}_s^{n,m}-\bar{u}_s^n,b^m-b)|\mathrm{d}s\frac{2}{n}\int_0^t\sum_{i=m+1}^{\infty}\lambda_i\mathrm{d}s\\&+\frac{4}{\sqrt{n}}\sup_{0\leqslant s\leqslant t\wedge\tau_M^{n,m}\wedge\tau_{\delta_0}^{n,m}}\left|\int_0^s(\bar{u}_s^{n,m}-\bar{u}_s^n,\mathrm{d}W_r^m-\mathrm{d}W_r)\right|.\end{aligned}$$

由 $B(\cdot,\cdot)$ 的双线性性和鞅不等式及 Gronwall 不等式可得

$$\begin{aligned}
&\lim_{m\to\infty}\limsup_{n\to\infty}\frac{1}{n}\log P\Big(\sup_{0\leqslant t\leqslant 1}|\bar{u}_t^{n,m}-\bar{u}_t^n|^2>\delta^2\Big)\\
\leqslant&\lim_{m\to\infty}\limsup_{n\to\infty}\frac{1}{n}\log P\Big(\sup_{0\leqslant t\leqslant 1\wedge\tau_M^{n,m}\wedge\tau_{\delta_0}^{n,m}}|\bar{u}_t^{n,m}-\bar{u}_t^n|^2>\delta^2\Big)\\
&\vee\lim_{m\to\infty}\limsup_{n\to\infty}\frac{1}{n}\log P\big((A^{n,m})^c\big)\\
&\vee\lim_{m\to\infty}\limsup_{n\to\infty}\frac{1}{n}\log P\big((B^{n,m})^c\big)\vee\lim_{m\to\infty}\limsup_{n\to\infty}\frac{1}{n}\log P\big((C^{n,m})^c\big)\\
\leqslant&\left(2\log\left(\frac{\sqrt{2}c}{\nu}(\delta_0 M)^{\frac{3}{2}}C_M\right)+2cC_M^2-4\log\delta\right)\vee -R.
\end{aligned}$$

令 $\delta_0\to 0$, 得到

$$\lim_{m\to\infty}\limsup_{n\to\infty}\frac{1}{n}\log P\Big(\sup_{0\leqslant t\leqslant 1}|\bar{u}_t^{n,m}-\bar{u}_t^n|^2>\delta^2\Big)\leqslant -R.$$

由 R 的任意性即可证得该引理. □

对任意的 $g\in D([0,1];H)$, 定义 $\phi_t^m(g)$ 是下面方程

$$\phi_t^m(g)=x-\int_0^t A\phi_s^m(g)\mathrm{d}s-\int_0^t B(\phi_s^m(g))\mathrm{d}s+P_m g(t).$$

引理 6.3.7[25] 引理 4.3 对任意的 $r>0$, 都有

$$\lim_{m\to\infty}\sup_{\{g:I_0(g)\leqslant r\}}\sup_{0\leqslant t\leqslant 1}|\phi_t^m(g)-\phi_t(g)|=0.$$

证明 任取 $g\in\{g:I_0(g)\leqslant r\}$, 记 $Z_t^m(g)$ 和 $Z_t(g)$ 是分别是下面方程

$$Z_t^m(g)=-\int_0^t AZ_s^m(g)\mathrm{d}s+\int_0^t P_m g'(s),$$

及

$$Z_t(g)=-\int_0^t AZ_s(g)\mathrm{d}s+\int_0^t g'(s)$$

的解, 令 $v_t^m(g)=\phi_t^m(g)-Z_t^m(g), v_t(g)=\phi_t(g)-Z_t(g)$, 则 $v_t^m(g)$ 和 $v_t(g)$ 分别满足下面的方程

$$v_t^m(g)=x-\int_0^t Av_s^m(g)\mathrm{d}s-\int_0^t B(v_s^m(g)+Z_s^m(g))\mathrm{d}s, \tag{6.3.17}$$

及

$$v_t(g)=x-\int_0^t Av_s(g)\mathrm{d}s-\int_0^t B(v_s(g)+Z_s(g))\mathrm{d}s. \tag{6.3.18}$$

注意到

$$\frac{1}{2}\frac{\mathrm{d}}{\mathrm{d}t}|Z_t(g)|^2 = -\nu||Z_t(g)||^2 + (g'(t), Z_t(g)).$$

直接计算得到

$$\sup_{0\leqslant t\leqslant 1}|Z_t(g)|^2 + 4\nu\int_0^1 ||Z_s(g)||^2\mathrm{d}s \leqslant 16\left(\int_0^1 |g'(s)|\mathrm{d}s\right)^2. \tag{6.3.19}$$

由文献 [18] 的引理 5.3 可知, 存在正常数 M 使得 $\sup_{\{g:I_0(g)\leqslant r\}}\int_0^1 |g'(s)|\mathrm{d}s \leqslant M$, 因此, 存在常数依赖于 M 的常数 C_M^1 和 C_M^2 满足

$$\sup_{\{g:I_0(g)\leqslant r\}}|Z_t(g)|\mathrm{d}s \leqslant C_M^1, \qquad \sup_{\{g:I_0(g)\leqslant r\}}\int_0^1 ||Z_s(g)||^2\mathrm{d}s \leqslant C_M^2. \tag{6.3.20}$$

利用链式法则计算得到

$$|v_t(g)|^2 + \nu\int_0^t ||v_s(g)||^2\mathrm{d}s \leqslant \frac{8}{\nu}\int_0^t |v_s(g)|^2\cdot||Z_s(g)||^2\mathrm{d}s + \frac{8}{\nu}\int_0^t |Z_s(g)|^2\cdot||Z_s(g)||^2\mathrm{d}s.$$

由 Gronwall 不等式可知, 存在常数依赖于 M 的常数 C_M^3 和 C_M^4 满足

$$\sup_{\{g:I_0(g)\leqslant r\}}\sup_{0\leqslant t\leqslant 1}|v_t(g)|\mathrm{d}s \leqslant C_M^3, \qquad \sup_{\{g:I_0(g)\leqslant r\}}\int_0^1 ||v_t(g)||^2\mathrm{d}s \leqslant C_M^4. \tag{6.3.21}$$

由 (6.3.17) 和 (6.3.18) 可知, 存在依赖于 M 的常数 C_M 满足

$$\begin{aligned}
&|v_t^m(g) - v_t(g)|^2 + 2\nu\int_0^t ||v_s^m(g) - v_s(g)||^2\mathrm{d}s \\
\leqslant{}& \nu\int_0^t ||v_s^m(g) - v_s(g)||^2\mathrm{d}s + \sup_{\{g:I_0(g)\leqslant r\}}\sup_{0\leqslant t\leqslant 1}|Z_t^m(g) - Z_t(g)|C_M \\
&+\nu\int_0^t |v_s^m(g) - v_s(g)|^2(||v_s(g)||^2 + ||Z_s^m(g)||^2)\mathrm{d}s.
\end{aligned}$$

由 Gronwall 不等式可得

$$\sup_{\{g:I_0(g)\leqslant r\}}\sup_{0\leqslant t\leqslant 1}|v_t^m(g)-v_t(g)|^2 \leqslant \left(\sup_{\{g:I_0(g)\leqslant r\}}\sup_{0\leqslant t\leqslant 1}|Z_t^m(g)-Z_t(g)|C_M\right)Z_M. \tag{6.3.22}$$

由文献 [18] 的引理 5.7 可得

$$\lim_{m\to\infty}\sup_{\{g:I_0(g)\leqslant r\}}\sup_{0\leqslant t\leqslant 1}|Z_t^m(g) - Z_t(g)|^2 = 0.$$

对方程 (6.3.22) 两边令 $m\to\infty$ 即可得到该引理. □

综合引理 6.3.5～ 引理 6.3.7, 利用文献 [9] 中大偏差原理中的广义压缩映像原理可以证得下面的主要定理:

定理 6.3.1[25]定理 4.1 假设 μ_n 是方程 (6.3.7) 的解 u^n 的分布, 那么 $\{\mu_n, n \geqslant 1\}$ 在空间 $D([0,1];H)$ 上满足速率函数为 I 的大偏差原理, 即

(i) 对于空间 $D([0,1];H)$ 中任意的闭集 F,

$$\limsup_{n\to\infty}\frac{1}{n}\log\mu_n(F) \leqslant -\inf_{h\in F} I(h).$$

(ii) 对于空间 $D([0,1];H)$ 中任意开集 G,

$$\liminf_{n\to\infty}\frac{1}{n}\log\mu_n(G) \geqslant -\inf_{h\in G} I(h).$$

§6.4 分数布朗运动驱动的随机微分方程的大偏差原理

这一节研究分数布朗运动驱动的随机微分方程的大偏差原理, 其内容主要参考文献 [5].

设 $T=[0,1]$, 分数布朗运动 $W=\{x\in C(T;\mathbb{R}): x(0)=0\}$, 并在 W 上赋以上确界范数, 记 W 的强拓扑对偶为 W', 对于 Hurst 参数 $H\in(0,1)$, 记 P_H 为 W 上的唯一的概率测度, 使得分数布朗运动 $\{W_t\}_{t\in T}$ 是 Hurst 参数为 H 的典则过程, 其协方差算子 R_H 为

$$R_H(s,t)=\frac{C_H}{2}\left(s^{2H}+t^{2H}-|t-s|^{2H}\right),\quad C_H=\frac{\Gamma(2-2H)\cos\pi H}{\pi H(1-2H)}. \tag{6.4.1}$$

考虑分数布朗运动驱动的随机微分方程

$$X_t=\eta+\int_0^t K_H(t,s)b(s,X_s)\mathrm{d}s+\int_0^t K_H(t,s)\sigma(s,X_s)\mathrm{d}B_s,\quad t\in T, \tag{6.4.2}$$

其中 $\eta\in\mathbb{R}$, $\sigma(t,x), b(t,x): T\times\mathbb{R}\to\mathbb{R}$ 是可测的.

为了证明随机微分方程的解满足大偏差原理, 我们需要下面的重要定理

定理 6.4.1[22] 设 B 是实的可分 Banach 空间, $\mathcal{A}_B$ 是定义在概率空间 $(\Omega,\mathcal{F},P)$ 上的 B- 值随机变量组成的线性空间, 令 $\Lambda: B\to[0,\infty]$ 是好的速率函数, 且 $K_\Lambda=\bigcup\limits_{r>0}\Phi_\Lambda(r)$, $A: B\to B$, $G:\mathcal{A}_B\to\mathcal{A}_B$, $F: B\times K_\Lambda\to B$, $\{\mathcal{X}^\varepsilon\}_{\varepsilon>0}$ 是 B-值随机变量簇. 假设:

(a) $B\subset\mathcal{A}_B$;

(b) 对任意的 $x\in B, r>0$, $F(x,\cdot)|_{\Psi_\Lambda(r)}$ 是连续的, A, F 是 Lipschitz 连续的, 即存在正常数 K_1 及 $\{K(r)\}_{r>0}$ 使得

$$||A(x)-A(y)||\leqslant K_1||x-y||,\quad \forall x,y\in B,$$

$$||F(x,\phi)-F(y,\phi)||\leqslant K(r)||x-y||,\quad \forall x,y\in B, \phi\in\Psi_\Lambda(r).$$

(c) $X^\varepsilon \in \mathcal{A}_B$, 且 $X^\varepsilon = A(X^\varepsilon) + \sqrt{\varepsilon}G(X^\varepsilon)$ a.s..

(d) G 是指数连续的, 即对任意的 $M>0$, 存在 $\delta>0$ 使得对任意的 $\{X_1^\varepsilon\}, \{X_2^\varepsilon\} \subset \mathcal{A}_B$, 都有

$$\overline{\lim_{\varepsilon\to 0}}\, \varepsilon \log P(\varepsilon^{\frac{1}{2}}||G(X_1^\varepsilon) - G(X_2^\varepsilon)|| > \sqrt{\delta}, ||X_1^\varepsilon - X_2^\varepsilon|| < \delta) \leqslant -M.$$

(e) $\{X^\varepsilon\}_{\varepsilon>0}$ 是指数胎紧的, 即对任意的 $M > 0$, 存在一个紧集 $C_M \subset B$ 使得

$$\overline{\lim_{\varepsilon\to 0}}\, \varepsilon \log P(X^\varepsilon \notin C_M) \leqslant -M.$$

(f) 对任意的 $x \in B$, B-值随机变量 $X^{\varepsilon,x} = A(x) + \varepsilon^{\frac{1}{2}}G(x), \varepsilon > 0$ 簇在 B 中满足好速率函数 I^x 的大偏差原理, 其中

$$I^x(y) = \inf\{\Lambda(\phi) : \phi \in K_\Lambda, F(x,\phi) = y\}, \quad y \in B, \tag{6.4.3}$$

则函数 $I : B \to [0,\infty], I(x) = \inf\{\Lambda(\phi) : \phi \in K_\Lambda, F(x,\phi) = x\}, \quad x \in B$ 是速率函数 (不必是好的), 序列 $\nu_\varepsilon = (P \circ X^\varepsilon)^{-1}$ 满足上大偏差界估计.

定理 6.4.2[26] 设 ν 是可分 Banach 空间 E 上的高斯测度, S 是从可分离 Hilbert 空间 H 到 E 上的连续线性映射, 且满足

$$||S'l||_H^2 = \int_E l(x)^2 \mathrm{d}\nu(x), \quad \forall l \in E', \tag{6.4.4}$$

其中 $S' : E' \to H' = H$ 是 S 的对偶. 对任意的 $\varepsilon > 0$, ν 是定义在 E 上的概率测度, 即

$$\nu_\varepsilon(C) = \nu(x \in E : \varepsilon^{\frac{1}{2}}x \in C), \quad \forall C \in \mathcal{B}(E),$$

则 $\{\nu_\varepsilon\}$ 在 E 上满足速率函数为 I_x 的大偏差原理, 其中

$$I_\nu(x) = \inf\left\{\frac{1}{2}||h||_H^2 : h \in H, S(h) = x\right\}, \quad x \in E. \tag{6.4.5}$$

定义

$$H_0 = \left|H - \frac{1}{2}\right|, \quad \Delta_H = \left[0, \frac{1}{H_0}\right).$$

对 $p \in \Delta_H$, 记

$$a_p = (1 - pH_0)^{-1}, \quad L_+^{\alpha_p} = \bigcup_{\alpha > \alpha_p} L^\alpha(T).$$

定理 6.4.3[6] 如果 b 和 σ 关于第二个变元是 Lipschitz, 且关于第一个变元是一致的, 并且存在 $x_0, y_0 \in \mathbb{R}$, $\alpha_a > \alpha_1$, $\alpha_\sigma > 2\alpha_2$ 满足

$$b(\cdot, x_0) \in L^{\alpha_b}(T), \quad \sigma(\cdot, x_0) \in L_\sigma^\alpha(T),$$

则方程 (6.4.2) 存在唯一的解 $\{X_t\}_{t\in T}$, 而且对每个 $p\in\Delta_H\bigcap[2,\infty)$, 都有

$$\sup_{t\in\Gamma}\mathbf{E}[|X_t|^p]<\infty, \tag{6.4.6}$$

并且当 σ 有界时, 解 X 还是连续的.

引理 6.4.1[5]引理 4.2 设 $\{f(t)\}_{t\in T}$ 是有界的非可料实值过程, $0<\alpha<H$, 则对任意的 $\alpha>0$,

$$P\left(\left[\int_0^{\cdot}K_H(\cdot,s)f(s)\mathrm{d}B_s\right]_\alpha>\alpha\right)\leqslant C_1\mathrm{e}^{-(\alpha C_2-1)^2}, \tag{6.4.7}$$

其中 $0<C_i=C_i(\alpha,H,||f||_\infty)<\infty$. 特别地

$$P\left(\sup_{0\leqslant t\leqslant 1}\left|\int_0^t K_H(t,s)f(s)\mathrm{d}B_s\right|>\alpha\right)\leqslant C_1\mathrm{e}^{-(\alpha C_2-1)^2}. \tag{6.4.8}$$

证明 由 Kolmogorov 准则可知, 随机过程 $t\to I(t)=\int_0^t K_H(t,s)f(s)\mathrm{d}B_s$ 是 α-Hölder 连续的. 固定 $0\leqslant s<t\leqslant 1$, 定义

$$g_{t,s}(r)=1_{s\leqslant r\leqslant t}K_H(t,s)+1_{r\leqslant t}[K_H(t,r)-K_H(s,r)],\quad r\in T,$$

则有

$$I(t)-I(s)=\int_0^1 g_{t,s}(r)f(r)\mathrm{d}B_r. \tag{6.4.9}$$

定义鞅

$$M_u=C_H^{-\frac{1}{2}}(t-s)^{-\alpha}\int_0^u g_{t,s}(r)f(r)\mathrm{d}B_r,$$
$$\tilde{M}_u=C_H^{-\frac{1}{2}}(t-s)^{-\alpha}\int_0^u\frac{M_rg_{t,s}(r)f(r)}{(1+M_r^2)^{\frac{1}{2}}}\mathrm{d}B_r,\quad u\in T.$$

由 Itô 公式可得

$$\begin{aligned}&\mathrm{d}(1+M_u^2)^{\frac{1}{2}}\\=&\frac{1}{2}(1+M_u^2)^{-\frac{1}{2}}g_{t,s}^2(r)f^2(r)\mathrm{d}r-\frac{1}{4}(1+M_u^2)^{-\frac{3}{2}}g_{t,s}^2(r)f^2(r)\mathrm{d}r+\tilde{M}_u^2.\end{aligned} \tag{6.4.10}$$

作随机积分的时间变换, 选择布朗运动 $\{\tilde{W}_u\}_{u\in T}$ 使得

$$\tilde{M}_u=\tilde{W}_{\tau(u)},\quad \tau(u)=C_H^{-1}(t-s)^{-2\alpha}\int_0^u\frac{M_r^2g_{t,s}^2(r)f^2(r)}{1+M_r^2}\mathrm{d}r.$$

因此

$$\tau(u)\leqslant C_H^{-1}(t-s)^{-2\alpha}||f||_\infty^2\int_0^u g_{t,s}^2(r)\mathrm{d}r,$$

$$= C_H^{-1}(t-s)^{-2\alpha}\|f\|_\infty^2\left[\int_s^t K_H^2(t,r)\mathrm{d}r+\int_0^s (K_H(t,r)-K_H(s,r))^2\mathrm{d}r\right]$$
$$\leqslant (t-s)^{2H(H-\alpha)} \leqslant 1,$$

由 (6.4.10) 可得 $(1+M_1^2)^{\frac{1}{2}} \leqslant 1+\sup\limits_{t\leqslant 1}|\tilde{W}_t|+C_1$. 因此

$$M_1^2 \leqslant C_1\Big(1+\sup_{t\leqslant 1}|\tilde{W}_t|^2\Big)^2, \quad \mathbf{E}[\mathrm{e}^{C_2M_1^2}] = C_3 < \infty. \tag{6.4.11}$$

定义

$$\Psi(x) = \mathrm{e}^{C_2x^2}-1, \quad p(x) = x^\alpha, \quad \eta = \int_0^1\int_0^1 \mathrm{e}^{C_2\frac{|I(t)-I(s)|^2}{|t-s|^{2\alpha}}}\mathrm{d}t\mathrm{d}s.$$

由 (6.4.9), (6.4.11) 可得

$$\mathbf{E}(\eta) \leqslant \int_0^1\int_0^1 \mathbf{E}[\mathrm{e}^{C_2M_1^2}]\mathrm{d}t\mathrm{d}s \leqslant C_3. \tag{6.4.12}$$

因此

$$\eta - 1 = \int_0^1\int_0^1 \Psi\Big(\frac{|I(t)-I(s)|}{p(|t-s|)}\Big)\mathrm{d}t\mathrm{d}s.$$

由文献 [27] 中的 313~314 页的讨论和 (6.4.12) 得到

$$|I_1^t(f)-I_1^s(f)| \leqslant C_4\Big(\sqrt{|\log\eta|}+1\Big)|t-s|^\alpha, \tag{6.4.13}$$

及

$$P([I(\cdot)]_\alpha > a) \leqslant P[\eta > \mathrm{e}^{(aC_4^{-1}-1)^2}] \leqslant C_3\mathrm{e}^{(aC_4^{-1}-1)^2}. \tag{6.4.14}$$

因此, 该引理得证. □

引理 6.4.2[5]引理 4.3　假设 σ 和 b 有界, 且关于第二个变量是 Lipschitz, 关于第一个变量是一致的, 则方程 (6.4.2) 存在唯一的连续解.

证明　假设 f 和 g 是方程

$$S(h)_t = \eta+\int_0^t K_H(t,s)b(s,S(h)_s)\mathrm{d}s+\int_0^t K_H(s,t)\sigma(s,S(h)_s)\cdot h(s)\mathrm{d}s, \quad t\in T \tag{6.4.15}$$

的连续解, 则有

$$|f_t-g_t| \leqslant C\int_0^t |K_H(t,s)|\phi_s\mathrm{d}s, \quad \forall t\in T, \tag{6.4.16}$$

其中 $\phi_t = |f_t-g_t|(1+|\dot{h}_t|) \in L^2(T)$. 因此

$$\int_0^t |K_H(t,s)|\phi_s\mathrm{d}s \leqslant \left[\int_0^t |K_H(t,s)|^2\mathrm{d}s\right]^{\frac{1}{2}}\left[\int_0^t \phi_s^2\mathrm{d}s\right]^{\frac{1}{2}} \leqslant D < \infty. \tag{6.4.17}$$

当 $r \geqslant 1$ 时, 定义

$$K_n^r(t) = \int_0^t |K_H(t,s_1)|^r \mathrm{d}s_1 \int_0^{s_1} |K_H(s_1,s_2)|^r \mathrm{d}s_2 \cdots \int_0^{s_{n-1}} |K_H(s_{n-1},s_n)|^r \mathrm{d}s_n,$$

由文献 [6] 的引理 3.3 可得

$$|f_t - g_t| \leqslant DC^n K_{n-1}^{(1)}(t) \to 0.$$

定义

$$f_t^0 = \eta,$$

$$f_t^n = \eta + \int_0^t K_H(t,s)b(s,f_s^{n-1})\mathrm{d}s + \int_0^t K_H(t,s)\sigma(s,f_s^{n-1})\dot{h}(s)\mathrm{d}s, \quad t \in T.$$

由于 $K_H(L^2(T)) \subset W$, 则 $\{f_t^n\}$ 是连续的, 再记 $\alpha_n(t) = |f_t^{n+1} - f_t^n|$, 则由迭代可知

$$\alpha_0(t) \leqslant C \int_0^t |K_H(t,s)|(1+|\dot{h}_s|)\mathrm{d}s \leqslant D,$$

$$\alpha_n(t) \leqslant C \int_0^t |K_H(t,s)|\alpha_{n-1}(s)(1+|\dot{h}_s|)\mathrm{d}s \leqslant C^n D K_n^{(1)}(t).$$

利用文献 [7] 中的定理 3.3 可知, $\alpha_n(t)$ 关于 t 一致地收敛到 $\alpha(t)$, 且 α 是方程 (6.4.15) 的解. □

引理 6.4.3[5]引理 4.4 设 $f \in W$, 高斯过程

$$Y_t^\varepsilon = \eta + \int_0^t K_H(t,s)b(s,f_s)\mathrm{d}s + \sqrt{\varepsilon}^{\frac{1}{2}} \int_0^t K_H(t,s)\sigma(s,f_s)\mathrm{d}B_s, \quad t \in T. \quad (6.4.18)$$

证明 不失一般性, 只证明 $b = \eta = 0$ 的情形. 在 W 中考虑高斯测度 ν

$$\nu = P_H \circ \left(\int_0^\cdot K_H(\cdot,r)\sigma(r,f_r)\mathrm{d}B_r \right)^{-1}.$$

于是, 对任意的 $\eta \in W'$,

$$\begin{aligned}
&\int \eta^2(\omega)\mathrm{d}\nu(\omega) \\
=&\int_0^1 \int_0^1 \mathbf{E}\left\{ \left[\int_0^1 K_H(t,r)\sigma(r,f_r)\mathrm{d}B_r \right] \times \left[\int_0^s K_H(s,r)\sigma(r,f_r)\mathrm{d}B_r \right] \right\} \mathrm{d}\eta(t)\mathrm{d}\eta(s) \\
=&\int_0^1 \int_0^1 \int_0^1 K_H(t,r)K_H(s,r)\sigma^2(r,f_r)\mathrm{d}r\mathrm{d}\eta(t)\mathrm{d}\eta(s) \\
=&\int_0^1 \left[\int_0^1 K_H(t,r)\mathrm{d}\eta(t) \right]^2 \sigma^2(r,f_r)\mathrm{d}r.
\end{aligned}$$

因此, 对任意的 $\phi \in H_{\frac{1}{2}}$,

$$\langle S'_f\eta, \phi\rangle_{H_{12}} = \int_0^1 S_f\phi(t)\mathrm{d}\eta(t) = \int_0^1 \left[\int_0^1 K_H(t,r)\mathrm{d}\eta(t)\right]\sigma(r, f_r)\dot{\phi}(r)\mathrm{d}r,$$

这表明

$$||S'_f\eta||^2_{H_{12}} = \int_0^1 \left[\int_0^1 K_H(t,r)\mathrm{d}\eta(t)\right]^2 \sigma^2(r, f_r)\mathrm{d}r. \qquad \square$$

引理 6.4.4[5]　随机过程簇 $\left\{\sqrt{\varepsilon}W\right\}_\varepsilon$ 在 W 中满足好速率函数 I 的大偏差原理, 其中

$$I(h) = \inf\left\{\frac{1}{2}\|\dot{h}\| : \dot{h} \in L^2(T), h(\cdot) = \int_0^{\cdot} K_H(\cdot, s)\dot{h}(s)\mathrm{d}s\right\}. \tag{6.4.19}$$

定理 6.4.4[5]定理 4.1　假设 σ 和 b 有界, 且关于第二个变量是 Lipschitz, 关于第一个变量是一致的. 设 X^ε 是方程 (6.4.2) 的唯一连续解, 则随机过程簇 $\{X^\varepsilon\}_\varepsilon$ 在 W 中满足好的速率 $I(f)$ 的大偏差原理, 其中

$$I(f) = \left\{\frac{1}{2}\|\dot{h}\|^2_{L^2(T)} : h \in H_{\frac{1}{2}}, f = S(h)\right\}, \tag{6.4.20}$$

$S(h)$ 是方程 (6.4.15) 的唯一连续解.

证明　定义 $B = C(T)$, $\mathcal{A}_B$ 为所有实值连续适应过程 $\{f_t\}_{t\in T}$ 的集合, 定义算子 $\Lambda : B \to [0,\infty]$, $A : B \to B$ 和算子 $G : \mathcal{A}_B \to \mathcal{A}_B$ 如下

$$\Lambda(\phi) = \begin{cases} \dfrac{1}{2}\|\cdot\phi\|^2_{L^2(T)}, & \phi \in H_{\frac{1}{2}}, \\ \infty, & \phi \notin H_{\frac{1}{2}}, \end{cases}$$

$$A(f)_t = \eta + \int_0^t K_H(t,s)b(s, f_s)\mathrm{d}s,$$

$$G(X)_t = \int_0^t K_H(t,s)\sigma(s, X_s)\mathrm{d}B_s,$$

$$F : B \times H_{\frac{1}{2}} \to B, \quad F(f,\phi)_t = S_f(t).$$

再定义

$$f(t) = \delta^{-1}\Big[\sigma(s, X^1_\varepsilon) - \sigma(s, X^2_\varepsilon)\Big]1_{|X^1_\varepsilon(t) - X^2_\varepsilon(t)|<\delta}, \quad t \in T,$$

则由引理 6.4.1 可知, 当 $\varepsilon \to 0$ 时,

$$\varepsilon \log P_H\left(\varepsilon^{\frac{1}{2}} \sup_{0\leqslant t\leqslant 1}\left|G\left(X^1_\varepsilon\right)_t\right| > \delta, \sup_{0\leqslant t\leqslant 1}\left|X^1_\varepsilon(t) - X^2_\varepsilon(t)\right| < \delta\right) \tag{6.4.21}$$

$$\times \varepsilon P_H\left(\left[\int_0^{\cdot} K_H(\cdot, s)f(s)\mathrm{d}B_s\right]_\alpha > \frac{1}{(\varepsilon\delta)^{\frac{1}{2}}}\right) \to -\infty. \tag{6.4.22}$$

下面定义紧集

$$C_M = \{x \in C(T) : [x]_\alpha \leqslant M\}, \quad M > 0, 0 < \alpha < H,$$

则当 $s \leqslant t$ 时,

$$\left| \int_0^t K_H(t,r) b(r, X_r^\varepsilon) \mathrm{d}r - \int_0^s K_H(t,r) b(r, X_r^\varepsilon) \mathrm{d}r \right| \leqslant D_1 (t-s)^H. \tag{6.4.23}$$

由引理 6.4.1 和估计式 (6.4.23) 可得

$$\begin{aligned}
&\lim_{M\to\infty} \overline{\lim_{\varepsilon\to 0}} \varepsilon \log P_H(X^\varepsilon \notin C_M) \\
\leqslant& \lim_{M\to\infty} \max\left\{ \overline{\lim_{\varepsilon\to 0}} \varepsilon \log P_H\left(\left[\int_0^\cdot K_H(\cdot, r) b(r, X_r^\varepsilon) \mathrm{d}r \right]_\alpha > \frac{M}{2} \right) \right\}, \\
&\overline{\lim_{\varepsilon\to 0}} \varepsilon \log P_H\left(\left[\int_0^\cdot K_H(\cdot, r) \sigma(r, X_r^\varepsilon) \mathrm{d}r \right]_\alpha > \frac{M}{2} \right) = -\infty.
\end{aligned}$$

如果 $f \in C(T)$, 则由引理 6.4.3 可知, 函数簇 $X^{\varepsilon,f} = \eta + \varepsilon^{\frac{1}{2}} B(f)$ 在 $C(T)$ 中满足速率函数为 $I^f(h)$ 的大偏差原理, 其中

$$I^f(h) = \inf\left\{ \frac{1}{2} ||\dot\phi||^2_{L^2(T)} : \phi \in H_{\frac{1}{2}}, h \in F(f, \phi) \right\}.$$

由定理 6.4.1 可知, 大偏差的上估计成立.

接下来证明下估计, 为此, 只需要证明对每个 $f \in C(T)$ 且 $I(f) < \infty$, 及 $\delta, \eta > 0$, 都有

$$\underline{\lim_{\varepsilon}} \varepsilon \log P\left(\sup_{0\leqslant t\leqslant 1} |X_t^\varepsilon - f_t| < \delta \right) \geqslant -I(f) - \eta.$$

选取 $\phi \in H_{\frac{1}{2}}$ 使得 $fS_f(\phi)$ 且 $\frac{1}{2}||\dot\phi||^2_{L^2(T)} \leqslant I(f) + \eta$. 由 Girsanov 定理可知, 过程 $\tilde B_t = B_t - \frac{1}{\sqrt{\varepsilon}} \phi_t, t \in T$ 是关于概率测度 $\tilde P = \mathrm{e}^{\{\frac{1}{\sqrt{\varepsilon}} \int_0^1 \dot\phi_t \mathrm{d}B_t - \frac{1}{2\varepsilon} \int_0^1 |\dot\phi_t|^2 \mathrm{d}t\}} P$ 的布朗运动. 令 $\tilde X_t^\varepsilon - f_t, t \in T$. 易证 $\tilde X_t^\varepsilon$ 满足随机方程

$$\begin{aligned}
\tilde X_t^\varepsilon =& \varepsilon^{\frac{1}{2}} \int_0^t K_H(t,s) \sigma(s, \tilde X_s^\varepsilon + f_s) \mathrm{d}\tilde B_s + \int_0^t K_H(t,s) \Big[b(s, \tilde X_s^\varepsilon + f_s) - b(s, f_s) \Big] \mathrm{d}s \\
&+ \int_0^t K_h(s,t) \Big[b(s, \tilde X_s^\varepsilon + f_s) - b(s, f_s) \Big] \dot\phi \mathrm{d}s.
\end{aligned} \tag{6.4.24}$$

定义 $A^\varepsilon = \left\{ \sup_{0\leqslant t\leqslant 1} \left| \tilde X_t^\varepsilon \right| < \delta \right\}$, 则有

$$P(A^\varepsilon) = \int_{A^\varepsilon} \mathrm{e}^{\{-\frac{1}{\sqrt{\varepsilon}} \int_0^1 \dot\phi_t \mathrm{d}B_t + \frac{1}{2\varepsilon} \int_0^1 |\dot\phi_t|^2 \mathrm{d}t\}} \mathrm{d}\tilde P = \mathrm{e}^{-\frac{1}{2\varepsilon} \int_0^1 |\dot\phi_t|^2 \mathrm{d}t} \int_{A^\varepsilon} \mathrm{e}^{-\frac{1}{\sqrt{\varepsilon}} \int_0^1 \dot\phi_t \mathrm{d}B_t} \mathrm{d}\tilde P.$$

再利用 Hölder 不等式和 Jensen 不等式可得

$$\varepsilon\log P(A^\varepsilon)\geqslant -I(f)-\eta+\varepsilon\log\tilde{P}(A^\varepsilon)-\sqrt{\varepsilon}\mathbf{E}_{\tilde{P}|A^\varepsilon}\left(\int_0^1\dot{\phi}_t\mathrm{d}_{\tilde{P}}\tilde{B}_t\right),$$

这表明只需证明对任意的 $\varepsilon\leqslant\varepsilon_0$, $\log\tilde{P}(A^\varepsilon)$ 和 $\mathbf{E}_{\tilde{P}|A^\varepsilon}\left(\int_0^1\dot{\phi}_t\mathrm{d}_{\tilde{P}}\tilde{B}_t\right)$ 都有界即可.

下面证明当$\varepsilon\to 0$时, $\tilde{P}(A^\varepsilon)\to 1$, 为此, 只需证明当$\varepsilon\to 0$时, $\mathbf{E}_{\tilde{P}}\left[\sup\limits_{0\leqslant t\leqslant 1}\left|\tilde{X}_t^\varepsilon\right|^r\right]\to 0$ 即可. 事实上, 当 r 充分大且 $\varepsilon\leqslant\varepsilon_0$ 时

$$\mathbf{E}_{\tilde{P}}\left[\left|\tilde{X}_t^\varepsilon\right|^r\right]\leqslant C_1\left\{\varepsilon^{\frac{r}{2}}+\int_0^t K_H^r(t,s)\mathbf{E}_{\tilde{P}}\left[\left|\tilde{X}_s^\varepsilon\right|^r\right]\mathrm{d}s\right\},$$

其中 C_1 不依赖于 ε, 并且

$$\mathbf{E}_{\tilde{P}}\left[\left|\tilde{X}_t^\varepsilon\right|^r\right]\leqslant C_2\sum_{i=1}^\infty\varepsilon^{\frac{ri}{2}}\left(K_i^r1\right)(t).\tag{6.4.25}$$

因此, 当 $\varepsilon\to 0$ 时, $\sup\limits_{t\leqslant 1}\mathbf{E}_{\tilde{P}}\left[\left|\tilde{X}_t^\varepsilon\right|^r\right]\leqslant C_3\varepsilon^{\frac{r}{2}}\to 0$. 由文献 [6] 中的引理 3.2 可得

$$\int_0^s K_H^r(s,s_1)\left|\tilde{X}_{s_1}^\varepsilon\right|^r\mathrm{d}s_1\leqslant\sup_{t\leqslant 1}||K_H^r(t,s)||_{L^{r_1}}\int_0^1\left|\tilde{X}_{s_1}^\varepsilon\right|^r\mathrm{d}s_1.\tag{6.4.26}$$

当 $\varepsilon\to 0$ 时, 由文献 [8], 结合 (6.4.25) 和 (6.4.26) 可得

$$\begin{aligned}\mathbf{E}_{\tilde{P}}\left[\sup_{s\leqslant t}\left|\tilde{X}_s^\varepsilon\right|^r\right]&\leqslant C_4\left\{\varepsilon^{\frac{r}{2}}+\mathbf{E}\left[\sup_{s\leqslant t}\int_0^s K_H^r(s,s_1)\left|\tilde{X}_{s_1}^\varepsilon\right|^r\mathrm{d}s_1\right]\right\}\\&\leqslant C_5\left\{\varepsilon^{\frac{r}{2}}+\sup_{s\leqslant 1}\mathbf{E}_{\tilde{P}}\left(\left|\tilde{X}_s^\varepsilon\right|^r\right)\mathrm{d}s\right\}\to 0,\end{aligned}$$

由于

$$\begin{aligned}\left|\mathbf{E}_{\tilde{P}|A^\varepsilon}\left(\int_0^1\dot{\phi}_t\mathrm{d}_{\tilde{P}}\tilde{B}_t\right)\right|&=\frac{1}{\tilde{P}(A^\varepsilon)}\int_{A^\varepsilon}\left(\int_0^1\dot{\phi}_t\mathrm{d}_{\tilde{P}}\tilde{B}_t\right)\mathrm{d}\tilde{P}\\&\leqslant\frac{1}{\tilde{P}(A^\varepsilon)}\left[\mathbf{E}_{\tilde{P}}\left(\left|\int_0^1\dot{\phi}_t\mathrm{d}_{\tilde{P}}\tilde{B}_t\right)\right|^{\frac{1}{2}}\tilde{P}(A^\varepsilon)^{\frac{1}{2}}=\frac{\left[\mathbf{E}_{\tilde{P}}\left(\int_0^1|\dot{\phi}_t|^2\mathrm{d}t\right)\right]^{\frac{1}{2}}}{\tilde{P}(A^\varepsilon)^{\frac{1}{2}}}.\end{aligned}$$

因此由指数胎紧性和下界估计可知, 速率函数是好的. □

参 考 文 献

[1] Acosta A De. Large deviations for vector valued Lévy processes. Stochastic Processes and Applications, 1994, 51: 75-115.

[2] Acosta A De. A general non-convex large deviation results with applications to stochastics equations. Probab. Theory Related Fields, 2000: 483-521.

[3] Brune P, Duan J and Schmalfuss B. Random dynamics of the Boussinesq with dynamical boundary conditions. Preprint.

[4] Budhiraja A, Dupuis P. A variational representation for positive functions of infinite dimensional Brownian motion. Probab. Math. Statist., 2000, 20: 39-61.

[5] Constantin T and CIMAT. On the large deviations for stochastic differential equations driven by a fractional Brownian motion. Preprint, 2010.

[6] Coutin L and Decreusefond L. Stochastic differential equations driven by a fractional Brownian motion. Preprint, 2000.

[7] Decreusefond L and Ustunel S. Stochastic analysis of the fractional Brownian motion. Potential Analysis, 1999, 10(2): 177-214.

[8] Decreusefond L. Regularity properties of some stochastic Volterra integrals with sigular kernel. Potential Analysis, In Press.

[9] Dembo A and Zeitouni O. Large Deviation Techniques. Boston: Jones and Bartlett, 1993.

[10] Dong Z. The uniqueness of invariant measure of the Burgers equation driven by Lévy processed. Journal of Theoretical Probability, 2008, 21(2): 322-335.

[11] Donsker M and Vardhan S. Asymptotic evalyation of certain Markov process expectations for large time: I-IV. Comm. Pur. Appl. Math., 1983, 36: 183-212.

[12] Duan J Q and Mllet A. Large deriations for the Boussinesq equations under random influences. Preprint, 2008.

[13] Flandoli F. Dissipativity and invariant measures for stochastic Navier-Stokes equation. NoDEA 1, 1994: 403-423.

[14] Ferrario B. Ergodic results for stochastic Navier-Stokes equation. Stochastics and Stochastics Reports, 1997, 60: 271-288.

[15] Fattorini H O. Infinite Dimensional Optimization and Control Theory. Cambridge University Press, 1999.

[16] Gourcy M. A large deriation principle for 2D stochastic Navier -Stokes equation. Stochastic processes and their applications, 2007, 117: 904-927.

[17] Kallianpur G and Xiong J. Stochastic differential equations in infinite diemensional Spaces. IMS Lecture Notes-Monograph Series, 1995, 26.

[18] Rockner Michael and Zhang Tusheng. Stochastic evolution equations of jump type: existence, uniqueness and large deviation principles. Potential Anal., 2007, 26: 255-279.

[19] Prato G Da and Zabczyk J. Stochastic Equations in Infinite Dimensions. Cambridge: Cambridge University Press, 1992.

[20] Prato Da, G and Zabczyk. Ergodicity for Infinite Dimensional Systems. Cambridge:

Cambridge. Univ. Press, 1996.

[21] Da Prato G and Zabczyk. Convergence to equilibrium for classical and quantum spin systems. Probability Theory and Ralat. Fields, 1995, 103: 529-552.

[22] Xiong J. Large deviations for diffusion processes in duals of nuclear spaces. Appl. Math. and Optin., 1996, 36(1): 1-27.

[23] Sun C F, Gao H J, Duan J Q and Schmalfuss B. Rare events in the Boussinesq systems with fluctuating dynamical boundary conditions. J.Differential Equations, 2010, 248: 1269-1296.

[24] Sritharan S and Sundar P. Large deviation for the two-dimensional Navier-Stokes equations with multiplicative noise. Stochastic Processes and their Applications, 2006, 116: 1636-1659.

[25] Xu T and Zhang T. Large deviation principles for 2D stochastic Navier-Stokes equatios driven by Lévy processes. Journal of Functional Analysis, 2009, 257: 1519-1545

[26] Kallianpur G and Odaira H. Freidlin-Wentzell estimates for abstrct Wiener processes. Sankhya., 1978, A40: 116-137.

[27] Kallianpur G and Xiong J. Stochastic Differential Equations in infinite Dimensional Space. IMS Lecture Notes-Monograph Series, 1995, 26.

第 7 章　随机偏微分方程的测度吸引子

这一章主要介绍测度吸引子的概念和存在性证明方法, 随机 Navier-Stokes 方程和随机发展方程的测度吸引子的存在性及相关性质, 本章内容主要取自于文献 [3], [4], [6] 及文献 [7].

§7.1　测度吸引子的概念及其存在性

前几章应用随机动力系统理论研究了随机吸引子的存在性及其性质. 从概率测度空间上生成的 Markov 半群出发来研究随机微分方程的初始测度的演化行为, 研究测度吸引子的存在性等较早的工作参阅 Morimoto 的研究 [7]. Schmalfuss 的工作 [4] 表明, 该定义对独立同分布映射的乘积系统也同样适用. 而且, 他还研究了 Banach 空间中某些随机微分方程的吸引子. Crauel 等的研究 [3] 表明, 当相应的随机动力系统存在随机吸引子时, 在系统状态空间上确定性概率测度上可以定义紧集. 事实上该紧集即为概率测度中某些集合上 Markov 半群的吸引子.

在研究测度吸引子的性质时, 需要重点考虑概率测度吸引子的两种可能的推广. 首先, 研究在状态空间上的 Borel 概率测度构成空间上定义的随机动力系统的行为, 并考虑由此在确定性测度上定义的新的随机动力系统. 随机集吸引子上所有概率测度构成的 (随机) 集即为测度上随机动力系统的集吸引子. 随机动力系统的不变测度是状态空间中随机概率测度集合中的基本元素. 其次, 研究随机概率测度空间上随机动力系统的行为, 可以得到确定的动力系统, 并不是随机测度空间上的随机动力系统. 该动力系统是由随机概率测度上随机动力系统对应的斜积流的行为生成的. 随机动力系统的集吸引子上的所有随机概率构成的集合即为随机测度上斜积流行为的集吸引子. 基于对不变测度的考虑, 重点考虑第二种推广的可能性. 由于所有不变测度构成的集合是由状态空间中随机动力系统的集吸引子张成的. 所以, 该集合是随机测度空间中测度吸引子的紧不变子集. 然而, 一般而言不变测度构成的集合并不是吸引的.

记空间 X 上所有 Borel 概率测度构成的集合为 $\mathbf{Pr}(X)$. 易知, 当在空间上定义弱收敛拓扑时可得到 Polish 空间. 集合 $\mathbf{Pr}(X)$ 中随机变量的可测性是对弱收敛拓扑生成的 Borel σ- 代数定义的.

定义 7.1.1　定义 Polish 空间 X 上的随机概率测度为映射 $\mu:\Omega\to\mathbf{Pr}(X),\omega\mapsto\mu_\omega$. 如果对 P-a.s. 所有的 $\omega\in\Omega$, 都存在另一个随机概率测度, 其相应的映射与上

述一致, 则称两个随机概率测度相等, 并记空间 X 上所有随机概率测度构成的空间为 $\mathbf{Pr}_\Omega(X)$.

如果给定函数 $f: X\times\Omega\to\mathbb{R}$ 满足下面三个条件:

1) 对 P-a.s. 任意 $\omega\in\Omega$, $x\mapsto f$ 连续有界,

2) 对任意 $x\in X$, $x\mapsto f(x,\omega)$ 可测,

3) $\omega\in\sup\{|f(x,\omega)|: x\in X\}$ 对 P 可积,

则称函数 f 为随机连续函数, 文献中也称为 Carathéodory 函数. 所有定义在空间 $X\times\Omega$ 上的随机连续函数构成的线性空间记作 $C_\Omega(X)$.

定义空间 $C_\Omega(X)$ 上的范数 $|\cdot|_\infty$ 为

$$|f|_\infty=\int_\Omega\sup_{x\in X}|f(x,\omega)|\,\mathrm{d}P(\omega).$$

定义随机连续函数 f 在随机概率测度 μ 下的积分为

$$\mu(f)=\int_\Omega\int_X f(x,\omega)\,\mathrm{d}\mu_\omega\,\mathrm{d}P(\omega).$$

定义 7.1.2 对任意随机连续函数 f, $\mu\mapsto\mu(f)$ 的随机概率测度空间 $\mathbf{Pr}_\Omega(X)$ 的最小拓扑定义为随机概率测度空间上的窄拓扑或称弱收敛拓扑.

随机概率空间上的窄拓扑是比依概率收敛意义下的拓扑还要弱的拓扑.

命题 7.1.1[2]命题 5.4 定义 Ky Fan 度量为

$$\mathfrak{K}(\mu,\nu)=\inf\{\varepsilon>0: P\{\omega: d(\mu_\omega,\nu_\omega)>\varepsilon\}\}\leqslant\varepsilon,\quad \forall\mu,\nu\in\mathbf{Pr}_\Omega(X),$$

则在空间 $\mathbf{Pr}_\Omega(X)$ 中, 由 Ky Fan 度量生成的拓扑比窄拓扑强.

定义 7.1.3 给定 Polish 空间 X, X 上随机动力系统 φ 以及完备度量 d. 称闭随机集 $\omega\mapsto A(\omega)$ 分别为全局点吸引子或全局集合吸引子, 如果以下条件满足

(i) P-a.s., $A(\omega)$ 为紧集;

(ii) A 严格不变;

(iii) A 分别吸引每个有限子集 $B\subset X$ 或者每个紧子集 $B\subset X$,

$$\lim_{t\to\infty}d(\varphi(t,\vartheta_{-t}(\omega))B,A(\omega))=0,\quad P\text{-a.s.}.$$

附注 7.1.1 显然, 当 A 为点吸引子时, 对任意 $x\in X$ 都有

$$\lim_{t\to\infty}d(\varphi(t,\vartheta_{-t}(\omega))x,A(\omega))=0,\quad P\text{-a.s.}.$$

现在考虑随机动力系统 φ 在空间 $\mathbf{Pr}_\Omega(X)$ 上的作用. 由定义可见, 映射 $(t,\gamma,\omega)\mapsto\varphi(t,\omega)\gamma_\omega$ 并不满足随机动力系统的要求, 即映射 φ 在空间 $\mathbf{Pr}_\Omega(X)$ 上并不能定义随机动力系统. 然而, 为研究 φ 在空间 $\mathbf{Pr}_\Omega(X)$ 上的作用, 可以考虑如下的动力系统 φ 导出的斜积流 $(\Theta_t)_{t\in T}$.

定义 7.1.4 给定空间 X 上随机动力系统, 称如下映射 Θ 为随机动力系统 φ 导出的斜积,

$$\begin{aligned}\Theta : T \times X \times \Omega &\to X \times \Omega \\ (t, x, \omega) &\mapsto (\varphi(t,\omega)x, \vartheta_t\omega).\end{aligned}$$

由随机动力系统的定义中有关映射 φ, ϑ 的假设条件可知, 斜积 Θ_t 是可测的. 给定 $t \in T$, 对任意 $(x,\omega) \in X \times \Omega$, 记 $\Theta_t(x,\omega) = \Theta(t,x,\omega)$, 且下面条件成立

$$\begin{aligned}&\Theta_0 = \mathrm{Id}, \quad \forall (x,\omega) \in X \times \Omega, \\ &\Theta_{t+s} = \Theta_t \circ \Theta_s, \quad \forall t, s \in T,\end{aligned}$$

则称 $(\Theta_t)_{t\in T}$ 为随机动力系统 φ 导出的斜积流.

给定 $t \in T$, 斜积映射 Θ_t 对乘积空间 $X \times \Omega$ 上的函数与测度分别定义为

$$\begin{aligned}\Theta_t f(x,\omega) = (f \circ \Theta_t)(x,\omega) = f(\varphi(t,\omega)x, \vartheta_t\omega), &\qquad f : X \times \Omega \to \mathbb{R}. \\ \Theta_t\mu(A) = \mu(\Theta_t^{-1}A), \quad A \in \mathfrak{B} \otimes \mathfrak{F}, &\end{aligned}$$

其中, 随机动力系统 (φ, ϑ) 的时间域为 T, 作用在 Polish 空间 X 上, X 的 σ- 代数为 $\mathfrak{B}$, 可测动力系统定义在空间 $(\Omega, \mathfrak{F}, P)$ 上.

对于空间 $X \times \Omega$ 上的斜积流 $(\Theta_t)_{t\in T}$, 有如下结论:

引理 7.1.1[2] 给定在 Polish 空间 X 与可测动力系统 $(\Omega, \mathfrak{F}, P, (\vartheta_t)_{t\in T})$ 上的连续随机动力系统 φ. 对于任意 $t \in T$, 斜积映射 Θ_t 是空间 $\mathbf{Pr}_\Omega(X)$ 不变的, 并且 $\Theta_t : \mathbf{Pr}_\Omega(X) \to \mathbf{Pr}_\Omega(X)$ 在窄拓扑意义下是连续的.

证明 首先证明斜积映射 Θ_t 是空间 $\mathbf{Pr}_\Omega(X)$ 不变的. 对任意 $\mathcal{U} \subset \mathbf{Pr}_\Omega(X)$, $\Theta_t\mathcal{U} \subset \mathcal{U}$. 对任意 $\mu \in \mathcal{U}$, 及任意 $A \subset \mathfrak{B} \times \mathfrak{F}$,

$$\Theta_t\mu(A) = \mu(\Theta_t^{-1}(A)) = \mu(\{(\varphi^{-1}(t,\omega)x, \vartheta^{-1}\omega) : (x,\omega) \in A\}).$$

接下来证明斜积流的连续性. 由定义可知, 对任意 $\mu \in \mathbf{Pr}_\Omega(X)$, $\Theta_t\mu(f) = \mu(\Theta_t f)$. 而对任意空间 $\mathfrak{B} \otimes \mathfrak{F}$ 上的测度 μ, 以及 μ- 可积的可测函数 $h : X \times \Omega \to \mathbb{R}$, 成立

$$\int_{X\times\Omega} \Theta_t h \,\mathrm{d}\mu = \int_{X\times\Omega} h \,\mathrm{d}(\Theta_t\mu).$$

因此, 为证明 Θ_t 在窄拓扑意义下的连续性, 只需证明 Θ_t 在空间 $C_\Omega(X)$ 上的某一拓扑下连续的即可.

事实上, 对任意 $t \in T$, 以及 $\omega \in \Omega$, 映射 $x \mapsto \Theta_t(x,\omega)$ 连续, 对任意 $x \in X$, 映射 $\omega \mapsto \Theta_t(x,\omega)$ 可测. 所以, 对任意 $f \in C_\Omega(X)$, $x \mapsto \Theta_t f(x,\omega) = f(\varphi(t,\omega)x, \vartheta_t\omega)$ 连续, 对任意 $x \in X$, $\omega \mapsto \Theta_t f(x,\omega)$ 可测.

进一步, 如果 f, f' 为 $C_\Omega(X)$ 中两个不同的版本, 则由空间 X 的可分性, 集合

$$\{\omega : \Theta_t f(\cdot,\omega) \neq \Theta_t f'(\cdot,\omega)\} \subset \{\omega : f(\cdot,\omega) \neq f'(\cdot,\omega)\}$$

是可测并且包含在某一 P- 零集中.

所以,

$$\begin{aligned}|\Theta_t f - \Theta_t g|_\infty &= \int \sup_{x\in X} |f(\varphi(t,\omega),\vartheta_t\omega) - g(\varphi(t,\omega),\vartheta_t\omega)|\,\mathrm{d}P(\omega)\\ &\leqslant \int \sup_{y\in X} |f(y,\vartheta_t\omega) - g(y,\vartheta_t\omega)|\,\mathrm{d}P(\omega) = |f-g|_\infty.\end{aligned}$$

即映射 $\Theta_t : C_\Omega(X) \to C_\Omega(X)$ 在 $|\cdot|_\infty$ 拓扑意义下是连续的. □

通过以上定义的斜积流 $(\Theta_t)_{t\in T}$ 及其相关性质, 可以在拓扑空间 $\mathbf{Pr}_\Omega(X)$ 上定义连续半群 $\Theta_t(t \geqslant 0)$ 的吸引子, 该吸引子为随机概率测度空间的子集, 并称其为测度吸引子是合理的. 然而, 即使当空间 $\mathbf{Pr}(X)$ 为 Polish 空间时, 并不一定能保证空间 $\mathbf{Pr}_\Omega(X)$ 也是 Polish 空间, 进而导致了将确定性流对应吸引子扩展到非度量空间中的困难. 而且值得指出的是在非度量空间中无法定义集合的有界性, 也导致了无法定义有界集合集吸引子的困难.

定义 7.1.5 (测度吸引子) 称空间 $\mathbf{Pr}_\Omega(X)$ 中的紧致、严格不变集合 $\mathcal{A} \subset \mathbf{Pr}_\Omega(X)$ 分别为点测度吸引子或集测度吸引子, 如果随机动力系统 φ 导出的斜积流 $(\Theta_t)_{t\in T}$ 分别对应每个有限或紧致集合 $\Gamma \subset \mathbf{Pr}_\Omega(X)$, 以及 $\mathcal{A}$ 在空间 $\mathbf{Pr}_\Omega(X)$ 中的每个邻域 $\mathfrak{U}$, 存在时间 $t_0 = t_0(\Gamma,\mathfrak{U})$, 成立

$$\Theta_t\Gamma \subset \mathfrak{U}, \quad \forall t \geqslant t_0.$$

定义 7.1.6 随机测度空间 $\mathbf{Pr}_\Omega(X)$ 中子集 Γ 被称为胎紧的, 如果对任意 $\varepsilon>0$, 存在紧致集 $C_\varepsilon \subset X$, 成立

$$(\pi_X\gamma)(C_\varepsilon) \geqslant 1-\varepsilon, \quad \gamma \in \Gamma,$$

其中, 映射 $\pi_X : \mathbf{Pr}_\Omega(X) \to \mathbf{Pr}(X)$ 定义为, 对任意 $B \in \mathfrak{B}$, $\mu \in \mathbf{Pr}_\Omega(X)$,

$$(\pi_X\mu)(B) = \mu(\pi_X^{-1})(B) = \mu(B\times\Omega) = \int_\omega \mu_\omega(B)\,\mathrm{d}P(\omega) = \mathbf{E}_\mu(B).$$

命题 7.1.2[2]命题 4.3 对 $\Gamma \subset \mathbf{Pr}_\Omega(X)$, 如果下面条件成立

(i) 对任意的 $\varepsilon > 0$, 都存在一个紧的随机集 $\omega \to K_\varepsilon(\omega)$ 使得对每个 $\gamma \in \Gamma$, 及 P-a.e. 每个 ω, 都有

$$\gamma_\omega(K_\varepsilon(\omega)) \geqslant 1-\varepsilon;$$

(ii) 对每个 $\varepsilon > 0$, 都存在一个紧的随机集 $\omega \to K_\varepsilon(\omega)$ 使得对每个 $\gamma \in \Gamma$, 都有

$$\gamma(K_\varepsilon) = \int_\Omega \gamma_\omega(K_\varepsilon(\omega))\mathrm{d}P(\omega) \geqslant 1-\varepsilon;$$

(iii) Γ 是胎紧的,

则结论 (i) 可推出结论 (ii), 且结论 (ii) 与结论 (iii) 是等价的.

证明 易知, 结论 (i) 可推出结论 (ii). 由定义 7.1.6 可知, 令 $K_\varepsilon(\omega)=C_\varepsilon$, 则由结论 (iii) 可推出结论 (ii). 下面只需证明由结论 (ii) 推出结论 (iii).

对任意的 $\varepsilon>0$, 选取 X 中的紧子空间 $C_\varepsilon\subset X$ 使得 $P\{K_{\varepsilon/2}(\omega)\subset C_\varepsilon\}\geqslant 1-\varepsilon/2$. 注意到 C_ε 的存在性可由文献 [2] 的命题 2.15 可得到, 于是, 对每个 $\gamma\in\Gamma$, 都有

$$\begin{aligned}\pi_X\gamma(C_\varepsilon)&=\gamma(C_\varepsilon\times\Omega)=\int_\Omega\gamma_\omega(C_\varepsilon)\mathrm{d}P(\omega)\\&\geqslant\int_{K_{\varepsilon/2}(\omega)\subset C_\varepsilon}\gamma_\omega(C_\varepsilon)\mathrm{d}P\geqslant\int_{K_{\varepsilon/2}(\omega)\subset C_\varepsilon}\gamma_\omega(K_{\varepsilon/2}(\omega))\mathrm{d}P\\&\geqslant(1-\varepsilon/2)^2\geqslant 1-\varepsilon.\end{aligned}$$

因此, 命题得证. □

定理 7.1.1[3]定理 3.11 如果随机集合 $\omega\mapsto A(\omega)$ 为 Polish 空间 X 上随机动力系统 φ 的随机吸引子, 则集合 $\mathcal{A}=\{\nu\in\mathbf{Pr}_\Omega(X):\nu_\omega(A(\omega))=1, P\text{-a.s.}\}$ 为集测度吸引子.

证明 先证集合 $\mathcal{A}$ 的紧致性.

由文献 [2] 中命题 4.3 可知, 集合 $\mathcal{A}$ 是胎紧的. 进而应用文献 [2] 中定理 4.4, 集合 $\mathcal{A}$ 是紧致的. 即紧随机集合张成的随机测度构成的集合在弱拓扑意义下是紧致的.

再证集合 $\mathcal{A}$ 的严格不变性.

欲证明映射 Θ_t 对集合 $\mathcal{A}$ 的严格不变性, 应用文献 [2] 中引理 6.16, 对任意 $\nu\in\mathcal{A}$ 以及固定 t, P-a.s.

$$\begin{aligned}(\Theta_t\nu)(A(\omega))&=\varphi(t,\vartheta_{-t}\omega)\nu_{\vartheta_{-t}\omega}(A(\omega))\\&=\nu_{\vartheta_{-t}\omega}(\varphi^{-1}(t,\vartheta_{-t}\omega)(A(\omega)))\\&\geqslant\nu_{\vartheta_{-t}\omega}(A(\vartheta_{-t}\omega)).\end{aligned}$$

而 A 为随机动力系统 φ 的随机吸引子, 得到 $\varphi(t,\vartheta_{-t}\omega)A(\vartheta_{-t}\omega)=A(\omega)$, 所以 $A(\vartheta_{-t}\omega)\subset\varphi^{-1}(t,\vartheta_{-t}\omega)(A(\omega))$, 即 $\Theta_t\mathcal{A}\subset\mathcal{A}$.

另一方面, 对任意固定 $\nu\in\mathcal{A}$. 映射 $\omega\mapsto\{\rho\in\mathbf{Pr}(X):\rho(A(\vartheta_{-t}\omega))=1\}$ 以及映射 $\omega\mapsto\{\rho\in\mathbf{Pr}(X):\varphi(t,\vartheta_{-t}\omega)\rho=\nu_\omega\}$ 分别为集合 $\mathbf{Pr}(X)$ 的随机紧集与随机闭集. 由于映射 $\varphi(t,\vartheta_{-t}\omega):A(\vartheta_{-t}\omega)\to A(\omega)$ 是映上的, 以及几乎处处成立 $\nu_\omega(A(\omega))=1$, 由文献 [3] 的引理 3.1 可知

$$\omega\mapsto\{\rho\in\mathbf{Pr}(X):\rho(A(\vartheta_{-t}\omega))=1,\ \text{以及}\ \varphi(t,\vartheta_{-t}\omega)\rho=\nu_\omega\}$$

为非空紧随机集. 由文献 [1] 定理 III.9 可知, 存在 $\mathbf{Pr}(X)$- 值随机变量 $\omega \mapsto \bar{\eta}_\omega$, 成立

$$\bar{\eta}_\omega(A(\vartheta_{-t}\omega)) = 1, \quad 以及 \quad \varphi(t, \vartheta_{-t}\omega)\bar{\eta}_\omega = \nu_\omega.$$

进而, 定义 $\eta_\omega = \eta_{\bar{\vartheta_t}\omega}$, 得到 $\eta \in \mathcal{A}$ 以及 $\Theta_t\eta = \nu$. 即 $\mathcal{A} \subset \vartheta(t, \vartheta_t\omega)\mathcal{A}$.

集合 $\mathcal{A}$ 的吸引性. 考虑窄拓扑意义下, 空间 $\mathbf{Pr}_\Omega(X)$ 中紧致集合 Γ, 以及 A 在空间 $\mathbf{Pr}_\Omega(X)$ 中邻域 $\mathcal{U}$, 我们将证明对足够大 t, $\Theta_t\Gamma \subset \mathcal{U}$.

定义空间 $\mathbf{Pr}_\Omega(X)$ 中度量

$$(\gamma, \eta) \mapsto \int_\Omega d_P(\gamma_\omega, \eta_\omega)\,\mathrm{d}P(\omega),$$

其中, d_P 为空间 $\mathbf{Pr}(X)$ 中的 Prohorov 度量. 则由命题 7.1.1 不难看出, 以上所定义的度量在空间 $\mathbf{Pr}_\Omega(X)$ 中诱导得到的拓扑是比窄拓扑强的拓扑. 所以对于空间 $\mathbf{Pr}_\Omega(X)$ 在窄拓扑意义下集合 $\mathcal{A}$ 的每个邻域 $\mathcal{U}$, 存在 $\delta_0 > 0$, 成立对任意 $\delta < \delta_0$, 集合 $\mathcal{A}$ 在以上度量诱导出的拓扑意义下的 δ 邻域 $\mathcal{U}_\delta(\mathcal{A})$ 包含在 $\mathcal{U}$ 中.

固定集合 $\mathcal{A}$ 在空间 $\mathbf{Pr}_\Omega(X)$ 中窄拓扑意义下的邻域 $\mathcal{U}$, 假定实数 $\delta_0 > 0$ 成立 $\mathcal{U}_{\delta_0}(\mathcal{A}) \subset \mathcal{U}$. 选择 $0 < \delta < \dfrac{\delta_0}{4}$, 则存在时间 $T = T(\Gamma, \delta, \omega)$, 对任意 $\gamma \in \Gamma$, 成立

$$\varphi(t, \vartheta_{-t}\omega)\gamma_{\vartheta_{-t}\omega}[\mathcal{U}_\delta(A)] \geqslant 1 - \delta, \quad t \geqslant T, \quad P\text{-a.s.}.$$

因而,

$$\varphi(t, \vartheta_{-t}\omega)\gamma_{\vartheta_{-t}\omega}[\mathcal{U}_\delta(A)^c] \leqslant \delta, \quad t \geqslant T, \quad P\text{-a.s.}.$$

进一步选择足够大 T_0, 使得 $P\{T > T_0\} < \delta$. 固定 γ, 则存在 $\alpha \in \mathcal{A}$, 成立

$$d_P(\varphi(t, \vartheta_{-t}\omega)\gamma_{\vartheta_{-t}}\omega, \alpha_\omega) \leqslant 2\alpha + \varphi(t, \vartheta_{-t}\omega)\gamma_{\vartheta_{-t}}\omega(\mathcal{U}_\delta(A(\omega))^c), \quad P\text{-a.s.},$$

所以, 对于 $t \geqslant T_0$,

$$\begin{aligned}\int_\Omega d_P(\Theta_t\gamma, \alpha)\,\mathrm{d}P &= \int_\Omega d_P(\varphi(t, \vartheta_{-t}\omega)\gamma_{\vartheta_{-t}\omega}, \alpha_\omega)\,\mathrm{d}P(\omega)\\ &\leqslant \int_{\{T \leqslant T_0\}} (2\alpha + \varphi(t, \vartheta_{-t}\omega)\gamma_{\vartheta_{-t}}\omega(\mathcal{U}_\delta(A(\omega))^c))\,\mathrm{d}P(\omega) + P\{T > T_0\}\\ &\leqslant 4\delta.\end{aligned}$$

因此

$$\inf_{\alpha \in \mathcal{A}} \int_\Omega d_P(\Theta_t\gamma, \alpha)\,\mathrm{d}P < 4\delta.$$

也即对任意 $t \geqslant T_0$, $\gamma \in \Gamma$, $\Theta_t\gamma \subset \mathcal{U}_{4\delta}(\mathcal{A})$. 由 γ 的任意性可得, 对任意 $t \geqslant T_0$, $\Theta_t\Gamma \subset \mathcal{U}_{4\delta}(\mathcal{A})$. 注意到 $\mathcal{U}_{4\delta}(\mathcal{A}) \subset \mathcal{U}$, 从而 $\mathcal{A}$ 的吸引性得证. □

§7.2 半线性随机发展方程的测度吸引子

这一节研究半线性随机发展方程的测度吸引子的存在性, 该节内容取自于文献[7].

考虑半线性随机发展方程

$$\begin{cases} \mathrm{d}u = [Au + f(u)]\mathrm{d}t + G(u)\mathrm{d}w, \quad t > 0, \\ u(0) = z \in H \end{cases}$$

的测度吸引子的存在性, 其中 H 是实的可分的 Hilbert 空间, 其上范数为 $\|\cdot\|$, 算子 $A: D(A) \to H$ 是强连续算子半群 $S(t)$ 的无穷小生成元, $w(t)$ 是完备的随机基 $(\Omega, \mathcal{F}, P, \mathcal{F}_t)$ 上的 Wiener 过程使得增量协方差算子 Q 是正的, 对称的 Nuclear 算子, f 和 g 都是 Lipschitz 连续的, 且满足

$$\begin{cases} \|f(x) - f(y)\| + \|G(x) - G(y)\| \leqslant C\|x - y\|, \\ \|f(x)\| + \|G(x)\| \leqslant C(1 + \|x\|), \quad C > 0. \end{cases} \tag{7.2.1}$$

可以证明, 随机方程 (7.2.1) 存在唯一的 Mild 解, 其 Feller 转移概率为 $P(t, z, B), B \in \beta(H)$, 其中 $\beta(H)$ 表示 H 中的 Borel σ- 域. Φ 为空间 $(H, \beta(H))$ 上的所有概率测度组成的度量空间, 其度量 d_{BL} 为

$$d_{BL}(\mu, \nu) = \sup\left\{ \int_H g\mathrm{d}(\mu - \nu) : \ \|g\|_{BL} \leqslant 1 \right\}, \quad \forall \mu, \nu \in \Phi,$$

$$\|g\|_{BL} = \sup_x |g(x)| + \sup\left\{ \frac{|g(x) - g(y)|}{\|x - y\|} : x \neq y \in H \right\}.$$

对方程 (7.2.1) 的双边指数有界的 Mild 解 $u(t)$, 定义 Φ 的子空间 Ψ 及其上的半群 $T(t)$:

$$\Psi = \left\{ \mu \in \Phi, \int_H \|z\|^2 \mu(\mathrm{d}z) < \infty \right\},$$

$$T(t)\mu(B) = \int_H P(t, z, B)\mu(\mathrm{d}z), \quad B \in \beta(H).$$

引理 7.2.1[7]引理 1　Φ 的子集 M 是紧的当且仅当下面两个条件成立:

(1) $\lim\limits_{C\to\infty} \sup\limits_{\mu \in M} \mu(\{x : \|x\| > c\}) = 0$,

(2) 对每个 $c > 0$, 级数 $\sum\limits_k \int_{\|x\| \leqslant c} (e_k, x)^2 \mu(\mathrm{d}x)$ 关于 $\mu \in M$ 是一致收敛的.

下面给出测度吸引子的存在性判定定理

引理 7.2.2[7]引理 3　假设在 Ψ 中存在一个闭的子集 $Y \subset \Psi$ 满足下面条件

(1) Y 满足 $\sup\left\{\int_H ||z||^2\mu(\mathrm{d}z) : \mu \in Y\right\} < \infty$;

(2) 对任何 Ψ 中满足 $\sup\left\{\int_H ||z||^2\mu(\mathrm{d}z) : \mu \in Y\right\} < \infty$ 的子集 U, 存在 $r \geqslant 0$, 使得当 $t \geqslant r$ 时, $T(t)U \subset Y$;

(3) 存在 $s \geqslant 0$, $\bigcup\limits_{t \geqslant s} T(t)Y$ 在 (Ψ, d_{BL}) 中相对紧,

则称集合 $Z = \bigcap\limits_{s \geqslant 0} \overline{\bigcup\limits_{t \geqslant s} T(t)Y}$ 是测度吸引子, 这里的闭包是在 Ψ 中取得的.

定理 7.2.1[7]定理 4　如果 A 是自伴的, 其特征值 $\{-\lambda_k\}$ 和相应的特征函数 $\{e_k(x)\}$ 使得 $\{e_k(x)\}$ 构成 H 的正交基, 且 $\lambda_k > 0, \lambda_k \uparrow \infty$, 方且随机方程 (7.2.1) 的 Mild 解是指数双边有界的成立, 则随机方程 (7.2.1) 的 Mild 解存在测度吸引子.

证明　证明分三步来完成, 先定义

$$Y = \left\{\mu \in \Psi, \quad \int_H ||z||^2\mu(\mathrm{d}z) \leqslant \rho\right\}, \quad \rho > K.$$

第一步: 令 Y 中测度序列 $\mu_n \in Y$ 收敛到 Φ 中的测度 μ, 则

$$\int_H ||z||^2 \wedge k\mu_n(\mathrm{d}z) \leqslant \rho.$$

令 $n \to \infty, k \to \infty$, 可得 $\mu \in Y$, 这表明集合 Y 是闭集. 注意到当 t 充分大时, $K\left(\mathrm{e}^{-at}\int_H ||z||^2\mu(\mathrm{d}z) + 1\right) \leqslant \rho$, 因此, Y 满足下面的性质: 对 $\forall U \in \Psi$ 使得 $\sup\left\{\int_H ||z||^2\mu(\mathrm{d}z) : \mu \in U\right\} < \infty$, 存在 $r \geqslant 0$, 使得当 $t \geqslant r$ 时, $T(t)U \subset Y$.

第二步: 对任意的 $\mu \in Y$, 计算可得

$$\begin{aligned}
T(t)\mu(\{u : ||u|| > c\}) &= \int_H P(||u(t,z)|| > c)\mu(\mathrm{d}z) \\
&\leqslant \int_H \mathbf{E}||u(t,z)||^2/c^2\mu(\mathrm{d}z) \\
&\leqslant K(1+\rho)/c^2.
\end{aligned}$$

于是, 集合 $M = \bigcup\limits_{t \geqslant 1} T(t)Y$ 满足引理 7.2.1 的 (1) 条件.

第三步: 下证集合 $M = \bigcup\limits_{t \geqslant 1} T(t)Y$ 满足引理 7.2.1 的 (2) 条件. 注意到

$$u_k(t) = \mathrm{e}^{-\lambda_k t}(e_k, z) + \mathrm{e}^{-\lambda_k(t-s)}(e_k, f(u(s))) + \int_0^t \mathrm{e}^{-\lambda_k(t-s)}(e_k, g(u(s)))\mathrm{d}w(s).$$

于是,

$$\mathbf{E}u_k^2(t) \leqslant 3\mathrm{e}^{-2\lambda_k t}(e_k, z)^2 + 3\mathbf{E}\left[\left\{\int_0^t \mathrm{e}^{-\lambda_k(t-s)}(e_k, f(u(s)))\mathrm{d}s\right\}^2\right] \\ +3\mathbf{E}\left[\left\{\int_0^t \mathrm{e}^{-\lambda_k(t-s)}(e_k, G(u(s))\mathrm{d}w(s))\right\}^2\right].$$

因此, 对某个 $C>0$,

$$\begin{aligned}
&\sum_{k\geqslant i}\int_H \mathbf{E}\left[\left\{\int_0^t \mathrm{e}^{-\lambda_k(t-s)}(e_k, f(u(s,z)))\mathrm{d}s\right\}^2\right]\mu(\mathrm{d}z)\\
\leqslant&\sum_{k\geqslant i}\int_H \mathbf{E}\left[\int_0^t \mathrm{e}^{-\lambda_k(t-s)}\mathrm{d}s\int_0^t \mathrm{e}^{-\lambda_i(t-s)}(e_k, f(u(s,z)))^2\mathrm{d}s\right]\mu(\mathrm{d}z)\\
\leqslant&\int_0^t \mathrm{e}^{-\lambda_i(t-s)}\mathrm{d}s\int_H\int_0^t \mathrm{e}^{-\lambda_i(t-s)}\mathbf{E}||f(u(s,z))||^2\mathrm{d}s\mu(\mathrm{d}z)\\
\leqslant&C\left(\int_H ||z||^2\mu(\mathrm{d}z)+1\right)\Big/\lambda_i^2
\end{aligned}$$

并且

$$\begin{aligned}
&\sum_{k\geqslant i}\int_H \mathbf{E}\left[\left\{\int_0^t \mathrm{e}^{-\lambda_k(t-s)}(e_k, G(u(s))\mathrm{d}w(s))\right\}^2\right]\mu(\mathrm{d}z),\\
\leqslant&\mathrm{Tr}(Q)\sum_{k\geqslant i}\int_H \mathbf{E}\left[\int_0^t \mathrm{e}^{-2\lambda_k(t-s)}(e_k, G(u(s)))^2\mathrm{d}s\right]\mu(\mathrm{d}z)\\
\leqslant&\mathrm{Tr}(Q)\int_H\int_0^t \mathrm{e}^{-2\lambda_i(t-s)}\mathbf{E}||G(u(s))||^2\mathrm{d}s\mu(\mathrm{d}z)\\
\leqslant&C\left(\int_H ||z||^2\mu(\mathrm{d}z)+1\right)\Big/\lambda_i.
\end{aligned}$$

因此, 对任意的 $\mu\in Y$, 都有

$$\sum_{k\geqslant i}\int_H \mathbf{E}|u_k(t)|^2\mu(\mathrm{d}z)\leqslant 3\left\{\rho\mathrm{e}^{-2\lambda_i}+C(\rho+1)\left(\frac{1}{\lambda_i^2}+\frac{1}{\lambda_i}\right)\right\}.$$

令 $i\to\infty$, 则 $\sum\limits_{k\geqslant i}\int_H \mathbf{E}|u_k(t)|^2\mu(\mathrm{d}z)$ 关于测度 μ 一致地收敛于 0, 因此定理 7.2.1 得证. □

§7.3 随机 Navier-Stokes 方程的测度吸引子

这一节主要研究广义随机 Navier-Stokes 方程的初始测度的时间演化行为, 并证明测度吸引子的存在性, 该节内容主要参考文献 [6].

考虑广义随机 Navier-Stokes 方程

$$\begin{cases} \mathrm{d}u = [\gamma\Delta u - (u\cdot\nabla)u + f(u)]\mathrm{d}t + g(u)\mathrm{d}w(t), \\ u(0) = u_0. \end{cases} \tag{7.3.1}$$

研究初始测度 (即初值的概率分布) 的时间演化行为, $D \subset \mathbb{R}^2$ 是有界子集, 定义空间 H 是集合 $\{u \in C_0^\infty(D;\mathbb{R}^2), \mathrm{div}\ u = 0\}$ 在 L^2 中的闭包, $w(t)$ 是 Hilbert 空间 H 值的具有迹类协方差算子 Q 的 Wiener 随机过程. 定义 V 是集合 $\{u \in C_0^\infty(D;\mathbb{R}^2), \mathrm{div}\ u = 0\}$ 按照范数 $|u| + ||u||$ 下的闭包. 用 A 表示 H 空间中的 Stokes 算子, 其特征值为 $\lambda_k, \lambda_k \geqslant 0, \lambda_k \nearrow \infty$, 相应的特征函数 $\{e_k\}$ 是 H 的一组正交基. 对任意的 $u \in H$, 记 $u_k = (u, e_k)$.

定义 H_α 为 H 的子空间并赋予范数 $|u|_\alpha^2 = \sum_{k=1}^{\infty} \lambda_k^\alpha u_k^2 < \infty, \alpha \geqslant 0$. $H_{-\alpha}$ 是 H_α 的对偶空间. 显然, $V = H_1, V' = H_{-1}$.

定义 7.3.1 称随机过程 $v(t,\omega,u)$ 是随机 Navier-Stokes 方程满足初始条件 $v(0) = u$ 的弱解, 如果 $v(t,\omega,u)$ 满足

(1) $v(t) \in L^\infty([0,T];H) \cap L^2([0,T];V) \cap C([0,T];H_{\mathrm{weak}})$, 对几乎所有的 T 成立;

(2) 对所有的 t, 在 V' 中都有

$$v(t) = u + \int_0^t [\nu Av(s) - B(v(s)) + f(v(s))]\mathrm{d}s + \int_0^t g(v(s))\mathrm{d}w_s.$$

为证随机 Navier-Stokes 方程 (7.3.1) 解的存在唯一性, 需要下面的技术性假设:

(C1) $|f(u) - f(v)|_{H^{-1}}^2 + |g(u) - g(v)|_{H,H}^2 \leqslant c_1|u - v|^2$.

(C2) 对某个 $\alpha \in (0,1]$, $|f(u)|_{\alpha-1} + |g(u)|_{H,H_\alpha} \leqslant C_2\big(1 + |u|_\alpha\big)$.

定理 7.3.1[6]定理 3.2 (1) 如果条件 (C1) 成立, 则随机方程 (7.3.1) 存在唯一的弱解, 且满足

$$\mathbf{E}\left(\sup_{s\in[0,t]} |v(s)|^2 + \nu\int_0^t ||v(s)||^2\mathrm{d}s\right) \leqslant c(t)(1 + |v(0)|^2). \tag{7.3.2}$$

(2) 如果条件 (C1), (C2) 都成立, 则对由 (C2) 给定的 α 及对任意的 $t_0 \geqslant 0$, 方程 (7.3.1) 的解满足

$$\mathbf{E}\left(\sup_{t_0\leqslant s\leqslant T} \xi(t)|v(t)|_\alpha^2\right) \leqslant c(T)(1 + \mathbf{E}|v(t_0)|_\alpha^2), \tag{7.3.3}$$

其中 $\xi(t) = \mathrm{e}^{-c\int_0^t ||v(s)||^2\mathrm{d}s}$, 并且对所有的 $t > 0, |v(t)|_\alpha < \infty$, a.e..

下面构造 Markov 半群. 为此, 需要定义不同的拓扑空间.

设 H 上的所有概率 Borel 测度的集合为 $M(H)$, 并分别给 $M(H)$ 赋以两种不同的拓扑 J_1 和 J_2, 并记 $M_1=(M(H),J_1)$, $M_2=(M(H),J_2)$. 定义 $C_{\rm wb}(H)$ 为 H 上的所有有界弱连续函数的集合, $C_{\rm b}(H)$ 为 H 上的所有有界连续函数的集合.

定义 7.3.2 对任意的 $\mu_n,\mu\in M_1$, 称 μ_n 在 M_1 上收敛到 μ 是指对任意的 $\phi\in C_{\rm wb}(H,R)$, 都有

$$\int\phi(u){\rm d}\mu_n\to\int\phi(u){\rm d}\mu$$

成立.

对任意的 $\mu_n,\mu\in M_2$, 称 μ_n 在 M_2 上收敛到 μ 是指对任意的 $\phi\in C_{\rm b}(H,R)$, 都有

$$\int\phi(u){\rm d}\mu_n\to\int\phi(u){\rm d}\mu$$

成立.

定义相空间

$$X=\left\{\mu:\ \mu\in M(H),\int|u|^2{\rm d}\mu(u)<\infty\right\}.$$

定义 X 中的半径为 r 的球

$$B^r=\left\{\mu\in X,\ \int|u|^2{\rm d}\mu(u)\leqslant r\right\}.$$

为构造所需要的 Markov 半群, 先给出几个重要的引理, 其证明参阅文献 [6].

引理 7.3.1[6]引理 4.1 B^r 在 M_1 中紧.

引理 7.3.2[6]引理 4.2 假设 (C1) 成立, 固定 $t\geqslant 0$, 则

(1) 对任意的有界连续函数 $\phi:H\to\mathbb{R}$, 映射 $u\to\mathbf{E}\phi(v(t,u))$ 在 H 上连续;

(2) 对任意的有界弱连续函数 $\phi:H\to\mathbb{R}$, 映射 $u\to\mathbf{E}\phi(v(t,u))$ 在 H 中的有界集上弱连续;

(3) 如 (C2) 也成立, 则对任意的有界连续函数 $\phi:H\to\mathbb{R}$, 映射 $u\to\mathbf{E}\phi(v(t,u))$ 在 H 中的有界集上弱连续.

命题 7.3.1[6]命题 4.3 假设 (C1) 成立, 则 $S(t)$ 在 X 上定义了一个半群, 并且

(1) $S(t):M_2\to M_2$ 连续;

(2) $S(t):M_1\to M_1$ 在 $B^r(r>0)$ 上连续;

(3) 若 (C2) 成立. 则当 $t>0$ 时, $S(t):M_1\to M_2$ 在 B^r 上连续.

证明 下面只需证明解的唯一性和对初值条件的连续依赖性即可.

(1) 为证连续性, 考虑 M_2 中的序列 $\mu_n\to\mu$, 令 $\phi:H\to\mathbb{R}$ 是连续的有界函数, 由引理 7.3.2 可知

$$\int \phi(u_0)\mathrm{d}[S(t)\mu_n] = \int \mathbf{E}\phi(v(t,u_0))\mathrm{d}\mu_n \to \int \mathbf{E}\phi(v(t,u_0))\mathrm{d}\mu = \int \phi(u_0)\mathrm{d}[S(t)\mu].$$

从而结论 (1) 成立.

(2) 由引理 7.3.2 的 (2) 和 (3) 即可得证该结论的 (2) 和 (3). □

命题 7.3.2[6]命题 4.4

(1) 假设 (C1) 成立, 则对任意的 $r>0, t\geqslant 0$, 集合 $S(t)B^r$ 是 M_1 中的紧集;

(2) 假设 (C1) 和 (C2) 都成立, 则对任意的 $r>0, t>0$, 集合 $S(t)B^r$ 是 M_2 中的紧集.

证明　(1) 由引理 7.3.1 可知, 测度集 B^r 在 M_1 中是紧的, 再利用命题 7.3.1 的第二条性质可得, $S(t)$ 在 M_1 中的 B^r 上连续性即可得证 (1).

(2) 利用 $S(t): M_1 \to M_2$ 在 B^r 上的连续性即可得证 (2). □

下面对 f 和 g 作适当的假设后, 证明测度吸引子的存在性

(C3) 对某个 $\gamma>0, \delta>0, r+\delta\leqslant 2\gamma$ 时, $\dfrac{|f(u)|^2_{H^{-1}}}{r} + \mathrm{Tr}Q\cdot|g(u)|^2_{H,H} \leqslant C+\delta||u||^2$.

(D1) 当 $\delta_1, \delta_2>0$, $2\delta_1+\delta_2^2\mathrm{Tr}Q<2\gamma$ 时, $|f(u)|_{H^{-1}}\leqslant C+\delta_1||u||$;

(D2) $|g(u)|_{H,H}\leqslant C+\delta_2||u||$.

命题 7.3.3[6]命题 5.1　假设 (C1) 和 (C3) 成立, 则存在正常数 ρ 使得对每个 $r>0$, 都存在 t_r, 当 $t>t_r$ 时, $S(t)B^r\subset B^\rho$.

证明　固定初值 $u_0\in H$, 令 $v(t)=v(t,u_0)$, 运用 Itô 公式, 并求期望后得到

$$\begin{aligned}&\mathbf{E}|v(t)|^2 + 2\mu\int_0^t \mathbf{E}||v(s)||^2\mathrm{d}s\\ =&|u_0|^2 + 2\int_0^t \mathbf{E}(f(v(s)),v(s))\mathrm{d}s + \int_0^t \mathbf{E}\mathrm{Tr}[g(v(s))Qg(v(s))^{\mathrm{T}}]\mathrm{d}s. \end{aligned}\tag{7.3.4}$$

注意到

$$\mathrm{Tr}[g(v(s))Qg(v(s))^{\mathrm{T}}]\leqslant \mathrm{Tr}Q|g(v(s))|^2_{H,H},\tag{7.3.5}$$

$$2(f(v(s)),v(s))\leqslant 2|f(v(s))|_{H^{-1}}||v(s)||\leqslant \frac{|f(v(s))|^2_{H^{-1}}}{\gamma}+\gamma||v(s)||^2.\tag{7.3.6}$$

将 (7.3.5) 和 (7.3.6) 代入 (7.3.4), 并利用条件 (C3) 得到

$$\frac{\mathrm{d}}{\mathrm{d}t}\mathbf{E}|v(t)|^2 + (2\mu-\gamma-\delta)\mathbf{E}||v(t)||^2\leqslant c,\tag{7.3.7}$$

注意到 $|v(t)|^2\leqslant \lambda_1^{-1}||v(t)||^2$, 于是

$$\frac{\mathrm{d}}{\mathrm{d}t}\mathbf{E}|v(t)|^2 + (2\mu-\gamma-\delta)\lambda_1\mathbf{E}||v(t)||^2\leqslant c.$$

由 Gronwall 不等式可得

$$\mathbf{E}|v(t)|^2 \leqslant |u_0|^2 \mathrm{e}^{-(2\mu-\gamma-\delta)\lambda_1 t} + \frac{c}{(2\mu-\gamma-\delta)\lambda_1}\left(1-\mathrm{e}^{-(2\mu-\gamma-\delta)\lambda_1 t}\right).$$

进一步, 如果初始的测度在 B^r 中, 则 $\mu_t \in B^\beta$, 其中 $\beta = \beta(t) = r\mathrm{e}^{-(2\mu-\gamma-\delta)\lambda_1 t} + \frac{c}{(2\mu-\gamma-\delta)\lambda_1}\left(1-\mathrm{e}^{-(2\mu-\gamma-\delta)\lambda_1 t}\right)$. 因此, 选取 $\rho > \frac{c}{(2\mu-\gamma-\delta)\lambda_1}$, 定义 $t_r = -\frac{1}{(2\mu-\gamma-\delta)\lambda_1}\log\left[\left(\rho-\frac{c}{(2\mu-\gamma-\delta)\lambda_1}\right)\Big/\left(r-\frac{c}{(2\mu-\gamma-\delta)\lambda_1}\right)\right]$. 因此, 若 $t > t_r$, 则 $\beta(t) < \beta(t_r) = \rho$. □

定理 7.3.2[6]定理 5.2 假设 (C1) 和 (C3) 成立, 则

(1) 集合 $\mathcal{A}_1 = \bigcap_{\tau>0}\overline{\left(\bigcup_{\sigma\geqslant\tau} S(\sigma)B^\rho\right)}_{M_1}$ 在 M_1 中是不变的紧集, 并且吸引 X 中的有界集;

(2) 若 (C2) 成立, 则 $\mathcal{A}_2 = \bigcap_{\tau>0}\overline{\left(\bigcup_{\sigma\geqslant\tau} S(\sigma)B^\rho\right)}_{M_2}$ 在 M_2 中是不变的紧集, 并且吸引 X 中的有界集.

证明 由于当 $\tau > t_\rho + 1$, $\bigcup_{\sigma\geqslant\tau} S(\sigma)B^\rho$ 在 M_1 和 M_2 中相对紧, 因此集合 $\mathcal{A}_1$ 和 $\mathcal{A}_2$ 都是紧的. 由引理 7.3.2 可知, 当 $\sigma \geqslant \tau$ 时, $S(\sigma)B^\rho \subset S(1)B^\rho$.

接下来证明, 对每个 $r > 0$, 对每个包含 $\mathcal{A}$ 的开集 U, 当 t 充分大时, 都有 $S(t)B^r \subset U$ 成立. 若结论不成立, 则存在序列 $t_n \to \infty, \mu_n \in S(t_n)B^r$ 使得 $\mu_n \notin U$. 但 $t_n > t_\rho + 1$, $S(t_n)B^r \subset S(1)B^\rho$, 由引理 7.3.2 可知, $S(t_n)B^r$ 是紧的, 因此, 存在子列 (仍记为)μ_n 收敛到测度 μ, 于是, $\mu \notin U$. 下面只需证明 $\mu \in \mathcal{A}$ 即可. 设 n 充分大且满足 $t_n > \tau + t_r$, 于是 $t_n - \tau - t_r > 0$. 因此,

$$\mu_n \in S(t_n)B^r = S(\tau + t_r + (t_n - \tau - t_r))B^r = S(\tau)S(t_r + (t_n - \tau - t_r))B^r \subset S(\tau)B^\rho.$$

于是, 当 n 充分大时, $\mu_n \in S(\tau)B^\rho$. 因此, 对所有的 τ, 都有 $\mu \in \overline{\left(\bigcup_{\sigma\geqslant\tau} S(\sigma)B^\rho\right)}_{M_i}$. 因此, $\mu \in \mathcal{A}$.

下面证明不变性, 注意到 $\mu \in \mathcal{A}_i$ 当且仅当存在序列 $\mu_\alpha \in B^\rho$ 和 $t_\alpha \to \infty$ 使得按照相应的拓扑, $S(t_\alpha)\mu_\alpha \to \mu$. 如果 $\nu \in S(t)\mathcal{A}_i$, 则 $\nu = S(t)\mu, \mu \in \mathcal{A}_i$. 由命题 7.3.1 可知, $S(t)S(t_\alpha)\mu_\alpha = S(t+t_\alpha)\mu_\alpha \to S(t)\mu = \nu$. 因此, $\nu \in \mathcal{A}_i$.

反之, 固定 t, 令 $\nu \in \mathcal{A}_i$, 选取序列 μ_α 和 t_α 满足 $S(t_\alpha)\mu_\alpha \to \mu$, 为此, 只需证明对某个 $\nu \in \mathcal{A}_i$. 下面考虑当 $t_\alpha > t$, 序列 $S(t_\alpha - t)\mu_\alpha$ 是相对紧的. 于是, 对某个 ν, $S(t_\alpha - t)\mu_\alpha \to \nu \in \mathcal{A}_i$, 再利用 $S(t)$ 的连续性可知, $S(t_\alpha)\nu_\alpha = S(t)S(t_\alpha - t)\nu_\alpha \to S(t)\nu$. 再由于 $S(t_\alpha)\nu_\alpha \to \nu$, 因此, $\mu = S(t)\nu$, 证毕. □

§7.4 具有 Stratonovich 导数形式 Navier-Stokes 方程的测度吸引子

这一节主要研究随机吸引子与测度吸引子的关系, 给出测度吸引子存在性的另一种判据, 并运用该定理研究具有 Stratonovich 导数形式 Navier-Stokes 方程的测度吸引子. 该节内容主要取自文献 [4].

为了便于读者阅读, 我们给出一些弱收敛的判据以及抽象的测度吸引子的存在性定理. 设 H 是可分的 Banach 空间, B_H 为概率测度集合.

定义 7.4.1 设 μ_n 是 B_H 上的概率测度序列, 称 μ 弱测度收敛于概率测度 μ_0, 当且仅当对任意有界的连续函数 f, 都有

$$\int_H f\mathrm{d}\mu_n \longrightarrow \int_H f\mathrm{d}\mu_0.$$

下面定理给出了弱收敛的紧性判定.

定理 7.4.1[4]定理 2.4 设 H 是可分的 Banach 空间, 定义在 B_H 上是概率测度集 $\{\mu_i, i\in I\}$ 是相对紧当且仅当对任意的 $\varepsilon>0$, 都存在紧集 C_ε 使得

$$\sup_{i\in I}\mu_i(C_\varepsilon^c)<\varepsilon.$$

下面研究随机吸引子与测度吸引子的关系, 并断言随机动力系统如果存在随机吸引子, 则必存在相应的测度吸引子.

设 H 是可分的 Banach 空间, H_1 是范数为 $||\cdot||_1$ 的另一 Banach 空间, 且 H_1 紧嵌入到 H 中, 这里假设 $||\cdot||_1$ 是 $B_H, B_{\mathbb{R}^+}$ 可测的.

对任意的概率测度 $\mu\in\mathcal{B}\subset B_H$, 定义测度 $I(t)\mu, t\geqslant 0$ 为

$$\int_H f\mathrm{d}I(t)\mu=\int_H \mathbf{E}f(\phi(t,\omega,x))\mathrm{d}\mu(x).$$

引理 7.4.1[4]引理 3.1 映射簇 $\{I(t)\}_{t\geqslant 0}$ 定义了一个半群, 即

$$I(0)=\mathrm{Id},\quad I(t+s)=I(t)\circ I(t),\quad t,s\geqslant 0.$$

下面的定义给出了随机吸引子和测度吸引子之间的关系.

定理 7.4.2[4]定理 3.4 设 ϕ 是定义在滤子动力系统 $(\Omega,\mathcal{F},P,\mathcal{F}_{s,t},\{\theta_t\}_{t\in\mathbb{R}})$ 上的连续映射簇的余环, 并且存在随机吸引子 $\mathcal{A}$, 假设映射 $u_0\to\phi(t,\omega,u_0)$ 是连续的. 令 $B^r, r\geqslant 0=\left\{\mu\in B, \int_H ||u||^2\mathrm{d}\mu\leqslant r^2\right\}$. 假设对任意的 $t>0, r>0$,

$$\mathbf{E}\int_H ||\phi(t,\omega,u_0)||^2\mathrm{d}\mu(u_0)<\infty. \tag{7.4.1}$$

进一步假设对几乎所有的 $\omega \in \Omega, \rho > 0, t > 0$,

$$\sup_{\bar{K}_\rho} ||\phi(t,\omega,u_0)||_1 < \infty. \tag{7.4.2}$$

其中 $\bar{K}_\rho$ 是以 0 为心、ρ 为半径的闭球. 在假设 $\mathcal{A}(\omega) \subset \bar{K}_{r(\omega)}, \mathbf{E}r^2(\omega) < \infty$. 定义测度集 $\mathbf{E}\delta_{\phi(t,\theta_{-t}\omega,b(\omega))}$, 其中 $b(\omega)$ 是定义在所有 $\delta\mathcal{F}_{-\infty,-t}, \mathcal{B}_H$ 可测的随机变量, 且 $b(\omega) \in \mathcal{A}(\theta_{-t}\omega)$, $\mathcal{D}_t = \mathrm{cl\ conv}B_t$. 则 $\mathcal{B} = \bigcap_{t\geqslant 1} \mathcal{D}_t$ 是 Markov 半群 $\{\mathcal{T}(t)\}_{t\geqslant 0}$ 的唯一的测度吸引子, 并且 $\mathcal{D}$ 是非空和紧的.

证明 这里只给出该定理证明的主要思路, 详细证明参阅文献 [4].

第一步: 证明对任意的 $t > 0$, 球 B^r 关于测度 $I(t)$ 是相对紧的.

第二步: 证明集合 $D_t, t > 0$ 是紧的, 集簇 $\{D_t\}_{t>0}$ 是降的.

第三步: 证明对任意的 $t \geqslant 0$, 都有 $I(t)\mathcal{B} = \mathcal{B}$ 成立.

第四步: 证明对 $B^\rho, \rho > 0$ 是概率测度集, 且支撑集在 $\bar{K}_\rho$ 中. 则

$$\lim_{t\to\infty} d_P(I(t)B^\rho, \mathcal{B}) = 0.$$

第五步: 证明对任意的 $r \geqslant 0$,

$$\lim_{t\to\infty} d_P(I(t)B^r, \mathcal{B}) = 0.$$

□

下面利用定理 7.4.2 研究随机 Navier-Stokes 的随机吸引子和测度吸引子的存在性和相互关系.

考虑二维环面 $T^2 \sim [0,1)\times[0,1)$ 上 Stratonovich 导数形式的随机 Navier-Stokes 方程

$$\phi(t) + \int_0^t (\nu A\phi(\tau) + F(\phi(\tau)))\mathrm{d}\tau = u_0 + f\cdot t + \int_0^t \phi(\tau)\circ \mathrm{d}W(\tau). \tag{7.4.3}$$

定义工作空间

$$H_1 = \left\{u : u \in W_2^1(T),\ \mathrm{div}\ u = 0, \int_{T^2} u(x)\mathrm{d}x = (0,0)\right\},$$

$$H = \overline{H_1}^{L_2(T^2)},$$

其中 $W_2^1(T^2)$ 表示一阶广义导数在 L^2 中的二维环面上的 Sobolev 函数空间, 在环面 T^2 上的周期边界条件含在空间 H_1 中. 算子 A 由 $-\pi\Delta$ 在 H_1 空间上的延拓所定义, H_1 上的等价范数为 $||u||_1^2 = \langle Au, u\rangle$, 常数 $\nu > 0$, $\tilde{F} : (u,v) \in H_1 \times H_1 \to \tilde{F}(u,v) = \pi(u,\nabla)v$ 是双线性算子, 其像在空间 H_{-1} 中, 算子 A 和 $\tilde{F}$ 具有下面的性质和估计:

引理 7.4.2 [4]引理 4.1 (1) 存在常数 $\lambda_1 > 0$ 使得对任意的 $u \in H_1$, 都有 $\langle Au, u\rangle \geqslant \lambda_1||u||^2$, 其中 λ_1 是算子 A 的最小特征值.

(2) 对任意的 $u, v, z \in H_1$, 都有

$$\langle \tilde{F}(u,v), z\rangle = -\langle \tilde{F}(u,z), v\rangle, \quad \langle \tilde{F}(v,u), u\rangle = 0.$$

(3) 对充分正则的 u, 都有 $\langle F(u,u), Au\rangle = 0$.

(4) 存在常数 c_F 使得对任意的 $u, v, z \in H_1$, 都有

$$|\langle \tilde{F}(u,v), z\rangle| \leqslant c_F ||u||^{\frac{1}{2}} ||u||_1^{\frac{1}{2}} ||z||^{\frac{1}{2}} ||z||_1^{\frac{1}{2}} ||v||^{\frac{1}{2}}.$$

证明 证明过程参阅文献 [8]. □

为了便于研究, 先给出关于 Stratonovich 积分的一些性质. 设 W 是具有连续样本轨道且取值于 $\mathbb{R}$ 上的 Wiener 过程, 其协方差算子为 $q > 0$, 且 $\mathbf{E}W(1)^2 = q$. 为便于研究, 用 Itô 积分 $\frac{q}{2}\int_0^t \phi(\tau)\mathrm{d}\tau + \int_0^t \phi(\tau)\mathrm{d}W(\tau)$ 来取代随机方程 (7.4.3) 中的 Stratonovich 积分

引理 7.4.3[4]引理 4.2 方程 (7.4.2) 存在唯一解, 且其轨道在 $C([0,\infty); H)$, 并存在 $\mathcal{B}_{\mathbb{R}^+} \bigotimes \mathcal{F} \bigotimes \mathcal{B}_H, \mathcal{B}_H$ 可测的映射

$$\phi : (t, \omega, u_0) \in \mathbb{R}^+ \times \Omega \times H \to \phi(t, \omega, u_0)$$

使得 $t \to \phi(\cdot, W, \bar{u})$ 是方程 (7.4.2) 解的一种形式. 并且 ϕ 具有余环性质. 固定 (t, u_0), 则映射 $\omega \to \phi(t, \omega, u_0)$ 是 $\mathcal{F}_{0,t}, \mathcal{B}_H$ 可测的.

证明 这里给出证明的主要过程. 设 $v(t, x, \omega)$ 是下面随机方程

$$\begin{cases} \dfrac{\mathrm{d}v(t,x,\omega)}{\mathrm{d}t} + \nu Av(t,x,\omega) + \mathrm{e}^{\omega(t)}F(v(t,x\omega)) = f\mathrm{e}^{-\omega(x)}, \\ v(0,x,\omega) = x\mathrm{e}^{-\omega(0)} \in H \end{cases} \tag{7.4.4}$$

的解. 由引理 7.4.2 及文献 [8] 第 294 页的方法可知, $v(t, x, \omega)$ 是方程 (7.4.4) 的唯一解, 且有连续的样本轨道, 并且还有下面的估计

$$||v(t,x_1,\omega_1) - v(t,x_2,\omega_2)|| \leqslant c(t,\omega_1,x_1)\left(||x_1 - x_2|| + \sup_{s\in[0,T]} |\omega_1(s) - \omega_2(s)|\right). \tag{7.4.5}$$

由此得到标准的连续性和可测性. 由文献 [1] 中引理 3.14 可得到关于 (t, x, ω) 的联合可测性. 令 $\phi(t, x, \omega) = v(t, x, \omega)\mathrm{e}^{\omega(t)}$, 则该映射继承了 $v(t, x, \omega)$ 的可测性和连续性. 注意到对任何可微的轨道 $\omega(t) \in C^1$, 由 $\tilde{F}$ 的双线性性可知, 映射 $t \to \phi(t, x, \omega)$ 是方程

$$\begin{cases} \dfrac{\mathrm{d}}{\mathrm{d}t}\phi(t,x,\omega) + \nu A\phi(t,x,\omega) + \mathrm{e}^{\omega(t)}F(\phi(t,x\omega)) = f + \omega'(t)\phi(t,x,\omega), \\ \phi(0,x,\omega) = x\mathrm{e}^{-\omega(0)}. \end{cases} \tag{7.4.6}$$

对任意的 $\omega \in C'$, 由 $(\theta_t\omega)' = \omega'(\cdot + t)$ 即可得到唯一性, 从而得到 ϕ 的余环性质.

再由 C' 到 Ω 延拓映射 $\omega \to \phi(t,x,\omega)$ 的连续性得到余环的连续性. 从而定理得证. □

引理 7.4.4[4]引理 4.3 *设 $\mathcal{D}$ 是定义在 H 上的缓变多值函数, 则随机 Navier-Stokes 方程在 $\mathfrak{D}$ 中存在唯一的随机吸引子.*

证明 (1) 由不等式 (7.5.4) 可得到映射 $u_0 \to \phi(t,\omega,u_0), t \geqslant 0$ 是连续的.

(2) 我们断言: 集合

$$B(\omega)=\left\{v\in H_1, ||v||_1^2 \leqslant \frac{2||f||^2}{\nu}\int_{-\infty}^{0} \mathrm{e}^{\nu\lambda_1\tau-2\omega(\tau)}\mathrm{d}\tau\right\} \tag{7.4.7}$$

是关于 Banach 空间 H_1 上的缓变多元函数. 注意到 $\dfrac{2||f||^2}{\nu}\displaystyle\int_{-\infty}^{0}\mathrm{e}^{\nu\lambda_1\tau-2\omega(\tau)}\mathrm{d}\tau$ 是 $\mathcal{F}_{-\infty,0}$ 可测的, 因此集合 $B(\omega)$ 定义了一个 $\mathcal{F}_{-\infty,0},\mathcal{B}_{H_1}$ 可测的多元函数. 为证明函数 $\left(\dfrac{2||f||^2}{\nu}\displaystyle\int_{-\infty}^{0}\mathrm{e}^{\nu\lambda_1\tau-2\omega(\tau)}\mathrm{d}\tau\right)^{1/2}$ 是缓变的, 只需要验证对任意的 $c>0$, 下面结论成立

$$\lim_{t\to-\infty}\mathrm{e}^{ct}\frac{2||f||^2}{\nu}\int_{0}^{-\infty}\mathrm{e}^{\nu\lambda_1 s-2\theta_t\omega(s)}\mathrm{d}s=0. \tag{7.4.8}$$

于是得到下面的估计式

$$\begin{aligned}
&\sup_{t,s\in(-\infty,0]}\left(\frac{c}{2}t+\frac{\nu\lambda_1}{2}s-2\theta_t\omega(s)\right)\\
\leqslant&\sup_{t,s\in(-\infty,0]}\left(\frac{c}{2}t+\frac{\nu\lambda_1}{2}s+2|\omega(t+s)|+2|\omega(t)|\right)\\
\leqslant&2\sup_{\tau\in(-\infty,0]}\left(\frac{\min(c,\nu\lambda_1)}{4}\tau+2|\omega(\tau)|\right)=k_\varepsilon(\omega).
\end{aligned} \tag{7.4.9}$$

对任意的 $\omega\in\Omega\in\Omega_2$, 常数 $k_c(\omega)$ 有限且满足

$$\mathrm{e}^{ct}\int_{-\infty}^{0}\mathrm{e}^{\nu\lambda_1 s-2\theta_t\omega(s)}\mathrm{d}s\leqslant\mathrm{e}^{\frac{c}{2}}\frac{2}{\nu\lambda_1}\mathrm{e}^{k_c(\omega)}\to 0,\quad t\to-\infty.$$

在空间 $H_2(T^2)\bigcap H_1$ 中, 定义范数 $||u||_2^2=\langle Au,Au\rangle$, 则有 $||u||_2^2\geqslant\lambda_1||u||_1^2$. 对任意的 $x\in H_1,\omega\in C^1$, 由链式法则可得

$$\begin{aligned}
&\frac{\mathrm{d}}{\mathrm{d}t}||\phi(t,\omega,u_0)||_1^2+2\nu||\phi(t,\omega,u_0)||_2^2\\
=&2(f,\phi(t,\omega,u_0))_1+2||\phi(t,\omega,u_0)||_1^2\frac{\mathrm{d}\omega}{\mathrm{d}t}\\
\leqslant&\nu||\phi(t,\omega,u_0)||_2^2+\frac{||f||^2}{\nu}+2||\phi(t,\omega,u_0)||_1^2\frac{\mathrm{d}\omega}{\mathrm{d}t}.
\end{aligned} \tag{7.4.10}$$

注意到

$$2(\phi, f)_1 \leqslant \nu||\phi||_2^2 + \frac{1}{\nu}||f||^2.$$

用 $\theta_{-t}\omega$ 取代 ω, 则当 $t \geqslant 0$ 时, 方程组

$$\begin{cases} \dfrac{\mathrm{d}}{\mathrm{d}t}y + \nu\lambda_1 y = \dfrac{||f||^2}{\nu} + 2y\dfrac{\mathrm{d}\omega}{\mathrm{d}t}, \\ y(0) = ||x||_1^2 \end{cases} \tag{7.4.11}$$

的解满足下面的估计式

$$||\phi(t, \theta_{-t}\omega, x)||_1^2 \leqslant ||x||_1^2 \mathrm{e}^{-\nu\lambda_1 t - 2\omega(t)} + \frac{||f||^2}{\nu}\int_{-t}^0 \mathrm{e}^{-\nu\lambda_1\tau - 2\omega(\tau)}\mathrm{d}\tau, \quad \omega \in C^1. \tag{7.4.12}$$

并且对任意的 $\omega \in \Omega$, 该不等式也成立.

下面证明 $B(\omega)$ 吸收 H_1 中的缓变多元函数. 只需证明存在随机变量 $t(\omega, \mathcal{D})$, 使得当 $t \geqslant t(\omega, \mathcal{D})$ 时,

$$\phi(t, \theta_{-t}\omega, \mathcal{D}(\theta_{-t}\omega)) \subset \phi(t, \theta_{-t}\omega, \tilde{K}_{r_D(\theta_{-t}\omega)}) \subset B(\omega),$$

其中 $\tilde{K}_{r_D}$ 是 H_1 中的半径为 r_D 的闭球, 且 $\tilde{K}_{r_{D(\omega)}} \supset \mathcal{D}(\omega)$. 再用 $r_D^2(\theta_{-t}\omega)$ 替换 $||x||_1^2$ 后, 对于 H_1 中的缓变多元函数, 不等式 $\phi(t, \theta_{-t}(\omega), \mathcal{D}(\theta_{-t}(\omega))) \subset B(\omega)$ 成立.

接下来证明 B 吸收 $\mathcal{D}$ 中的多元函数, 事实上, $B \in \mathcal{D}$, 这由文献 [9] 的引理 2.2.1 和定理 2.2.1 即可得到. 同时 B 也是 $\mathcal{F}_{-\infty,0}, \mathcal{B}_H$ 可测的多值函数, 利用 H_1 连续嵌入到 H 性质可知多值函数 B 也是 H 中的缓变函数.

由 $\nu||v||_1^2 \geqslant \dfrac{\nu}{2}||v||_1^2 + \nu\dfrac{\lambda_1}{2}||v||^2$ 可知, 对于 $\omega \in \Omega$, 方程 (7.4.4) 的解 v_x 满足下面能量不等式

$$\begin{aligned} &||v(t, x, \omega)||^2 + \frac{\nu}{2}\int_0^t ||v(\tau, x, \omega)||_1^2 \mathrm{d}\tau + \frac{\nu\lambda_1}{2}\int_0^t ||v(\tau, x, \omega)||^2 \mathrm{d}\tau \\ \leqslant &||x||^2 + \frac{||f||^2}{\nu\lambda_1}\int_0^t \mathrm{e}^{-2\omega(\tau)}\mathrm{d}\tau. \end{aligned}$$

对每个 $\omega \in \Omega$, 都有

$$\frac{\nu}{2}\int_0^t ||v(\tau, x, \omega)||_1^2 \mathrm{e}^{\frac{\nu\lambda_1}{2}(\tau - t)}\mathrm{d}\tau \leqslant ||x||^2 \mathrm{e}^{\frac{\nu\lambda_1}{2}t} + \frac{||f||^2}{\nu\lambda_1}\int_0^t \mathrm{e}^{\frac{\nu\lambda_1}{2}t - 2\omega(\tau)}\mathrm{d}\tau.$$

对任意的 $x \in H, \omega \in \Omega$, 用 $\mathrm{e}^{2\omega(t)}$ 乘上面不等式后得到

$$\begin{aligned} &\frac{\nu}{2}\int_0^t ||\phi(\tau, x, \omega)||_1^2 \mathrm{e}^{\frac{\nu\lambda_1}{2}(\tau - t) + 2\omega(t) - 2\omega(\tau)}\mathrm{d}\tau \\ \leqslant &||x||^2 \mathrm{e}^{-\frac{\nu\lambda}{2}t + 2\omega(t)} + \frac{||f||^2}{\nu\lambda_1}\int_0^t \mathrm{e}^{\frac{\nu\lambda_1}{2}(\tau - t) + 2\omega(t) - 2\omega(\tau)}\mathrm{d}\tau. \end{aligned}$$

对任意的 $x \in H, \omega \in C^1$, 直接计算得到

$$\frac{\mathrm{d}}{\mathrm{d}t}(\|t\phi(t,x,\omega)\|_1^2)+\frac{\nu\lambda}{2}(\|t\phi(t,x,\omega)\|_1^2)\leqslant\|\phi(t,x,\omega)\|_1^2+\frac{t}{\nu}\|f\|^2+2(\|t\phi(t,x,\omega)\|_1^2)\frac{\mathrm{d}\omega}{\mathrm{d}t}.$$

最后, 只需证明对任意的 $D \in \mathcal{D}$, 多值函数 $\overline{\phi(1,\theta_{-1}\omega,D(\theta_{-1}\omega))}$ 是 H_1 缓变的. 事实上, 令 $t=1$, 由不等式 (7.4.13) 可知

$$\begin{aligned}\sup_{x\in D(\omega)}\|\phi(1,x,\omega)\|_1^2\leqslant&\, \mathrm{e}^{-\frac{\nu\lambda_1}{2}+2\omega(1)}\frac{\|f\|^2}{\nu}\int_0^1\mathrm{e}^{\frac{\nu\lambda_1}{2}\tau-2\omega(\tau)}\mathrm{d}\tau\\&+\mathrm{e}^{-\frac{\nu\lambda_1}{2}+2\omega(1)}\sup_{x\in D(\omega)}\int_0^t\|\phi(\tau,x,\omega)\|_1^2\mathrm{e}^{\frac{\nu\lambda_1}{2}\tau-2\omega(\tau)}\mathrm{d}\tau\\\leqslant&\, \mathrm{e}^{-\frac{\nu\lambda_1}{2}+2\omega(1)}\frac{\|f\|^2}{\nu}\int_0^1\mathrm{e}^{\frac{\nu\lambda_1}{2}\tau-2\omega(\tau)}\mathrm{d}\tau+\frac{2}{\nu}r_D^2(\omega)\mathrm{e}^{-\frac{\nu\lambda_1}{2}+2\omega(1)}\\&+\mathrm{e}^{-\frac{\nu\lambda_1}{2}+2\omega(1)}\frac{2\|f\|^2}{\nu}\int_0^1\mathrm{e}^{\frac{\nu\lambda_1}{2}\tau-2\omega(\tau)}\mathrm{d}\tau,\end{aligned}$$

其中 r_D 是随机半径. 将上面不等式从 $-\infty$ 到 0 上积分即可得证. □

定理 7.4.3[4]定理 4.5 *假设 $\lambda_1\nu > 2q$, 则随机 Navier-Stokes 方程确定的 Markov 半群存在测度吸引子.*

证明 对 $\|v_{u_0}(t,\omega)\|\mathrm{e}^{\omega(t)}$ 运用 Itô 公式得到

$$\begin{aligned}&\mathrm{d}\|\phi(t,\omega,u_0)\|^2+2\nu\|\phi(t,\omega,u_0)\|_1^2\mathrm{d}t\\=&\,2(f,\phi(t,\omega,u_0))\mathrm{d}t+q\|\phi(t,\omega,u_0)\|^2\mathrm{d}t+2\|\phi(t,\omega,u_0)\|^2\mathrm{d}\omega(t).\end{aligned}\tag{7.4.13}$$

注意到

$$2(f,\phi)\leqslant\nu\|\phi\|_1^2+(\nu\lambda_1)^{-1}\|f\|^2.$$

定义停时 $\tau_{u_0,N}(\omega)=\inf\{t:\|\phi(t,\omega,u_0)\|^2>N\}$, 则有

$$\begin{aligned}&\mathbf{E}\|\phi(t\wedge\tau_{u_0,N}(\omega),\omega,u_0)\|^2\\\leqslant&\,\|u_0\|^2+\frac{1}{\nu\lambda_1}\|f\|^2t+q\mathbf{E}\int_0^{(t\wedge\tau_{u_0,N}(\omega),\omega,u_0)}\|\phi(\tau,\omega,u_0)\|^2\mathrm{d}\tau\\\leqslant&\,\|u_0\|^2+\frac{1}{\nu\lambda_1}\|f\|^2t+q\int_0^t\mathbf{E}\|\phi(\tau\wedge\tau_{u_0,N}(\omega),\omega,u_0)\|^2\mathrm{d}\tau.\end{aligned}$$

由 Gronwall 不等式和 Fatou 引理可知, 令 $N\to\infty$, 则对任意的 $t\geqslant 0, u_0\in H$, 都有 $\mathbf{E}\|\phi(t,\omega,u_0)\|^2<\infty$. 关于 $\mu\in\mathcal{B}$ 积分该不等式即可得到 $\mathbf{E}\int_H\|\phi(t,\omega,u_0)\|^2\mathrm{d}\mu(u_0)<\infty$.

下面证明 $\sup\limits_{u_0\in\tilde{K}_\rho}\|\phi(t,\omega,u_0)\|_1<\infty$ 成立, 事实上, 当 $t=1$ 时, 由引理 7.4.4 的证明可知该命题成立, 对任意 $t>0$ 可类似证明该正则性成立.

由于 $\mathcal{A}(\omega) \subset B(\omega)$, 则只需证明

$$\mathbf{E}\left\{\frac{2\|f\|^2}{\nu}\int_0^{-\infty} \mathrm{e}^{\nu\lambda_1\tau-2\omega(\tau)}\mathrm{d}\tau\right\} < \infty$$

成立即可. 事实上, 随机过程 $y(t) = \mathrm{e}^{-\nu\lambda_1 t-2\hat{\omega}(t)}$, 其中 $\hat{\omega}(t) = \omega(-t)$ 是方程

$$\begin{cases} \mathrm{d}y + (\nu\lambda_1 - 2q)y\mathrm{d}t = -2y\mathrm{d}\hat{\omega}(t), \\ y(0) = 1. \end{cases}$$

容易计算得到 $\mathbf{E}y(t) = \mathrm{e}^{-(\nu\lambda_1-2q)t}$, 于是

$$\lim_{t\to\infty}\mathbf{E}\int_0^t \mathrm{e}^{-(\nu\lambda_1-2q)\tau}\mathrm{d}\tau = \mathbf{E}\int_0^\infty \mathrm{e}^{-(\nu\lambda_1-2q)\tau}\mathrm{d}\tau = \frac{1}{\nu\lambda_1 - 2q}.$$

由保测变换 $\tau \to -\tau$ 得到球的半径的期望有限, 因此, 定理 7.4.2 的条件均成立, 由定理 7.4.2 可得到 Markov 半群存在测度吸引子. 从而该定理证毕. □

参 考 文 献

[1] Castaing C, Valadier M. Convex Analysis and Measurable Multifunctions. LNM580, Berlin-Heidelberg-NewYork: Springer-Verlag, 1977.

[2] Crauel H. Random Probability Measure on Polish Space. London and New York: Taylor and Francis, 2002.

[3] Crauel H. Measure attractors and Markov attractors. Dyn. Syst., 2008, 23(1): 75–107.

[4] Schmalfuss B. Measure attractors and random attractors for stochastic partial differential equations. Stochastic Analysis and Applications, 1999, 17(6): 1075-1101.

[5] Kurka P. On the measure attractor of a cellular automaton. Discrete Contin. Dyn. Syst., 2005: 524–535.

[6] Capiński M and Cutland N. Measure attractors for stochastic Navier-Stokes equations. Electron. J. Probab., 1998, 3(8): 1-15.

[7] Hiroaki M. Attractors of probability measures for semilinear stochastic evolution equations. Stochastic Anal. Appl., 1999, 10(2): 205-212.

[8] Temam R. Navier-Stokes Equation-Theory and Numerical Analysis. North-Holland: Amsterdam, 1979.

[9] Fursikov A and Vishik M. Mathematical Problems of Statistical Hydrodynamics. Dordrecht: Kluwer Academic Publisher, 1988.

第 8 章　随机分数阶偏微分方程

本章先介绍分数阶微积分基础, 再讨论几类随机分数阶偏微分方程解的适定性. 分数阶微积分基础的内容取自于文献 [4], [5]. 分数阶 Langgevin 方程部分取自文献 [1]. Lévy 过程驱动的分数阶 Burgers 方程解的存在性部分取自文献 [11], 分数阶随机 Burgers 方程的遍历性部分取自文献 [3], 分数布朗运动驱动的随机偏微分方程的性质取自文献 [14].

§8.1　分数阶微积分基础

这一节主要介绍三种常用的分数阶微积分的定义, 分数阶 Sobolev 空间及其性质, 最后给出交换子的性质. 本小节内容参考文献 [4] 和 [5].

§8.1.1　三种常用的分数阶微积分定义

1. Riemann-Liouville 分数阶微积分

这一小节主要介绍 Riemann-Liouville 型分数阶微积分, Caputo 型分数阶导数和 Wely 分数阶微积分的定义和性质.

对任意常数 $\alpha > 0$, 定义左侧 Riemann-Liouville 型分数阶积分为

$$I_{a+}^{a} f(t) = \frac{1}{\Gamma(\alpha)} \int_a^t \frac{f(\tau)}{(t-\tau)^{1-\alpha}} \mathrm{d}\tau, \quad t > a, \alpha > 0,$$

其中 $\Gamma(\cdot)$ 是 Gamma 函数.

相应的右侧 Riemann-Liouville 型分数阶积分为

$$I_{b-}^{a} f(t) = \frac{1}{\Gamma(\alpha)} \int_t^b \frac{f(\tau)}{(t-\tau)^{1-\alpha}} \mathrm{d}\tau, \quad t < b, \alpha > 0.$$

当 $\alpha = n$ 为整数时, 上述定义与整数阶积分的定义式一致的, 即

$$I_{a+}^{n} f(t) = \int_a^t \mathrm{d}\tau_1 \cdots \int_a^{\tau_{n-1}} f(\tau_n) \mathrm{d}\tau_n = \frac{1}{(n-1)!} \int_a^t \frac{f(\tau)\mathrm{d}\tau}{(t-\tau)^{1-n}}, \quad n \in \mathbb{N}.$$

下面定义 Riemann-Liouville 型分数阶左微分为

$$
\begin{aligned}
{}_{\mathrm{a}}^{\mathrm{RL}}D_t^{\alpha}f(t) &= \left(\frac{\mathrm{d}}{\mathrm{d}t}\right)^n I_{a^+}^{n-\alpha}f(t)\\
&= \frac{1}{\Gamma(n-\alpha)}\left(\frac{\mathrm{d}}{\mathrm{d}t}\right)\int_a^t \frac{f(\tau)}{(t-\tau)^{\alpha-n+1}}\mathrm{d}\tau \quad (n=|\alpha+1|, n-1\leqslant\alpha<n, t>a)\\
&= \sum_{n=0}^{n-1}\frac{f^{(k)}(0)t^{-\alpha+k}}{\Gamma(k+1-\alpha)}+\frac{1}{\Gamma(n-\alpha)}\int_0^t (t-\tau)^{n-\alpha-1}f^{(n)}(\tau)\mathrm{d}\tau.
\end{aligned}
$$

下面用分数阶导数逼近整数阶导数, 即令 $\alpha\to n-1$, 则有

$$
\begin{aligned}
&\lim_{\alpha\to(n-1)} {}_a^{\mathrm{RL}}D_t^{\alpha}f(t)\\
&= \lim_{\alpha\to(n-1)}\left[\sum_{n=0}^{n-1}\frac{f^{(k)}(0)t^{-\alpha+k}}{\Gamma(k+1-\alpha)}+\frac{1}{\Gamma(n-\alpha)}\int_0^t (t-\tau)^{n-\alpha-1}f^{(n)}(\tau)\mathrm{d}\tau\right]\\
&= f^{(n-1)}(0)+\int_0^t f^{(n)}(\tau)\mathrm{d}\tau = \frac{\mathrm{d}^{n-1}f(t)}{\mathrm{d}t^{n-1}}.
\end{aligned}
$$

当 $0<\alpha<1$ 时, 则 Riemann-Liouville 型分数阶左微分可定义为

$$
{}_a^{\mathrm{RL}}D_t^{\alpha}f(t) = \frac{1}{\Gamma(1-\alpha)}\frac{\mathrm{d}}{\mathrm{d}t}\int_0^t \frac{f(\tau)\mathrm{d}\tau}{(t-\tau)^{\alpha}}.
$$

附注 8.1.1 注意到 Riemann-Liouville 型分数阶导数具有超奇异性, 不便于在工程与物理中广泛应用, 下面介绍由意大利物理学家 Caputo 在 20 世纪 60 年代末提出的所谓的 "Caputo" 微分的概念以解决 R-L 型分数阶微积分中的分数阶方程的初值问题.

2. Caputo 型分数阶微积分

定义 8.1.1 设 n 是大于 α 的最小正整数, 定义函数 $f(t)$ 的左侧 Caputo 微分为

$$
{}_a^{\mathrm{C}}D_t^{\alpha}f(t) = I_{a+}^{n-\alpha}f^n(t) = \frac{1}{\Gamma(n-\alpha)}\int_a^t \frac{f^{(n)}(t)}{(t-\tau)^{\alpha-n+1}}\mathrm{d}\tau,
$$

其中 $n=[\alpha]+1, n-1<\alpha\leqslant n, t>\alpha$.

下面利用分部积分方法, 可以使得分数阶 Caputo 微分的定义更加方便使用, 即当 $n=[\alpha]+1, n-1<\alpha\leqslant n, t>\alpha$ 时,

$$
\begin{aligned}
{}_a^{\mathrm{C}}D_t^{\alpha}f(t) &= \frac{1}{\Gamma(n-\alpha)}\int_a^t \frac{f^{(n)}(\tau)\mathrm{d}\tau}{(t-\tau)^{\alpha-n+1}}\\
&= \frac{f^{(n)}(a)(t-a)^{n-\alpha}}{\Gamma(n-\alpha+1)}+\frac{1}{\Gamma(n-\alpha+1)}\int_a^t (t-\tau)^{n-\alpha}f^{(n+1)}(\tau)\mathrm{d}\tau.
\end{aligned}
$$

分数阶导数逼近整数阶导数, 即令 $\alpha\to n$, 则有

$$\lim_{\alpha\to n}{}_a^{\rm C}D_t^\alpha f(t)=\lim_{\alpha\to n}\left[\frac{f^{(n)}(a)(t-a)^{n-\alpha}}{\Gamma(n-\alpha+1)}+\frac{1}{\Gamma(n-\alpha+1)}\int_a^t(t-\tau)^{n-\alpha}f^{(n+1)}(\tau)\mathrm{d}\tau\right]$$
$$=f^{(n)}(a)+\int_0^t f^{(n+1)}(\tau)\mathrm{d}\tau=f^{(n)}.$$

当 $0<\alpha<1,n=1$ 时, 则 Caputo 型分数阶左微分可简化为

$${}_a^{\rm C}D_t^\alpha f(t)=I_{a+}^{1-\alpha}f'(t)=\frac{1}{\Gamma(1-\alpha)}\int_0^t\frac{f'(\tau)\mathrm{d}\tau}{(t-\tau)^\alpha},\quad 0<\alpha\leqslant 1,t>a.$$

3. Weyl 型分数阶微积分

定义 8.1.2 如果 f 在无穷远处速降, 且 $\mathrm{Re}(\mu)>0,t>0$, 则函数 f 的 μ 阶 Weyl 积分定义为

$${}_tW_\infty^{-\mu}f(t)=W^{-\mu}f(t)=\frac{1}{\Gamma(\mu)}\int_t^\infty(\tau-t)^{\mu-1}f(\tau)\mathrm{d}\tau. \tag{8.1.1}$$

利用变量代换 $\tau=t+\xi$, 则

$$W^{-\mu}f(t)=\frac{1}{\Gamma(\mu)}\int_0^\infty\xi^{\mu-1}f(t+\xi)\mathrm{d}\xi.$$

从而

$$D[W^{-\mu}f(t)]=D\left\{\frac{1}{\Gamma(\nu)}\int_0^\infty\xi^{\mu-1}f(t+\xi)\mathrm{d}\xi\right\}$$
$$=\frac{1}{\Gamma(\mu)}\int_0^\infty\xi^{\mu-1}Df(t+\xi)\mathrm{d}\xi=W^{-\mu}[Df(t)].$$

更一般地, 可以得到 Weyl 分数阶积分的指数性质, 即如果 f 是速降的, 则有

$$W^{-\mu}[W^{-\nu}f(t)]=W^{-(\mu+\nu)}f(t).$$

注意到当 $\mu=0$ 时, 等式 (8.1.1) 不一定是收敛的, 但当 $\mu>0$ 时, $W^{-\mu}$ 是有意义的, 且

$$W^0W^{-\mu}=W^{-\mu},$$

由此可定义恒同算子

$$\text{对任意的 }\mu>0,\quad W^0=I.$$

令 $E=-D$, 下面给出 Weyl 分数阶导数的定义.

定义 8.1.3 令 $\mu>0$, $n=[\mu]+1$ 为大于 μ 的最小整数. 记 $\nu=n-\mu$. 假设对函数 f, 其 $-\nu$ 阶 Weyl 积分 $W^{-\nu}f(t)$ 存在且具有 n 阶连续导数, 则 f 的 μ 阶 Weyl 阶导数的定义为

$$W^{\mu}f(t) = \mathbf{E}^{n}[W^{-\nu}f(t)] = \mathbf{E}^{n}[W^{-(n-\mu)}f(t)].$$

附注 8.1.2 注意到当 f 是速降函数时, 对任意的 $\mu > 0$, 其 μ 阶 Weyl 分数阶导数存在, 且仍属于速降函数类.

下面给出 Weyl 分数阶积分和 Weyl 分数阶导数之间的关系, 详细证明参阅文献 [5].

命题 8.1.1[5]命题 2.1.1 对任意的 μ 都有

$$W^{-\mu}W^{\mu} = I = W^{\mu}W^{-\mu}.$$

命题 8.1.2[5]命题 2.1.2 令 $\mu > 0, \nu > 0$, 则 Weyl 分数阶导数满足指数性质, 即

$$W^{\mu}W^{\nu} = W^{\mu+\nu}, \quad W^{0} = I.$$

定理 8.1.1 [5]定理 2.1.7 设 f, g 都是速降函数, 且 g 为整函数, 则对任意的 $\mu > 0$,

$$W^{-\mu}[f(t)g(t)] = \sum_{k=0}^{\infty} C_{-\nu}^{k}[\mathbf{E}^{k}g(t)][W^{-\nu-k}f(t)].$$

下面给出分数阶常微分方程初值问题和分数阶扩散方程的例子, 以说明分数阶导数的应用.

考虑分数阶常微分方程

$$\begin{cases} {}_{0}^{\mathrm{RL}}D_{t}^{\sigma_n}y(t) = t^{\alpha}y(t), \quad 0 < \alpha < 1, 0 < t < T < \infty, \\ [{}_{0}^{\mathrm{RL}}D_{t}^{\sigma_k-1}y(t)]|_{t=0} = b_k, \quad k = 1, \cdots, n. \end{cases} \tag{8.1.2}$$

定理 8.1.2[5]定理 2.3.3 如果 $f(t, y)$ 是定义在区域 G 上的实值连续函数, 关于第二个变量满足 Lipschitz 条件, 即

$$|f(t, y_1) - f(t, y_2)| \leqslant L|y_1 - y_2|,$$

使得

$$|f(t, y)| \leqslant M < \infty, \quad \forall (t, y) \in G.$$

如果 $K \geqslant \dfrac{Mh^{\sigma_n - \sigma_1 + 1}}{\Gamma(1+\sigma_n)}$, 则存在区域 $R(h, K)$ 使得方程 (8.1.2) 存在唯一的连续解.

例 8.1.1 考虑分数阶微分方程的初值问题

$$\begin{cases} {}_{0}^{\mathrm{RL}}D_{t}^{\alpha}y(t) = t^{\alpha}y(t), \quad 0 < \alpha < 1, \\ [{}_{0}^{\mathrm{RL}}D_{t}^{\alpha-1}y(t)]|_{t=0} = b. \end{cases}$$

解 注意到 $f(t, y) = t^{\alpha}y$ 关于 y 是 Lipschitz 的, 由定理 8.1.2 可知, 方程 (8.1.2) 存在唯一的连续解, 下面用迭代方式构造逼近函数列

$$y_0(t) = \frac{bt^{\alpha-1}}{\Gamma(\alpha)},$$

$$y_m(t) = \frac{bt^{\alpha-1}}{\Gamma(\alpha)} + \frac{1}{\Gamma(\alpha)}\int_0^t (t-\tau)^{\alpha-1}\tau^\alpha y_{m-1}(\tau)\mathrm{d}\tau, \quad m=1,\cdots,$$

直接计算可得

$$y_m(t) = \frac{bt^{\alpha-1}}{\Gamma(\alpha)} + b\sum_{k=1}^{m}\frac{\Gamma(2\alpha)\Gamma(4\alpha)\cdots\Gamma(2k\alpha)}{\Gamma(\alpha)\Gamma(3\alpha)\cdots\Gamma((2k+1)\alpha)}t^{(2k+1)\alpha-1}.$$

令 $m\to\infty$ 即可得到方程的连续解

$$y_m(t) = \frac{bt^{\alpha-1}}{\Gamma(\alpha)} + b\sum_{k=1}^{\infty}\frac{\prod\limits_{j=1}^{k}\Gamma(2j\alpha)}{\prod\limits_{j=0}^{k}((2j+1)\alpha)}t^{(2k+1)\alpha-1}.$$

例 8.1.2 考虑分数阶扩散方程的无穷远边值问题

$$\begin{cases} {}_0^{\mathrm{RL}}D_t^\alpha u(t,x) = \lambda^2\dfrac{\partial^2 u(t,x)}{\partial x^2}, \quad t>0, -\infty<x<\infty, 0<\alpha<1, \\ [{}_0^{\mathrm{RL}}D_t^{\alpha-1}u(t,x)]|_{t=0} = \phi(x), \\ \lim\limits_{x\to\pm\infty} u(t,x) = 0. \end{cases} \tag{8.1.3}$$

解 对方程 (8.1.3) 两边关于空间变量 x 做 Fourier 变换后得到

$$\begin{cases} {}_0^{\mathrm{RL}}D_t^\alpha \hat{u}(t,\xi) + \lambda^2\xi^2\hat{u}(t,\xi) = 0, \\ [{}_0^{\mathrm{RL}}D_t^{\alpha-1}\hat{u}(t,\xi)]|_{t=0} = \hat{\phi}(\xi). \end{cases} \tag{8.1.4}$$

再对方程 (8.1.4) 两边关于时间变量 t 做拉普拉斯变换后得到

$$U(s,\xi) = \frac{\hat{\phi}(\xi)}{s^\alpha + \lambda^2\xi^2}.$$

利用拉普拉斯逆变换得到

$$\hat{u}(t,\xi) = \hat{\phi}(\xi)t^{\alpha-1}E_{\alpha,\alpha}(-\lambda^2\xi^2t^\alpha),$$

最后利用 Fourier 逆变换可得方程 (8.1.3) 的解为

$$u(t,x) = \int_{-\infty}^{\infty} G(x-x',t)\phi(x')\mathrm{d}x',$$

其中

$$G(x,t) = \frac{1}{\pi}\int_0^\infty t^{\alpha-1}E_{\alpha,\alpha}(-\lambda^2\xi^2t^\alpha)\cos\xi x\mathrm{d}\xi = \frac{1}{2\lambda}t^{\frac{\alpha}{2}-1}\sum_{k=0}^{\infty}\frac{\left(-\dfrac{|x|}{\lambda}t^{\alpha/2}\right)^k}{k!\Gamma(-\rho k+\rho)}.$$

注意到当 $\alpha=1$ 时, 格林函数 $G(x,t)$ 退化为

$$G(x,t) = \frac{1}{2\lambda\sqrt{\pi t}}\mathrm{e}^{-\frac{x^2}{4\lambda^2 t}}.$$

§8.1.2 分数阶 Sobolev 空间

这一小节, 先定义 Riesz 位势和 Bessel 位势, 然后给出分数阶 Sobolev 空间的定义及其性质.

定义 8.1.4 f 的 Riesz 位势定义为

$$\mathcal{I}_d^{\alpha} f=(-\Delta)^{-\frac{\alpha}{2}} f(x)=\frac{1}{\gamma(\alpha)} \int_{\mathbb{R}^d}|x-y|^{-d+\alpha} f(y) \mathrm{d} y, \quad n>\alpha>0,$$

其中

$$\gamma(\alpha)=\pi^{d/2} 2^{\alpha} \Gamma\left(\frac{\alpha}{2}\right) \Big/ \Gamma\left(\frac{d}{2}-\frac{\alpha}{2}\right).$$

f 的 Bessel 位势定义为

$$\mathcal{J}_d^{\alpha} f=(I-\Delta)^{-\frac{\alpha}{2}} f(x)=G_{\alpha} * f=\int_{\mathbb{R}^d} G_{\alpha}(x-y) f(y) \mathrm{d} y, \quad \alpha>0,$$

其中

$$G_{\alpha}(x)=\frac{1}{(4 \pi)^{\alpha/2}} \frac{1}{\Gamma(\alpha/2)} \int_0^{\infty} \mathrm{e}^{-\pi|x|^2/\delta} \mathrm{e}^{-\delta/(4 \pi)} \delta^{\frac{-d+\alpha}{2}} \frac{\mathrm{d} \delta}{\delta}.$$

定义 s 阶分数阶 Sobolev 空间

$$H^s=H^s(\mathbb{R}^d)=\{f \in S'(\mathbb{R}^d),\ \hat{f} \text{ 为一函数且 } \|f\|_{H^s}^2<\infty\},$$

其中

$$\|f\|_{H^s}^2=\int_{\mathbb{R}^d}(1+|\xi|^2)^s|\hat{f}|^2 \mathrm{d} \xi<\infty.$$

易知, 当 $s=0$ 时, $H^0=L^2$. 不难验证上面定义的 H^s 为 Banach 空间, 且在内积

$$\langle f, g\rangle=\int \hat{f}(\xi) \overline{\hat{g}(\xi)}(1+|\xi|^2)^s \mathrm{d} \xi$$

下构成了一 Hilbert 空间.

当 $p \neq 2$ 时, 即 $1<p<2$ 或者 $2<p<\infty$ 时, 如果 $\Omega \subset \mathbb{R}^d$, 则可以用复插值来定义分数阶 Sobolev 空间 $W^{s,p}(\Omega)$. 令 $s>0$, $m=[s]+1$ 为大于 s 的最小整数, 定义 $W^{s,p}$ 为

$$W^{s,p}(\Omega)=[L^p(\omega), W^{m,p}(\Omega)]_{s/m}.$$

此时, 记 $s=[s]+\lambda, 0<\lambda<1$, 分数阶 Sobolev 空间定义为集合

$$\left\{u \in C^{\infty}(\Omega): \frac{|\partial^{\alpha}(u(x)-u(y))|}{|x-y|^{\frac{d}{p}+\lambda}} \in L^p(\Omega \times \Omega), \forall \alpha \in(\mathbb{Z} \cup 0)^n,|\alpha|=[s]\right\}$$

在范数

$$||u||_{W^{s,p}(|\Omega)} = ||u||_{W^{[s,p]}} + \left(\sum_{|\alpha|=[s]} \int_{\Omega\times\Omega} \frac{|\partial^\alpha(u(x)-u(y))|}{|x-y|^{\frac{d}{p}+\lambda}} \mathrm{d}x\mathrm{d}y\right)^{1/p}$$

下的完备空间. 当 $s=m$ 为正整数时, 上述定义的 $W^{s,p}(\Omega)$ 与整数阶 Sobolev 空间 $W^{m,p}$ 是一致的.

当 Ω 为全空间 $\mathbb{R}^d$ 时, 可以利用 Fourier 变换来定义分数阶 Sobolev 空间如下

$$W^{s,p} = \{f \in S', 存在\ g \in L^p(\mathbb{R}^d)\ 使得\ (1+|\cdot|^2)^{s/2}\hat{f}(\cdot) = \hat{g}(\cdot)\},$$

其上的范数

$$||f||_{W^{s,p}} = ||(I-\Delta)^{s/2} f||_{L^p}.$$

这样定义的空间也称为 Bessel 空间. 当 $s=m$ 为正整数时, 就是通常的 Sobolev 空间, 当 $p=2$ 时, 即为分数阶 Sobolev 空间.

附注 8.1.3 当 $\Omega=\mathbb{R}^d$ 时, 可以利用 Bessel 位势 $\mathcal{J}_d^s=(I-\Delta)^{-s/2}$ 以及 Riesz 位势 $\mathcal{I}_d^s=-(-\Delta)^{-s/2}$, 其非齐次与齐次分数阶 Sobolev 空间定义为

$$W^{s,p} = \mathcal{J}_d^s(L^p(\mathbb{R}^d)), \quad \dot{W}^{s,p} = \mathcal{I}_d^s(L^p(\mathbb{R}^d)), \quad s \in \mathbb{R}.$$

此时, $W^{s,p}$ 和 $\dot{W}^{s,p}$ 也成了通常是 Bessel 位势空间与 Riesz 位势空间, 当 $s=m$ 为整数时, 就退化为通常的整数阶 Sobolev 空间.

下面给出常用的分数阶 Sobolev 空间的性质, 详细证明可参阅文献 [5].

引理 8.1.1 [5]引理 2.2.4 令 $1<p<\infty, s\geqslant 0$, 则 $f\in W^{s,p}(\mathbb{R}^d)$ 当且仅当 $f\in L^p(\mathbb{R}^d)$ 且 $\mathcal{I}_d^{-s}f\in L^p(\mathbb{R}^d)$, 其上的范数 $||\cdot||_{s,p}$ 和 $||\dot{f}||_{s,p}$ 是等价的.

引理 8.1.2 [5]引理 2.2.5 设 $s\in\mathbb{R}, \theta\in(0,1)$ 以及 $p\in(1,\infty)$, 则

$$[L^p(\mathbb{R}^d), W^{s,p}(\mathbb{R}^d)]_\theta = W^{\theta s,p}(\mathbb{R}^d).$$

更一般地, 对 $s_1,s_2\in\mathbb{R},\theta\in(0,1)$ 以及 $p\in(1,\infty)$ 有

$$[W^{s_1,p}(\mathbb{R}^d), W^{s_2,p}(\mathbb{R}^d)]_\theta = W^{(1-\theta)s_1+\theta s_2,p}(\mathbb{R}^d).$$

定理 8.1.3 [5]定理 2.2.9 设 $1<p<\infty, -\infty<s<\infty$, 则有

(1) $W^{s,p}$ 是 Banach 空间;

(2) $S\subset W^{s,p}\subset S'$;

(3) $W^{s+\varepsilon,p}\hookrightarrow W^{s,p}, \quad \varepsilon>0$;

(4) $W^{s,p}(\mathbb{R}^d)\hookrightarrow L^{\frac{dp}{d-sp}}(\mathbb{R}^d), \quad s<d/p$;

(5) $W^{s,p}(\mathbb{R}^d)\hookrightarrow \mathcal{C}(\mathbb{R}^d)\hookrightarrow L^\infty(\mathbb{R}^d), s>d/p$.

§8.1.3 交换子估计

在研究分数阶偏微分方程的适定性时, 一个重要的工具就是交换子, 下面给出重要的交换子估计, 详细内容可参阅文献 [6] 和 [7].

定理 8.1.4 [6]　如果 $s>0, 1<p<\infty$, 则

$$||\mathcal{J}(fg)-f(\mathcal{J}g)||_p \leqslant C\{||\nabla f||_\infty ||\mathcal{J}^{s-1}g||_p + ||\mathcal{J}^s||_p||g||_\infty\}.$$

定理 8.1.5 [6]　令 $s>0$, $p\in(1,\infty)$, 如果 $f,g\in\mathcal{S}$, 则有

$$||\mathcal{J}^s(f,g)-f(\mathcal{J}^s g)||_p \leqslant C\{||\nabla f||_{p_1}||g\dot{||}_{s-1,p_2} + ||f||_{s,p_3}||g||_{p_4}\},$$

以及乘积估计

$$||\mathcal{J}^s(fg)||_p \leqslant C\{||f||_{p_1}||g||_{s,p_2} + ||f||_{s,p_3}||g||_{p_4}\},$$

其中 $p_2,p_3\in(1,+\infty)$ 且满足

$$\frac{1}{p}=\frac{1}{p_1}+\frac{1}{p_2}=\frac{1}{p_3}+\frac{1}{p_4}.$$

定理 8.1.6 [6]　令 $s>0$, $p\in(1,\infty)$, 如果 $f,g\in\mathcal{S}$, 则有

$$||\wedge^s(f,g)-f(\wedge^s g)||_p \leqslant C\{||\nabla f||_{L^{p_1}}||g\dot{||}_{s-1,p_2} + ||f\dot{||}_{s,p_3}||g||_{L^{p_4}}\},$$

以及乘积估计

$$||\wedge^s(fg)||_{L^p} \leqslant C\{||f||_{L^{p_1}}||g\dot{||}_{s,p_2} + ||f\dot{||}_{s,p_3}||g||_{L^{P_4}}\},$$

其中 $p_2,p_3\in(1,+\infty)$ 且满足

$$\frac{1}{p}=\frac{1}{p_1}+\frac{1}{p_2}=\frac{1}{p_3}+\frac{1}{p_4}.$$

定理 8.1.7 [6]　令 $s_j<\dfrac{d}{p}, j=1,2$, $s_1+s_2=s+\dfrac{d}{p}$, $0<s\leqslant\min\{s_1,s_2\}$, 则有

$$||fg||_{s,p}\leqslant C||f||_{s_1,p}||g||_{s_2,p},$$

及

$$||fg\dot{||}_{s,p}\leqslant C||f\dot{||}_{s_1,p}||g\dot{||}_{s_2,p}.$$

定理 8.1.8 [6]　令 $q>1$, $p\in[q,\infty)$, 且 $\dfrac{1}{p}+\dfrac{\sigma}{d}=\dfrac{1}{q}$, 则存在常数 $C>0$ 使得当 $f\in\mathcal{S}$, $\hat{f}$ 为一函数, 则

$$||f||_{L^p}\leqslant C||\wedge^\sigma f||_{L^q}.$$

§8.2 分数阶 Langevin 方程

本小节研究分数阶 Langevin 方程的空间正则性, 该节内容取自文献 [1].

考虑分数阶 Langevin 方程

$$\begin{cases} \mathrm{d}X(t) + (-\Delta)^{\gamma} X(t) = \mathrm{d}Y(t), & t \geqslant 0, \\ X(0) = 0, \end{cases} \tag{8.2.1}$$

其中 $(-\Delta)^{\gamma}$ 是分数阶负拉普拉斯算子, 且在有界区域 $\mathcal{O}$ 上满足 Dirichlet 边值条件, Y 是空间 $L^2(\mathcal{O})$ 中的 Lévy 白噪声.

对于 $k \in \mathbb{N}, q \in [1, \infty)$, $\mathcal{O}$ 为 $\mathbb{R}^d$ 中具有充分光滑边界的有界开集, 定义 Banach 函数空间 $H^{k,q}(\mathcal{O})$ 如下

$$H^{k,q}(\mathcal{O}) = \{f : f \in L^q(\mathcal{O}), D^{\alpha} f \in L^q(\mathcal{O}), ||f||_{H^{k,q}} < \infty\}, \quad \forall \alpha \in \mathbb{N}^d, |\alpha| \leqslant k,$$

其中

$$||f||_{H^{k,q}(\mathcal{O})} = \left(\sum_{|\alpha| \leqslant k} |D^{\alpha} f|^q_{L^q(\mathcal{O})} \right)^{\frac{1}{d}}.$$

通过复插值方法, 对任意 $\beta \in \mathbb{R}^+ \backslash \mathbb{N}$, 定义分数阶 Sobolev 空间 $H^{\beta,q}(\mathcal{O})$ 如下

$$H^{\beta,q}(\mathcal{O}) = [H^{k,q}(\mathcal{O}), H^{m,q}(\mathcal{O})]_{\theta},$$

其中 $k, m \in \mathbb{N}, \theta \in (0,1), k < m$ 且满足

$$\beta = (1-\theta)k + \theta m.$$

记 $H_0^{s,q}(\mathcal{O}), s \geqslant 0, q \in (1, \infty)$ 为 C_0^{∞} 在 Banach 空间 $H^{s,q}(\mathcal{O})$ 中的闭包. 由文献 [8] 的定理 3.40 和文献 [9] 中的定理 1.4.3.2 可知, $H_0^{s,q}(\mathcal{O}) = H^{s,q}(\mathcal{O})$ 当且仅当 $s \leqslant \dfrac{1}{q}$.

定义 A_q 是 $L^q(\mathcal{O})$ 空间中满足 Dirichlet 边界条件的拉普拉斯算子, 即 $D(A_q) = H^{2,q} \bigcap H_0^{1,q}$, 且对于任意的 $u \in D(A_p)$, $A_q u = \Delta u$, 由文献 [10] 可知, 当 $\gamma \in (0,2)$ 时, 算子 $A_q^{\frac{\gamma}{2}} = -(-A_q)^{\frac{\gamma}{2}}$ 是 $L^q(\mathcal{O})$ 上的解析半群, 由文献 [9] 的定理 1.15.3 可知, $D(A_q^{\frac{\gamma}{2}}) = D((-A_p)^{\frac{\gamma}{2}}) = [L^q(\mathcal{O}), D(A_q)]_{\frac{\gamma}{2}}$ 是阶为 $\dfrac{\gamma}{2}$ 的复插值空间, 且

$$D(A_q^{\frac{\gamma}{2}}) = \begin{cases} H^{\gamma,q}(\mathcal{O}) \bigcap H_0^{1,q}(\mathcal{O}), & 1 < \gamma \leqslant 2, \\ H_0^{\gamma,q}(\mathcal{O}), & \dfrac{1}{q} < \gamma \leqslant 1, \\ H^{\gamma,q}(\mathcal{O}), & \gamma < \dfrac{1}{q}. \end{cases}$$

定理 8.2.1[1]命题 5.2 设 $H = L^2(\mathcal{O})$, $U = H^{-s,q}(\mathcal{O})$, 其中 $s > \dfrac{d}{2}, q \in [1, \infty)$, 则有

(1) 如果 $r>0, r+s<\gamma$, 则 C_0 半群 $(\mathrm{e}^{tA_q^\gamma})_{t\geqslant 0}$ 满足估计式

$$|\mathrm{e}^{tA_q^\gamma}|_{L(U,E)}\leqslant Cr^{-\frac{r+s}{\gamma}},\quad 0<r\leqslant T,$$

其中 $E=H_0^{r,q}(\mathcal{O}), U=H^{-s,q}(\mathcal{O})$.

(2) 如果 $\delta+\dfrac{d}{q}<\gamma-\dfrac{d}{2}, \delta\geqslant 0$, 则有

$$|\mathrm{e}^{tA_q^\gamma}|_{L(U,E)}\leqslant Cr^{-\theta},\quad 0<r\leqslant T,$$

其中 $E=C_0^\delta(\mathcal{O}), U=H^{-s,q}(\mathcal{O}), \theta\geqslant\dfrac{\delta+\frac{d}{2}}{\gamma}$.

对于柱面 α- 稳态过程 $(\alpha<1)$ 相应的 Langevin 方程, 有如下结论

定理 8.2.2[1]定理 5.1 假设 $p\in(0,1], Y\in L\mathrm{Sub}(L^2,p)$. 如果 (8.2.1) 中漂移算子的度 γ 满足条件 $r>0, r+s<\gamma$, 则对所有满足 $S>\dfrac{d}{2}, q\in[1,\infty)$ 的 s, 及对所有的 $q\in(1,\infty), r>0$ 使得 $r+s<\gamma$, 有

(1) 过程 Y 有一个 $U=H^{-s,q}$- 值修正的 Lévy 过程;

(2) 对任意的 $t\in[0,T]$, 随机卷积 $\displaystyle\int_0^t \mathrm{e}^{(t-s)A_q^{\frac{\gamma}{2}}}\mathrm{d}Y(s)$ 以概率 1 取值于 $H_0^{r,q}(\mathcal{O})$, 而且如果 $\delta\in\left[0,\gamma-\dfrac{d}{2}\right)$, 可以找到适当的 r,s 满足条件;

(3) 对所有 $t\in[0,T]$, 随机卷积 $\displaystyle\int_0^t \mathrm{e}^{(t-s)A_q^{\frac{\gamma}{2}}}\mathrm{d}Y(s)$ 以概率 1 取值于 $C_0^\delta(\mathcal{O})$.

定理 8.2.3[1]推论 5.1 假设 $\alpha\in(0,1), \delta\in\left[0,\gamma-\dfrac{d}{2}\right)$, 则对适当的 $q\in(1,\infty)$, 对所有的 $t\in[0,T]$, 随机卷积 $\displaystyle\int_0^t \mathrm{e}^{(t-s)A_q^{\frac{\gamma}{2}}}\mathrm{d}Y(s)$ 以概率 1 取值于 $C_0^\delta(\mathcal{O})$.

对于柱面 α- 稳态过程 $(\alpha>1)$ 相应的 Langevin 方程, 有如下结论

定理 8.2.4[1]定理 5.7 假设 $p\in(1,2), Y\in L\mathrm{Sub}(L^2,p)$, 如果 (8.2.1) 中漂移算子的度 γ 满足条件 $\dfrac{\gamma}{p}>\dfrac{d}{2}$, 则对所有满足 $s>\dfrac{d}{2}, q\in[1,\infty)$ 的 s, 及对所有的 $q\in[p,\infty), r>0$ 使得 $r+s<\dfrac{\gamma}{p}$, 都有

(1) 过程 Y 有一个 $U=H^{-s,q}$- 值修正的 Lévy 过程;

(2) 对任意的 $t\in[0,T]$, 随机卷积 $\displaystyle\int_0^t \mathrm{e}^{(t-s)A_q^{\frac{\gamma}{2}}}\mathrm{d}Y(s)$ 以概率 1 取值于 $H_0^{r,q}(\mathcal{O})$, 而且如果 $\delta\in\left[0,\dfrac{\gamma}{p}-\dfrac{d}{2}\right)$, 可以找到适当的 r,s 满足条件;

(3) 对所有 $t \in [0,T]$, 随机卷积 $\int_0^t \mathrm{e}^{(t-s)A_q^{\frac{\gamma}{2}}}\mathrm{d}Y(s)$ 以概率 1 取值于 $C_0^\delta(\mathcal{O})$.

定理 8.2.5[1]推论 5.2 假设 $\alpha \in (0,2)$, $\delta \in \left[0, \dfrac{\gamma}{\alpha} - \dfrac{d}{2}\right)$, 则存在 $q \in (\alpha \vee 1, \infty)$ 使得 $\delta + \dfrac{d}{q} + \dfrac{d}{2} < \dfrac{\gamma}{\alpha}$. 对所有的 $t \in [0,T]$, 随机卷积 $\int_0^t \mathrm{e}^{(t-s)A_q^{\frac{\gamma}{2}}}\mathrm{d}Y^\alpha(s)$ 以概率 1 取值于 $C_0^\delta(\mathcal{O})$.

最后考虑 $H = L^2([0,\pi]^d)$, Δ 是具有零边值的拉普拉斯算子, 此时 Δ 和 $(-\Delta)^\gamma$ 均是关于特征函数

$$e_j(\xi_1,\cdots,\xi_d) = \left(\sqrt{\frac{2}{\pi}}\right)^d \sin(n_1\xi_1)\cdots\sin(n_d\xi_d)$$

是对角型算子, 其中 $j = (n_1,\cdots,n_d)$ 是多重指标, $-(-\Delta)^\gamma$ 的特征值为

$$\lambda_j = (n_1^2 + \cdots + n_d^2)^\gamma.$$

令 E 是一致的绝对连续收敛的级数 $\sum\limits_j e_j(\xi)x_j, \xi \in [0,\pi]^d, x = (x_j) \in l_b^1$, 则 E 与 l_b^1 恒同, 并且 E 连续嵌入到空间 $C_0[0,\pi]^d$, 且有下面的结论:

定理 8.2.6 假设 $p \in \left(0, \dfrac{2\gamma}{d} \wedge 1\right)$, Z 是类 $\mathrm{Sub}(p)$ 的从属子 Lévy 过程, 则 Langevin 方程 (8.2.1) 的 Mild 解取值于空间 $C_0[0,\pi]^d$.

§8.3 高斯噪声驱动的随机分数阶 Burgers 方程

本节主要研究高斯时空白噪声驱动的随机分数阶 Burgers 方程 Mild 解的存在唯一性, 以及 Mild 解的分布的不变测度的存在唯一性和遍历性, 本节的内容取自文献 [2] 和文献 [3].

§8.3.1 Mild 解的存在唯一性

考虑乘性高斯噪声驱动的分数阶 Burgers 方程的初边值问题

$$\begin{cases} \dfrac{\partial u}{\partial t} = -(-\Delta)^{\frac{\alpha}{2}}u + \partial_x u^2 + g(u)\dfrac{\partial^2 W}{\partial t\partial x}, \\ u(0,x) = u_0(x) \in L^2(0,1), \quad x \in [0,1] \\ u(t,0) = u(t,1) = 0, \quad t > 0. \end{cases} \tag{8.3.1}$$

记 $A = -\Delta, D(A) = H^{2,2}(0,1)\bigcap H_0^{0,1}(0,1)$, 定义算子 A 的分数幂 $(-\Delta)^{\frac{\alpha}{2}}$ 为

$$(-\Delta)^{\frac{\alpha}{2}} = A_\alpha u = \frac{\sin\dfrac{\alpha\pi}{2}}{\pi}\int_0^\infty t^{\frac{\alpha}{2}-1}A(tI+A)^{-1}\mathrm{d}t.$$

$g:\mathbb{R}\to\mathbb{R}$ 是有界的 Lipschitz 连续的函数, $\partial_{tx}^2 W(t,x)$ 是定义在滤子概率空间 $(\Omega,\mathcal{F},\mathbb{F},P)$ 上的零均值的高斯场 $\{W(t,x),t\geqslant 0,x\in[0,1]\}$ 的分布导数, 其协方差函数为

$$\mathbf{E}[W(t,x)W(s,y)]=(t\wedge s)x\wedge y,\quad t,s\geqslant 0,x,y\in[0,1].$$

定义算子 $B=\dfrac{\partial}{\partial x}$, $W=\{W(t),t\geqslant 0\}$ 是 H- 柱面 Wiener 过程, 定义为

$$W(t)=\sum_{j=1}^{\infty}\beta_j(t)e_j(x),$$

其中 $(e_j)_{j=1}^{\infty}$ 是 H 的一组规范正交基, $(\beta_j)_{j=1}^{\infty}$ 是相互独立的实值布朗运动. 将方程 (8.3.1) 改写为 $H=L^2(0,1)$ 上的 Itô 形式的发展方程

$$\begin{cases}\mathrm{d}u(t)=[-A_\alpha u(t)+Bu^2(t)]\mathrm{d}t+g(u(t))\mathrm{d}W_t, & t>0,\\ u(0,x)=u_0\in L^2(0,1).\end{cases}\tag{8.3.2}$$

定义 8.3.1 假设 $1<\alpha\leqslant 2$, 称 $\mathbb{F}$- 适应的 $L^2(0,1)$ 值的连续过程 $u=(u(t),t\geqslant 0)$ 是方程 (8.3.2) 的 Mild 解, 如果当 $p>\dfrac{2\alpha}{\alpha-1}$,

$$\mathbf{E}\sup_{t\in[0,T]}|u(t)|_{L^2}^p<\infty,\quad T>0,$$

函数 $(0,t)\ni s\to S_\alpha(t-s)Bu^2(s)\in L^2(0,1)$ 是 Bochner 可积的, 对每个 $t\geqslant 0$, 下面的等式在 $L^2(0,1)$ 中几乎必然成立:

$$u(t)=S_\alpha(t)u_0+\int_0^t S_\alpha(t-s)Bu^2(s)\mathrm{d}s+\int_0^t S_\alpha(t-s)g(u(s))\mathrm{d}W(s).$$

考虑线性随机微分方程的初值问题

$$\begin{cases}\mathrm{d}z_\alpha(t)=(-A_\alpha+\gamma)z_\gamma(t)\mathrm{d}t+g(u(t))\mathrm{d}W_t, & t>0,\\ z_\gamma(0)=0.\end{cases}\tag{8.3.3}$$

其解为随机过程 $z_\gamma=(z_\gamma(t),t\geqslant 0)$ 为

$$z_\gamma(t)=\int_0^t \mathrm{e}^{-(t-s)(A_\alpha+\gamma)}g(u(s))\mathrm{d}W(s),\quad t\geqslant 0.$$

关于分数阶 O-U 方程 (8.3.3) 的解 z_γ 满足下面的估计

引理 8.3.1[3]引理 6 对任意 $\varepsilon>0,\sigma<\dfrac{\alpha-1}{2},p\geqslant 1,\ q>1$, 则存在正常数 γ_0 使得对任意的 $\gamma>\gamma_0$,

$$\mathbf{E}|z_\gamma(t)|_{H^{\sigma,q}}^p\leqslant\varepsilon,\quad t\geqslant 0.\tag{8.3.4}$$

接下来, 利用 O-U 变换 $v_\gamma = u - z_\gamma$, 将分数阶随机 Burgers 方程 (8.3.2) 转化为带随机系数的分数阶 Burgers 方程

$$\begin{cases} \mathrm{d}v_\gamma(t) = -A_\alpha v_\gamma(t) + B(v_\gamma(t) + z_\gamma(t))^2 + \gamma z_\gamma(t), \quad t > 0, \\ v_\gamma(0) = u_0. \end{cases} \tag{8.3.5}$$

引理 8.3.2[2]引理 3.4　*存在* $\nu_1 > 0, q > 2, s \in \left(\frac{1}{q}, \frac{1}{2}\right)$ *及* $C > 0$ *满足*

$$\begin{aligned}\frac{\mathrm{d}}{\mathrm{d}t}|v_\gamma(t)|_{L^2}^2 \leqslant& -\frac{\mu_1}{2}|v_\gamma(t)|^2_{H_0^{\frac{\alpha}{2},2}} + C|z_\gamma(t)|_{H^{s,q}}^{\frac{\alpha}{\alpha-1}}|v_\gamma(t)|_{L^2}^2 \\ &+ C|z_\gamma(t)|_{H^{s,q}}^4 + C|z_\gamma(t)|^4_{H^{1-\frac{\alpha}{2},2}} + \gamma^2 C|z_\gamma(t)|_{L^2}^2.\end{aligned} \tag{8.3.6}$$

引理 8.3.3[3]引理 4　*设* $(v_\gamma(t))_{t\geqslant 0}$ *是随机方程* (8.3.5) *的解, 则存在* $\nu \geqslant 0, C > 0, s \in \left(\frac{1}{q}, \frac{1}{2}\right), q \in (2, \infty)$ *及* $s_0 \in \left(\frac{1}{2}, \frac{\alpha}{2}\right]$ *满足*

$$\begin{aligned}\frac{\mathrm{d}}{\mathrm{d}t}|v_\gamma(t)|_{L^2}^2 + \mu|v_\gamma(t)|^2_{H_0^{\frac{\alpha}{2},2}} \leqslant& +C|z_\gamma(t)|^{\frac{2\alpha}{\alpha-s_0}}_{H^{1-\frac{\alpha}{2},2}}|v_\gamma(t)|_{L^2}^2 + C|z_\gamma(t)|_{H^{s,q}}^4 \\ &+ C|z_\gamma(t)|^4_{H^{1-\frac{\alpha}{2},2}} + C\gamma^2|z_\gamma(t)|_{L^2}^2, \quad t \geqslant 0.\end{aligned} \tag{8.3.7}$$

证明　对任意的 $T > 0$, 及每个 $z_\gamma \in L^\infty([0,T]; H^{s,q}(0,1)), q > 2$, 其中 $s \in \left(\frac{1}{q}, \frac{1}{2}\right)$, 确定方程 (8.3.5) 存在唯一解 $v_\gamma \in C([0,T]; L^2(0,1)) \cap L^2([0,T]; H_0^{\frac{\alpha}{2},2}(0,1))$. 用 $v_\gamma(t)$ 乘方程 (8.3.5) 两边并积分得到

$$\begin{aligned}\frac{1}{2}\frac{\mathrm{d}}{\mathrm{d}t}|v_\gamma(t)|_{L^2}^2 =& \langle -A_\alpha v_\gamma(t), v_\gamma(t)\rangle + \langle B(v_\gamma^2(t), v_\gamma(t)\rangle \\ &+ 2\langle B(z_\gamma(t))v_\gamma(t), v_\gamma(t)\rangle + \langle B(z_\gamma^2(t), v_\gamma(t)\rangle + \gamma\langle z_\gamma(t), v_\gamma(t)\rangle.\end{aligned} \tag{8.3.8}$$

由于 $\langle B(v_\gamma^2, v_\gamma)\rangle = 0$, 且

$$\gamma|\langle z_\gamma, v_\gamma\rangle| \leqslant \gamma^2|z_\gamma|_{L^2}^2 + \mu_1|v_\gamma|^2_{H_0^{\frac{\alpha}{2},2}}. \tag{8.3.9}$$

注意到 $\frac{\alpha}{4} \in \left(\frac{3}{8}, \frac{1}{2}\right)$, $\lambda_1 = \pi^2$, 于是

$$\langle A_\alpha v_\gamma, v_\gamma\rangle = |A^{\frac{\alpha}{4}}v_\gamma|_{L^2}^2 \geqslant \pi^{2\alpha}|v_\gamma|^2_{H_0^{\frac{\alpha}{2},2}}, \quad v_\gamma \in D(A_\alpha).$$

由文献 [2] 中的命题 3.3 可知, 当 $\beta = \frac{\alpha}{2}$ 时,

$$|\langle B(z_\gamma v_\gamma), v_\gamma\rangle| \leqslant C|v_\gamma|_{H_0^{\frac{\alpha}{2},2}}|z_\gamma v_\gamma|_{H^{1-\frac{\alpha}{2},2}}.$$

由分数阶 Sobolev 空间嵌入定理可知, 存在 $C>0, q'>1, s'>\max\left\{\frac{1}{q'},1-\frac{\alpha}{2}\right\}$ 使得

$$|z_\gamma v_\gamma|_{H^{1-\frac{\alpha}{2},2}}\leqslant C|z_\gamma|_{H^{1-\frac{\alpha}{2},2}}|v_\gamma|_{H^{s',q'}},$$

对任意的 $s_0\geqslant s'+\frac{1}{2}-\frac{1}{q'}$ 和 $s_0>s'$, 都有

$$H^{s_0,2}(0,1)\hookrightarrow H^{s',q'}(0,1).$$

因此, 存在常数 $C>0$ 使得 $|v_\gamma|_{H^{s',q'}}\leqslant C|v_\gamma|_{H^{s_0,2}}$. 选择 $s_0\leqslant\frac{\alpha}{2}$, 事实上, 注意到 $\alpha>\frac{3}{2},q'>1$, 则有

$$\max\left\{\frac{1}{q'},1-\frac{\alpha}{2}\right\}<s'<s_0\leqslant\frac{\alpha}{2}-\frac{1}{2}+\frac{1}{q'},$$

$$\max\left\{\frac{1}{q'},1-\frac{\alpha}{2}\right\}<s'<\frac{\alpha}{2}-\frac{1}{2}+\frac{1}{q'}.$$

由插值定理可知, 存在常数 $C>0$ 使得

$$|v_\gamma|_{H^{s_0,2}}\leqslant C|v_\gamma|_{L^2}^{1-\frac{2s_0}{\alpha}}|v_\gamma|_{H_0^{\frac{\alpha}{2},2}}^{\frac{2s_0}{\alpha}}.$$

因此

$$|\langle B(z_\gamma v_\gamma,v_\gamma\rangle|\leqslant C|v_\gamma|_{H_0^{\frac{\alpha}{2},2}}^{\frac{2s_0}{\alpha}}|z_\gamma|_{H^{1-\frac{\alpha}{2},2}}|v_\gamma|_{L^2}^{1-\frac{2s_0}{\alpha}}.$$

由 Young 不等式可知

$$|\langle B(z_\gamma v_\gamma),v_\gamma\rangle|\leqslant\mu_2|v_\gamma|_{H_0^{\frac{\alpha}{2},2}}^2+C|z_\gamma|_{1-\frac{\alpha}{2},2}^{\frac{2\alpha}{\alpha-s_0}}|v_\gamma|_{L^2}^2.$$

最后估计 $|\langle B(z_\alpha^2),v_\gamma\rangle|$, 由文献 [2] 中的命题 3.3 可知, 当 $\beta=\frac{\alpha}{2}$ 时,

$$|\langle B(z_\alpha^2),v_\gamma\rangle|\leqslant C|v_\gamma|_{H_0^{\frac{\alpha}{2},2}}|z_\gamma^2|_{H^{1-\frac{\alpha}{2},2}}.$$

选择 $\frac{1}{q}<s<\frac{1}{2},q>1$, 则有

$$\begin{aligned}|\langle B(z_\alpha^2),v_\gamma\rangle|&\leqslant C|v_\gamma|_{H_0^{\frac{\alpha}{2},2}}|z_\gamma|_{H^{s,q}}|z_\gamma|_{H^{1-\frac{\alpha}{2},2}}\\&\leqslant\mu_3|v_\gamma|_{H_0^{\frac{\alpha}{2},2}}+C|z_\gamma|_{H^{s,q}}^4+C|z_\gamma|_{H^{1-\frac{\alpha}{2},2}}^4.\end{aligned}\tag{8.3.10}$$

综上讨论, 选择适当的 μ_1,μ_2 和 μ_3 使得 $-\frac{\pi^{2\alpha}}{2}+\frac{\mu_1}{2}+\mu_2+\frac{\mu_3}{2}=-\mu$, 其中 $\mu>0$ 使得引理 8.3.3 成立. □

§8.3.2 不变测度的遍历性

下面先给出转移半群的强 Feller 性和拓扑不可约性的定义.

定义 8.3.2 称 Polish 空间 X 上的马氏半群 $U=(U_t)_{t\geqslant 0}$ 是不可约的, 如果对任意的 $t\geqslant 0$, 对 X 中的任意非空开集 $\Gamma\subset X$, 都有

$$U_t\, 1_\Gamma(x)>0,\quad x\in X.$$

称其是强 Feller 性, 如果对任意的 $t>0$,

$$U_t\phi\in C_{\rm b}(X),\quad \phi\in\mathcal{B}(X),$$

其中 $\mathcal{B}(X)$ 表示 X 上的有界的 Borel 函数空间.

为证明马氏半群的强 Feller 性, 引进截断映射 $\pi_n: L^2(0,1)\to L^2(0,1)$, 对每个 $n\geqslant 1$ 及 $v\in L^2(0,1)$, 定义

$$\pi_n(v)=\begin{cases} v, & |v|_{L^2}\leqslant n,\\ \dfrac{n}{|v|_{L^2}}, & |v|_{L^2}>n.\end{cases}$$

于是, 对 $n\geqslant 1$, 考虑下面的截断系统

$$\begin{cases} {\rm d}u_n(t)=-[-A_\alpha u_n(t)+B(\pi_n(u_n(t))^2)]{\rm d}t+g(u_n(t)){\rm d}W(t),\\ u_n(0)=u_0\in L^2(0,1).\end{cases}\tag{8.3.11}$$

由文献 [2] 可知, 对每个 $u_0\in L^2(0,1)$, 方程 (8.3.11) 存在唯一的 Mild 解 $(u_n(t,x),t\geqslant 0)$. 定义转移半群 $U^n=(U_t^n)_{t\geqslant 0}$ 为

$$(U_t^n\phi)(x)=\mathbf{E}[\phi(u_n(t,x)],\quad \phi\in\mathcal{B}_b(L^2(0,1)),\quad x\in L^2(0,1).\tag{8.3.12}$$

引理 8.3.4[3]引理 7 对每个 $n\geqslant 1$, H 上的半群 U^n 是强 Feller 的, 而且对每个 $R>0,t>0$, 存在 $C(R,t)>0$ 使得对每个 $\phi\in\mathcal{B}_b(H)$,

$$|(U_t^n\phi)(x)-(U_t^n\phi)(y)|\leqslant C(R,t)|x-y|_{L^2},\quad |x|_{L^2}\leqslant R,|y|_{L^2}\leqslant R.$$

定理 8.3.1[3]定理 8 如果 $g:\mathbb{R}\to\mathbb{R}$ 是 Lipschitz 连续函数且存在 $a_0,b_0>0$ 使得 $|g(x)|\in[a_0,b_0],x\in\mathbb{R}$. 则分数阶随机 Burgers 方程 (8.3.2) 相应的马氏半群 U 是强 Feller 的.

定理 8.3.2[3]定理 9 如果 $g:\mathbb{R}\to\mathbb{R}$ 是 Lipschitz 连续函数且存在 $a_0,b_0>0$ 使得 $|g(x)|\in[a_0,b_0],x\in\mathbb{R}$, 则分数阶随机 Burgers 方程 (8.3.2) 相应的马氏半群 U 是不可约的.

下面应用 Krylov-Bogoliubov 定理证明不变测度的存在性.

定理 8.3.3[3]定理 10 分数阶随机 Burgers 方程 (8.3.2) 相应的马氏半群 U 至少存在一个不变测度.

由定理 8.3.3 可知, 分数阶随机 Burgers 方程 (8.3.2) 相应的马氏半群 U 存在一个不变测度, 由定理 8.3.1 和定理 8.3.2 可知, 对任意的 $t>0$, 转移半群 U 是强 Feller 和不可约的, 由 Khas'minskii 定理可知, 该半群是正则的. 由 Doob 定理可知, 该不变测度是唯一的. 因此, 得到下面的主要结论.

定理 8.3.4 [3]定理 2 如果 $g:\mathbb{R}\to\mathbb{R}$ 是有界的 Lipschitz 连续函数, 假设 $\frac{3}{2}<\alpha<2$, 则分数阶随机 Burgers 方程 (8.3.2) 相应的马氏半群 U 存在不变测度 μ. 如进一步, $\inf\limits_{x\in\mathbb{R}}|g(x)|>0$, 则不变测度 μ 是唯一的, 且对每一个 $x\in L^2(0,1)$, 且

$$\lim_{t\to\infty}||\mu_t(x,\cdot)-\mu(\cdot)||_{\mathrm{TV}}=0,$$

其中 $||\cdot||_{\mathrm{TV}}$ 表示全变差范数.

§8.4 Lévy 过程驱动的随机分数阶 Burgers 方程

这一节研究如下的 Lévy 过程驱动的随机分数阶 Burgers 方程初值问题的适定性.

$$\begin{cases}\partial_t u+\nu\Delta_\alpha u+\lambda\partial_x(|u|^r)=f(u)+g(u)F_{t,x}, & (t,x)\in[0,\infty)\times\mathbb{R},\\ u(0,x)=u_0(x)\in L^2(\mathbb{R}),\end{cases}\tag{8.4.1}$$

其中 $\mu>0,\Delta_\alpha=-(-\Delta)^{\frac{\alpha}{2}}$, $\alpha\in(0,2]$, $\lambda\in\mathbb{R}$ 是常数, $r\in[1,2]$, $f,g:[0,\infty)\times\mathbb{R}\times\mathbb{R}\to\mathbb{R}$ 是可测的, 初值函数 u_0 是 $\mathcal{F}_0$ 可测的. F 是 Lévy 时空白噪声, 对任意的 $\omega\in\Omega$, 具有下面的形式

$$F_{t,x}(\omega)=W_{t,x}(\omega)+\int_{U_0}c(t,x,y)M_{t,x}(\mathrm{d}y,\omega)+\int_{U\setminus U_0}c_2(t,x,y)N_{t,x,}(\mathrm{d}y,\omega),$$

其中 $c_1,c_2:[0,\infty)\times\mathbb{R}\times U\to\mathbb{R}$ 是可测的, $W_{t,x}$ 是定义在 $[0,\infty)\times\mathbb{R}$ 上的高斯时空白噪声, 且 $W_{t,x}=\dfrac{\partial^2W(t,x)}{\partial t\partial x}$, $W(t,x)$ 是 $[0,\infty)\times\mathbb{R}$ 上的布朗单. $M_{t,x}$ 和 $N_{t,x}$ 是形式上定义为 Randon-Nikodym 导数, $U_0\in\mathcal{B}(U)$, 且满足 $\mu(U\setminus U_0)<\infty$.

记 $\mathcal{S}(\mathbb{R})$ 为 $\mathbb{R}$ 上速降的 C^∞ 函数构成的 Schwarz 空间.

定义 8.4.1 称 $L^2(\mathbb{R})$-值 $\{\mathcal{F}_t\}_{t\in[0,\infty)}$ 适应的 Càdlàg 过程 $u:[0,\infty)\times T\times\Omega\to\mathbb{R}$ 是方程 (8.4.1) 的弱解, 如果对任意 $\phi\in\mathcal{S}(\mathbb{R})$, 及对任意的 $t\in[0,\infty)$

$$\begin{aligned}\int_{\mathbb{R}}u(t,x)\phi(x)\mathrm{d}x=&\int_{\mathbb{R}}u_0(x)\phi(x)\mathrm{d}x+\int_0^t\int_{\mathbb{R}}u(s,x)(\Delta_\alpha\phi)\mathrm{d}x\mathrm{d}s\\&+\lambda\int_0^t\int_{\mathbb{R}}|u(s,x)|^r(\partial\phi)(x)\mathrm{d}x\mathrm{d}s+\int_0^t\int_{\mathbb{R}}f(s,x,u(s,x))\phi(x)\mathrm{d}x\mathrm{d}s\\&+\int_0^t\int_{\mathbb{R}}g(s,x,u(x,s))\phi(x)W(\mathrm{d}s,\mathrm{d}x)\end{aligned}$$

$$+\int_0^{t^+}\int_{\mathbb{R}}\int_{U_0} g(s,x,u(s,x))c_1(s,x,y)\phi(x)M(\mathrm{d}s,\mathrm{d}x,\mathrm{d}y)$$
$$+\int_0^{t^+}\int_{\mathbb{R}}\int_{U\backslash U_0} g(s,x,u(s,x))c_2(s,x,y)\phi(x)N(\mathrm{d}s,\mathrm{d}x,\mathrm{d}y).$$

考虑分数阶线性方程

$$\begin{cases}\dfrac{\partial}{\partial t}v=\mu\Delta_\alpha v, & (t,x)\in(0,\infty)\times\mathbb{R},\\ v(0,x)=\delta(x), & x\in\mathbb{R}.\end{cases}$$

其基本解记为 $G_\alpha(t,x)$, 则有

$$G_\alpha(t,x)=[\mathcal{F}^{-1}(\mathrm{e}^{\mu t|\cdot|^\alpha})](x),$$

且对任意的 $s,t\in(0,\infty),x\in\mathbb{R}$,

$$G_\alpha(t,x)=(\mu s)^{-\frac{1}{\alpha}}G_\alpha(s^{-1}t,(\mu s)^{-\frac{1}{\alpha}}x).$$

关于 G_α 有如下的渐近估计

引理 8.4.1[11] (i) 存在常数 $0<c_{\alpha,\mu}\leqslant C_{\alpha,\mu}$ 使得对任意的 $(t,x)\in(0,\infty)\times\mathbb{R}$,

$$c_{\alpha,\mu}\leqslant t^{\frac{1}{\alpha}}(\mu^{\frac{1}{\alpha}+1}+t^{-\frac{1}{\alpha}-1}|x|^{1+\alpha})G_\alpha(t,x)\leqslant C_{\alpha,\mu},$$

且对任意的 $t\in(0,\infty)$, 极限 $\lim\limits_{|x|\to\infty}t^{\frac{1}{\alpha}}(\mu^{\frac{1}{\alpha}+1}+t^{-\frac{1}{\alpha}-1}|x|^{1+\alpha})G_\alpha(t,x)$ 存在.

(ii) 存在常数 $K_{\alpha,\mu}>0$ 使得对任意的 $(t,x)\in(0,\infty)\times\mathbb{R}$,

$$|\partial_x G_\alpha(t,x)|\leqslant K_{\alpha,\mu}t^{-1-\frac{2}{\alpha}}|x|^\alpha(\mu^{\frac{1}{\alpha}+1}+t^{-\frac{1}{\alpha}-1}|x|^{1+\alpha})^{-2}. \tag{8.4.2}$$

下面可用 $G_\alpha(t,x)$ 表示方程 (8.4.1) 的 Mild 解为

$$\begin{aligned}u(t,x)=&\int_{\mathbb{R}}G_\alpha(t,x-z)u_0(z)\mathrm{d}z\\&+\lambda\int_0^t\int_{\mathbb{R}}[\partial_z G_\alpha(t-s,x-z)]|u(s,z)|^r\mathrm{d}z\mathrm{d}s\\&+\int_0^t\int_{\mathbb{R}}G_\alpha(t-s,x-z)f(s,z,u(s,z))\mathrm{d}z\mathrm{d}s\\&+\int_0^t\int_{\mathbb{R}}G_\alpha(t-s,x-z)g(s,z,u(z,s))W(\mathrm{d}s,\mathrm{d}z)\\&+\int_0^{t^+}\int_{\mathbb{R}}\int_{U_0}G_\alpha(t-s,x-z)g(s,z,u(s-,z),y)c_1(s,x,y)M(\mathrm{d}s,\mathrm{d}z,\mathrm{d}y)\\&+\int_0^{t^+}\int_{\mathbb{R}}\int_{U\backslash U_0}G_\alpha(t-s,x-z)g(s,z,u(s,z))c_2(s,x,y)N(\mathrm{d}s,\mathrm{d}x,\mathrm{d}y).\end{aligned}$$

下面给出截断系统, 对于给定的 $n\in\mathbb{N}$, 定义

$$\pi_n: L^2(\mathbb{R})\to B_n=\left\{u\in L^2(\mathbb{R}), ||u||_{L^2}=\left(\int_{\mathbb{R}}u^2(x)\mathrm{d}x\right)^{\frac{1}{2}}\leqslant n\right\}$$

为

$$\pi_n(u)=\begin{cases} u, & ||u||_{L^2}\leqslant n,\\ \dfrac{nu}{||u||_{L^2}}, & ||u||_{L^2}\leqslant n.\end{cases}$$

于是, 对任意的 $n\in\mathbb{N}$, 总有 $||\pi_n(u)||_{L^2}\leqslant n$, 且 $||\pi_n||_{L^2}=\sup\limits_{||u||_{L^2}}||\pi_n u||_{L^2}\leqslant 1$. 即 $\pi_n: L^2(\mathbb{R})\to L^2(\mathbb{R})$ 是压缩的.

对任意的 $n\in\mathbb{N}$, 定义停时

$$\tau_n(\omega)=\inf\left\{t\in[0,T], \int_{\mathbb{R}}u^2(t,x,\omega)\mathrm{d}x\geqslant n^2\right\},\quad \omega\in\Omega,$$

则 $\{\tau_n\}_{n\in\mathbb{N}}$ 是由 u 确定的单调增加停时序列. 对任意给定的 $n\in\mathbb{N}$, 停时过程 $u(t\wedge\tau_n)$ 满足下面的方程

$$\begin{aligned} u(t,x,\omega)=&\int_{\mathbb{R}}G_\alpha(t,x-z)u_0(z,\omega)\mathrm{d}z\\ &+\lambda\int_0^t\int_{\mathbb{R}}[\partial_z G_\alpha(t-s,x-z)]q(s,z,(\pi_n u)(s,z,\omega))\mathrm{d}z\mathrm{d}s\\ &+\int_0^t\int_{\mathbb{R}}G_\alpha(t-s,x-z)f(s,z,(\pi_n u)(s,z,\omega))\mathrm{d}z\mathrm{d}s\\ &+\int_0^t\int_{\mathbb{R}}G_\alpha(t-s,x-z)g(s,z,\pi(z,s,\omega))W(\mathrm{d}s,\mathrm{d}z)\\ &+\int_0^{t^+}\int_{\mathbb{R}}\int_U G_\alpha(t-s,x-z)h(s,z,(\pi_n u)(s,z,\omega),y)M(\mathrm{d}s,\mathrm{d}x,\mathrm{d}y,\omega).\end{aligned}\tag{8.4.3}$$

引理 8.4.2[11]引理 3.3　对任意的 $u:[0,T]\times\mathbb{R}\to\mathbb{R}$, 下面的估计式成立:

$$\int_{\mathbb{R}}\left(\int_0^t\int_{\mathbb{R}}|\partial_x G_\alpha(t-s,x-z)|u(s,z)\mathrm{d}z\mathrm{d}s\right)^2\mathrm{d}x\leqslant C\left(\int_0^t(t-s)^{\frac{3}{2\alpha}}\int_{\mathbb{R}}|u(s,z)|\mathrm{d}z\mathrm{d}s\right)^2,$$

$$\int_{\mathbb{R}}\left(\int_0^t\int_{\mathbb{R}}|\partial_x G_\alpha(t-s,x-z)|u(s,z)\mathrm{d}z\mathrm{d}s\right)^2\mathrm{d}x\leqslant C\left[\int_0^t\left(\int_{\mathbb{R}}|u(s,z)|^2\mathrm{d}z\right)^{\frac{1}{2}}\mathrm{d}s\right]^2.$$

特别地,

$$\left|\int_0^t\int_{\mathbb{R}}|\partial_x G_\alpha(t-s,x-z)|u(s,z)\mathrm{d}z\mathrm{d}s\right|\leqslant C\int_0^t(t-s)^{\frac{3}{2\alpha}}\left(\int_{\mathbb{R}}|u(s,z)|^2\mathrm{d}z\right)^{\frac{1}{2}}\mathrm{d}s.$$

定理 8.4.1 令 $\alpha \in \left(\frac{3}{2}, 2\right]$, 固定 $T > 0$, 假设存在正的函数 $L_1, L_2, L_3 \in L^1(\mathbb{R})$ 使得对任意的 $(t, x) \in [0, T] \times \mathbb{R}$ 及任意 $z, z_1, z_2 \in \mathbb{R}$, 下面条件成立

(G_1) (增长条件)

$$|f(t,x,z)|^2 \leqslant L_1(x) + C|z|^2,$$

$$|g(t,x,z)|^2 + \int_U |h(t,x,z;y)|^2 \nu(\mathrm{d}y) \leqslant L_2(x) + C|z|^2.$$

(G_2) (Lipschitz 条件)

$$|q(t,x,z_1) - q(t,x,z_2)|^2 + |f(t,x,z_1) - f(t,x,z_2)|^2 \leqslant |L_3(x) + C(|z_1|^2 + |z_2|^2)||z_1 - z_2|^2,$$

$$|g(t,x,z_1) - g(t,x,z_2)|^2 + \int_U |h(t,x,z_1;y) - h(t,x,z_2;y)|^2 \nu(\mathrm{d}y) \leqslant C|z_1 - z_2|^2,$$

则对任意 $\mathcal{F}_0$ 可测函数 $u_0 : \mathbb{R} \times \Omega \to \mathbb{R}$, $\mathbf{E}\int_{\mathbb{R}}(|u_0(x,\cdot)|^2)\mathrm{d}x < \infty$, 方程存在唯一局部解 u, 且满足

$$\mathbf{E}\left(\int_{\mathbb{R}} |u(t \wedge \tau_\infty(\cdot), x, \cdot)|^2 \mathrm{d}x\right) < \infty, \quad \forall t \in [0, T].$$

证明 证明方法是构造适当的 Banach 空间, 利用压缩映像原理证明局部解的存在性. 注意到 $\alpha \in \left(\frac{3}{2}, 2\right]$, 证明分三步:

第一步: 假设 $u : [0, T] \times \mathbb{R} \times \Omega \to \mathbb{R}$ 是 $L^2(\mathbb{R})$- 值 $\{\mathcal{F}_t\}$ 适应的 Càdlàg 过程. 对于固定的 $n \in \mathbb{N}$, 令

$$(\mathcal{J}u)(t,x,\omega) = \int_{\mathbb{R}} G_\alpha(t, x-z) z_0(z,\omega)\mathrm{d}z + \sum_{k=1}^{4} (\mathcal{J}_k u)(t,x,\omega),$$

其中

$$(\mathcal{J}_1 u)(t,x,\omega) = \lambda \int_0^t \int_{\mathbb{R}} [\partial_z G_\alpha(t-s, x-z)] q(s,z,(\pi_n u)(s,z,\omega))\mathrm{d}z\mathrm{d}s,$$

$$(\mathcal{J}_2 u)(t,x,\omega) = \int_0^t \int_{\mathbb{R}} [G_\alpha(t-s, x-z)] f(s,z,(\pi_n u)(s,z,\omega))\mathrm{d}z\mathrm{d}s,$$

$$(\mathcal{J}_3 u)(t,x,\omega) = \int_0^t \int_{\mathbb{R}} [G_\alpha(t-s, x-z)] g(s,z,(\pi_n u)(s,z,\omega)) W(\mathrm{d}s, \mathrm{d}z, \omega),$$

$$(\mathcal{J}_4 u)(t,x,\omega) = \int_0^{t+} \int_{\mathbb{R}} [G_\alpha(t-s, x-z)] h(s,z,(\pi_n u)(s,z,\omega), y) M(\mathrm{d}s, \mathrm{d}z, \mathrm{d}y, \omega).$$

由引理 8.4.2 和 Schwarz 不等式可得

$$\int_{\mathbb{R}} [(\mathcal{J}_1 u)(t,x,\omega)]^2 \mathrm{d}x$$

$$
\begin{aligned}
&\leqslant C\left(\int_0^t (t-s)^{-\frac{3}{2\alpha}}\int_{\mathbb{R}} q(s,z,(\pi_n u)(s,z,\omega))\mathrm{d}z\mathrm{d}s\right)^2\\
&\leqslant C\left[\int_0^t (t-s)^{-\frac{3}{2\alpha}}\left(\int_{\mathbb{R}} K_1(z)\mathrm{d}z+\int_{\mathbb{R}} K_2(z)|(\pi_n u)(s,z,\omega)|\mathrm{d}z\right.\right.\\
&\quad\left.\left.+C\int_{\mathbb{R}}|(\pi_n u)(s,z,\omega)|^2\mathrm{d}z\mathrm{d}z\right)\mathrm{d}s\right]^2\\
&\leqslant Ct^{1-\frac{3}{2\alpha}}\int_0^t (t-s)^{-\frac{3}{2\alpha}}\left[\left(\int_{\mathbb{R}} K_1(z)\mathrm{d}z\right)^2+n^2\int_{\mathbb{R}}|K_2(z)|^2\mathrm{d}z+Cn^4\right]\mathrm{d}s\\
&\leqslant Ct^{2-\frac{3}{\alpha}}\leqslant CT^{2-\frac{3}{\alpha}}<\infty.
\end{aligned}
$$

直接计算可得

$$
\begin{aligned}
&\int_{\mathbb{R}}[(\mathcal{J}_2 u)(t,x,\omega)]^2\mathrm{d}x\\
&\leqslant C\left[\int_0^t\left(\int_{\mathbb{R}}|f(s,z,(\pi_n u)(s,z,\omega))|^2\mathrm{d}z\right)^{\frac{1}{2}}\mathrm{d}s\right]^2\\
&\leqslant\left\{\int_0^t\left[\int_{\mathbb{R}}(L_1(z)+C[(\pi_n u)(s,z,\omega)]^2)\mathrm{d}z\right]^{\frac{1}{2}}\mathrm{d}s\right\}^2\\
&\leqslant\left[\int_0^t\left(\int_{\mathbb{R}} L_1(z)\mathrm{d}z+Cn^2\right)^{\frac{1}{2}}\mathrm{d}s\right]^2\\
&\leqslant Ct^2\leqslant CT^2<\infty.
\end{aligned}
$$

对鞅积分应用 Itô 等距关系可得

$$
\begin{aligned}
&\mathbf{E}\left[\int_{\mathbb{R}}|(\mathcal{J}_3 u)(t,x,\cdot)|^2\mathrm{d}x\right]\\
&=\mathbf{E}\left[\int_{\mathbb{R}}\left(\int_0^t\int_{\mathbb{R}} G_\alpha^2(t-s,x-z)g^2(s,z,(\pi_n u)(s,z,\cdot))\mathrm{d}z\mathrm{d}s\right)\mathrm{d}x\right],\\
&\mathbf{E}\left[\int_{\mathbb{R}}|(\mathcal{J}_4 u)(t,x,\cdot)|^2\mathrm{d}x\right]\\
&=\mathbf{E}\left\{\int_{\mathbb{R}}\left[\int_0^t\int_{\mathbb{R}} G_\alpha^2(t-s,x-z)\left(\int_U h^2(s,z,(\pi_n u)(s,z,\cdot),y)\nu(\mathrm{d}y)\right)\mathrm{d}z\mathrm{d}s\right]\mathrm{d}x\right\},
\end{aligned}
$$

于是,

$$
\begin{aligned}
&\mathbf{E}\left[\int_{\mathbb{R}}|(\mathcal{J}_3 u)(t,x,\cdot)|^2\mathrm{d}x+\int_{\mathbb{R}}|(\mathcal{J}_3 u)(t,x,\cdot)|^2\mathrm{d}x\right]\\
&\leqslant C\mathbf{E}\left[\int_0^t (t-s)^{-\frac{1}{\alpha}}\int_{\mathbb{R}}\left(\int_{\mathbb{R}} g^2(s,z,(\pi_n u)(s,z,\cdot))\right.\right.\\
&\quad\left.\left.+\int_U h^2(s,z,(\pi_n u)(s,z,\cdot),y)\right)\mu(\mathrm{d}y)\mathrm{d}z\mathrm{d}s\right]
\end{aligned}
$$

$$\begin{aligned}&\leqslant C\int_0^t (t-s)^{-\frac{1}{\alpha}}\left(\int_{\mathbb{R}} L_2(z)\mathrm{d}z + C\int_{\mathbb{R}} \mathbf{E}[(\pi_n u)(s,z,\cdot)]^2\mathrm{d}z\right)\mathrm{d}s\\&\leqslant Ct^{1-\frac{1}{\alpha}}\left(\int_{\mathbb{R}} L_2(z)\mathrm{d}z + Cn^2\right)\\&\leqslant Ct^{1-\frac{1}{\alpha}} \leqslant CT^{1-\frac{1}{\alpha}} < \infty.\end{aligned}$$

因此, 对任意固定的 $t\in[0,T]$,

$$\mathbf{E}\left(\int_{\mathbb{R}} |\mathcal{J}u(t,x,\cdot)|^2\mathrm{d}x\right) \leqslant C(T^{2-\frac{3}{\alpha}} + T^2 + T^{1-\frac{1}{\alpha}}) < \infty.$$

第二步: 构造适当的 Banach 空间. 对任意固定的 $\theta>0$, 对任意 $L^2(\mathbb{R})$- 值 $\{F_t\}$ 适应的 Càdlàg 过程 $u:[0,T]\times\mathbb{R}\times\Omega\to\mathbb{R}$ 且满足初值条件 $u(0,x,\omega)=u_0(x,\omega)$, 定义如下范数

$$||u||_\theta^2 = \int_0^T \mathrm{e}^{-\theta t}\mathbf{E}\left(\int_{\mathbb{R}} u^2(t,x,\cdot)\mathrm{d}x\right)\mathrm{d}t.$$

令

$$\begin{aligned}B=\{&u \text{ 是 } L^2(\mathbb{R}) \text{ 值 } \{F_t\} \text{ 适应的 Càdlàg 过程}\\&u:[0,T]\times\mathbb{R}\times\Omega\to\mathbb{R} \text{ 且满足初值条件}\\&u(0,x,\omega)=u_0(x,\omega), \text{且 } ||u||_\theta<\infty\},\end{aligned}$$

则 $(B,||\cdot||_\theta)$ 是 Banach 空间. 对任意的 $\forall u\in B$, $\mathcal{J}u$ 处处有定义, 且对于任意固定的 $t\in[0,T]$,

$$\mathbf{E}\left(\int_{\mathbb{R}} |(\mathcal{J}u)(t,x,\cdot)|^2\mathrm{d}x\right) \leqslant C(T^{2-\frac{3}{\alpha}} + T^2 + T^{1-\frac{1}{\alpha}}) < \infty.$$

直接计算得到

$$\begin{aligned}||\mathcal{J}u||_\theta^2 &= \int_0^T \mathrm{e}^{-\theta t}\mathcal{E}\left(\int_{\mathbb{R}} (\mathcal{J}u)^2(t,x,\cdot)\mathrm{d}x\right)\mathrm{d}t\\&\leqslant C\int_0^\infty (t^{2-\frac{3}{\alpha}} + t^2 + t^{1-\frac{1}{\alpha}})\mathrm{e}^{-\theta t}\mathrm{d}t\\&= C\left[\Gamma\left(3-\frac{3}{\alpha}\right)\theta^{-3-\frac{3}{\alpha}} + 2\theta^{-3} + \Gamma\left(2-\frac{1}{\alpha}\right)\theta^{-(2-\frac{1}{\alpha})}\right]\\&\leqslant C[\theta^{-3-\frac{3}{\alpha}} + 2\theta^{-3} + \theta^{-(2-\frac{1}{\alpha})}]\\&<\infty.\end{aligned}$$

这表明 $\mathcal{J}u\in B$, 即 $\mathcal{J}:B\to B$.

第三步: 证明 $\mathcal{J}$ 在 B 上是压缩的. 对任意的 $u,v\in B$, 由上面的估计式, Fubini 定理, Young 不等式和 Schwarz 不等式可知, 对任意的 $t\in[0,T]$,

$$\begin{aligned}
&\mathbf{E}\left(\int_{\mathbb{R}}|(\mathcal{J}_1u)(t,x,\cdot)-(\mathcal{J}_1u)(t,x,\cdot)|^2\mathrm{d}x\right)\\
=&\mathbf{E}\int_{\mathbb{R}}\left\{\int_0^t\int_{\mathbb{R}}\left[\frac{\partial}{\partial z}G_\alpha(t-s,x-z)\right]\right.\\
&\left.\times(q(s,z,(\pi_nu)(s,z,\cdot))-q(s,z,(\pi_nv)(s,z,\cdot)))\mathrm{d}z\mathrm{d}s\right\}^2\mathrm{d}x\\
\leqslant& C\mathbf{E}\left(\int_0^t(t-s)^{-\frac{3}{2\alpha}}\int_{\mathbb{R}}|q(s,z,(\pi_nu)(s,z,\cdot))-q(s,z,(\pi_nv)(s,z,\cdot))|\mathrm{d}z\mathrm{d}s\right)^2\\
\leqslant& C\int_0^t(t-s)^{-\frac{3}{2\alpha}}\mathbf{E}\left(\int_{\mathbb{R}}|u(s,z,\cdot)-v(s,z,\cdot)|^2\mathrm{d}z\right)\mathrm{d}s,
\end{aligned}$$

及

$$\begin{aligned}
&\mathbf{E}\left(\int_{\mathbb{R}}|(\mathcal{J}_2u)(t,x,\cdot)-(\mathcal{J}_2u)(t,x,\cdot)|^2\mathrm{d}x\right)\\
=&\mathbf{E}\int_{\mathbb{R}}\left\{\int_0^t\int_{\mathbb{R}}\left[\frac{\partial}{\partial z}G_\alpha(t-s,x-z)\right]\right.\\
&\left.\times(f(s,z,(\pi_nu)(s,z,\cdot))-f(s,z,(\pi_nv)(s,z,\cdot)))\mathrm{d}z\mathrm{d}s\right\}^2\mathrm{d}x\\
\leqslant& t^{\frac{1-\alpha}{\alpha}}\mathbf{E}\int_{\mathbb{R}}\int_0^t\left\{\left(\int_{\mathbb{R}}G_\alpha(t-s,x-z)\right)[L_3(z)+C((\pi_nu)^2(s,z,\cdot)+(\pi_nv)^2(s,z,\cdot))]\right.\\
&\left.\times|(\pi_nu)(s,z,\cdot)-(\pi_nv)(s,z,\cdot)|\mathrm{d}z\right\}^2\mathrm{d}x\mathrm{d}s\\
\leqslant& C\int_0^t(t-s)^{-\frac{1}{\alpha}}\mathbf{E}\left(\int_{\mathbb{R}}|u(s,z,\cdot)-v(s,z,\cdot)|^2\mathrm{d}z\right)\mathrm{d}s.
\end{aligned}$$

对关于 $W(\mathrm{d}s,\mathrm{d}z)$ 和 $M(\mathrm{d}s,\mathrm{d}z,\mathrm{d}y)$ 的随机积分分别用 Itô 等距公式可得

$$\begin{aligned}
&\mathbf{E}\left(\int_{\mathbb{R}}|(\mathcal{J}_3u)(t,x,\cdot)+(\mathcal{J}_4u)(t,x,\cdot)-(\mathcal{J}_3v)(t,x,\cdot)-(\mathcal{J}_4v)(t,x,\cdot)|^2\mathrm{d}x\right)\\
\leqslant& C\mathbf{E}\int_{\mathbb{R}}\left(\int_0^t\int_{\mathbb{R}}G_\alpha^2(t-s,x-z)|(\pi_nu)(s,z,\cdot)-(\pi_nv)(s,z,\cdot)|^2\mathrm{d}s\mathrm{d}z\right)\mathrm{d}x\\
\leqslant& C\mathbf{E}\int_0^t\int_{\mathbb{R}}\left(\int_{\mathbb{R}}G_\alpha^2(t-s,x-z)\mathrm{d}s\right)|u(s,z,\cdot)-v(s,z,\cdot)|^2\mathrm{d}z\mathrm{d}s\\
\leqslant& C\int_0^t(t-s)^{-\frac{1}{\alpha}}\mathbf{E}\int_{\mathbb{R}}|u(s,z,\cdot)-v(s,z,\cdot)|^2\mathrm{d}z\mathrm{d}s.
\end{aligned}$$

因此,

$$\begin{aligned}
||\mathcal{J}(u-v)||_\theta^2=&||\mathcal{J}u-\mathcal{J}v||_\theta^2\\
=&\int_0^T\mathrm{e}^{-\theta t}\mathbf{E}\left(\int_{\mathbb{R}}|(\mathcal{J}u)(t,x,\cdot)-(\mathcal{J}v)(t,x,\cdot)|^2\mathrm{d}x\right)\mathrm{d}t
\end{aligned}$$

$$
\begin{aligned}
&\leqslant C\int_0^T \mathrm{e}^{-\theta t}\int_0^t ((t-s)^{-\frac{3}{2\alpha}}+(t-s)^{\frac{-1}{\alpha}})\\
&\quad\times \mathbf{E}\left(\int_{\mathbb{R}} |u(s,z,\cdot)-v(s,z,\cdot)|^2\mathrm{d}z\right)\mathrm{d}s\mathrm{d}t\\
&\leqslant C\left(\frac{\Gamma\left(1-\dfrac{3}{2\alpha}\right)}{\theta^{1-\frac{3}{2\alpha}}}+\frac{\Gamma\left(1-\dfrac{1}{\alpha}\right)}{\theta^{1-\frac{1}{\alpha}}}\right)||u-v||_\theta^2\\
&\leqslant C\left(\frac{1}{\theta^{1-\frac{3}{2\alpha}}}+\frac{1}{\theta^{1-\frac{1}{\alpha}}}\right)||u-v||_\theta^2.
\end{aligned}
$$

选择 θ 充分大使得 $C\left(\frac{1}{\theta^{1-\frac{3}{2\alpha}}}+\frac{1}{\theta^{1-\frac{1}{\alpha}}}\right)<1$, 则映射 $\mathcal{J}:B\to B$ 是压缩的. 因此, $\mathcal{J}$ 在 B 中存在为唯一的不动点是方程的解. 下证该解是方程 (8.4.1) 的局部解. 对每个 $n\in\mathbb{N}$, 令 u_n 是方程 (8.4.3) 的唯一解, 定义停时

$$
\tau_n(\omega)=\inf\left\{t\in[0,T],\int_{\mathbb{R}} u_n^2(t,x,\omega)\mathrm{d}x\geqslant n^2\right\},\quad \omega\in\Omega,
$$

则对所有的 $j\geqslant n$ 和几乎所有的 $\omega\in\Omega$, 由 $\mathcal{J}$ 的压缩性可知

$$
u_j(t,\cdot,\omega)=u_n(t,\cdot,\omega),\quad \forall(t,\omega)\in[0,\tau_n)\times\Omega.
$$

因此, 对任意的 $(t,x,\omega)\in[0,\tau_n)\times\mathbb{R}\times\Omega$, 定义 $u(t,x,\omega)=u_n(t,x,\omega)$, 及 $\tau_\infty(\omega)=\sup\limits_{n\in\mathbb{N}}\tau_n(\omega)$, 则

$$
\{u(t,x,\omega):(t,x,\omega)\in[0,\tau_\infty)\times\mathbb{R}\times\Omega\}
$$

是方程 (8.4.1) 的局部解.

最后证明解的唯一性. 设方程 (8.4.1) 存在两个局部解 u,v, 则对每个固定的 n, u,v 必定满足方程 (8.4.1), 则

$$
u(t,x,\omega)=v(t,x,\omega),\quad \forall(t,x,\omega)\in[0,\tau_n)\times\mathbb{R}\times\Omega.
$$

再令 $n\to\infty$, 即可得到

$$
u(t,x,\omega)=v(t,x,\omega),\quad \forall(t,x,\omega)\in[0,\tau_\infty)\times\mathbb{R}\times\Omega.
$$

从而唯一性得证. □

§8.5 分数布朗运动驱动的随机分数阶偏微分方程

§8.5.1 分数布朗运动驱动的分数阶抛物型方程

本小节介绍分数布朗运动驱动的随机分数阶抛物方程解的存在唯一性, 正则性和解的绝对连续性, 该小节内容取自文献 [14].

考虑加性分数布朗运动驱动的随机分数阶抛物方程

$$\begin{cases} \dfrac{\partial u(t,x)}{\partial t} = \Delta_\lambda u(t,x) + f(t,x,u(t,x)) + \dfrac{\mathrm{d}B^H(t,x)}{\mathrm{d}t}, & (t,x) \in [0,T] \times \mathbb{R}, \\ u(0,x) = u_0(x), \end{cases} \tag{8.5.1}$$

其中 $\Delta_\lambda = -\left(-\dfrac{1}{4\pi^2}\left(\dfrac{\partial^2}{\partial x^2}\right)\right)^{\frac{\lambda}{2}}$ 是通过 Fourier 变换 $\mathcal{F}$ 定义的非局部算子:

$$\mathcal{F}(\Delta_\lambda u)(\xi) = -|\xi|^\lambda \mathcal{F}(u)(\xi), \quad u \in D(\Delta_\lambda), \xi \in \mathbb{R}.$$

$\dot{B}^H$ 是 Hurst 参数 $H \in \left(\dfrac{1}{2}, 1\right)$ 的时空分数布朗运动, 相应的随机积分定义参阅 §1.4.

设 $G_\lambda(t,x)$ 是下面方程的基本解

$$\begin{cases} \dfrac{\partial}{\partial t} G_\lambda(t,x) = \Delta_\lambda G_\lambda(t,x), & (t,x) \in (0,\infty) \times \mathbb{R}, \\ G_\lambda(0,x) = \delta_0(x) \end{cases}$$

也称 $G_\lambda(t,x)$ 为 λ- 分数格林核函数, 由 Fourier 变换可知

$$G_\lambda(t,x) = \mathcal{F}^{-1}(\mathrm{e}^{-t|\cdot|^\lambda})(x) = \int_{\mathbb{R}} \mathrm{e}^{2\mathrm{i}\pi x\xi} \mathrm{e}^{-t|\xi|^\lambda} \mathrm{d}\xi = \mathcal{F}(\mathrm{e}^{-|\cdot|^\lambda})(x).$$

关于 $G_\lambda(t,x)$ 的性质和估计如下:

引理 8.5.1　设 $\lambda \in (0,2]$, 则 $G_\lambda(t,x)$ 是 Lévy 稳定过程的转移密度函数, 则

(a) 对任意的 $t \in (0,\infty)$ 及 $x \in \mathbb{R}$,

$$G_\lambda(t,x) \geqslant 0, \quad \int_{\mathbb{R}} G_\lambda(t,x)\mathrm{d}x = 1.$$

(b) 对任意 $t \in (0,\infty)$ 和 $x \in \mathbb{R}$,

$$G_\lambda(t,x) = t^{-\frac{1}{\lambda}} G_\lambda(1, t^{-\frac{1}{\lambda}} x).$$

(c) 对 $m \geqslant 1$, 存在常数 C 及 $C_m > 0$ 使得对任意的 $x \in \mathbb{R}$,

$$|G_\lambda(1,x)| \leqslant C\frac{1}{1+|x|^{1+\lambda}}, \quad |\partial^m G_\lambda(1,x)| \leqslant C_m \frac{|x|^{\lambda+m-1}}{(1+|x|^{\lambda+m})^2}.$$

(d) 对所有的 $s,t \in (0,\infty)$,

$$G_\lambda(s,\cdot) * G_\lambda(t,\cdot) = G_\lambda(s+t,\cdot).$$

(e) 对每个固定的 $T \in [0,\infty)$,

$$\int_0^T \int_{\mathbb{R}} G_\lambda^\alpha(t,x)\mathrm{d}x\mathrm{d}t < \infty \Leftrightarrow \frac{1}{1+\lambda} < \alpha < 1+\lambda.$$

定义 8.5.1 如果对任意的 $t \in [0,T]$ 及 $x \in \mathbb{R}$, u 满足

$$u(t,x)=\int_D G_\lambda(t,x-y)u_0(y)\mathrm{d}y+\int_0^t\int_{\mathbb{R}} G_\lambda(t-s,x-y)f(s,y,u(s,y))\mathrm{d}y\mathrm{d}s \tag{8.5.2}$$

$$+\int_0^t\int_{\mathbb{R}} G_\lambda(t-s,x-y)B^H(\mathrm{d}y,\mathrm{d}s), \tag{8.5.3}$$

则称 u 是方程 (8.5.1) 的 Mild 解.

下面给出关于非线性项和初值的假设:

(H1) 对每个 $T>0$, 都存在常数 $C>0$ 使得对每个 $(t,x)\in[0,T]\times\mathbb{R}$ 及 $u,v\in\mathbb{R}$,

$$|f(t,x,u)|\leqslant C(1+|u|),$$

$$|f(t,x,u)-f(t,x,v)|\leqslant C(|t-s|+|x-y|+|u-v|).$$

(H2) 对某个 $p\geqslant 2$, $\sup\limits_{x\in\mathbb{R}}\mathbf{E}(|u_0(x)|^p)<\infty$.

(H3) 对某个 $p\geqslant 2$, 存在某个 $\gamma\in(0,1)$ 使得 $\gamma p<1$,

$$\sup_{x\in\mathbb{R}}\mathbf{E}(|u_0(x+z)-u_0(z)|^p)<C(p)|z|^{\gamma p}.$$

下面给出方程 (8.5.1) 的 Mild 解的存在唯一性定理.

定理 8.5.1[14] 如果 (H1) 和 (H2) 成立, 则方程 (8.5.1) 存在唯一的 Mild 解 $u(t,x)$, 并且对任意的 $T>0$ 和 $p\geqslant 2$,

$$\sup_{(x,t)\in[0,T]\times\mathbb{R}}\mathbf{E}(|u(t,x)|^p)<\infty.$$

证明 用 Picard 迭代方法证明该定理. 定义迭代序列如下

$$u^0(t,x)=\int_{\mathbb{R}} G_\lambda(t,x-y)u_0(y)\mathrm{d}y,$$

$$u^{n+1}(t,x)=u^0(t,x)+\int_0^t\int_{\mathbb{R}} G_\lambda(t-s,x-y)f(s,y,u^n(s,y))\mathrm{d}y\mathrm{d}s \tag{8.5.4}$$

$$+\int_0^t\int_{\mathbb{R}} K_H^* G_\lambda(t-s,x-y)W(\mathrm{d}y,\mathrm{d}s).$$

先证序列 $\{u^n(t,x)\}_{n\geqslant 0}$ 在 $L^p(D)$ 中收敛. 当 $n\geqslant 2$ 时,

$$\begin{aligned}
&\mathbf{E}(|u^{n+1}(t,x)-u^n(t,x)|^p)\\
=&\mathbf{E}\left(\left|\int_0^t\int_{\mathbb{R}} G_\lambda(t-s,x-y)[f(s,y,u^n(s,y))-f(s,y,u^{n-1}(s,y))]\mathrm{d}y\mathrm{d}s\right|^p\right)\\
\leqslant& C(p)\int_0^t\int_{\mathbb{R}} G_\lambda(t-s,x-y)\mathbf{E}(|u^n(s,y)-u^{n-1}(s,y)|^p)\mathrm{d}y\mathrm{d}s\\
\leqslant& C(p)\int_0^t\sup_{y\in\mathbb{R}}\mathbf{E}(|u^n(s,y)-u^{n-1}(s,y)|^p)\mathrm{d}s,
\end{aligned}$$

且

$$\sup_{y\in\mathbb{R}}\mathbf{E}(|u^n(s,y)-u^{n-1}(s,y)|^p)\leqslant C(p)\left(\sup_{x\in\mathbb{R}}\mathbf{E}(|u^1(t,x)|^p)+\sup_{x\in\mathbb{R}}\mathbf{E}(|u^0(t,x)|^p)\right)<\infty.$$

因此, $\{u^n(t,x)\}_{n\geqslant 0}$ 是 $L^p(D)$ 中的 Cauchy 序列. 令 $u(t,x)=\lim\limits_{n\to\infty}u^n(t,x)$, 则对任意的 $(t,x)\in[0,T]\times\mathbb{R}$, 都有

$$\sup_{(t,x)\in[0,T]\times\mathbb{R}}\mathbf{E}(|u(t,x)|^p)<\infty.$$

对方程 (8.5.4) 两边在 $L^p(\Omega)$ 中令 $n\to\infty$ 可知, $u(t,x)$ 满足方程 (8.5.1). 最后证明解的唯一性. 假设 u 和 v 都是方程 (8.5.1) 的解, 则有

$$\begin{aligned}&\mathbf{E}(|u(t,x)-v(t,x)|^p)\\=&\mathbf{E}\left(\left|\int_0^t\int_{\mathbb{R}}G_\lambda(t-s,x-y)[f(s,y,u(s,y))-f(s,y,v(s,y))]\mathrm{d}y\mathrm{d}s\right|^p\right)\\\leqslant&C(p)\int_0^t\int_{\mathbb{R}}G_\lambda(t-s,x-y)\mathbf{E}(|u(s,y)-v(s,y)|^p)\mathrm{d}y\mathrm{d}s\\\leqslant&C(p)\int_0^t\sup_{y\in\mathbb{R}}\mathbf{E}(|u(s,y)-v(s,y)|^p)\mathrm{d}s.\end{aligned}$$

由 Gronwall 引理即可得到

$$\mathbf{E}(|u(t,x)-v(t,x)|^p)=0.$$

从而该定理得证. □

关于方程 (8.5.1) 解的正则性, 我们只给出结论, 证明过程参阅文献 [14].

定理 8.5.2 [14]定理 4.1　假设 $\lambda\in(1,2)$, $H\in(1,2)$ 使得 $\lambda H<\dfrac{3}{2}$. 如果条件 (H1)~(H3) 成立, 则函数 $u(t,x)$ 必存在一个连续的修正, 且该修正关于时间 t 是 $\alpha=\min\left\{\dfrac{\gamma}{\lambda},H-\dfrac{1}{2}\lambda\right\}$-Hölder 连续, 关于空间变量 x 是 $\beta=\min\left\{\gamma,\lambda H-\dfrac{1}{2}\right\}$-Hölder 连续.

§8.5.2　分数布朗运动驱动的分数阶随机 Anderson 模型

这一节主要介绍分数布朗运动驱动的分数阶随机Anderson模型, 在某一Hilbert空间证明解的存在唯一性、李雅普诺夫指数和 Hölder 连续性. 该节内容取自于文献 [12].

考虑分数布朗运动驱动的分数阶随机 Anderson 模型

$$\begin{cases}\dfrac{\partial u}{\partial t}=\Delta_\lambda u+W^H\Diamond u,\quad(t,x)\in[0,T]\times\mathbb{R},\\u(0)=u_0,\end{cases}\tag{8.5.5}$$

其中 $\Delta_\lambda = -\left(\frac{1}{4\pi}\frac{\partial^2}{\partial x^2}\right)^{\frac{\lambda}{2}}$, $\lambda > 0$, $W^H(t,x) = \frac{\partial^2}{\partial x \partial t}B^H(t,x)$ 是分数布朗运动 B^H 的形式导数, $\diamond$ 是 Skorokhod 积分.

下面先给出几个技术性引理.

引理 8.5.2[12]引理 3.1 对每个 $k \in \mathbb{N}$, 定义算子

$$\Phi_k^{(\lambda)}(t,x,s,r) = \int_{\mathbb{R}^{2k}} \prod_{i=1}^{k} \phi_{h_2}(u - v_i)|G_\lambda(t - s_k, x - u_k)| \cdot |G_\lambda(s_2 - s_1, u_2 - u_1)| \\ \cdot |G_\lambda(t - r_k, x - v_k)| \cdots |G_\lambda(r_2 - r_1, v_2 - v_1)| \mathrm{d}u_1 \cdots \mathrm{d}u_k \mathrm{d}v_1 \cdots \mathrm{d}v_k,$$

其中 $(t,x) \in [0,T] \times \mathbb{R}$, $s = (s_1, \cdots, s_k)$, $r = (r_1, \cdots, r_k)$, 则存在仅依赖于 λ 和 h_2 的常数 $C(\lambda, h_2)$ 满足

$$\Phi_k^{(\lambda)}(t,x,s,r) \leqslant |C(\lambda,h_2)|^k \prod_{i=1}^{k} (s_{i+1} - s_i)^{\frac{h_2-1}{\lambda}} (r_{i+1} - r_i)^{\frac{h_2-1}{\lambda}}, \tag{8.5.6}$$

其中 $s_{k+1} = r_{k+1} = t$.

引理 8.5.3 [12]引理 3.2 假设 $h_1, h_2 \in \left(\frac{1}{2}, 1\right)$, $\lambda(2h_1 - 1) + h_2 > 1$, $p \in \left(\frac{1}{2h_1 - 1}, \frac{\lambda}{1 - h_2}\right)$. 则存在仅依赖于 λ, h_1, h_2 的常数 $C(\lambda, h_1, h_2)$, 使得对所有的 $k \in \mathbb{N}$ 满足

$$\Psi_k^{(\lambda)}(t,x) \leqslant |C(\lambda, k_1, k_2)|^k k! \frac{t^{\frac{2(\lambda h_1 + h_2 - 1)k}{\lambda}}}{\left[\Gamma\left(k\left(1 - \frac{p(1-h_2)}{\lambda}\right) + 1\right)\right]^{\frac{2}{p}}}, \quad (t,x) \in [0,T] \times \mathbb{R}.$$

引理 8.5.4 [12]引理 3.3 假设 $h_1, h_2 \in \left(\frac{1}{2}, 1\right)$, $\lambda(2h_1 - 1) + h_2 > 1$, $p \in \left(\frac{1}{2h_1 - 1}, \frac{\lambda}{1 - h_2}\right)$, 则对每个 $n \in \mathbb{N}$, $u_n(t,x) \in S_\rho$, 其中 $\rho < \frac{(2-p)\lambda - 2(1-h_2)p}{p\lambda}$.

下面给出分数阶随机 Anderson 模型 (8.5.5) 解的存在唯一性和李雅普诺夫指数的结论:

定理 8.5.3 假设 $h_1, h_2 \in \left(\frac{1}{2}, 1\right)$, $\lambda(2h_1 - 1) + h_2 > 1$, $p \in \left(\frac{1}{2h_1 - 1}, \frac{\lambda}{1 - h_2}\right)$. 如果 $u_0 \in L^\infty(\mathbb{R})$, 则方程 (8.5.5) 在 S_ρ $\left(\rho < \frac{\lambda(2-p) - 2(1-h_2)p}{p\lambda}\right)$ 存在唯一的解 $u(t,x)$, 而且

$$\limsup_{t \to \infty} \log\left(\sup_{x \in \mathbb{R}} ||u(t,x)||_\rho^2\right) t^{-k} \leqslant C(h_1, h_2),$$

其中 $k=\dfrac{4h_1+h_2-1}{2}\left(\dfrac{4-(3-h_2)p}{2p}-\rho\right)^{-1}$, $C(h_1,h_2)$ 是正常数.

证明　由于 $h_1,h_2\in\left(\dfrac{1}{2},1\right)$, $\lambda(2h_1-1)+h_2>1$, $p\in\left(\dfrac{1}{2h_1-1},\dfrac{\lambda}{1-h_2}\right)$. 因此, 只需证明 $\{u_n(t,x)\}$ 是 $S_\rho\left(\rho<\dfrac{(2-p)\lambda-2(1-h_2)p}{p\lambda}\right)$ 中的 Cauchy 序列即可. 由引理 (8.5.2), 引理 (8.5.3) 和引理 (8.5.4) 可知

$$
\begin{aligned}
\limsup_{n\to\infty}||u_n(t,x)||_\rho^2&=\sum_{k=0}^{\infty}|k!|^\rho\Psi_k^{(\lambda)}(t,x)\\
&\leqslant\frac{\tilde{C}}{\dfrac{2\beta_\lambda}{p}-(\rho+1)}\mathrm{e}^{\bar{C}(\lambda,h_1,h_2)}t^{\frac{2(\lambda h_1+h_2-1)}{\lambda}\left(\frac{2\beta_\lambda}{p}-(\rho+1)^{-1}\right)}\\
&<\infty,
\end{aligned}
$$

其中 $\beta_\lambda=1-\dfrac{p(1-h_2)}{\lambda}$. 因此, 对任意的 $m,n\in\mathbb{N}$, 当 $m,n\to\infty$ 时, 满足

$$
||u_m(t,x)-u_n(t,x)||_\rho^2=\sum_{k=m+1}^{n}|k!|^\rho\Psi_k^\lambda(t,x)\to 0.
$$

由于 S_ρ 是 Hilbert 空间, 则在 S_ρ 中存在 $u(t,x)$ 使得 $u(t,x)=\lim\limits_{n\to\infty}u_n(t,x)$ 是方程 (8.5.5) 的唯一解, 而且由引理 (8.5.4) 可知, 该方程的解满足李雅普诺夫指数估计. 定理证毕. □

令 $F=\bigoplus\limits_{n=0}^{\infty}F_n$, 其中 F_n 是 F 的第 n 个混沌分解. 对每个 $\rho\in\mathbb{R}$, 定义 Hilbert 空间

$$
S_\rho=\left\{F=\bigoplus_{n=0}^{\infty}F_n,\sum_{n=0}^{\infty}[n!]^\rho\mathbf{E}|F_n|^2<\infty\right\},
$$

并赋予范数

$$
||F||_\rho=\sqrt{\sum_{n=0}^{\infty}[n!]^\rho\mathbf{E}|F_n|^2}.
$$

引理 8.5.5 [12]引理 3.3　令 $h_1,h_2\in\left(\dfrac{1}{2},1\right)$, $\lambda(2h_1-1)+h_2>1$ 且 $p\in\left(\dfrac{1}{2h_1-1},\dfrac{\lambda}{1-h_2}\right)$, 则对每个 $n\in\mathbb{N}$, $u_n(t,x)\in S_\rho$, 其中 $\rho<\dfrac{(2-p)\lambda-2(1-h_2)p}{p\lambda}$.

下面给出方程 (8.5.5) 的时空变量的 Hölder 连续性结论.

定理 8.5.4 [12]定理 4.1　假设 $h_1,h_2\in\left(\dfrac{1}{2},1\right)$, $(4h_1-3)\lambda+2h_2>2$ 成

立. 如果 $u_0 \in L^\infty(\mathbb{R})$ 是 α-Hölder 连续函数 ($\alpha \in (0,1)$), 则方程 (8.5.5) 的解 $u(t,x)$ 关于时间 t 是 μ-Hölder 连续的, 关于空间 x 是 ν-Hölder 连续的, 其中 $\mu \in \left(0, \min\left\{\frac{\alpha}{\lambda}, \frac{\lambda h_1+h_2-1}{\lambda+1}\right\}\right)$, $\nu \in (0, \min\{\alpha, \lambda h_1+h_2-1\})$.

证明 为阅读方便, 我们给出该定理证明的主要步骤, 详细过程参阅文献 [12] 的定理 4.1 的证明. 定义: $u_0(t,x) = G_\lambda(t) * u_0(x), u_n(t,x) = \sum_{k=0}^{n} I_k(\tilde{f}_k(t,x)), n = 1,2$. 由引理 8.5.5 可知, 如果 $p \in \left(\frac{1}{2h_1-1}, \frac{\lambda}{1-h_2}\right)$, 则 $u_n(x) \in S_\rho$, 其中 $\rho < \frac{(2-p)\lambda - 2(1-h_2)p}{p\lambda}$. 特别地, 注意到 $\frac{(2-p)\lambda-2(1-h_2)p}{p\lambda} > 0$, 则有 $u_n \in S_0 = L^2(\Omega)$. 于是, 对每个 $n \in \mathbb{N}$,

$$\begin{aligned}
u_n(t,x) &= I_0(\tilde{f}_0(t,x)) + \sum_{k=1}^{n} I_k(\tilde{f}_k(t,x)) \\
&= G_\lambda(t) * u_0(x) + \int_0^t \int_D G_\lambda(t-s, x-z) u_{n-1}(s,z) B^H(\mathrm{d}s, \mathrm{d}z).
\end{aligned}$$

因此, 对任意的 $s,t \in [0,T]$ 和 $x, y \in \mathbb{R}$,

$$\begin{aligned}
u_n(t,x) - u_n(s,y) &= G_\lambda(t) * u_0(x) - G_\lambda(s) * u_0(y) \\
&\quad + \int_s^t \int_{\mathbb{R}} G_\lambda(t-r, x-z) u_{n-1}(r,z) B^H(\mathrm{d}r, \mathrm{d}z) \\
&\quad + \int_0^s \int_{\mathbb{R}} (G_\lambda(t-r, x-z) - G_\lambda(s-r, y-z)) u_{n-1}(r,z) B^H(\mathrm{d}r, \mathrm{d}z) \\
&= A_1 + A_2 + A_3.
\end{aligned}$$

直接计算可知

$$\mathbf{E}|A_1|^2 \leqslant C(T)(|x-y|^{2\alpha} + |t-s|^{\frac{2\alpha}{\lambda}}),$$

及

$$\mathbf{E}|A_1|^2 \leqslant C(T,h_1,h_2)|t-s|^{2h_1(\frac{1}{\lambda}(1-\frac{1}{h_2})\frac{h_2}{h_1}+1)} = C(T,h_1,h_2)|t-s|^{2(h_1+\frac{1}{\lambda}(h_2-1))}.$$

注意到

$$\begin{aligned}
\mathbf{E}|A_3|^2 &\leqslant 2\left[\mathbf{E}\left|\int_0^s \int_D (G_\lambda(t-r, x-z) - G_\lambda(t-r, y-z)) u_{n-1}(r,z) B^H(\mathrm{d}r, \mathrm{d}z)\right|^2\right. \\
&\quad \left. + \mathbf{E}\left|\int_0^s \int_D (G_\lambda(t-r, y-z) - G_\lambda(s-r, y-z)) u_{n-1}(r,z) B^H(\mathrm{d}r, \mathrm{d}z)\right|^2\right] \\
&= 2(\mathrm{I} + \mathrm{II}).
\end{aligned}$$

令 $\gamma \in (0, \min\{\lambda h_1 + h_2 - 1, 1\})$, 计算可得

$$\mathrm{I} \leqslant C(T, \gamma, \lambda, h_1, h_2)|x-y|^{2\gamma}.$$

注意到 $G_\lambda(t,x) = t^{-\frac{1}{\lambda}} G_\lambda(1, t^{-\frac{1}{\lambda}}x)$, 可以证明当 $\eta \in \left(0, \dfrac{\lambda h_1 + h_2 - 1}{\lambda + 1}\right)$ 时, $\mathrm{II} \leqslant C(T, \eta, \lambda, h_1, h_2)|t-s|^{2\eta}$. 最后利用 Fatou 引理即可完成该定理的证明. □

最后给出一个技术性引理用于证明解的分布的绝对连续性结论

引理 8.5.6[12]命题 5.1 假设 $h_1, h_2 \in \left(\dfrac{1}{2}, 1\right)$, $(4h_1 - 3)\lambda + 2h_2 > 2$, 则对任意的 $(t,x) \in [0,T] \times \mathbb{R}$, 方程 (8.5.5) 的解 $u(t,x) \in \mathcal{D}^{1,2}$, 且当 $s \leqslant t$, $y \in \mathbb{R}$,

$$D_{s,y}u(t,x) = \int_s^t \int_{\mathbb{R}} G_\lambda(t-r, x-z) D_{s,y}u(r,z) B^H(\mathrm{d}r, \mathrm{d}z) + G_\lambda(t-s, x-y)u(s,y).$$

定理 8.5.5[12]定理 5.1 假设 $h_1, h_2 \in \left(\dfrac{1}{2}, 1\right)$, $(4h_1 - 3)\lambda + 2h_2 > 2$, 如果 $u_0(x) \geqslant \varepsilon_0 > 0, \forall x \in \mathbb{R}$, 则对所有的 $t \leqslant T$ 及 $x \in \mathbb{R}$, 方程 (8.5.5) 的解 $u(t,x)$ 的分布关于 Lebesgue 测度是绝对连续的.

证明 注意到

$$||Du(t,x)||_{\mathcal{H}_1} > 0 \Leftrightarrow ||Du(t,x)||_{L^2([0,t]\times\mathbb{R})} > 0.$$

下面只需证明 $||Du(t,x)||_{L^2([0,t]\times\mathbb{R})} > 0$, a.s. 即可. 容易验证 $G_\lambda(t-r, x-z)u(r,z) \in \mathcal{H}_1$, $G_\lambda(t-r, x-z)u(r,z)D_{s,y}u(r,z) \in \mathcal{H}_1$. 由引理 8.5.6 可得

$$\begin{aligned}
&\mathbf{E}(D_{s,y}u(t,x))^2 \\
=&\mathbf{E}\left[\int_s^t \int_{\mathbb{R}} G_\lambda(t-r, x-z) D_{s,y}u(r,z) B^H(\mathrm{d}r, \mathrm{d}z) + G_\lambda(t-s, x-y)u(s,y)\right]^2, \\
&\mathbf{E}\left[\int_s^t \int_{\mathbb{R}} G_\lambda(t-r, x-z) D_{s,y}u(r,z) B^H(\mathrm{d}r, \mathrm{d}z)\right]^2 + G_\lambda^2(t-s, x-y)\mathbf{E}[u(s,y)]^2 \\
\geqslant& G_\lambda^2(t-s, x-y)\mathbf{E}[u(s,y)]^2 \\
\geqslant& G_\lambda^2(t-s, x-y)\mathbf{E}[G_\lambda * u_0(x)]^2 \\
=& G_\lambda^2(t-s, x-y)\mathbf{E}\left[\int_{\mathbb{R}} G_\lambda(t, x-y)u_0(y)\mathrm{d}y\right]^2 \\
\geqslant& \varepsilon_0 G_\lambda^2(t-s, x-y).
\end{aligned}$$

由于 $G_\lambda(t,x) > 0$, 因此

$$\begin{aligned}
\mathbf{E}\left[\int_0^t \int_{\mathbb{R}} (D_{s,y}u(t,x))^2 \mathrm{d}y\mathrm{d}s\right] &\geqslant \int_0^t \int_{\mathbb{R}} G_\lambda^2(t-s, x-y)\mathbf{E}[u(s,y)]^2 \mathrm{d}y\mathrm{d}s \\
&\geqslant \varepsilon_0 G_\lambda^2(t-s, x-y)\mathrm{d}y\mathrm{d}s > 0,
\end{aligned}$$

这表明

$$\int_0^t \int_{\mathbb{R}} (D_{s,y}u(t,x))^2 \mathrm{d}y\mathrm{d}s > 0, \quad \text{a.s.},$$

从而定理 8.5.5 证毕.

□

参考文献

[1] Brzeźniak Z and Zabczyk J. Regularity of Ornstein-Uhlenbeck processes driven by a Lévy white noise. Potential Anal., 2010, 32: 153-188.

[2] Brzeźniak Z and Debbi L. On stochastic Burgers equation driven by a fractional Laplacian and space-time white noise. Stochastic differential equations: Theorem and applications, Interdiscip Math.Sci. 2, Hackensack, NJ: World Sci. Publ., 2007: 135-167.

[3] Brzeźniak Z, Debbi L and Goldys Ben. Ergodic properties of fractional stochastic Burgers equation. Preprint, 2011.

[4] 陈文, 孙洪广, 李西成等. 力学与工程问题中的分数阶导数建模. 北京：科学出版社, 2010.

[5] 郭柏灵, 蒲学科, 黄凤辉. 分数阶偏微分方程及其数值解. 北京：科学出版社, 2011.

[6] Kato T, Ponce G. Commutator estimates and Euler and Navier-Stokes equation. Comm. Pure Appl. Math., 1988, 41: 891-907.

[7] Kening C, Ponce G, Vega L. Well-posedness of the initial value problem for the Korteweg-DeVries equation. J. Amer. Math. Soc., 1991, 4: 323-347.

[8] McLean W. Strongly elliptic systems and boundary integral equations. Cambridge: Cambridge University Press, 2000.

[9] Triebel H. Interpolation Theory, Function Spaces, Differential Operators, 2nd edn. Heidelberg: Johann Ambrosius Barth, 1995.

[10] Triebel H. Theory of Function Spaces (Monographs in Mathematics). Basel: Birkhauser Verlag, 1983.

[11] Truman A, Wu J. Fractal Burgers equation driven by Lévy noise. Lect. Notes Pure Appl Math.. Chapman and Hall/ CRC, Boca Raton, FL, 2006, 245.

[12] Jiang Y, Shi K and Wang Y. Stochastic fractional Anderson models with fractional noises. Chin. Ann. Math.B, 2010, 31(1): 101-118.

[13] Shi K and Wang Y. On a stochastic fractional partial differential equation driven by a Lévy space-time white noise. J. Math. Anal. Appl., 2010, 364: 119-129.

[14] Shi K and Wang Y. On a stochastic fractional partial differential equation with a fractional noise. Stochastics: An international journal of a probability and stochastics processes, 2011: 1-17.